机械绘图实例应用

(中望机械 CAD 教育版)

毛江峰 强光辉 主 编

戚建刚 左雅莉 黎江龙 副主编

清华大学出版社

北 京

内容简介

本书是一本机械绘图实例应用教程，采用“项目引领、任务驱动”的编排方式，列举“历届技能竞赛零部件”案例讲述整个测绘操作流程，重点介绍“中望机械 CAD 教育版”绘图软件的安装、界面功能、工具命令、绘图技巧和零部件测绘。本书循序渐进地呈现大量实践性强、有代表性的实例。每个实例都明确了知识要点和能力目标，操作步骤清晰精练，引导读者完成整个绘制过程并真正掌握绘图技巧，做到举一反三，融会贯通。

全书共包含六个项目，内容涵盖安装“中望机械 CAD 教育版”软件、绘制平面图、绘制视图(如三视图、剖视图、向视图和旋转视图)、绘制零件图、测绘零部件以及输出零件图。本书适合中望机械 CAD 初中级爱好者及工程设计人员阅读，可作为高职高专、中专、技工院校的机械类 CAD 实训和零部件测绘教材，也可作为各类中望机械 CAD 培训班的实例教材。

图书在版编目(CIP)数据

机械绘图实例应用(中望机械 CAD 教育版) / 毛江峰，强光辉 主编. —北京：清华大学出版社，2016（2024.9 重印）

ISBN 978-7-302-45288-1

Ⅰ. ①机… Ⅱ. ①毛… ②强… Ⅲ. ①机械制图—AutoCAD 软件—教材 Ⅳ. ①TH126

中国版本图书馆 CIP 数据核字(2016)第 249303 号

责任编辑：王　军　韩宏志
装帧设计：牛静敏
责任校对：牛艳敏
责任印制：宋　林

出版发行：清华大学出版社
网　　址：https://www.tup.com.cn，https://www.wqxuetang.com
地　　址：北京清华大学学研大厦 A 座　　邮　　编：100084
社 总 机：010-83470000　　邮　　购：010-62786544
投稿与读者服务：010-62776969，c-service@tup.tsinghua.edu.cn
质 量 反 馈：010-62772015，zhiliang@tup.tsinghua.edu.cn

印 装 者：河北鹏润印刷有限公司
经　　销：全国新华书店
开　　本：185mm×260mm　　**印　　张：**18.25　　**字　　数：**456 千字
版　　次：2016 年 10 月第 1 版　　**印　　次：**2024 年 9 月第 23 次印刷
定　　价：45.00 元

产品编号：072408-03

前　言

中望机械CAD教育版是一款优质的计算机辅助设计绘图软件，是国内外受欢迎的CAD软件之一，以其强大智能的平面绘图功能、直观的界面、简捷的操作等优点，赢得了广大工程设计人员的青睐。

全书以“项目引领、任务驱动”的方式编写，任务从简至难，循序渐进；实例丰富并具有代表性，实践性强，着重介绍“中望机械CAD教育版”绘图软件安装、界面功能、工具命令的应用、绘图技巧和零部件测绘的操作流程。

本书所选用的实例来自历届“零部件测绘与CAD成图技术”赛项，采用“典型视图”方式讲解绘图方法与技巧，按照实际绘制步骤，深入解析测绘的整个操作流程，帮助读者明确知识要点和能力目标。本书配套有相应的项目文件，读者可访问http://www.tupwk.com.cn/downpage，输入本书书名或ISBN后下载“项目范例文件”(也可扫描封底二维码直接下载)。按照详细的实际绘制步骤，读者可轻松制作出书中的样图，实现举一反三、融会贯通。

本书是全国职业院校技能大赛中职组“零部件测绘与CAD成图技术赛项”“车加工技术赛项”“数控车加工赛项”的资源转化教材，适合用作机械绘图相关赛项的训练教材。

在编写过程中，全国机械职业教育教学指导委员会专家提出了宝贵意见与建议，给予大量指导和支持。本书的编写也得到清华大学出版社、广州中望龙腾软件股份有限公司、浙江工业职业技术学院、河南轻工职业学院、重庆市轻工业学校、上海市大众工业学校、洛阳机车高级技工学校、武汉市东西湖职业技术学校等机构的大力支持，在此表示衷心感谢！

本书是所有编写人员通力合作的成果，是集体智慧的结晶，全书共为六个项目，由黎江龙、左雅莉、戚建刚、强光辉、毛江峰联合编写。参与编写的还有余姚市职业技术学校的王铁军老师、鄞州职业教育中心学校的王丽和陈海华老师、武汉市东西湖职业技术学校的左璇老师，以及河南轻工职业学院的利歌老师。

本书适合中望机械CAD初学者作为教材学习，也可作为学校、培训机构的教学用书、竞赛教材，还可供对中望机械CAD有一定使用经验的读者参考。

由于编者水平和时间有限，书中难免存在不足之处，还望各位读者批评指正。

编者

目 录

项目一　中望机械CAD教育版的认识

项目描述(导读+分析)

中望机械 CAD 教育版是广州中望龙腾软件股份有限公司(简称中望公司)基于中望 CAD 平台开发的面向制造业的二维专业绘图软件，功能涵盖了制造业二维绘图的全部领域，图纸注释和零件图库符合国家标准，智能化的功能保证了图纸绘制快速准确。教育版与企业版功能完全一致。

本项目主要通过安装软件以及简单的自定义设置两个任务来认识中望机械CAD教育版，为快速掌握中望机械 CAD 软件教育版打好基础。

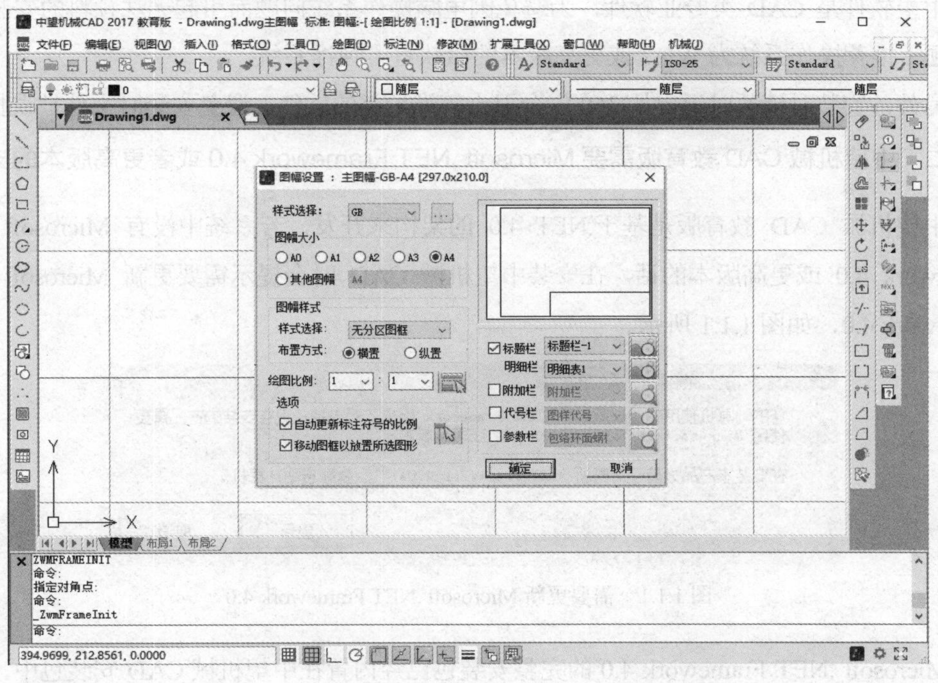

知识目标

- 掌握中望机械 CAD 教育版软件的安装方法和注意事项。
- 掌握定制工具栏、自定义选项。

能力目标

- 通过安装中望机械 CAD 教育版软件，学会处理软件安装过程中易出现的问题。
- 认识界面，会设置绘图环境。

任务 1.1　安装中望机械 CAD 教育版软件

【任务目标】

通过安装中望机械 CAD 教育版，学会处理软件安装过程中出现的一般性问题。

【任务分析】

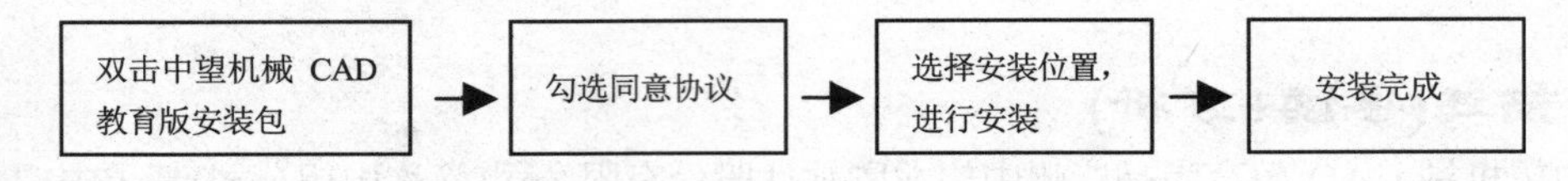

【相关知识】

一、系统要求

中望软件支持微软 XP、Vista、Win7、Win8、Win10、Win11 等 32 位、64 位系统。

中望软件是 CAD 类专业软件，为避免因电脑操作系统问题而引起无法预料的安装和使用问题，推荐操作系统为 Win7 或更高版本的微软官方纯净系统。

另外，安装时请暂时退出如 360 安全卫士等维护类的软件，避免安装时文件被误拦截。

二、中望机械 CAD 教育版需要 Microsoft .NET Framework 4.0 或者更高版本的支持

中望机械 CAD 教育版是基于.NET 4.0 的架构来开发，若系统中没有 Microsoft .NET Framework 4.0 或更高版本的话，在安装中望机械 CAD 时会提示需要更新 Microsoft .NET Framework 4.0，如图 1.1.1 所示。

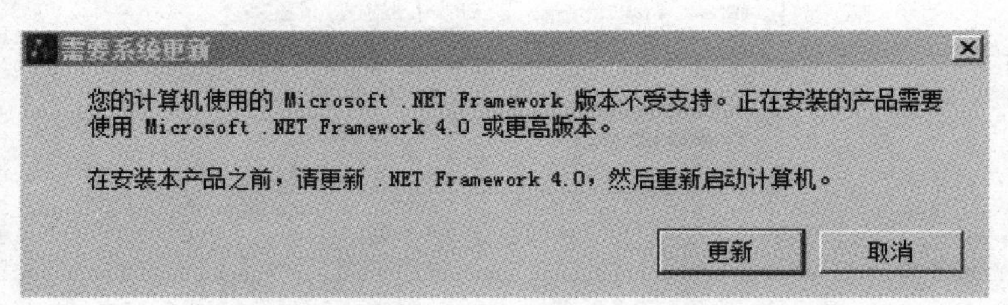

图 1.1.1　需要更新 Microsoft .NET Framework 4.0

Microsoft .NET Framework 4.0 的完整安装包已经内置在中望机械 CAD 安装包中，可直接单击“更新”按钮，等待自动解压完毕后，勾选接受许可条款，单击“安装”按钮进行安装。如图 1.1.2 所示。

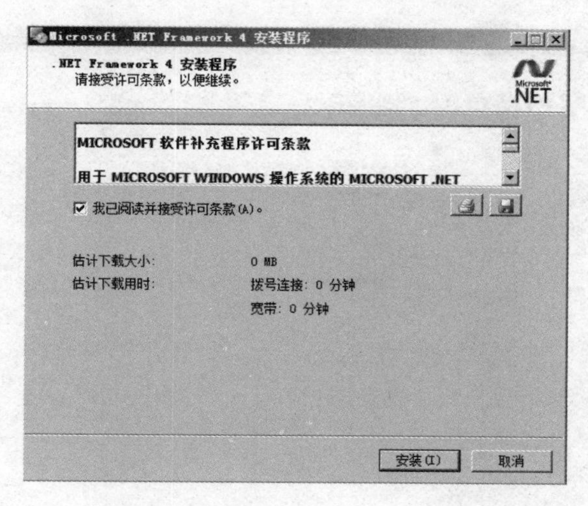

图 1.1.2　阅读并接受许可条款

Microsoft .NET Framework 4.0 的安装会在文件安全验证后进行，等待安装完毕之后单击“完成”按钮，完成 Microsoft .NET Framework 4.0 的安装。如图 1.1.3 和图 1.1.4 所示。安装完 Microsoft .NET Framework 4.0 之后再次双击中望机械 CAD 教育版安装包即可正常进行安装。

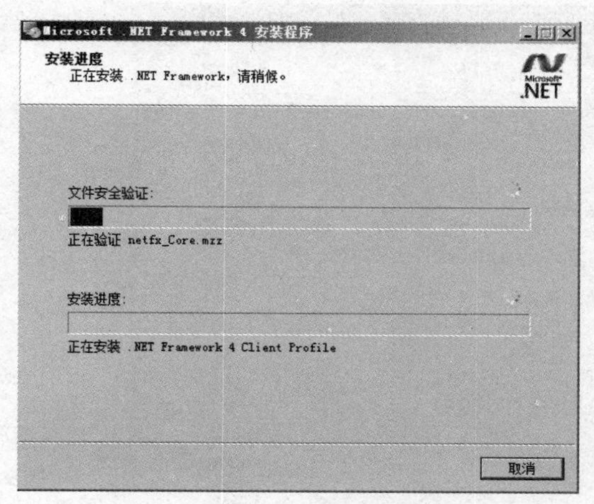

图 1.1.3　Microsoft .NET Framework 4.0 正在安装

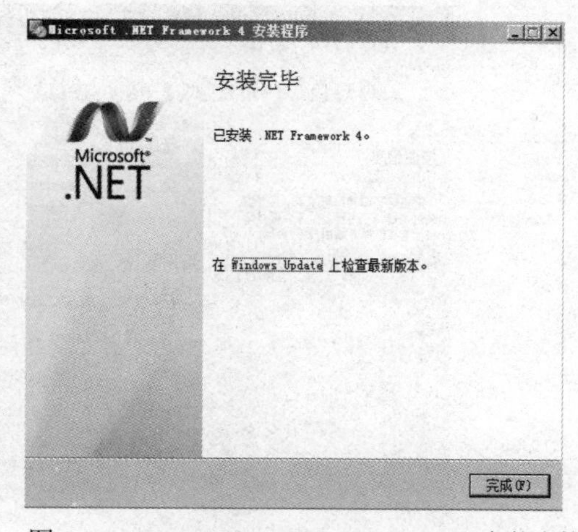

图 1.1.4　Microsoft .NET Framework 4.0 安装完毕

【任务实施】

一、任务描述

安装中望机械 CAD 教育版。

二、实施步骤

1.　双击中望机械 CAD 教育版安装包，弹出如图 1.1.5 所示的安装界面，单击“安装”按钮，勾选中望机械 CAD 教育版软件主程序以及中望机械 CAD 资源包，单击“下一步”按钮。如图 1.1.6 所示。

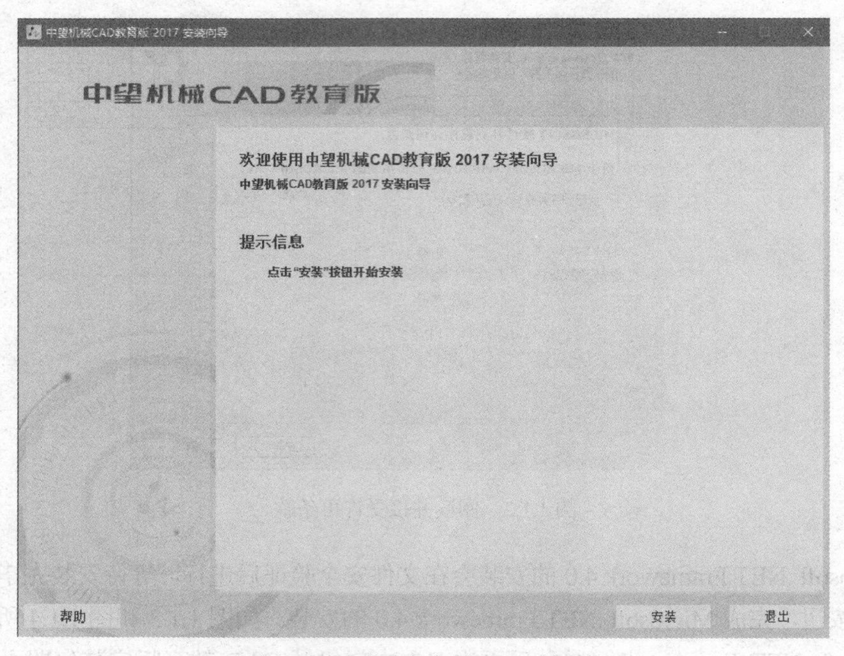

图 1.1.5　安装中望机械 CAD 教育版

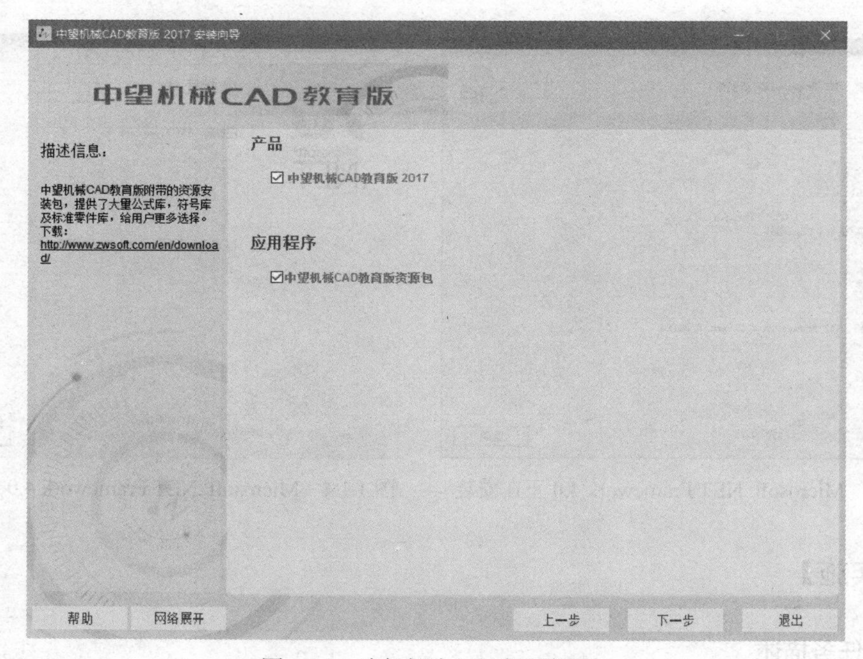

图 1.1.6　确保勾选主程序和资源包

2．进入安装路径选择界面，如图 1.1.7 所示。中望机械 CAD 教育版主程序默认安装在 C 盘。若需要更改安装路径，建议仅修改盘符即可，盘符后面的目录位置维持原样，如图 1.1.8 所示。

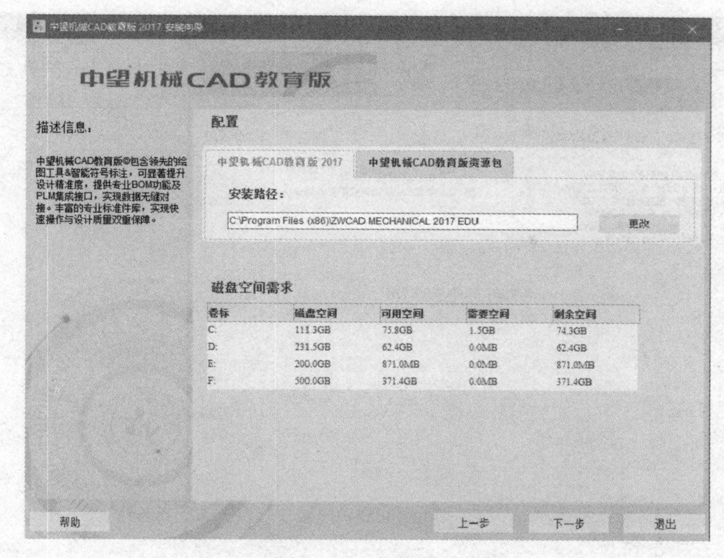

图 1.1.7　安装路径

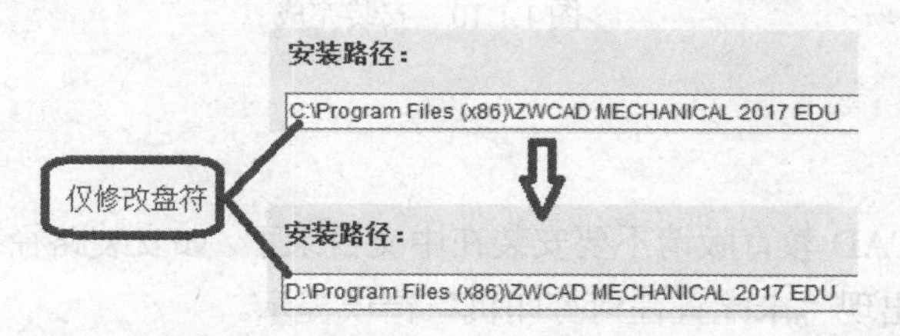

图 1.1.8　安装路径从 C 盘更改到 D 盘

注意，中望机械资源包安装路径默认(并强制)在 C 盘，无法更改。

3．单击“下一步”按钮，进行安装。如图 1.1.9 所示，在界面的左下角提示安装进程，安装完毕之后单击“完成”按钮，如图 1.1.10 所示，完成中望机械 CAD 教育版的安装。

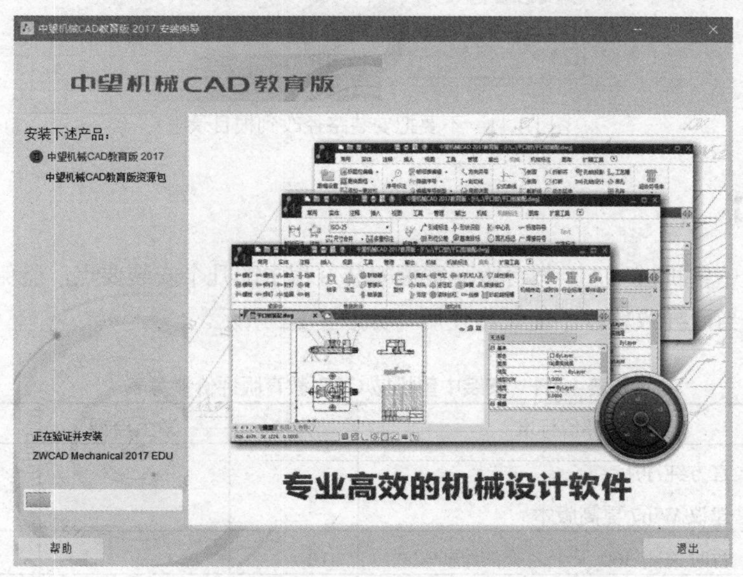

图 1.1.9　正在安装

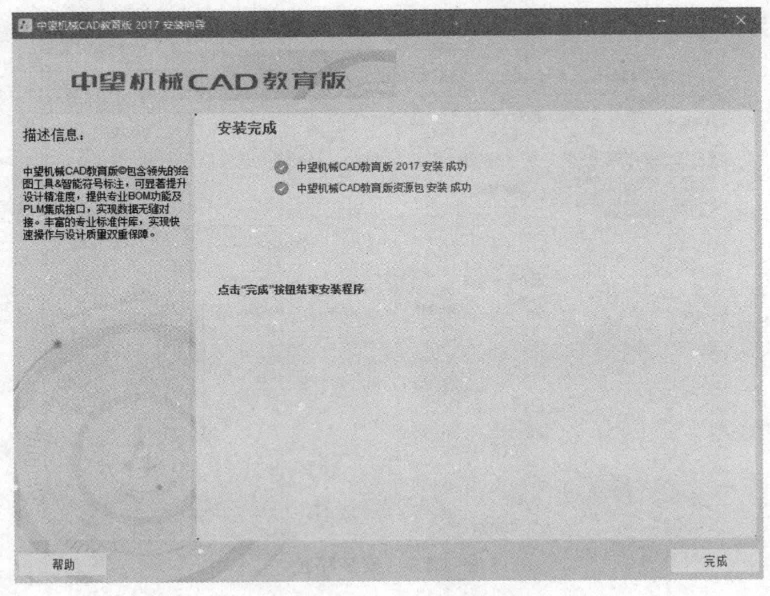

图 1.1.10　安装完成

【扩展知识】

一、中望机械 CAD 教育版请不要安装在中文目录下。如安装路径有中文的话，进行 PDF 虚拟打印时可能会出现“未配置任何打印机”错误提示。

二、不要将中望软件安装在根目录下，如图 1.1.11 所示，不然会出现无法通过正常途径卸载、也无法安装新版本的情况，只能以手动删除安装文件、手动清理注册表等方式卸载，或者格式化安装文件所在的硬盘分区。

图 1.1.11　不要把安装路径改到根目录下

【任务评价】

通过安装中望机械 CAD 教育版，掌握安装过程中的几个安装要点，避免因为系统不纯净或者安装不当而导致软件不能正常使用，如表 1.1.1 所示。

表 1.1.1　安装中望机械 CAD 教育版评价参考表

评价内容	评价标准	分值	学生自评	老师评估
安装环境	官方纯净版 建议 Win7 更高版本	10		
	暂时关闭 360 卫士之类的维护软件	10		
	更新.NET Framework 4.0(如果需要)	10		

(续表)

评价内容	评价标准	分值	学生自评	老师评估
勾选模块	中望机械 CAD 教育版	10		
	中望机械 CAD 教育版资源包	10		
安装路径	确保安装目录没有中文	15		
注意事项	(若需要更改安装位置)只更改盘符，盘符后面的目录维持原样	20		
	确保没有安装在根目录	15		

学习体会：

【练一练】

安装中望机械 CAD 教育版。安装过程中注意要点。

任务 1.2　认识中望机械 CAD 教育版软件

【任务目标】

切换“二维草图与注释界面”与“ZWCAD 经典界面”、定制工具栏命令、设置基本绘图环境。

【任务分析】

【相关知识】

中望机械 CAD 教育版界面：各功能区域分布如图 1.2.1 所示。

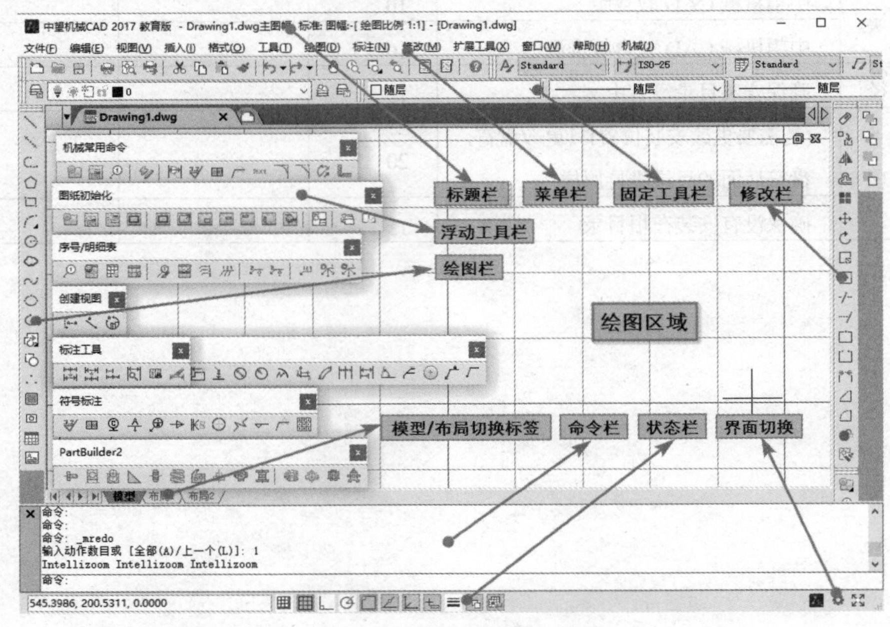

图 1.2.1　各功能区域分布

【任务实施】

一、任务描述

1．中望 CAD 界面可以在“二维草图与注释”界面和“ZWCAD 经典”界面之间切换，以适应不同的使用习惯。

2．工具栏可以拖动以调整位置，甚至可以关闭或者再打开。

3．自定义选项设置，调整绘图环境。

二、实施步骤

1．单击软件右下角的齿轮⚙按钮，弹出界面选择面板，如图 1.2.2 所示。单击“二维草图与注释”、“ZWCAD 经典”即可在“ZWCAD 经典”界面和“二维草图与注释”界面之间任意切换，如图 1.2.3 为“ZWCAD 经典”界面，图 1.2.4 为“二维草图与注释”界面。

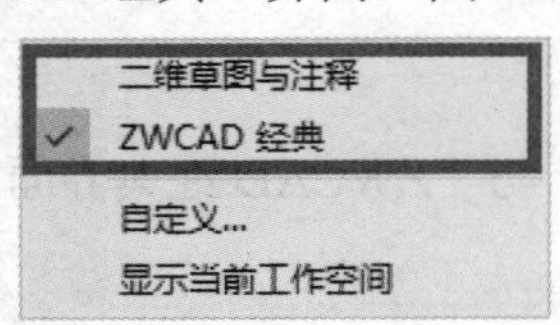

图 1.2.2　界面切换

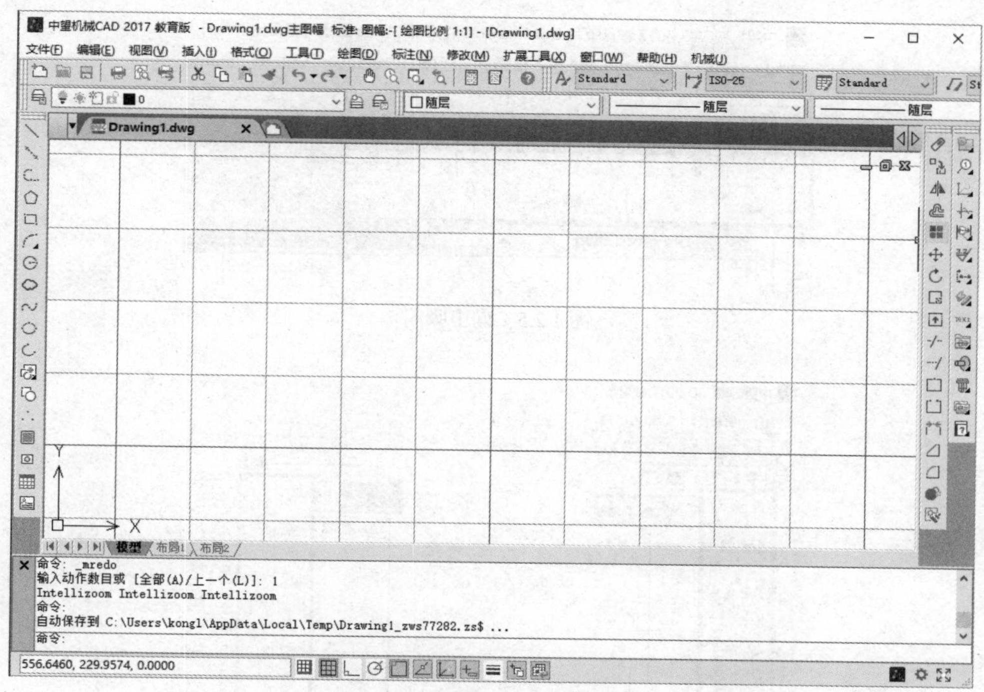

图 1.2.3　“ZWCAD 经典”界面

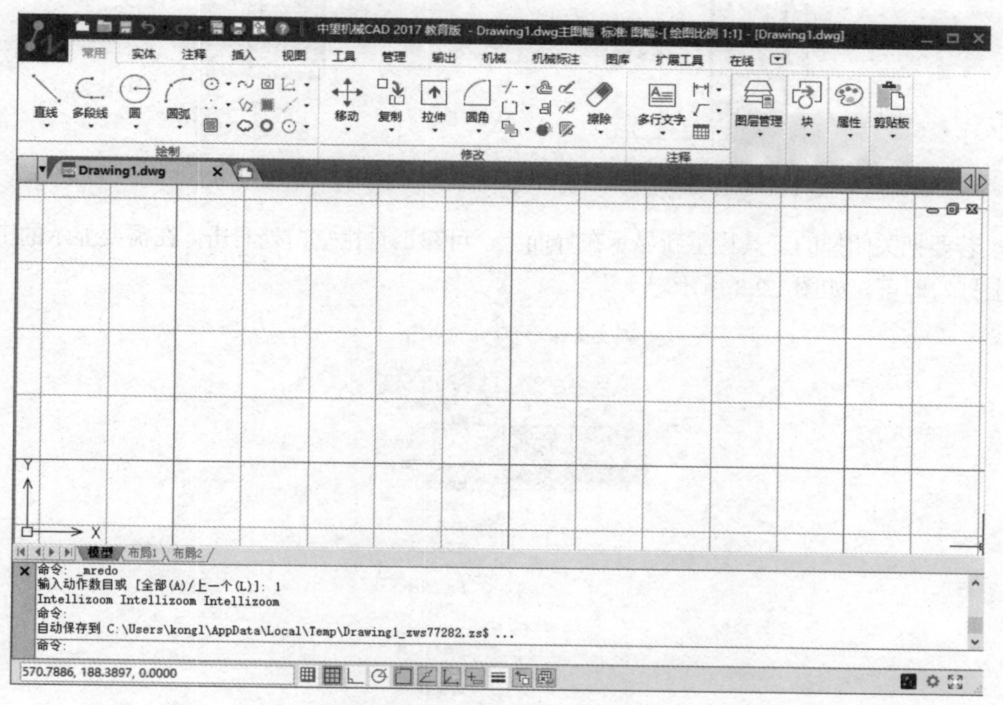

图 1.2.4　“二维草图与注释”界面

2．拖动浮动工具栏，可以调整工具栏的位置。把工具栏拖动至绘图窗口的上边、左边或右边，工具栏会自动吸附。如图 1.2.5 为工具栏向上吸附，图 1.2.6 为工具栏向左吸附，图 1.2.7 为工具栏向右吸附。也可以单击 × 按钮关闭工具栏，使其不显示在界面上。

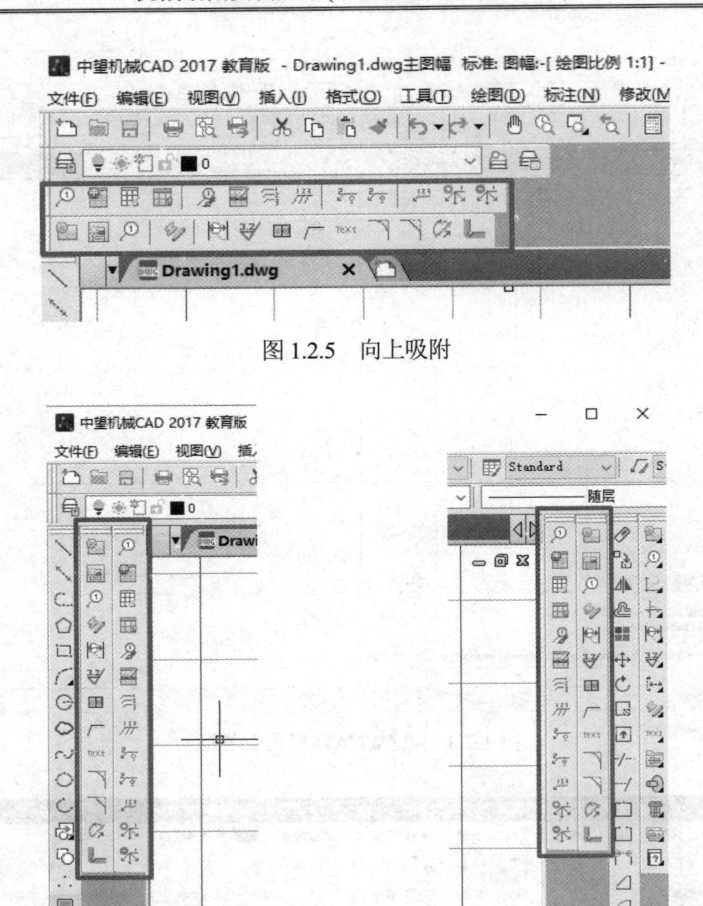

图 1.2.5　向上吸附

图 1.2.6　向左吸附　　　　图 1.2.7　向右吸附

若要把关闭掉的工具栏重新显示在界面上，可在工具栏空白处右击，在需要显示的工具栏上打勾即可。如图 1.2.8 所示。

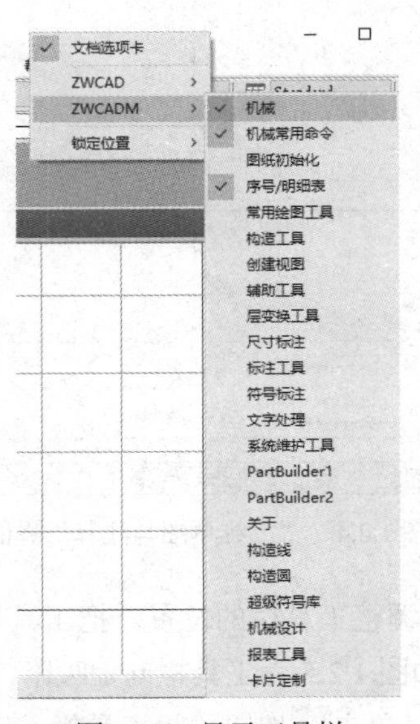

图 1.2.8　显示工具栏

3．单击“工具”，然后单击“选项”，或在命令行输入 OP，然后按空格或者回车执行命令，打开“选项”窗口，如图 1.2.9 所示。

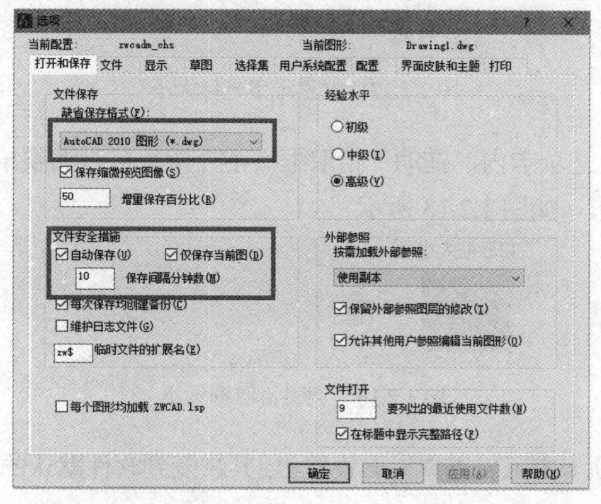

图 1.2.9　“选项”窗口

(1) 在“打开和保存”选项卡可以设置保存文件格式，默认为 DWG 2010 格式。可以设置为 R14--DWG 2013、DWT、R12--DXF 2013 格式。

软件默认打开自动保存功能，每 10 分钟保存一次。可以自定义自动保存的时间。

在“文件”选项卡中可以设置自动保存文件的位置，如图 1.2.10 所示。

图 1.2.10　设置自动保存文件的位置

(2) 在“显示”选项卡中单击“颜色”按钮，弹出如图 1.2.11 所示的“图形窗口颜色”窗口，可以修改背景、布局、打印预览、命令行等窗口的颜色。

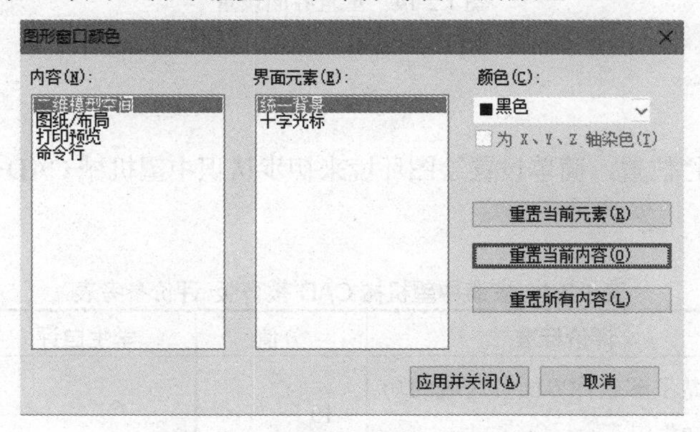

图 1.2.11　“图形窗口颜色”窗口

拖动“显示”选项卡左下角的滑块可以调整十字光标的大小，默认为 5。如图 1.2.12

所示。

图 1.2.12　调整十字光标大小

(3) 在“选择集”选项卡内，拖动“拾取框大小”滑块可以调整拾取框的大小，使其更加方便准确地选中图形。如图 1.2.13 所示。

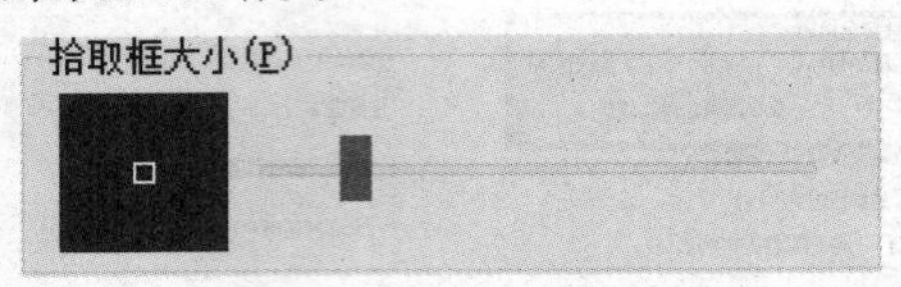

图 1.2.13　调整拾取框大小

(4) 在“配置”选项卡中可以重置界面设置，使其恢复到软件默认的界面位置，如图 1.2.14 所示。

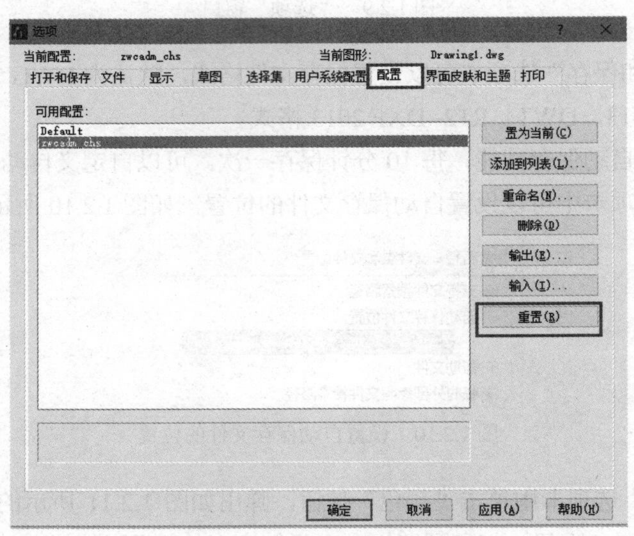

图 1.2.14　重置界面设置

【任务评价】

通过调整工具栏位置，简单设置绘图环境来初步认识中望机械 CAD 教育版，如表 1.2.1 所示。

表 1.2.1　安装中望机械 CAD 教育版 评价参考表

评价内容	评价标准	分值	学生自评	老师评估
界面认识	清楚了解软件界面各区域的功能和作用	10		
调整工具栏	拖动工具栏位置，关闭和显示工具栏	20		

(续表)

评价内容	评价标准	分值	学生自评	老师评估
选项设置	更改默认保存格式	10		
	更改自动保存的时间间隔	10		
	更改自动保存的文件夹位置	10		
	修改绘图背景颜色	10		
	修改十字光标大小	15		
	修改拾取框大小	15		

学习体会：

【练一练】

1．调整工具栏位置。
2．把自动保存的时间间隔改为 1 分钟。
3．调整十字光标大小、拾取框大小。

项目二　平面图形的绘制

项目描述(导读+分析)

中望机械 CAD 教育版为用户提供了功能齐全、便捷的作图方式，可以快速高效地绘制各种工程图。平面图形的绘制是中望机械 CAD 教育版中基础的一部分，以平面图形阶梯轴、吊钩、盖板、薄板的绘制为案例，主要介绍常用的绘图和编辑等功能，以掌握操作方法与技巧。

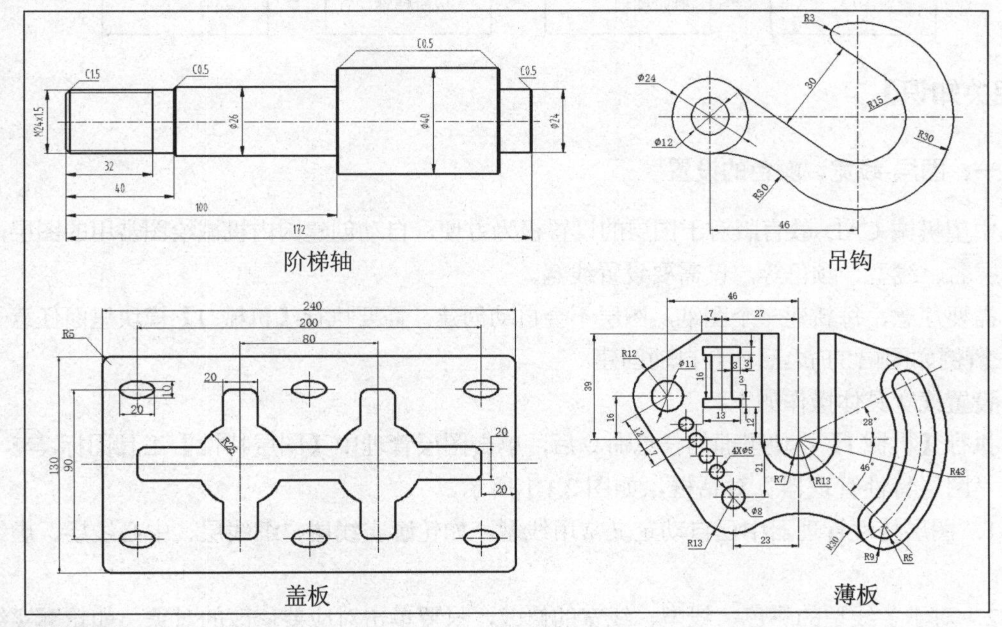

知识目标

- 掌握直线、圆弧、圆等常用绘制工具命令的功能。
- 掌握移动、复制、缩放、偏移、镜像等修改工具命令的功能。
- 掌握倒角、修剪、打断等工具命令的功能。
- 掌握中望机械 CAD 教育版图层的功能。

能力目标

- 通过案例操作与练习，学会直线、圆弧、圆等工具命令的使用。
- 通过案例操作与练习，学会移动、复制、缩放、偏移、镜像等工具命令的使用。
- 通过案例操作与练习，学会倒角、修剪、打断等工具命令的使用。
- 通过案例操作与练习，学会图层线宽和颜色的设置。
- 熟记快捷键，学会用左手敲击快捷键、右手操作鼠标的方式进行平面图形的绘制。

任务 2.1　绘制阶梯轴

【任务目标】

1. 通过案例介绍和练习，能熟练使用直线、偏移、修剪、倒角、镜像等常用工具命令。

2. 通过案例操作与练习，学会图层线宽和颜色的设置。

【任务分析】

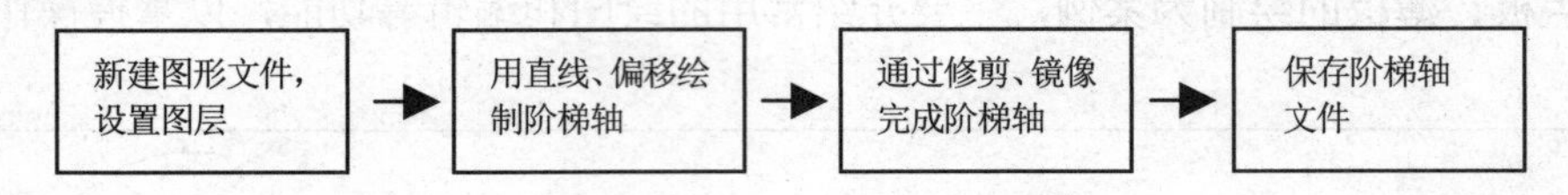

【相关知识】

一、图层-线宽、颜色的设置

中望机械 CAD 教育版对于图层的设置极为方便，自动创建国内机械绘图常用的图层，包括层名、线型、颜色等，仅需要设置线宽。

需要注意，每新建一个图纸，图层不会自动创建，需要执行【机械 J】模块里面任意一个命令(例如图幅 TF)之后才会自动创建。

设置线宽具体操作如下：

执行【机械 J】模块里面的任意命令后，单击图层管理中【图层特性】工具图标，弹出“图层特性管理器”对话框，如图 2.1.1 所示。

1. 图层特性管理器中已自动定义常用线型，如轮廓实线层、细线层、中心线层、虚线层等。

2. 对于各线型的颜色、线型、线宽的修改，只要单击对应要修改的对象，如轮廓实线层宽度的设置，单击轮廓实线层线宽，弹出线宽设置对话框，单击所要选择的线宽宽度，单击“确定”按钮，完成轮廓实线层线宽的设置，如图 2.1.2 所示。

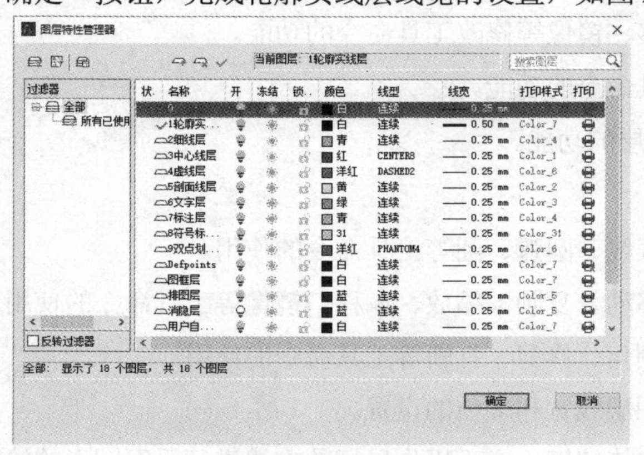

图 2.1.1　图层特性设置

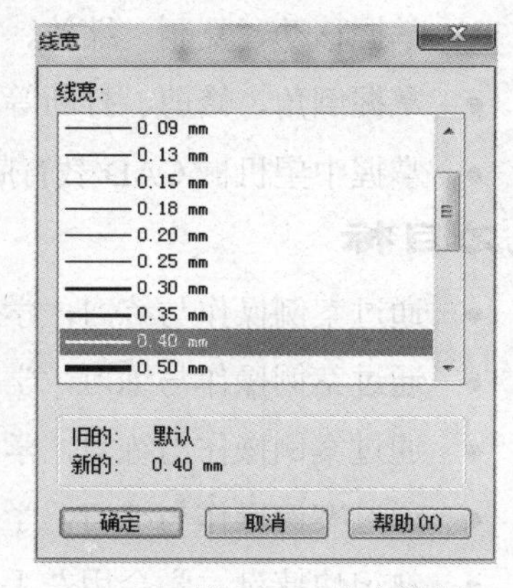

图 2.1.2　线宽设置

3. 修改细线层颜色为白色，单击该层的颜色，弹出“选择颜色”对话框，选择白色，单击“确定”按钮，完成细线层颜色的设置，如图 2.1.3 所示。

4. 图层设置根据用户设置完成后，即可选择线型进行图形的绘制，如要选择中心线，则在当前图层设置中选择中心线层，如图 2.1.4 所示。

5. 其他所需设置，参考颜色、线宽设置。

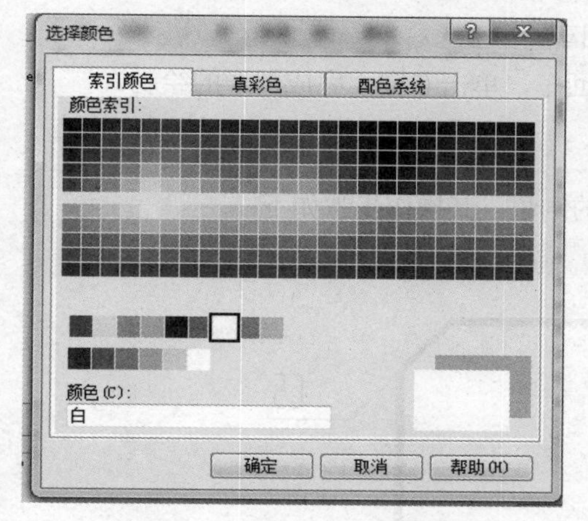

图 2.1.3　“选择颜色”对话框

图 2.1.4　当前图层设置

二、常用工具命令的操作实例

(一)【直线】╲工具操作案例

在中望机械 CAD 教育版界面中提供了四种直线的绘制方式，分别为直线、构造线、射线、多线。在机械绘图的领域里，直线和构造线这两种方式用得最多。其直线绘制操作方式如下。

用【直线】╲工具命令绘制图 2.1.5 所示的内容，操作步骤如下：

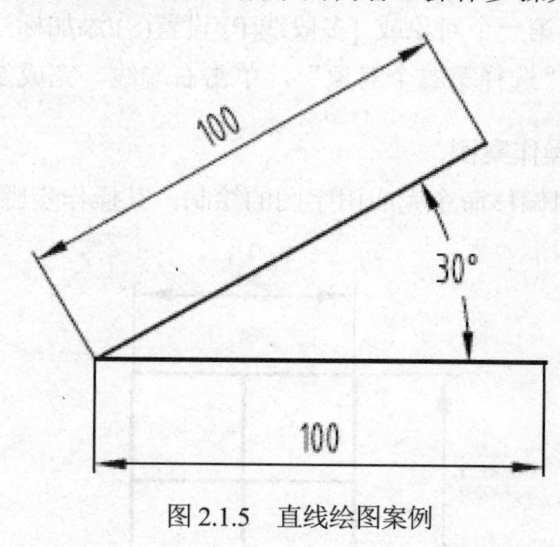

图 2.1.5　直线绘图案例

1. 在菜单中单击【直线】╲工具命令或在键盘输入“L”，命令行提示“指定第一个点”，用鼠标任意点取一点或输入“0”，回车。

2．命令行提示“指定下一点或[角度(A)长度(L)放弃(U)]”，鼠标向右移动，确保鼠标指针与起点在同一水平线上，直接输入 100，按回车，完成水平直线，长度 100 的绘制。

3．再次在键盘输入“L”，命令行提示“指定第一个点”，用鼠标找到起始点并单击或输入“0”，回车。

4．命令行提示“指定下一点或[角度(A)长度(L)放弃(U)]”，输入 A，回车。

5．命令行提示“输入角度”，输入 30，回车。

6．命令行提示“输入长度”，输入 100，回车，单击右键，完成图形的绘制。

(二)【倒角】工具操作案例

如图 2.1.6 所示，完成平面图形中 5X45° 的倒角。其操作步骤如下：

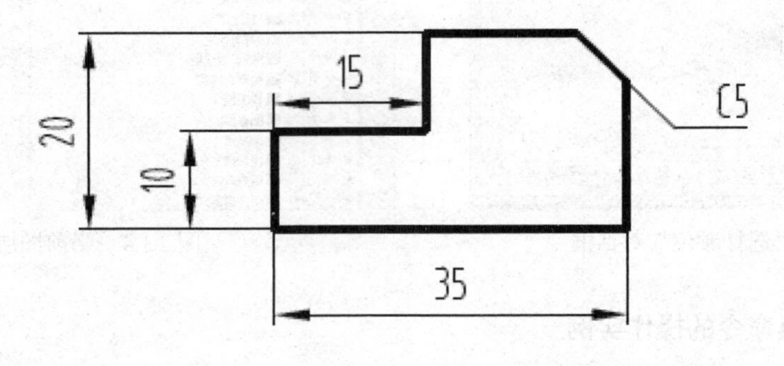

图 2.1.6　倒角绘图案例

1．在菜单中单击【倒角】工具命令或在键盘输入“DJ”，出现提示“选择第一个对象或[多段线(P)/设置(S)/添加标注(D)<设置>]”，输入 D，回车。

2．命令行提示“第一个对象的倒角距离<1>”，输入 5，回车后命令行提示“第二个对象的倒角距离<1>”，输入 5，回车。

3．命令行提示“选择第一个对象或 [多段线(P)/设置(S)/添加标注(D)]<设置>”，单击平面图形的上线后出现提示“选择第二个对象”，单击右端线，完成 5X45° 倒角的绘制。

(三)【偏移】工具操作案例

如图 2.1.7 所示，利用偏移命令完成田字图的绘制。其操作步骤如下：

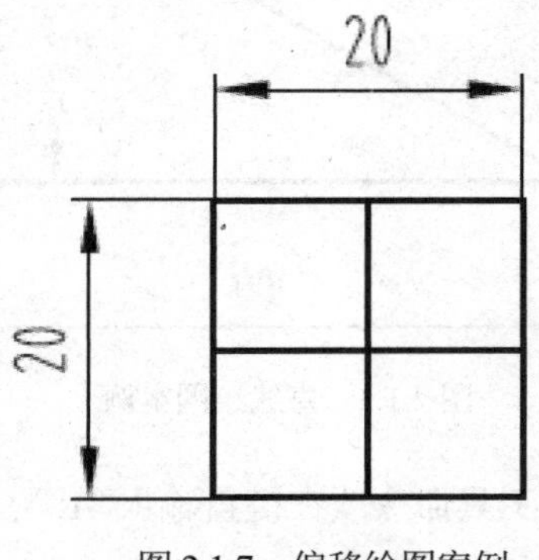

图 2.1.7　偏移绘图案例

1．在菜单栏中单击工具命令或在键盘输入字母“O”，出现提示“指定偏移距离或[通过点(T)]”，输入 10，回车。

2．命令行提示“选择要偏移的对象或[放弃 U/退出(E)]<退出>”，单击要偏移的对象。

3．命令行提示“指定偏移方向或[两边(B)]”，单击偏移方向。

4．依次按上步骤即可。

(四)【修剪】工具操作案例

如图 2.1.8 所示，用田字图来练习修剪的命令。其操作步骤如下：

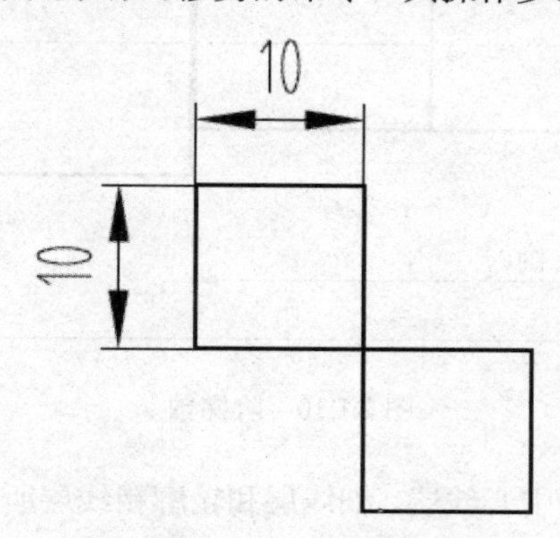

图 2.1.8　修剪绘图案例

1．在菜单栏中单击工具命令或在键盘输入“TR”，出现提示“选取对象来剪切边界<全选>”，输入空格。

2. 单击要修剪的对象即可。

(五)【镜像】工具操作案例

如图 2.1.9 所示，利用下面图形练习镜像的命令。其操作步骤如下：

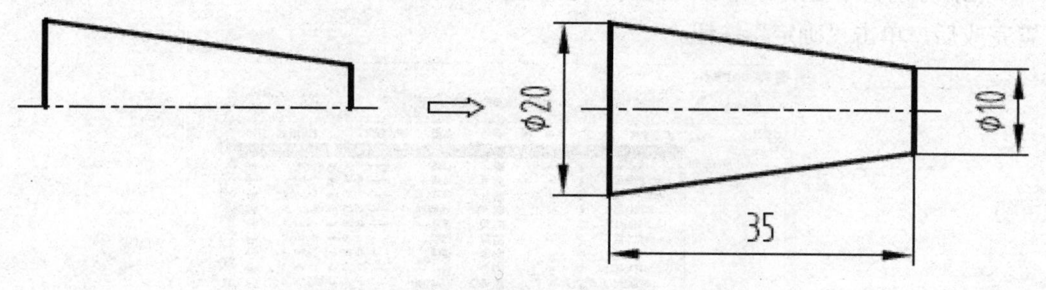

图 2.1.9　镜像绘图案例

1．在菜单栏中单击工具命令或在键盘输入“MI”，出现提示“选择对象”，单击所要镜像的对象，回车。

2．命令行提示“指定镜像线的第一点”，单击中心线端点。

3．命令行提示“指定镜像线的第二点”，单击中心线另一端点。

4．命令行提示“是否删除源对象[是(Y)/否(N)]<否>”，然后单击空格键。

【任务实施】

一、任务描述

绘制阶梯轴，如图 2.1.10 所示。

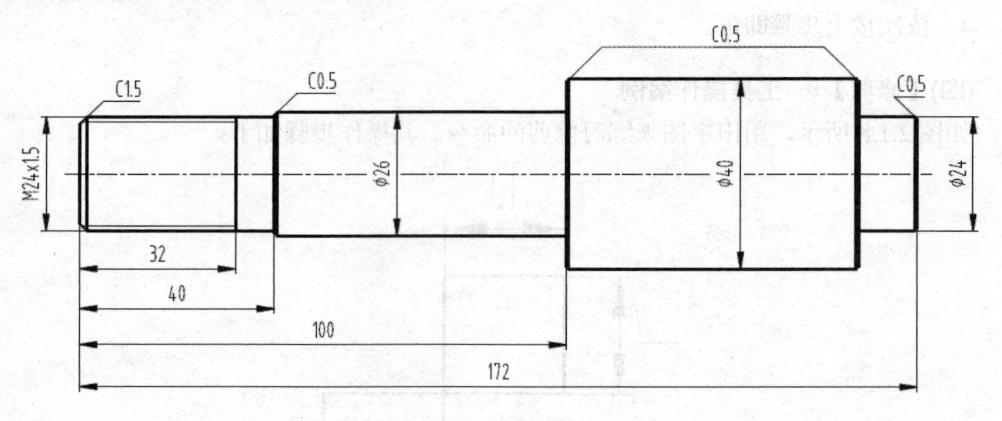

图 2.1.10　阶梯轴

该平面图形为阶梯轴，由中心线层、细线层和轮廓粗线层所构成，可采用【直线】、【偏移】、【修剪】、【镜像】、【倒角】工具命令来完成该平面图的绘制。

二、实施步骤

1. 创建图形文件：单击【新建】工具图标 ，弹出“选择样板”对话框，单击“打开”按钮，创建新的图形文件。

2. 分别设置“中心线”、“轮廓细实线”、“轮廓粗实线”3 个图层：

(1) 单击【图层特性】工具图标 ，弹出“图层特性管理器”对话框；

(2) 分别将中心线、轮廓细实线、轮廓粗实线的颜色、线宽设置成如图 2.1.11 所示，设置完成后，单击“确定”按钮。

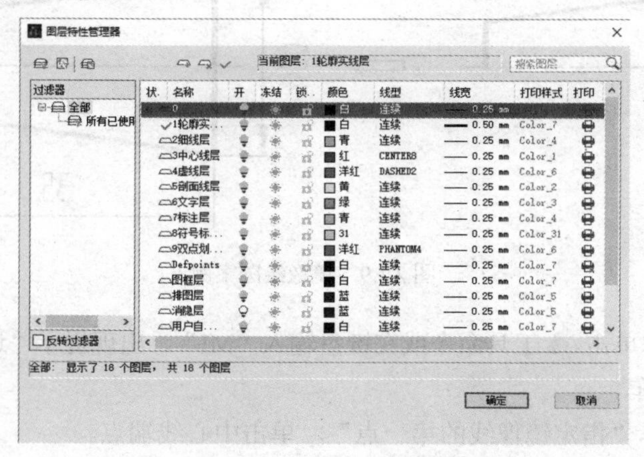

图 2.1.11　设置图层特性

3. 首先绘制中心线，将“中心线”图层设置为当前图层，选择【直线】工具 绘制中心线，长度为 180mm，然后画轮廓粗实线，将“轮廓粗实线”图层设置为当前图层，选择【直线】工具绘制垂直和水平轮廓粗实线，长度分别为 20mm、172mm，图形效果如图 2.1.12 所示。

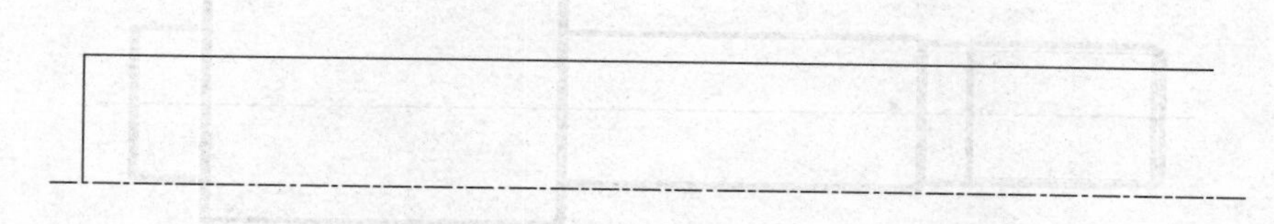

图 2.1.12　阶梯轴绘制过程 1

4．选择【偏移】工具，将垂直粗实线分别向右偏移 32mm、40mm、100mm、160mm、172mm；将水平粗实线分别向下偏移 7mm、8mm，图形效果如图 2.1.13 所示。

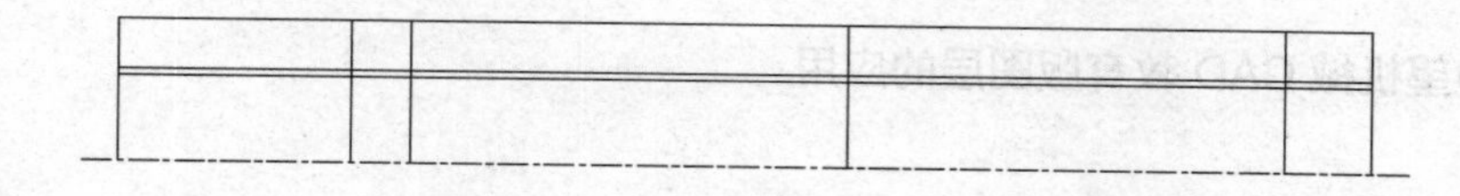

图 2.1.13　阶梯轴绘制过程 2

5．选择【修剪】工具，修剪多余线段，图形效果如图 2.1.14 所示。

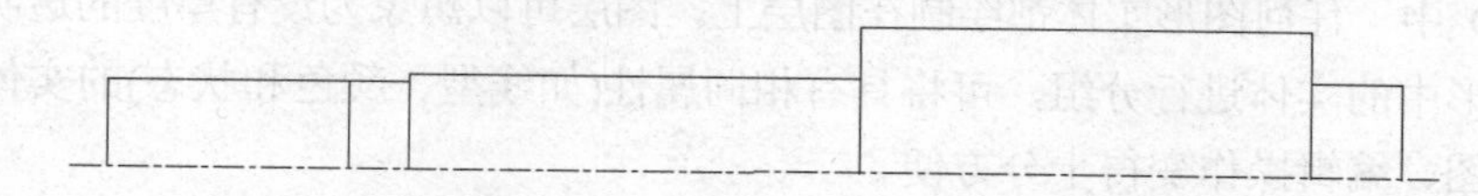

图 2.1.14　阶梯轴绘制过程 3

6．选择【倒角】工具，完成 C1.5、C0.5 倒角的绘制，通过【直线】工具命令补齐线段后，图形效果图如图 2.1.15 所示。

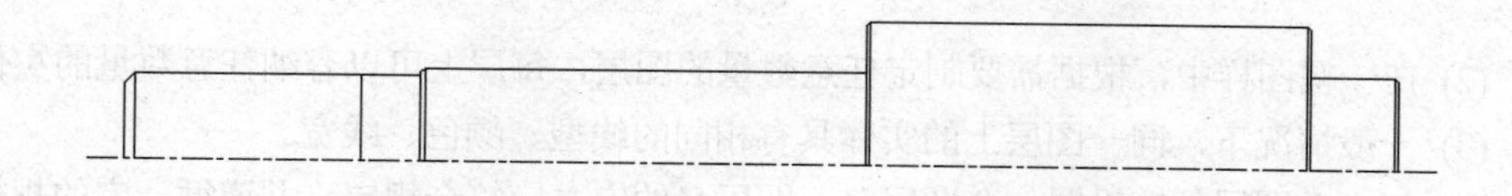

图 2.1.15　阶梯轴绘制过程 4

7. 画轮廓细实线，将“轮廓细实线”图层设置为当前图层，选择【直线】工具，绘制螺纹细实线，如图 2.1.16 所示。

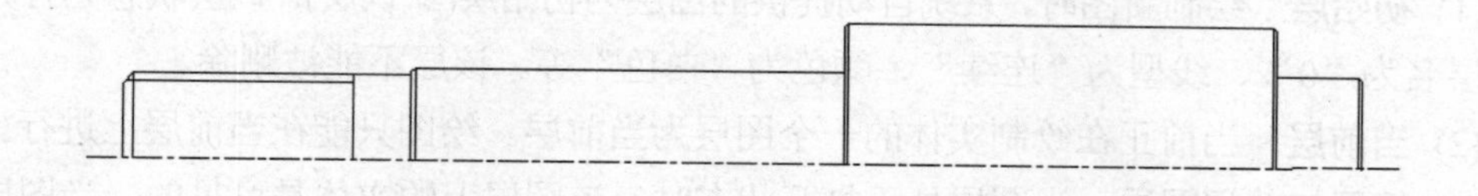

图 2.1.16　阶梯轴绘制过程 5

8. 选择【镜像】工具，绘制阶梯轴的另一面，完成阶梯轴的绘制，单击状态栏中的线宽按钮使其处于凹下状态，即可显示图形的线宽，图形效果如图 2.1.17 所示。

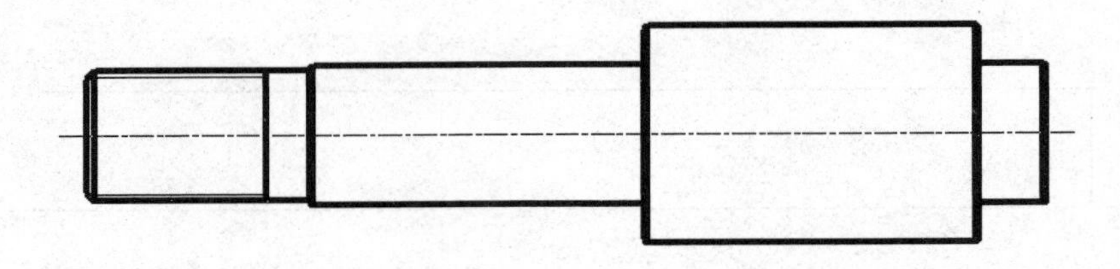

图 2.1.17　阶梯轴绘制过程 6

【扩展知识】

一、中望机械 CAD 教育版图层的应用

(一) 图层的基本概念

为完成复杂图形的绘制、编辑及图形输出，中望机械 CAD 提供了一个分层作图的功能，允许建立、选用不同的图层，使用不同的线型及颜色来绘图，它是 CAD 中的一项重要技术。在中望 CAD 中，任何图形实体都绘制在图层上。图层可以想象为没有厚度的透明薄片，一般用来对图形中的实体进行分组，可将具有相同属性(如线型、颜色和状态)的实体画在同一层上，使绘图、编辑操作变得十分方便。

1. 图层特性

图层具有如下特性：

(1) 一幅图样中的所有图层都具有相同的坐标系、绘图界限和缩放比例，且层与层之间是精确对齐的。因此，根据需要把所绘制的实体分别画在不同的图层上，组合成一幅完整的图形。

(2) 在一幅图样中，根据需要制定任意数量的图层，每层上可以容纳任意数量的实体。

(3) 一般情况下，同一图层上的实体具有相同的线型、颜色、线宽。

(4) 每一个图层都应设置一个图层名。图层名的定义应符合规定，并遵循一定的规律，以方便选择。

(5) 可以通过图层操作改变已有图层的层名、线型、颜色、线宽等，以及删除无用图层。

2. 图层状态

同一图层上的实体属于同一种状态，可以设置图层的不同状态，图层状态包括：

(1) **初始层**　绘制新图时，系统自动提供的图层为初始层(默认层)。该层状态为打开且解冻、层名为“0”、线型为“连续”、颜色为“白色”等。该层不能被删除。

(2) **当前层**　当前正在绘制实体的一个图层为当前层。绘图只能在当前层上进行。

(3) **打开与关闭图层**　当图层处于打开状态时，该图层上的实体是可见的。当图层处于关闭状态时，该图层上的实体是不可见的，不能对其进行编辑，但可以在该图层上绘制实体。被关闭图层上的图形不能用绘图设备输出。

(4) **锁定与解锁**　当图层被锁定时，不影响该图层上的实体的显示，但不能对其进行编辑操作。仍可在当前层上绘图。该图层上的实体可以用绘图设备输出。

(5) **冻结与解冻图层**　当图层冻结后，该图层上的实体是不可见的。该图层上的实体不参与图形之间的处理运算。无法对冻结图层上的实体进行编辑，也不能用绘图设备输出。当前层不能冻结。

(6) **打印与不打印**　用于控制图层上的实体是否被打印。

(二) 图层的创建与管理

该命令用于建立新的图层，设置当前层，为指定的图层定义线型、颜色以及改变层名，打开或关闭图层，锁定或解锁图层，冻结或解冻图层，加载标准线型或自定义线型以及查看图层的全部信息。

其调用格式有：

1. **键盘输入**　命令：Layer(Ddlmodes、LA)。

2. **下拉菜单**　格式(0)→图层(L)。

3. **工具栏**　在“图层”工具栏上，单击“图层特性管理器”图标按钮。

此时，弹出“图层特性管理器”对话框，如图 2.1.1 所示。

在“图层特性管理器”对话框的列表框中显示满足图层过滤条件的所有图层，如图 2.1.18 所示。

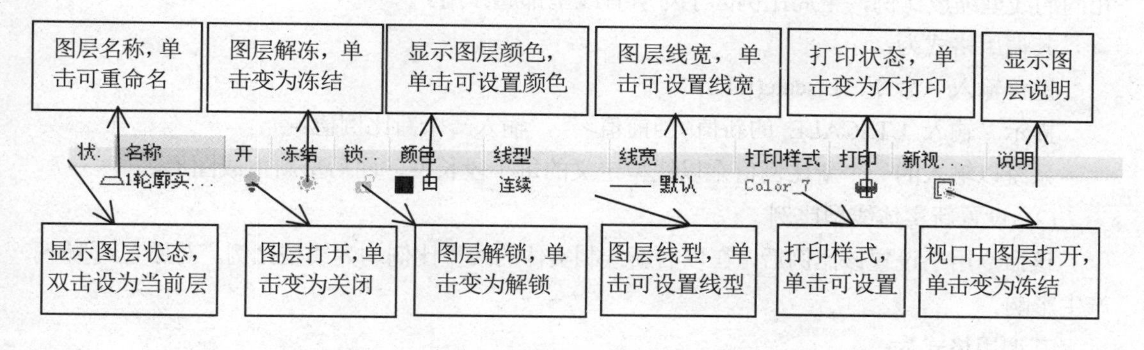

图 2.1.18　列表中图层的设置及说明

1.“颜色”用于显示图层的颜色。单击颜色图标，弹出“选择颜色”对话框，用于设置图层颜色。

2.“线型”用于显示对应图层的线型。单击线型名，弹出“选择线型”对话框，用于线型加载。

3.“线宽”用于设置图层中线型的线宽。单击线宽图标，弹出“线宽”对话框，选择所需要的线宽。

4.“打印样式”用于设置出图样式。单击出图样式名，弹出“选择打印样式”对话框，从中选择、编辑及添加设置出图样式。

当对多个图层进行相同的设置时，如设置相同的线型、颜色、线宽及冻结等操作时，可按下键盘上的 Shift 键或 Ctrl 键进行连续拾取，然后对图层的状态和特性进行设置、修改。

(三) 利用“图层”工具条完成图层设置操作

在实际绘图中，常使用“图层”工具栏，如图 2.1.19 所示。通过该图层工具栏，可改变当前图层、对图层状态进行设置和改变实体所在的图层等。

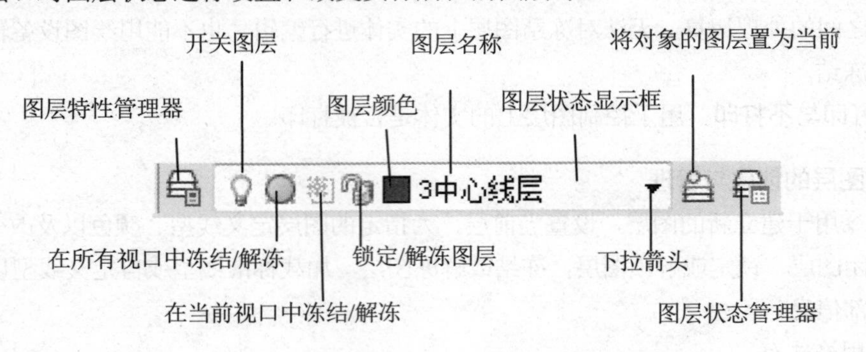

图 2.1.19　“图层”工具栏

(四) 线性比例及线宽设置

1. 线性比例

(1) 设置全局比例因子

该命令用来确定图形中所有线型的总体比例，使图纸空间中以不同比例显示的对象具有相同的线型缩放比例，全局比例因子对所有线型都起作用。

其调用格式为：

键盘输入　命令：Ltscale(LTS)

提示“输入 LTSCALE 的新值<当前值>”，输入一个新比例值。

系统以输入的一个新比例值乘以线型定义的每小段长度，而后重新生成图形。

(2) 设置新实体线型比例

该命令用于设置该比例后，在以后新绘制实体的线型比例均为线型比例，对原有线型不产生影响。

其调用格式为：

通过键盘输入　命令：Celtscale

提示“输入 CELTSCALE 的新值<当前值>”，输入一个新比例值。

系统以输入的新比例值确定后，所绘制实体的线型均采用该比例。

2. 线宽设置

该命令用于设置后续绘制线型的线宽，在所有图层上均采用此线宽来绘制图形，但对原图形的线宽不产生影响。

其调用格式为：

(1) 键盘输入　命令：Lweight(LW、Lineweight)。

(2) 下拉菜单　格式(0)→线宽(L)。

此时，弹出“线宽设置”对话框，可进行线宽的设置，如图 2.1.20 所示。

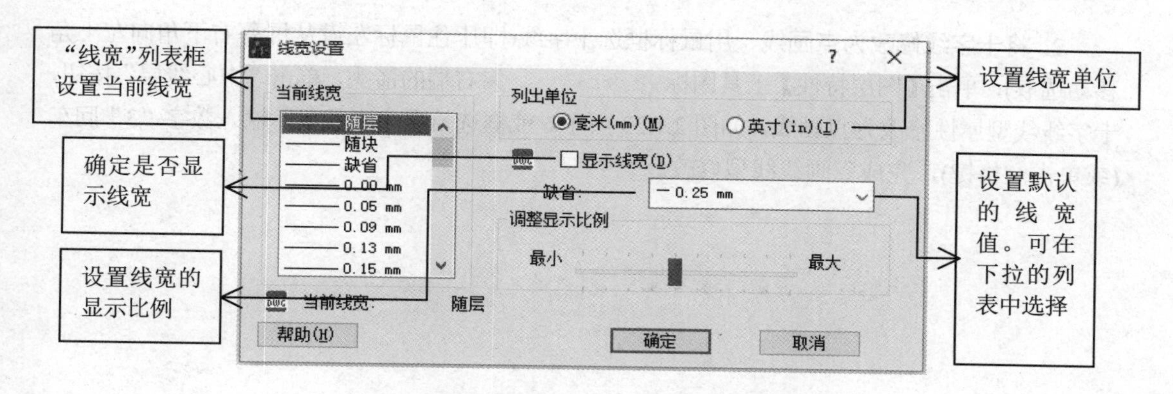

图 2.1.20　"线宽设置"对话框及其说明

二、不同线型的修改

中望机械 CAD 教育版软件对已绘制线型提供了便捷的修改方法，可以将任意线型修改为自己需要的线型，如图 2.1.21 所示，直线、十字线、圆、圆弧分别修改为粗实线、点画线、虚线、细实线等，具体操作如下：

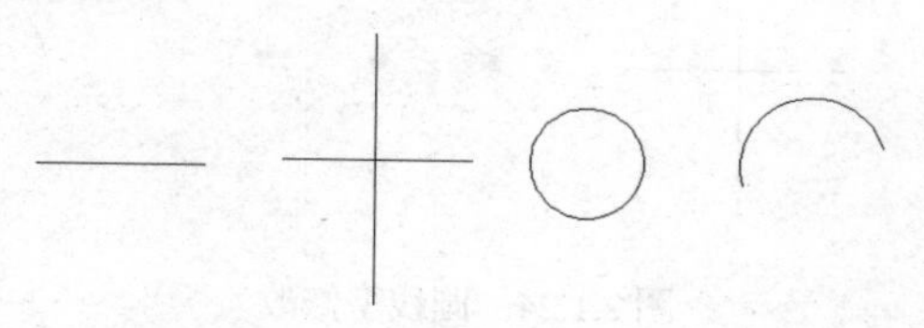

图 2.1.21　线型修改案例

1. 将直线修改为粗实线　用移动鼠标拾取直线，单击【图层特性】工具图标 右端的箭头，显示"图层特性管理器"下拉菜单，单击"轮廓实线层"按钮，将直线属性改为粗实线。或使用快捷命令：拾取直线，输入数字"1"回车(或单击空格键)，完成粗实线线型修改，如图 2.1.22 所示。

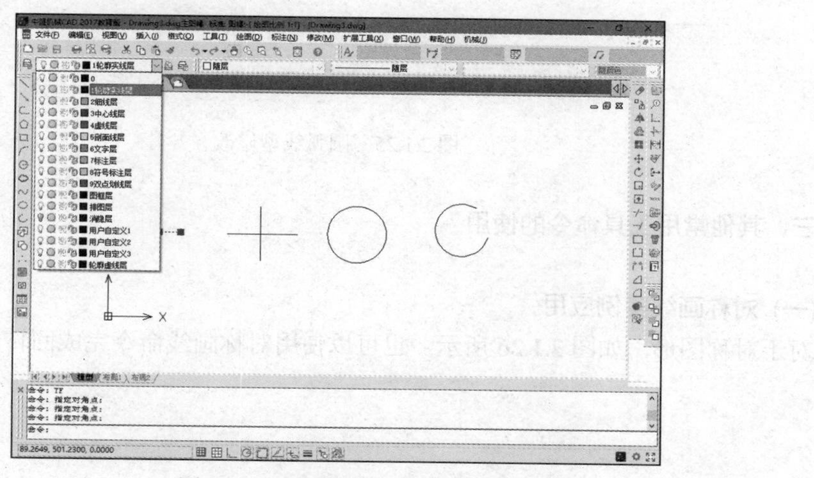

图 2.1.22　将直线修改为粗实线

2. 将十字线修改为点画线　用鼠标框选十字线(即压住鼠标左键从屏幕右下角向左上角移动选取)，单击【图层特性】工具图标右端的箭头，单击“中心线层”按钮，十字线线型属性修改为点画线，如图 2.1.23 所示。或框选拾取十字线后，输入数字“3”回车(或单击空格键)，完成点画线线型修改。

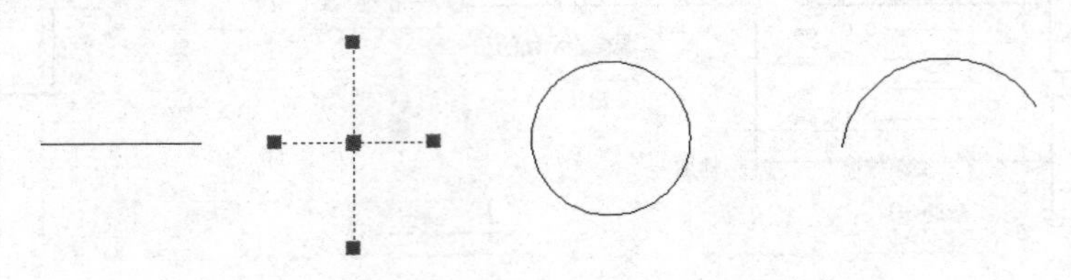

图 2.1.23　十字线线型修改

3. 将圆线型修改为虚线　用鼠标框选圆，单击【图层特性】工具图标右端的箭头，单击“虚线层”按钮，圆线型属性修改为虚线，如图 2.1.24 所示。或框选拾取圆，输入数字“4”回车(或单击空格键)，完成圆线型修改。

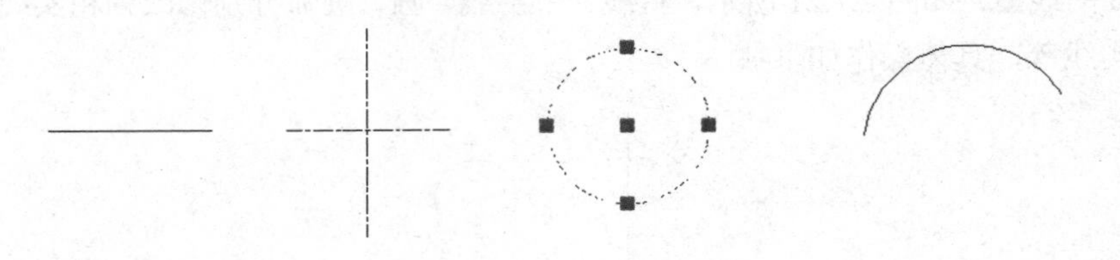

图 2.1.24　圆线型修改

4. 将圆弧线型修改为细实线　用鼠标框选圆弧，单击【图层特性】工具图标右端的箭头，单击“细实线层”按钮，将圆弧线型属性修改为虚线，如图 2.1.25 所示。或框选拾取圆弧，输入数字“2”回车(或单击空格键)，完成圆线型修改。

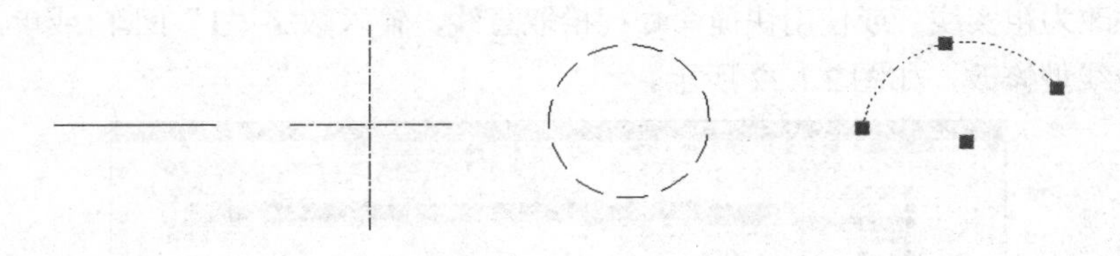

图 2.1.25　圆弧线型修改

三、其他常用工具命令的使用

(一) 对称画线实例应用

对于对称图形，如图 2.1.26 所示，也可以使用对称画线命令完成回转体的绘制。

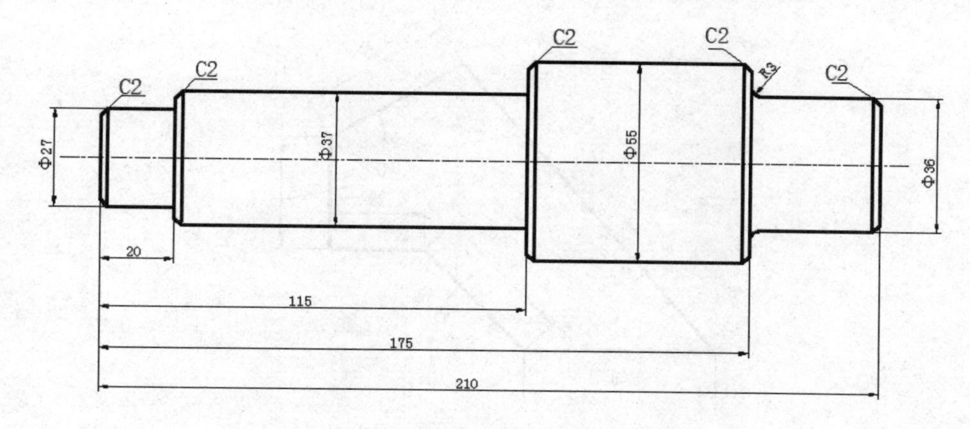

图 2.1.26　对称回转体

对称画线的功能在“机械”→“绘图工具”→“对称画线”，或者输入快捷键 DC 即可。在我们应用对称画线功能的时候需要一根轴线，所以要先确定中心线的位置。

1. 打开命令后，命令行出现提示“请选取对线轴”。单击我们提前设置的中心线。
2. 命令行出现提示“直线或[与对称线距离(D)/圆弧(A)/圆(C)/退出(X)]<X>”。
3. 单击中心线上的任一点，输入轴的尺寸就可以更方便地完成绘图。

(二)【直线】╲工具的其他操作

1. 用【直线】╲工具命令绘制图 2.1.27 所示的平面图形。

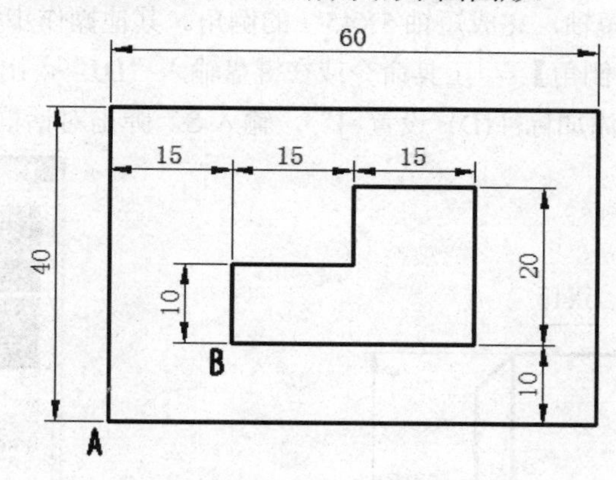

图 2.1.27　直线绘图案例 1

在绘制好长 60、宽 40 的矩形后，再绘制矩形内图形时，首先找到 B 点相对于 A 点的坐标值(15, 10)。操作步骤如下：

(1) 在菜单中单击【直线】╲工具命令或在键盘输入“L”，命令行提示“指定第一个点”，单击 A 点，回车。

(2) 命令行提示“指定下一点或[角度(A)长度(L)放弃(U)]”，输入 B 点相对坐标@15,10，然后回车。

(3) 使用直线命令完成矩形内图形的绘制。

2. 用【直线】╲工具命令绘制图 2.1.28 所示的平面图形。

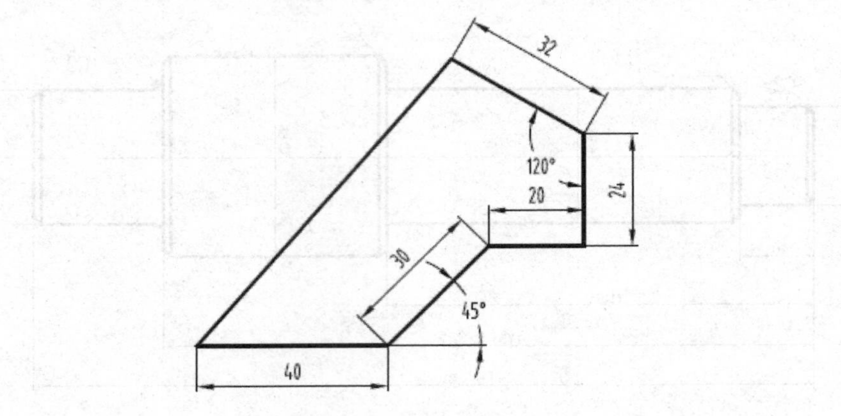

图 2.1.28　直线工具操作案例 2

直线 L30 与直线 L32 的绘制步骤：

(1) 在菜单中单击【直线】╲工具命令或在键盘输入“L”，命令行提示“指定第一个点”，单击 C 点，回车。

(2) 命令行提示“指定下一点或[角度(A)长度(L)放弃(U)]”，输入@30<45，回车完成直线 L30 的绘制。

(3) 打开直线命令，单击 D 点，输入@32<150，回车完成直线 L32 的绘制。

(三)【倒角】◿工具的其他操作方法

如图 2.1.29 所示的短轴，完成短轴 5X45° 的倒角。其他操作步骤如下：

1．在菜单中单击【倒角】◿工具命令或在键盘输入“DJ”，出现提示“选择第一个对象或[多段线(P)/设置(S)/添加标注(D)<设置>]”，输入 S，弹出对话框，如图 2.1.30 所示。

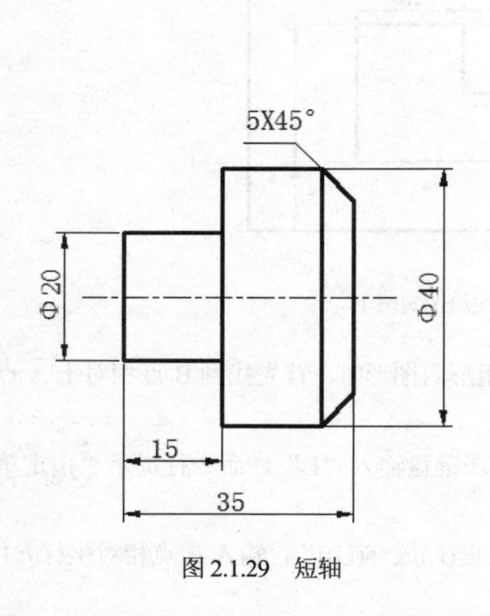

图 2.1.29　短轴

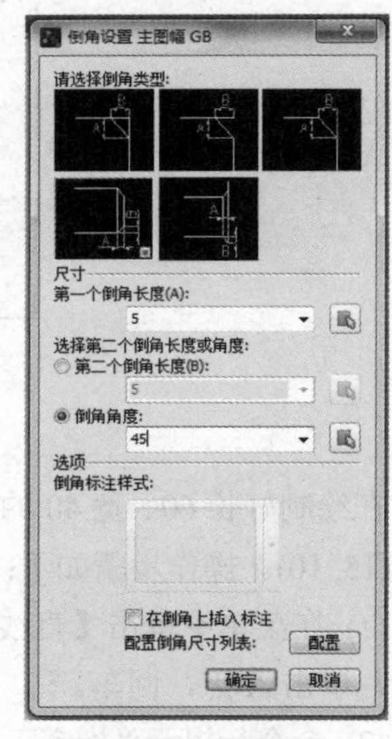

图 2.1.30　倒角对话框

2．选择轴倒角模式，设定两个倒角的长度为 5，倒角角度为 45，单击“确定”按钮后，出现提示“选择第一个对象或[多段线(P)/设置(S)/添加标注(D)<设置>]”。

3．选择轴的上母线作为第一对象后，出现提示“选择第二个对象或(按回车键切换倒圆功能)”，选择轴的下母线为第二对象后，出现提示“请选择端面线[ESC 退出]”，单击右端面线，完成倒角的绘制。

【任务评价】

绘制阶梯轴，对相关知识点的掌握程度应做一定的评价，如表 2.1.1 所示。

表 2.1.1　阶梯轴绘制评价参考表

评价内容	评价标准	分值	学生自评	老师评估
图层设置	颜色的设置	10		
	线宽的设置	10		
绘图工具	直线的应用	10		
修改工具	倒角的应用	10		
	偏移的应用	10		
	修剪的应用	10		
	镜像的应用	10		
成品(阶梯轴)效果	错误 1 处扣 5 分	30		

【练一练】

根据所学的工具命令，请绘制如图 2.1.31、图 2.1.32 的平面图形。

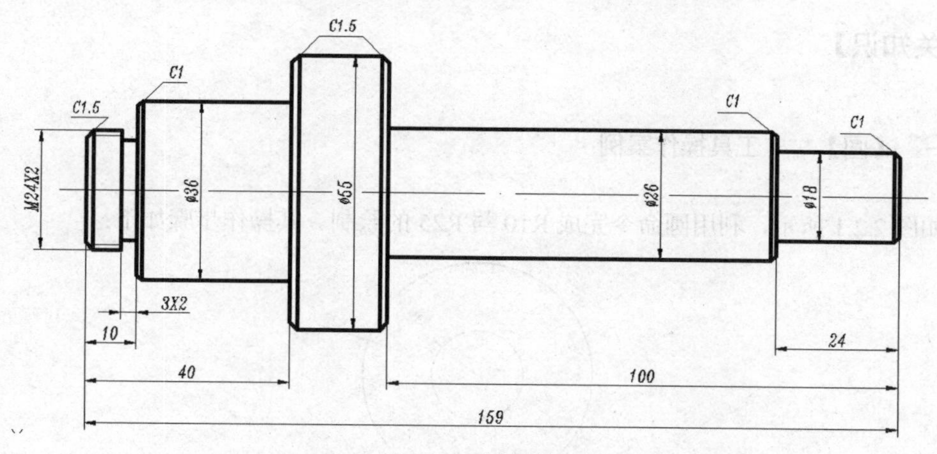

图 2.1.31　阶梯轴

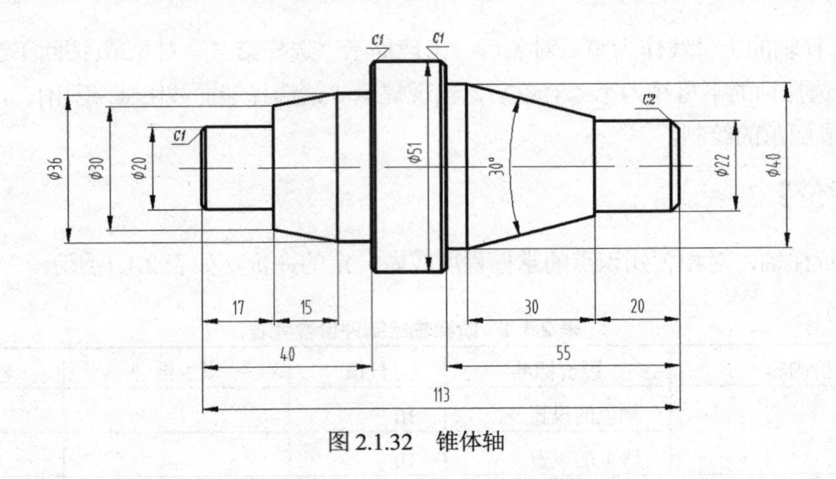

图 2.1.32　锥体轴

任务 2.2　绘制吊钩

【任务目标】

1. 本实例通过吊钩轮廓图的绘制，指导你熟练使用画圆、公切线、偏移等常用工具命令。

2. 通过案例操作与练习，了解极轴、对象捕捉的设置。

【任务分析】

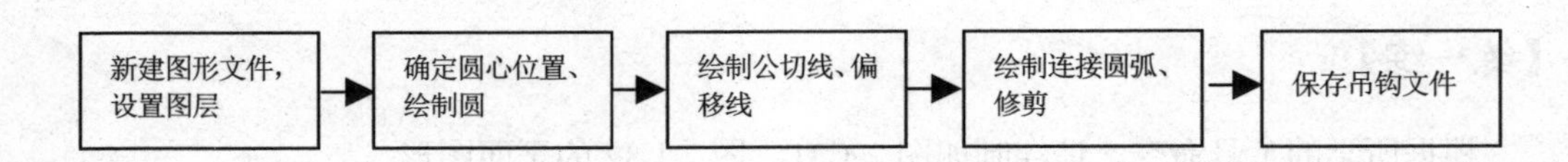

【相关知识】

一、【圆】工具操作案例

如图 2.2.1 所示，利用圆命令完成 R10 与 R25 的绘制。其操作步骤如下：

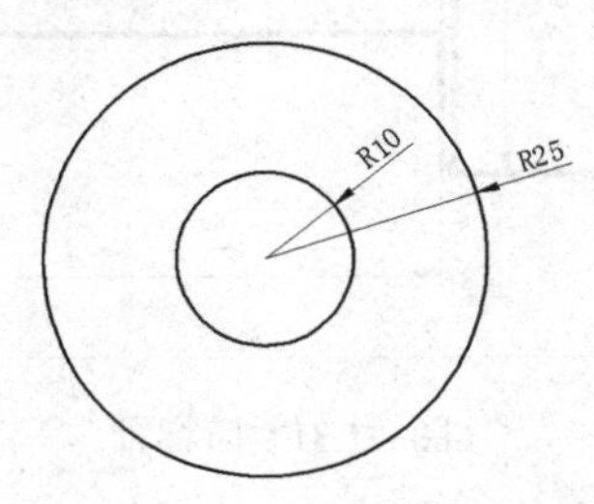

图 2.2.1　圆绘图案例

1. 在菜单栏中单击工具命令或在键盘输入“C”，出现提示“指定圆的圆心或[三点(3P)/两点(2P)切点、切点、半径(T)]”，选择圆心。

2. 命令行出现“指定圆的半径或[直接(D)]”，输入10。

3. 按空格重复上一次指令，按以上方法继续绘制R25。

二、【公切线】工具操作案例：

如图2.2.2所示，利用公切线命令完成R20与R30的公切线的绘制。其操作步骤如下：

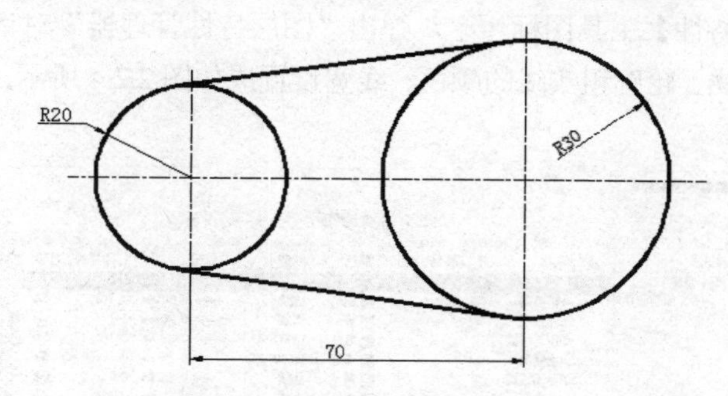

图2.2.2　公切线的绘制

调用公切线命令的格式为：

(1) **键盘输入**　命令：GQ。

(2) **下拉菜单**　机械(J)→绘图工具(R)→公切线

1. 执行公切线命令，命令行出现提示“选择第一个圆(弧)或椭圆(弧)”，单击R20的圆(如果切线出的位置不符合预期，可以按空格确定另一方向)。

2．单击R30的圆。

3．按照以上步骤绘出另一公切线。

【任务实施】

一、任务描述

绘制吊钩，如图2.2.3所示。

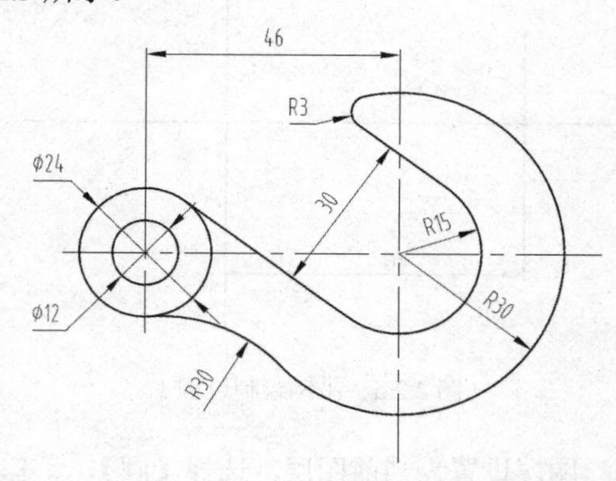

图2.2.3　吊钩轮廓图

该平面图形为吊钩，由中心线层和轮廓粗线层构成，可采用【直线】、【圆】、【偏移】、【圆弧】、【修剪】工具命令来完成该平面图的绘制。

二、实施步骤

1．创建图形文件。单击【新建】工具图标，弹出“选择样板”对话框，单击“打开”按钮，创建新的图形文件。

2．分别设置“中心线”、“轮廓粗实线”两个线层：

(1) 单击【图层特性】工具图标，弹出“图层特性管理器”对话框；

(2) 分别将中心线、轮廓粗实线的颜色、线宽设置成如图 2.2.4 所示，设置完毕后，单击“确定”按钮。

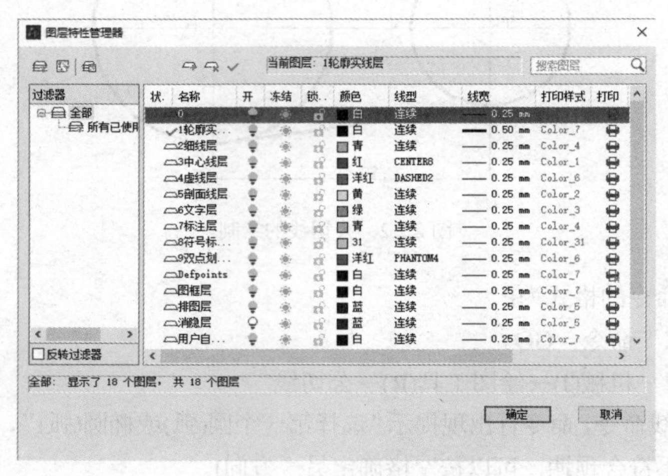

图 2.2.4　图层特性设置

3．首先绘制中心线，将“中心线”图层设置为当前图层，选择【直线】工具绘制中心线，长度为 95mm，再绘制圆的垂直中心线，长度为 66mm，选择偏移命令找出另一圆的中心线，距离为 46mm。图形效果如图 2.2.5 所示。

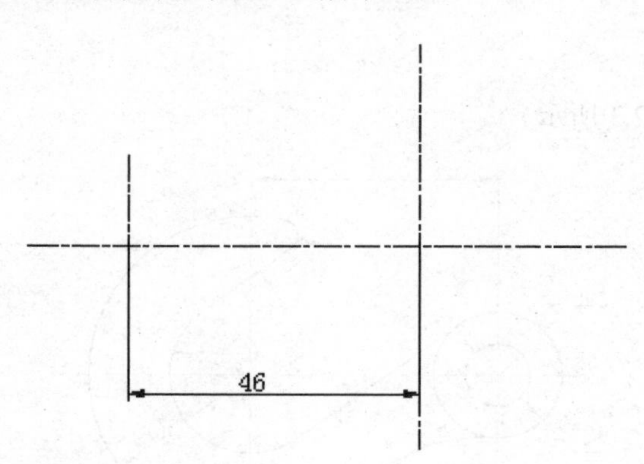

图 2.2.5　吊钩绘制过程 1

4．将“轮廓粗实线”图层设置为当前图层，选择【圆】工具或者输入“C”绘制，半径、直径分别为Φ24、Φ12、R30、R15，将多余中心线进行裁剪，多出 3～5mm，图形效果如图 2.2.6 所示。

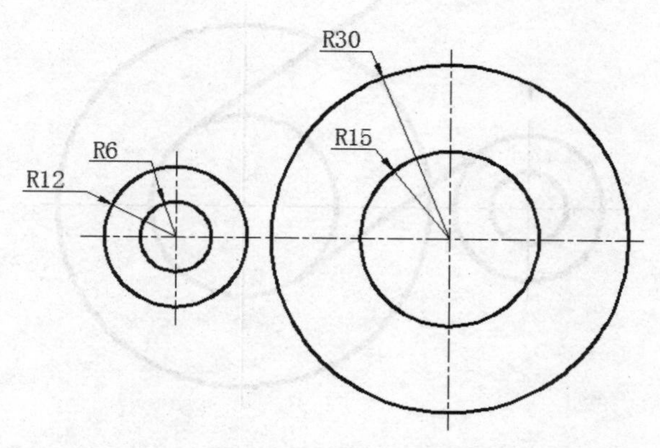

图 2.2.6　吊钩绘制过程 2

5. 在状态栏任意处右击，弹出对话框，如图 2.2.7 所示，单击“设置”，弹出如图 2.2.8 所示的对话框，在“对象捕捉”选项卡中选中切点，单击“确定”按钮。

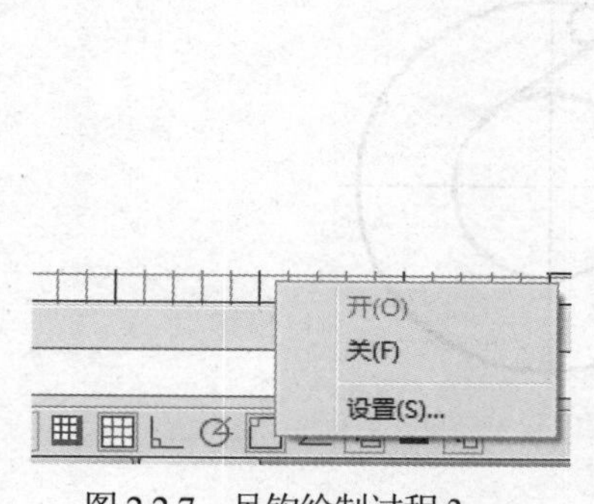

图 2.2.7　吊钩绘制过程 3

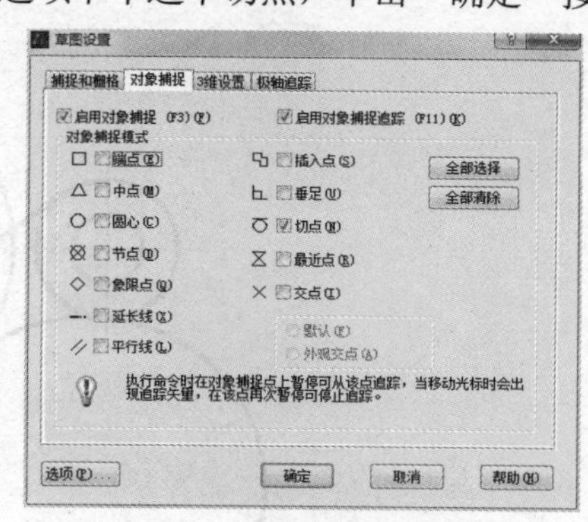

图 2.2.8　“草图设置”对话框

6. 通过【公切线】工具命令，画出Φ24 与 R15 的公切线，图形效果如图 2.2.9 所示。

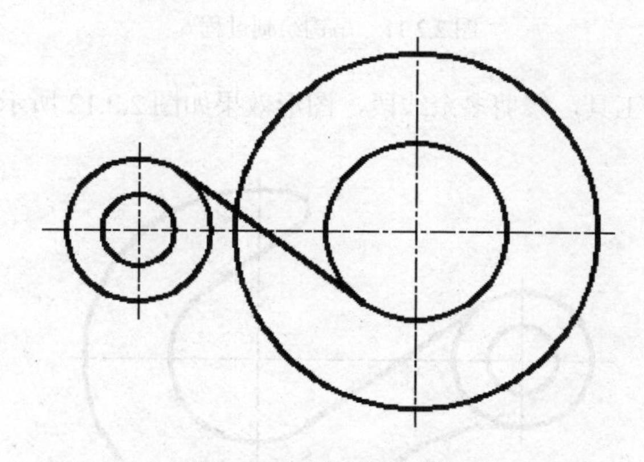

图 2.2.9　吊钩绘制过程 4

7. 通过【偏移】工具命令，画出相距 30 的偏移线，图形效果如图 2.2.10 所示。

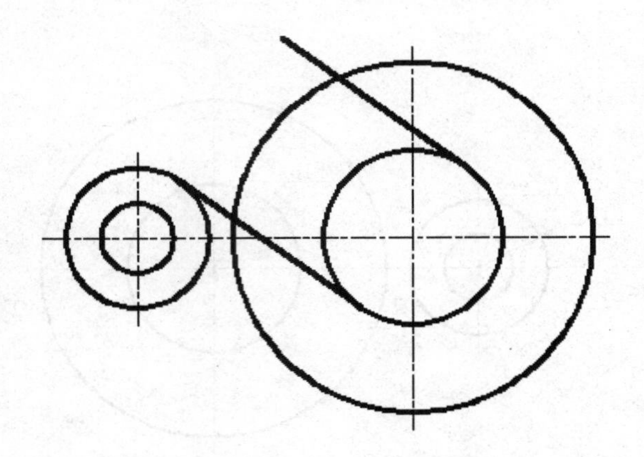

图 2.2.10　吊钩绘制过程 5

8．选择【圆】工具命令中的“(相切、相切、半径)”，画出Φ24 与 R30 的相切圆弧 R30，以及偏移线与 R30 的相切圆 R3，图形效果如图 2.2.11 所示。

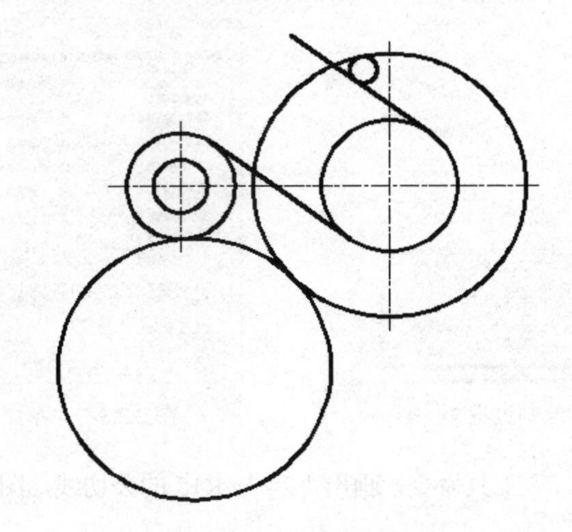

图 2.2.11　吊钩绘制过程 6

9．选择【修剪】工具，修剪多余线段，图形效果如图 2.2.12 所示。

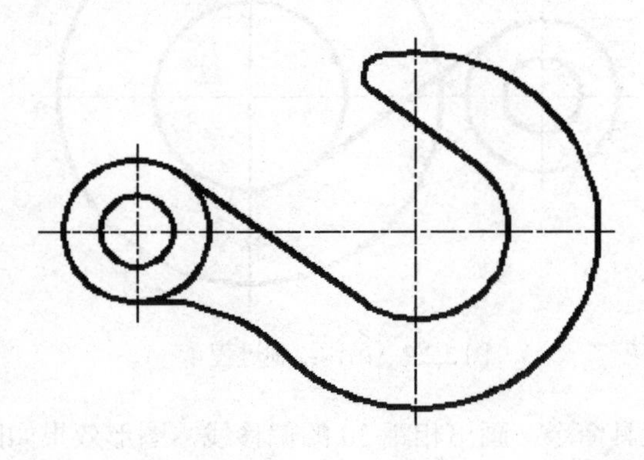

图 2.2.12　吊钩绘制过程 7

【扩展知识】

绘图工具设置

用对话框设置栅格显示及捕捉、实体上特殊点捕捉、极坐标追踪及轨道追踪特征状态和三维设置等。

其调用格式为：

1．**键盘输入**　命令：Dsettings(Ds、Ddrmodes)。

2．**下拉菜单**　工具(T)→草图设置(F)。

3．**工具栏**　在“对象捕捉”工具栏，单击相对应的捕捉图标。

4．**状态栏**　在状态栏上，在相应的图标按钮上单击鼠标右键，在弹出快捷键菜单中，选择“设置”选项。

此时，弹出“草图设置”对话框。在该对话框中，有“捕捉和栅格”、“对象捕捉”、“3维设置”、“极轴追踪”四个选项卡。

各选项的说明如下：

1.“捕捉和栅格”选项卡

单击“捕捉和栅格”选项卡，此时，对话框变为“捕捉和栅格”选项卡形式，如图2.2.13所示。在该对话框中，可以设置栅格显示和栅格捕捉。

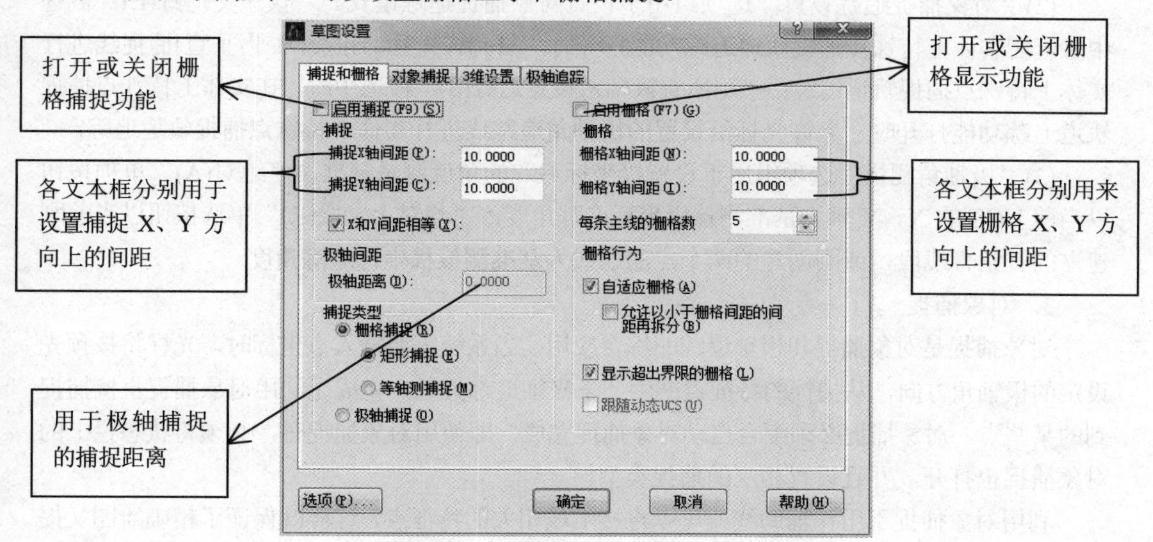

图2.2.13　“捕捉和栅格”选项卡说明

2.“极轴追踪”选项卡

单击“极轴追踪”选项卡，此时，对话框变为“极轴追踪”选项卡形式，如图2.2.14所示。该选项卡用于设置极坐标追踪及对象上特殊点捕捉轨道追踪功能。极坐标追踪功能是当按命令提示行要求输入一个点后，光标能够沿着所设置的极坐标方向形成一条临时捕捉线，可在该捕捉线上输入点，这样使作图非常方便、准确。

(1)“极轴角设置”选项组中，“增量角(I)”文本框用于输入极坐标追踪方向上常用的角度增量，单击右侧下拉箭头，在下拉列表框中可以选择角度；当选择“附加角(D)”复选按钮后，单击“新建(N)”按钮或“删除”按钮，可在开始时加入或删除一个带有附加角度增量的极坐标追踪角度。

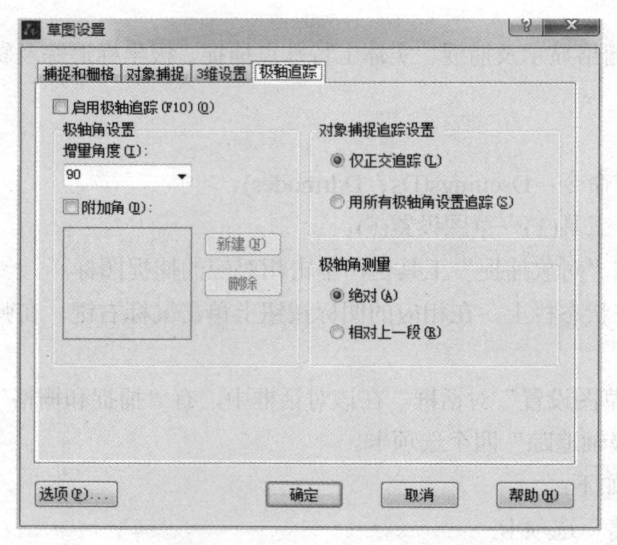

图 2.2.14　“极轴追踪”选项卡说明

(2)“对象捕捉追踪设置”选项组用于设置对象捕捉追踪模式。“仅正交追踪(L)”被选中时，在实体上特殊点捕捉轨道追踪功能打开时，只允许光标沿正交(水平/垂直)捕捉线进行实体上特殊点捕捉轨道追踪；“用所有极轴角设置追踪(S)”被选中时，在实体上特殊点捕捉轨道追踪功能打开时，允许光标沿设置的极轴角追踪线进行实体上特殊点捕捉轨道追踪。

(3)“极轴角测量”选项组用于设置极坐标追踪的角度测量基准。“绝对(A)”单项按钮以当前 UCS 的 X、Y 轴为基准测量极坐标追踪角度；“相对上一段(R)”单选按钮以当前刚建立的一条直线段，或刚创建的两个点的连线为基准测量极坐标追踪角度。

3．对象捕捉

对象捕捉是对象捕捉和极轴追踪的综合应用，当系统需要输入点坐标时，光标将按预先设定的极轴角方向，从捕捉的特征点产生一条极轴追踪矢量，完成无法用对象捕捉直接捕捉到的某些点。对象捕捉必须配合自动对象捕捉完成，即使用对象捕捉时，必须将状态栏上的对象捕捉也打开，并且设置相应的捕捉类型。

利用对象捕捉不用作辅助线就可以直接生成相关的特征点，这样既保证了精确绘图又提高了工作效率，同时省去了绘制辅助线。

捕捉和栅格工具在作图时可以获得绝对坐标，对象捕捉与追踪则可以容易地获得相对坐标，这对作图更加有利。

4．3 维设置

在我们绘图时很少用到此命令，所以不予以讨论。

【任务评价】

绘制吊钩，对相关知识点的掌握程度应做一定的评价，如表 2.2.1 所示。

表 2.2.1　吊钩的绘制评价参考表

评价内容	评价标准	分值	学生自评	老师评估
图层设置	颜色的设置	10		
	线宽的设置	10		
绘图工具	圆的应用	10		
修改工具	圆弧的应用	10		
	偏移的应用	10		
	公切线的运用	10		
	修剪的应用	10		
成品(吊钩)效果	错误 1 处扣 5 分	30		

学习体会：

【练一练】

请根据所学的工具命令，绘制如图 2.2.15、图 2.2.16 所示的平面图形。

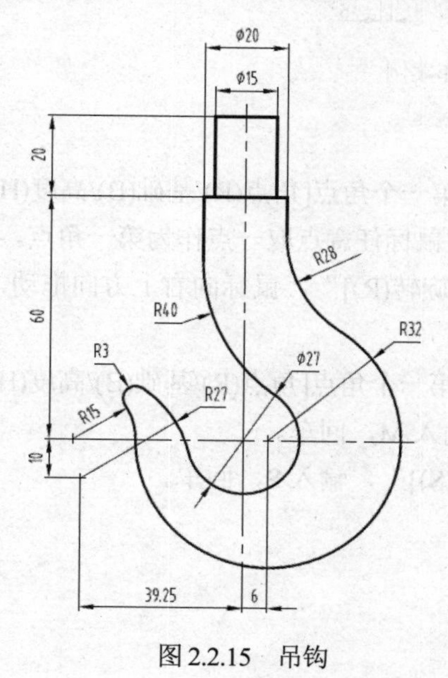

图 2.2.15　吊钩

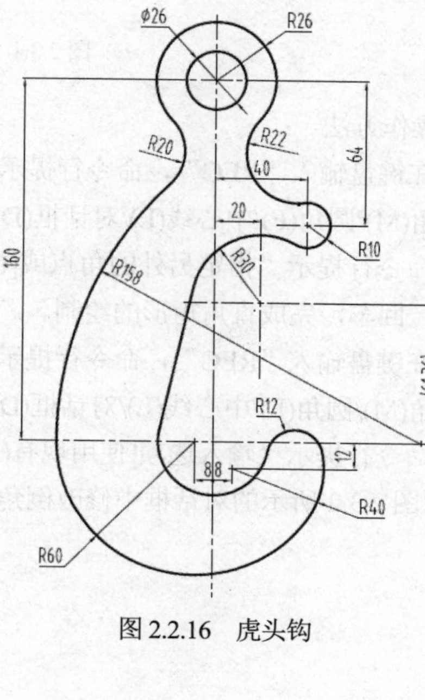

图 2.2.16　虎头钩

任务 2.3　绘制盖板

【任务目标】

1. 通过案例介绍和练习，能熟练使用矩形、椭圆、偏移、修剪、倒圆角、阵列、分解等常用工具命令。

2. 通过案例操作与练习，学会图层线宽和颜色的设置。

【任务分析】

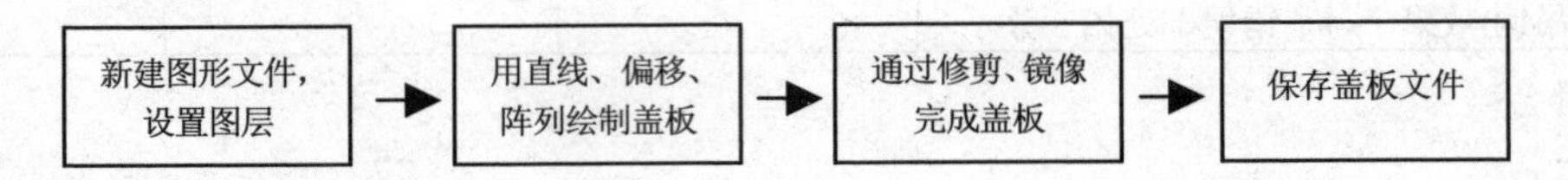

【相关知识】

一、【矩形】工具操作案例

图 2.3.1 显示了一个矩形操作案例。

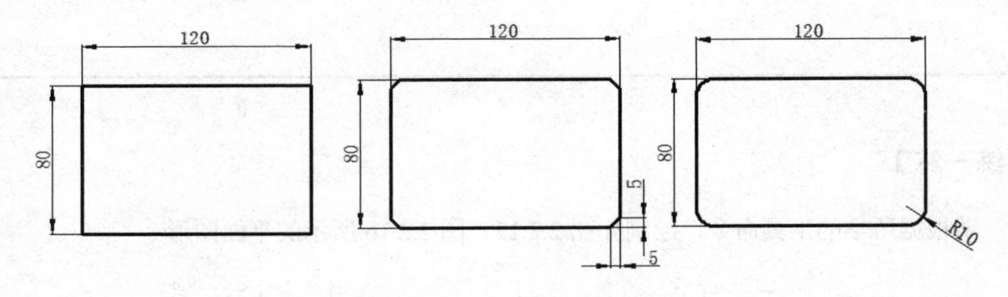

图 2.3.1　矩形操作案例

1．操作方法一：

(1) 在键盘输入“REC”，命令行提示“指定第一个角点[角点(R)/基础(B)/高度(H)/中心点(C)/倒角(M)/圆角(F)/中心线(L)/对话框(D)]”，用鼠标任意点取一点作为第一角点。

(2) 命令行提示“指定另外的角点或[面积(A)/旋转(R)]”，鼠标向右上方向拖动，输入@120,80，回车，完成直角矩形的绘制。

(3) 在键盘输入“REC”，命令行提示“指定第一个角点[角点(R)/基础(B)/高度(H)/中心点(C)/倒角(M)/圆角(F)/中心线(L)/对话框(D)]”，输入 M，回车。

(4) 命令行提示“输入选项[使用现有(A)/设置(S)]”，输入 S，回车。

在如图 2.3.2 所示的对话框中修改倒角值：5。

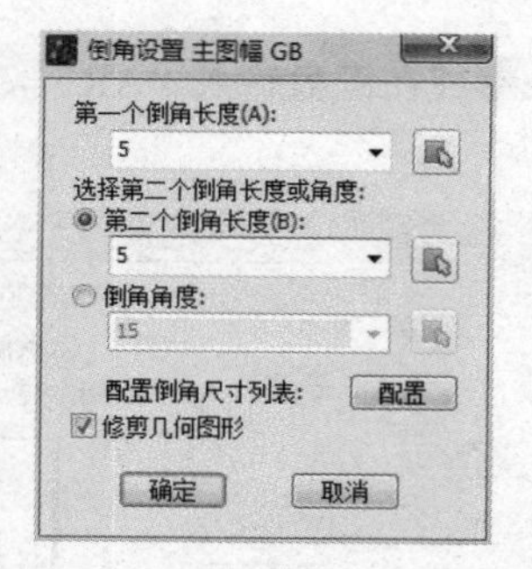

图 2.3.2　矩形倒角设置对话框

(5) 重复第(1)、(2)步骤即可完成倒角矩形的绘制。

(6) 在键盘输入“REC”，命令行提示“指定第一个角点[角点(R)/基础(B)/高度(H)/中心点(C)/倒角(M)/圆角(F)/中心线(L)/对话框(D)]”，输入 F，回车。

(7) 命令行提示“输入选项[使用现有(A)/设置(S)]”，输入 S，回车。

在如图 2.3.3 所示的对话框中修改半径值：10。

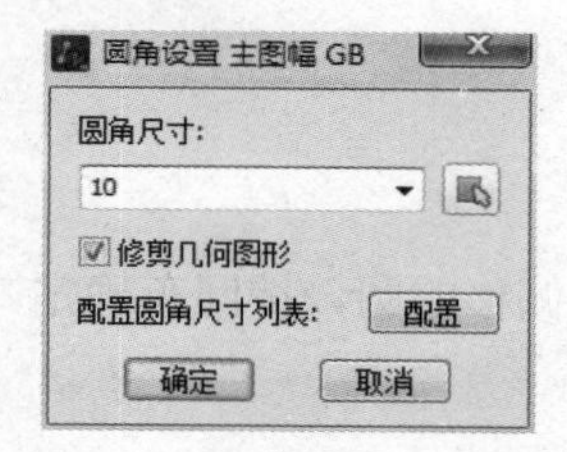

图 2.3.3　矩形圆角设置对话框

(8) 重复第(1)、(2)步骤即可完成圆角矩形的绘制。

2．方法二：

(1) 在菜单中单击【多段线】中矩形工具命令，命令行提示“选取方形第一点或[倒角(C)/标高(E)/圆角(F)/旋转(R)/正方形(S)/厚度(T)/宽度(W)]”，用鼠标点取任意一点，回车。

(2) 命令行提示“指定另外的角点或[面积(A)/尺寸(D)/旋转(R)]”，输入 D，回车。

(3) 命令行提示“输入矩形长度<10>”，输入 120，回车。

(4) 命令行提示“输入矩形宽度<10>”，输入 80，回车，直角矩形绘制完成。

倒角矩形和圆角矩形的绘制方法同上。

二、【阵列】工具操作案例

用阵列工具命令绘制图 2.3.4 所示的内容，其操作步骤如下：

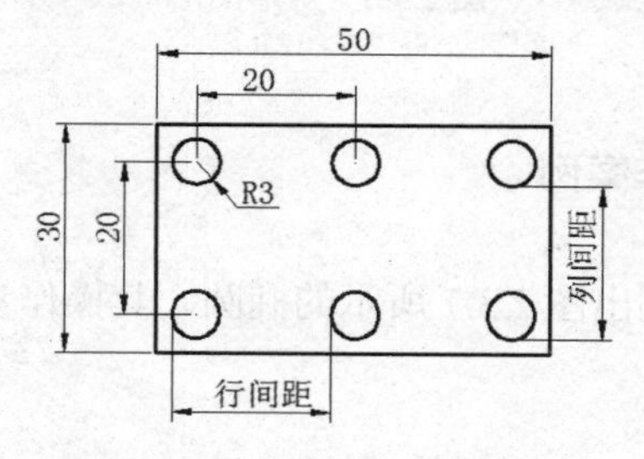

图 2.3.4　阵列绘图案例

1．在菜单栏中单击工具命令或在键盘输入“AR”，出现“阵列”对话框，如图 2.3.5 所示。

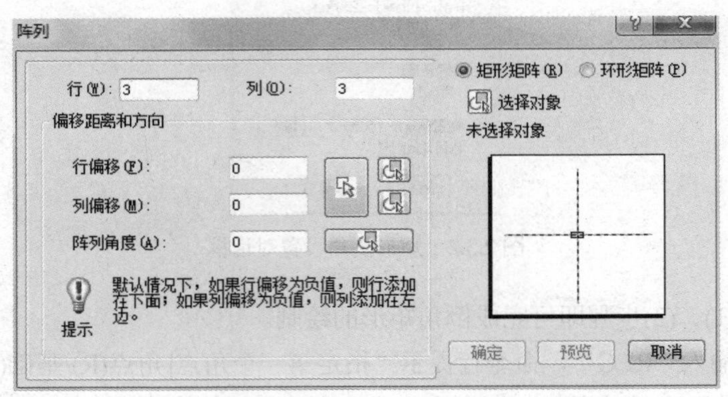

图 2.3.5　“阵列”对话框

2．在“行(W)”输入：2。

“列(O)”输入：3。

“行偏移(F)”输入：-20。

“列偏移(M)”输入：20。

3．单击选择对象，选取所要偏移的圆，按回车确定。

4．单击“确定”。

三、【分解】工具操作案例

用【分解】工具命令分解整体图形，如图 2.3.6 所示的内容，其操作步骤如下：

1．在菜单栏中单击工具命令或在键盘输入“X”，命令行出现提示“选择要分解的对象”。

2．选取矩形，按回车确定。

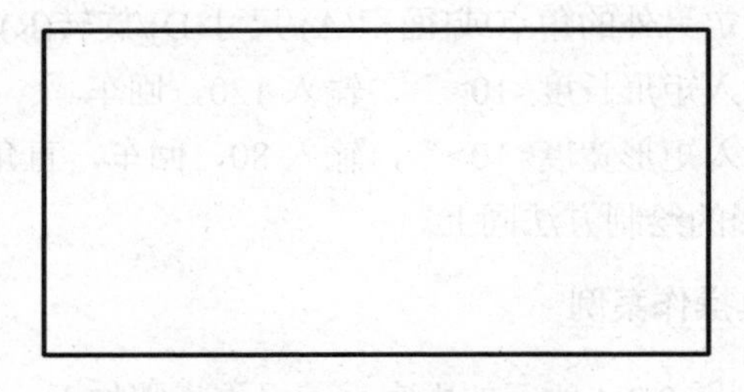

图 2.3.6　矩形图形

四、【椭圆】工具操作案例

用【椭圆】工具命令绘制出图 2.3.7 所示的椭圆，其操作步骤如下：

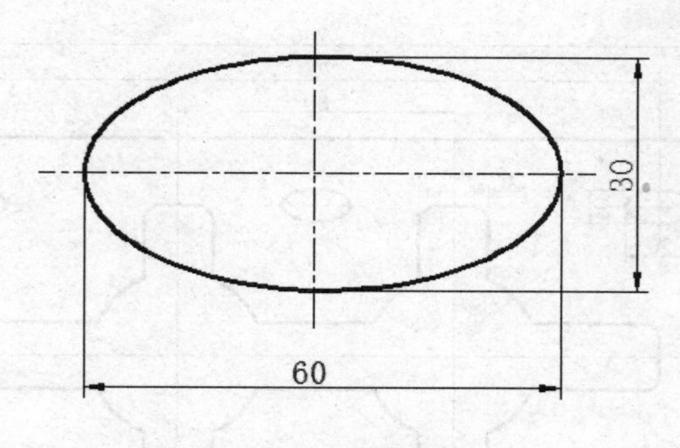

图 2.3.7　椭圆图形

1．在菜单栏中单击工具命令或在键盘输入“EL”，命令行出现提示“指定椭圆的第一个端点或 [弧(A)/中心(C)]”，输入“C”。

2．命令行提示确定椭圆的中心，单击任意点。

3．命令行出现提示“轴的终点”。

4．将鼠标横向移动，输入 30。

5．命令行出现提示“指定其他轴或[旋转(R)]”。

6．将鼠标纵向水平放置，输入 15。

五、【倒圆角】工具操作案例

如图 2.3.8 所示，完成平面图形中 R2 的倒圆角。其操作步骤如下：

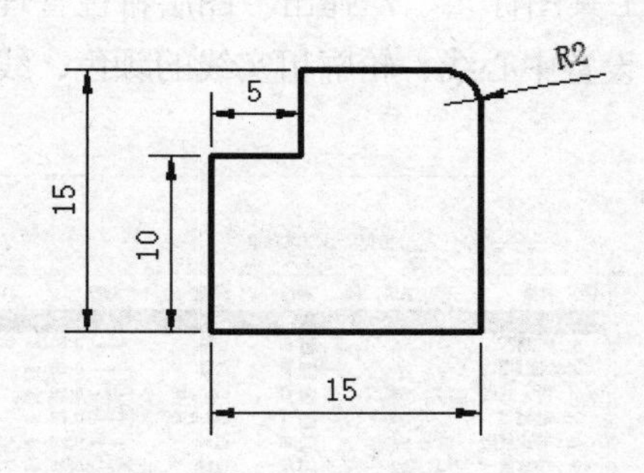

图 2.3.8　倒圆角绘图案例

1．在菜单中单击【倒圆角】工具命令或在键盘输入“FILLET”，出现提示“选取第一个对象或 [多段线(P)/半径(R)/修剪(T)/多个(M)]”，输入 R。

2．命令行出现提示“圆角半径<0>”，输入 2，回车。

3．单击平面图形的上线后出现提示“选择第二个对象”，单击右端线，完成 R2 倒圆角的绘制。

【任务实施】

一、任务描述

绘制盖板，如图 2.3.9 所示。

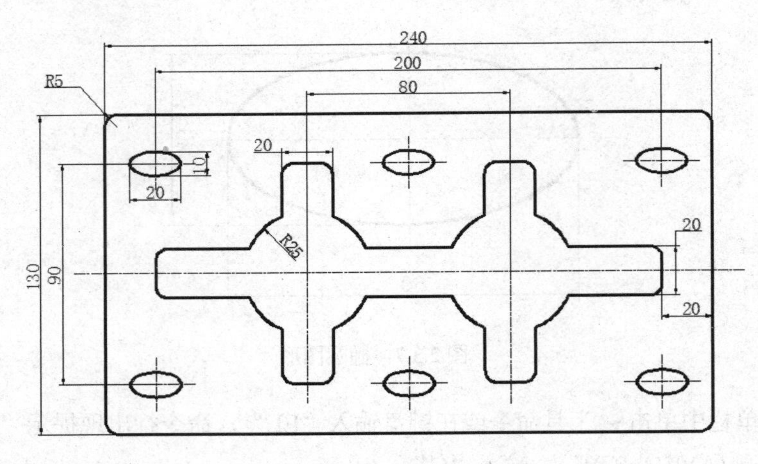

图 2.3.9　盖板

该平面图形为盖板，由中心线层、轮廓粗线层所构成，可采用【直线】、【偏移】、【修剪】、【阵列】、【镜像】、【倒圆角】工具命令来完成该平面图的绘制。

二、实施步骤

1．创建图形文件：单击【新建】工具图标，弹出“选择样板”对话框，单击“打开”按钮，创建新的图形文件。

2．分别设置“中心线”、“轮廓粗实线”两个线层：

(1) 单击【图层特性】工具图标，弹出“图层特性管理器”对话框。

(2) 按图 2.3.10 所示，设置中心线、轮廓粗实线的颜色、线宽，设置完毕后，单击“确定”按钮。

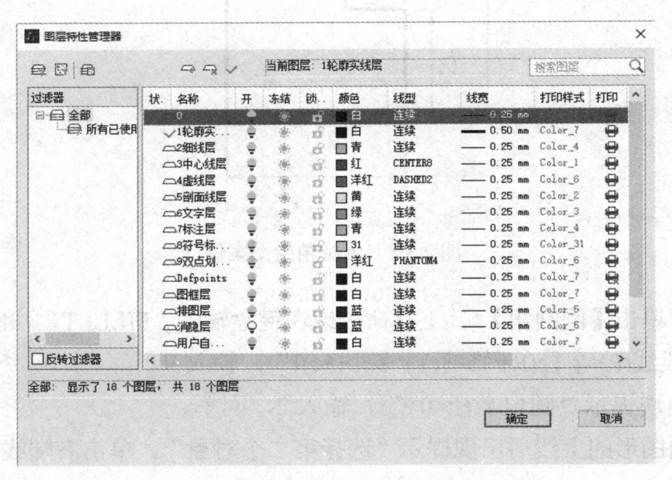

图 2.3.10　图层特性设置

3．首先绘制矩形，将“轮廓实线层”图层设置为当前图层，选择【矩形】工具绘制矩形，长度 240，宽度 130。如图 2.3.11 所示。

4．绘制中心线。以往的操作是先画直线然后改变线层绘制中心线，现在我们来学习一个新的绘制中心线的方法，更加便捷。

在下拉菜单栏中，单击“机械”→“绘图工具”→“中心线”。或者在命令行输入“ZX”。

(1) 在命令行输入“ZX”，命令行出现提示“选择线、圆弧、椭圆、多段线或[中心点(C)/单挑中心线(S)/批量增加中心线选择圆、圆弧、椭圆(B)/同排(R)设置出头长度(E)]<批量增加(B)>”，单击矩形。

(2) 按回车确定。如图 2.3.12 所示。

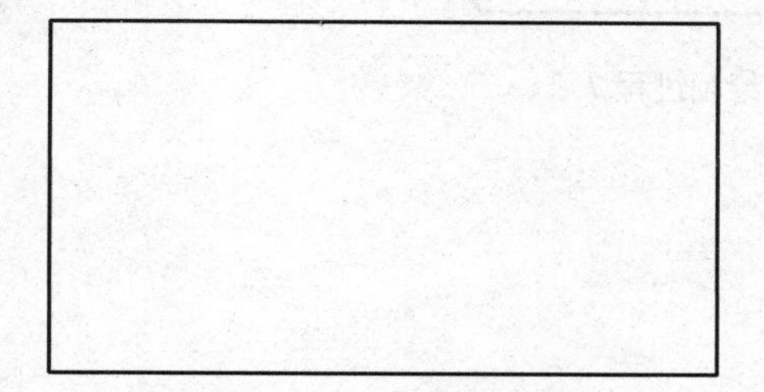

图 2.3.11　盖板绘制过程 1

图 2.3.12　盖板绘制过程 2

5．绘制圆。在离矩形中点的 40 与-40 位置绘制 R25 的圆。

6．在命令行输入“ZX”单击两圆，绘制中心线。删除重复中心线。如图 2.3.13 所示。

7．利用偏移工具，输入距离“20”，拾取矩形，在内向的距离方向生成小矩形。

8．将整体矩形分解。

9. 同理，将矩形的短边向内偏移，偏移距离分别为 70mm、90mm，长边向内偏移 55mm，如图 2.3.14 所示。

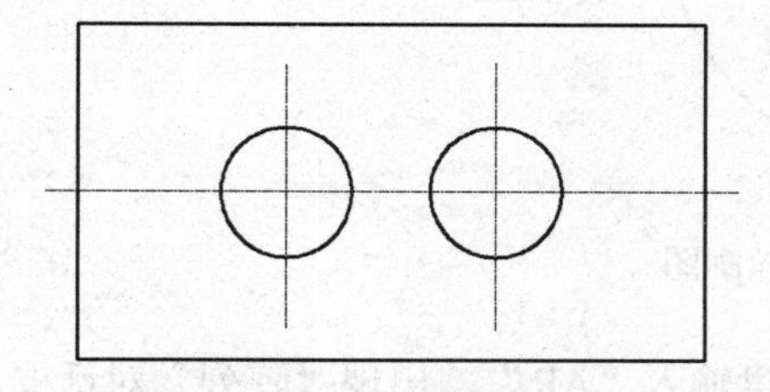

图 2.3.13　盖板绘制过程 3

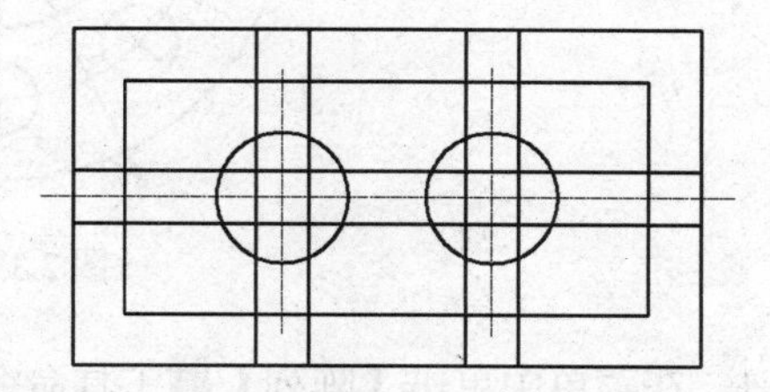

图 2.3.14　盖板绘制过程 4

10．在小矩形交点上画出一个椭圆，长半轴 10，短半轴 5，如图 2.3.15 所示。

11．利用阵列命令将其余椭圆绘出，如图 2.3.16 所示。

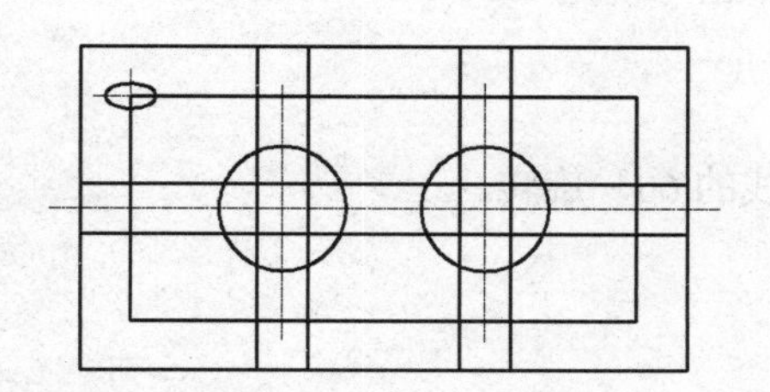

图 2.3.15　盖板绘制过程 5

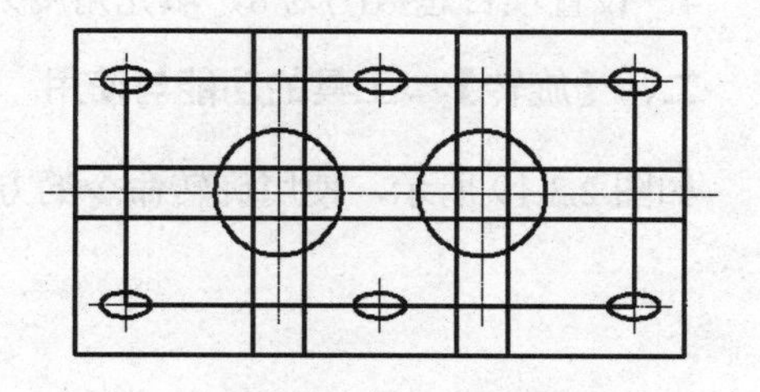

图 2.3.16　盖板绘制过程 6

12．修剪、删除多余线段完成盖板基本绘制。

13．将 R10 与 R5 的圆角倒出，完成盖板轮廓图的绘制。如图 2.3.17 所示。

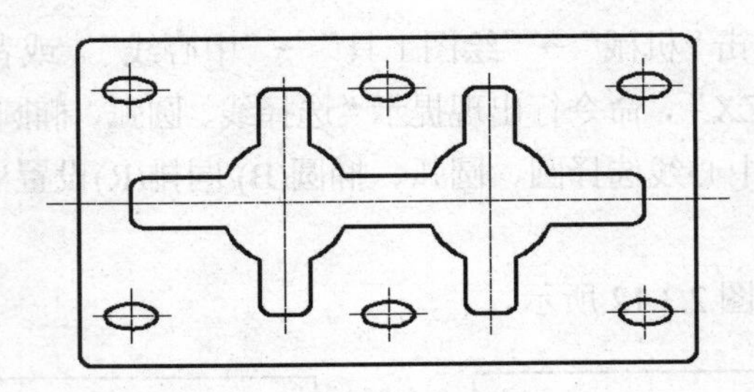

图 2.3.17　盖板绘制过程 7

【扩展知识】

一、【阵列】工具的其他操作方法

如图 2.3.18 所示，使用环形阵列的方法完成圆盘轮廓图。其他操作步骤如下：

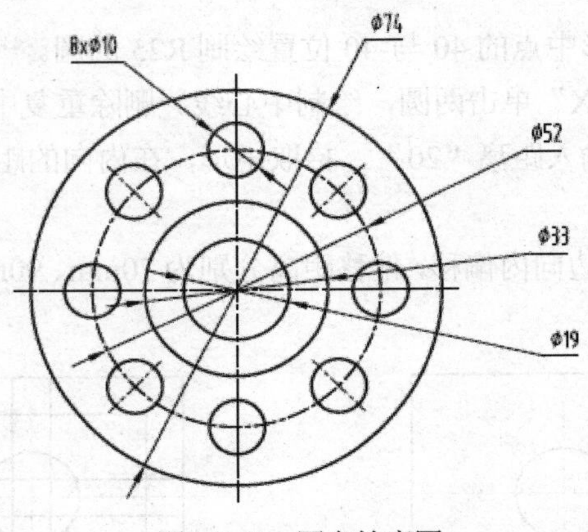

图 2.3.18　圆盘轮廓图

1．在菜单中单击【阵列】工具命令或在键盘输入“AR”，出现“阵列”对话框，单击环形阵列(P)。

2．单击中心点，拾取圆心点。

3．选择对象，拾取Φ10 圆，回车确定。

4．设置项目总数(I)为 8，填充角度为 360°。单击“确定”。

二、【旋转】工具的功能与使用

如图 2.3.19 所示，使用旋转命令的方法完成直线的 60°旋转。

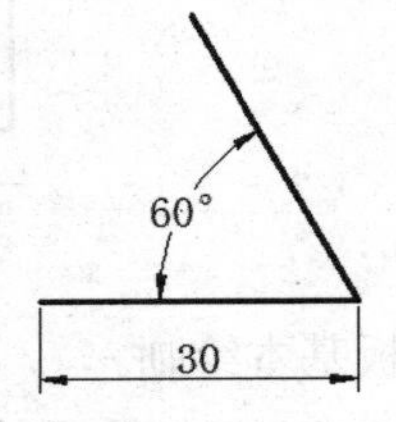

图 2.3.19　旋转命令使用案例

1．在菜单栏中单击【旋转】工具命令或在键盘输入“RO”，出现提示“选择对象”。

2．单击 30mm 线段，按回车确定。

3．命令行提示“指定基点”。单击线段右端点。

4．命令行提示“指定旋转角度或[复制(C)/参照(R)]<0>”，输入“C”。再次输入“-60”。

三、【移动】工具的功能与使用

如图 2.3.20 所示，将 R20 的圆移动到右上角(100,20)的位置。

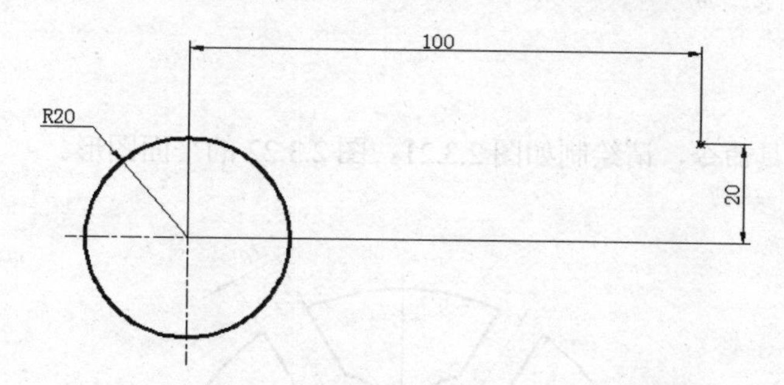

图 2.3.20　移动工具操作案例

1．在菜单栏中单击【移动】工具命令或在键盘输入“M”，出现提示“选择对象”。

2．单击 R20 圆，按回车确定。

3．命令行出现提示“指定基点或[位移(D)]<位移>”，选取圆心。

4．命令行出现提示“指定第二点的位移或者<使用第一点当作位移>”。

5．此时我们可以使用相对坐标的功能，在命令行输入@100,20，按回车确定。

【任务评价】

绘制盖板，对相关知识点的掌握程度应做一定的评价，如表 2.3.1 所示。

表 2.3.1　盖板绘制评价参考表

评价内容	评价标准	分值	学生自评	老师评估
图层设置	颜色的设置	10		
	线宽的设置	10		
绘图工具	矩形的应用	5		
	椭圆的运用	5		
修改工具	倒圆角的应用	10		
	偏移的应用	10		
	修剪的应用	10		
	分解的应用	10		
成品(盖板)效果	错误 1 处扣 5 分	30		

(续表)

学习体会：

【练一练】

根据所学的工具命令，请绘制如图 2.3.21、图 2.3.22 的平面图形。

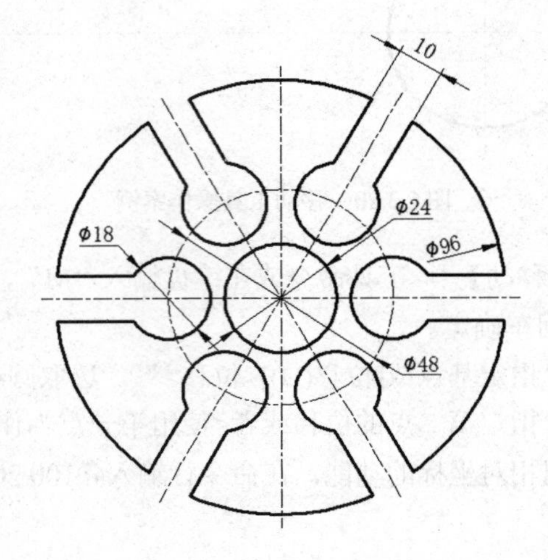

图 2.3.21　盖板

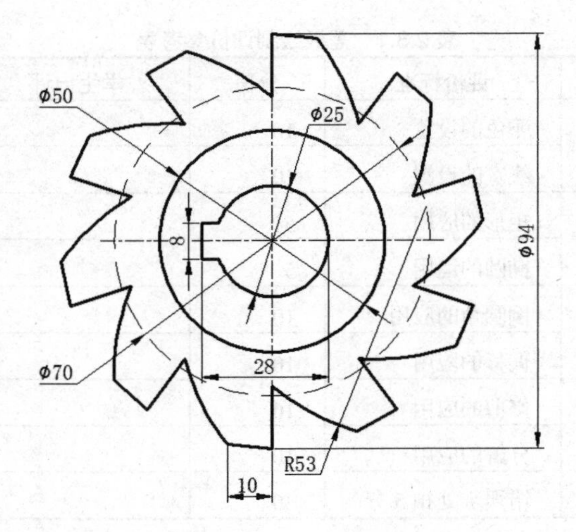

图 2.3.22　切割刀片

任务 2.4　绘制薄板

【任务目标】

1. 通过案例介绍和练习，能熟练使用圆、直线、定距等分、复制、偏移、修剪等常用工具命令。

2. 通过任务 2.4 的学习熟练掌握各命令的用法。

【任务分析】

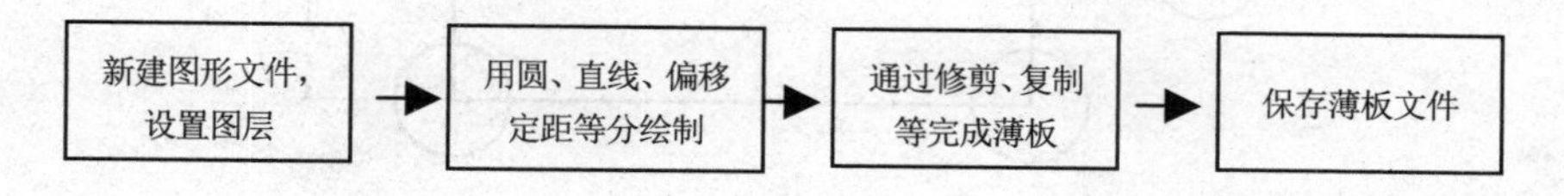

【相关知识】

一、【定距等分】工具操作案例

用“定距等分”命令将长 50mm 的直线 L 从左至右按照 15mm 定距等分，如图 2.4.1 所示，其操作步骤如下：

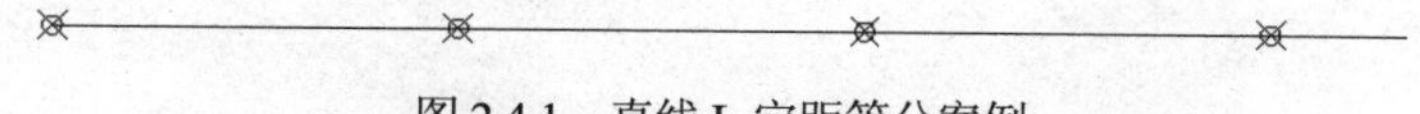

图 2.4.1　直线 L 定距等分案例

1. 单击多个点命令或者输入“PO”，命令行出现提示“指定点定位或[设置(S)/多次(M)]”，输入 S，回车确定。

2. 出现“点样式”对话框，如图 2.4.2 所示。

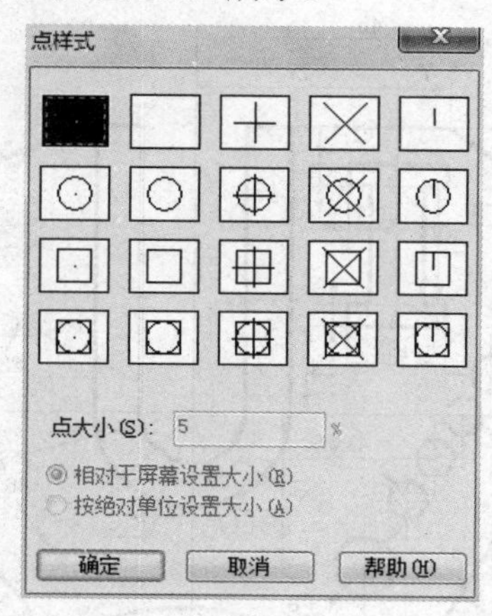

图 2.4.2　“点样式”对话框

可将点的样式选择最喜欢的一个，不过要清晰可见。

3. 在菜单栏中单击“定距等分”命令或者输入“ME”，命令行出现提示“选取量测对象”，单击直线 L。

4．命令行出现提示“输入分段长度或[块(B)]”，输入 15，按回车确定。

二、【复制】工具操作案例

利用复制命令将矩形左边的圆复制到矩形的 4 个角上，如图 2.4.3 所示。

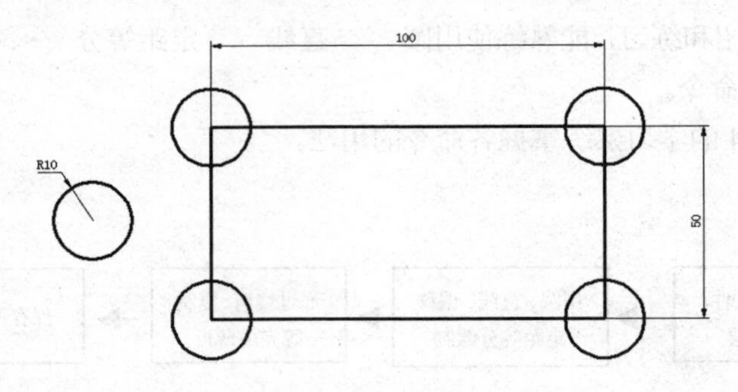

图 2.4.3　复制绘图案例

1．在菜单中单击【复制】工具命令或在键盘输入“CO”，命令行提示“选择对象”。单击 R10 的圆。

2．命令行出现提示“指定基点或[位移(D)/模式(O)]<位移>”，单击圆心。

3．命令行出现提示“指定第二点的位移或者<使用第一点当做位移>”，依次单击矩形的 4 个顶点。

【任务实施】

一、任务描述

绘制薄板，如图 2.4.4 所示。

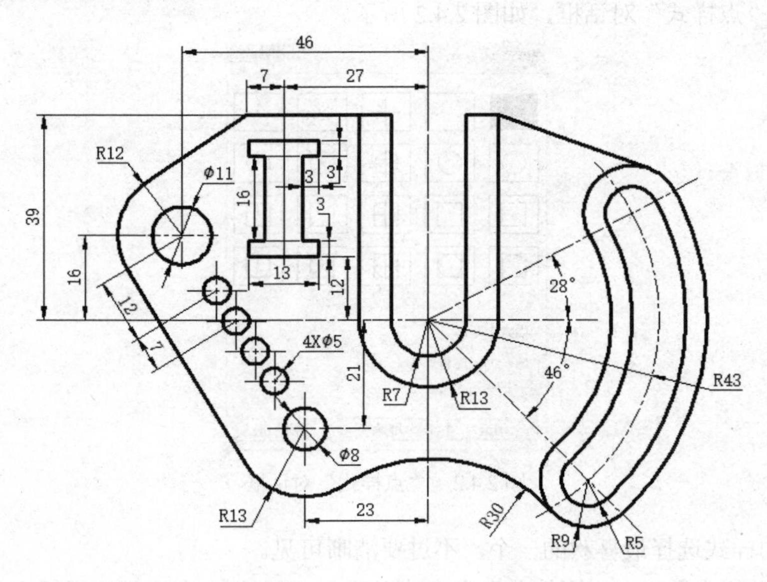

图 2.4.4　薄板

该平面图形为薄板，由中心线层、轮廓粗线层构成，可采用【直线】、【圆】、【切线】、【偏移】、【修剪】、【定距等分】工具命令来完成该平面图的绘制。

二、实施步骤

1．首先绘制U形图，如图2.4.5所示。

(1) 在图层工具栏的下拉菜单中选择中心线层，绘制中心线。

(2) 选择轮廓线层，分别绘制R7、R13的圆，绘制完成后用修剪指令(TR)将两圆修改为半圆，如图2.4.5(a)所示。

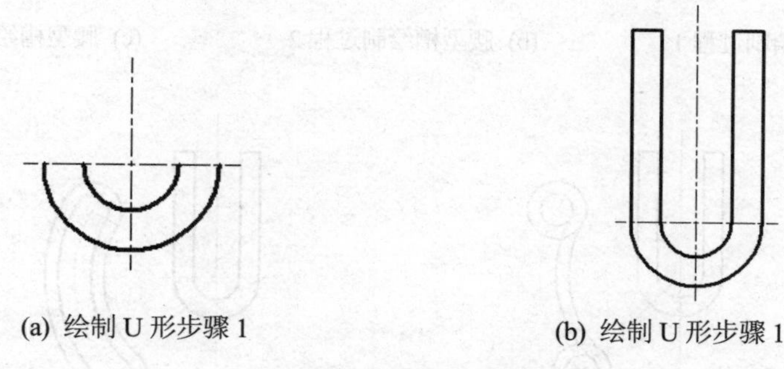

(a) 绘制U形步骤1　(b) 绘制U形步骤1

图2.4.5　薄板绘制过程1

(3) 绘制直线，完成U形图，如图2.4.5(b)所示。

2．绘制出右边的“腰型槽”，如图2.4.6所示。

(1) 绘制腰型槽的中心线

在图层工具栏的下拉菜单中选择中心线层，在绘图工具栏中选择直线命令，或者在命令提示行中输入快捷指令L，并选择中心线的交点作为直线的第一点。

命令行出现提示“指定下一点或[角度(A)/长度(L)/放弃(U)]”，输入A。

命令行出现提示“指定角度”，输入28，单击鼠标左键确定适当的中心线长度，然后回车即可；按照上述方法绘制出偏移角度为46°的中心线；绘制第三条中心线。绘制后如图2.4.6(a)所示。

注意一个技巧，在绘制第二条中心线输入角度的值时可以输入“-46”或者“314”。

(2) 绘制腰型槽中的四个半圆弧

① 在图层工具栏的下拉菜单中选择轮廓实线层，在绘图工具栏中选择绘圆命令，或者在命令行中输入快捷指令C，分别在指定位置绘制两个R5、两个R9的圆，如图2.4.6(b)所示。

以U形图中心线交点为圆心绘制一个半径为34的圆，并修剪为圆弧，修剪后如图2.4.6(c)所示。

② 使用偏移指令绘制另外3个圆弧。单击下拉菜单“修改”→“偏移”或者在命令栏输入快捷指令O。

命令行出现提示“指定偏移距离或[通过点(T)]”，输入T，选择已绘制的第一个圆弧，状态栏提示“通过点”，单击28°中心线与R5圆弧的交点，如图2.4.6(d)所示。

参照上述步骤依次使用偏移指令绘制出另两段圆弧，最后通过修剪指令修剪绘制的4段圆弧，如图2.4.6(e)所示。

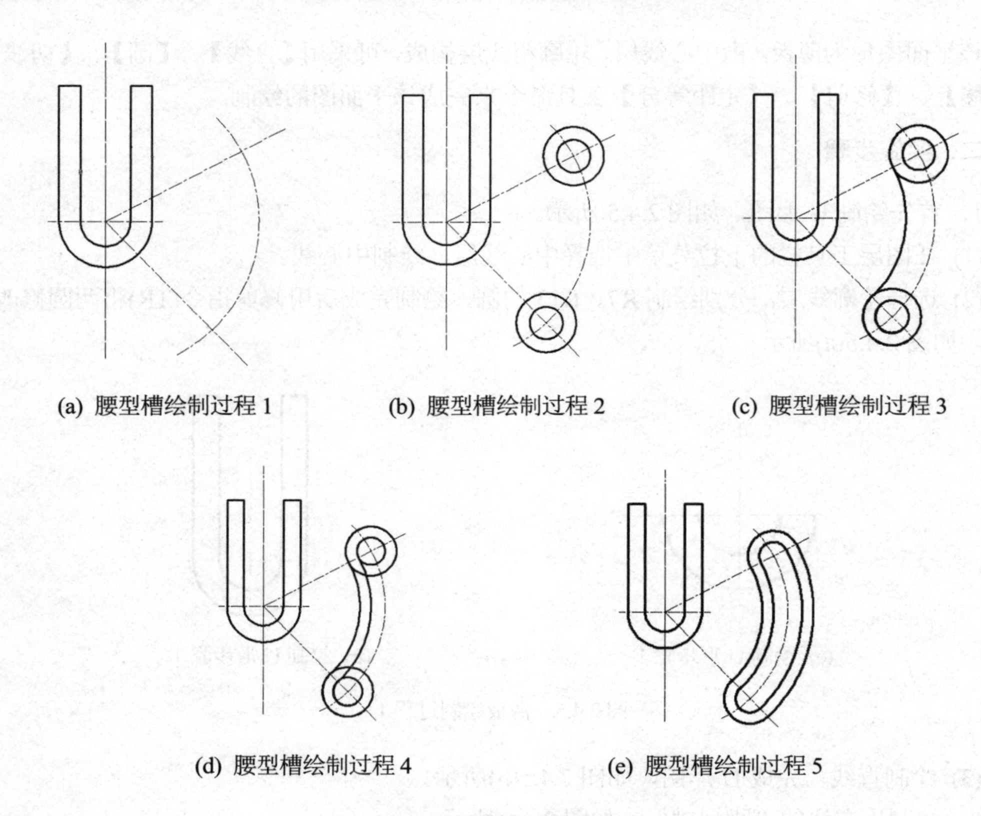

(a) 腰型槽绘制过程 1　(b) 腰型槽绘制过程 2　(c) 腰型槽绘制过程 3

(d) 腰型槽绘制过程 4　(e) 腰型槽绘制过程 5

图 2.4.6　薄板绘制过程 2

3．画出Φ8、R13 的圆，连接 R30 圆弧，如图 2.4.7 所示。

先绘制出Φ8、R13 的圆，用相对坐标@-23，-21 找到圆心。

然后单击下拉菜单“绘图”→“圆”→“相切、相切、半径”。

命令行出现提示“指定对象与圆的第一切点”，选择 R13 圆下面的某个点。

命令行出现提示“指定对象与圆的第二个切点”，选择 R9 圆弧下面的某个点。

命令行出现提示“输入半径”，输入 30，按回车。

用修剪指令修剪后的图形如图 2.4.7 所示。

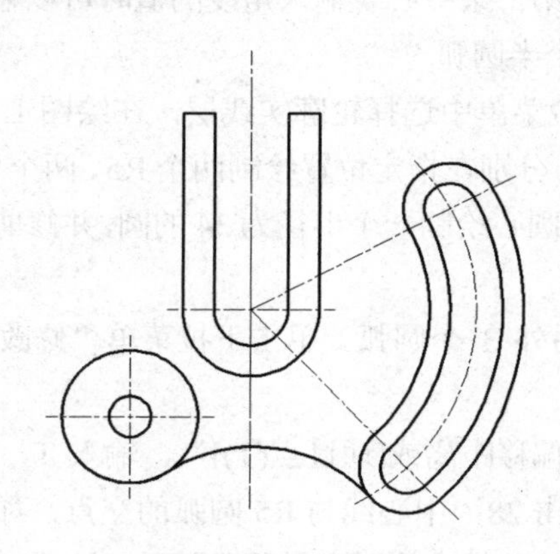

图 2.4.7　薄板绘制过程 3

4．绘制出Φ11、R12、4XΦ5 的圆，如图 2.4.8 所示。

绘制出Φ11 圆，通过定距等分指令绘制 2XΦ5 的圆，步骤如下：

在图层工具栏的下拉菜单中选择细实线层，输入直线快捷键 L，单击Φ11 的圆心，将鼠标放在Φ8 的圆心上，输入 12，找出第一个Φ5 的圆心位置，绘制第一个Φ5 的圆心与Φ8 圆心的直线，删除长度为 12 的直线。

在命令栏输入定距等分快捷指令 ME，选择其直线作为测量对象，命令行出现提示“指定分段长度或[块(B)]”，输入 7，回车确认，如图 2.4.8(a)所示。

在图层工具栏的下拉菜单中选择轮廓实线层，分别画出 4 个等分点上的Φ5 圆。如图 2.4.8(b)所示。

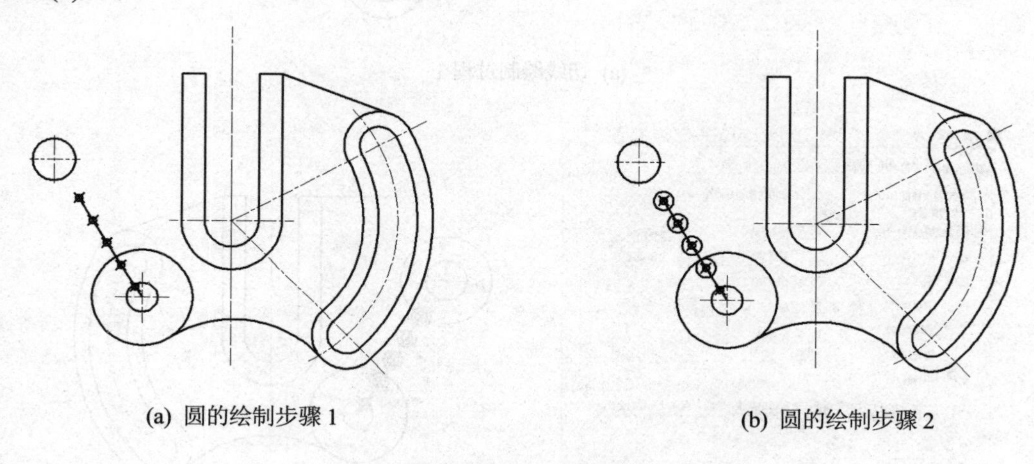

(a) 圆的绘制步骤 1　(b) 圆的绘制步骤 2

图 2.4.8　薄板绘制过程 4

5．连接公切线与切线，如图 2.4.9 所示。

(1) 在指定位置绘制 R12 的圆和图形左上角的直线，如图 2.4.9(a)所示。

(2) 绘制切线。

在“草图设置”的“对象捕捉”选项卡中勾选端点和切点两项后单击“确定”。如图 2.4.9(b)所示。

在命令栏输入快捷指令 L，选择图 2.4.9(a)中绘制的直线左端点作为直线的起点，将鼠标光标移至 R12 圆的左上部分，当出现切点的符号时单击“确定”。

同样步骤绘制图形右上角的切线。

在命令栏输入快捷指令 L，将鼠标光标移至 R12 圆的左半部分，当出现切点符号时单击“确定”，在将鼠标光标移至 R13 圆的左半部分，出现切点符号时单击“确定”。绘制完成后如图 2.4.9(c)所示。

6．完成图形工字图，如图 2.4.10 所示。

完成图形工字图，如图 2.4.10(a)所示。

用修剪指令修剪掉多余的线条，如图 2.4.10(b)所示，完成薄板的绘制。

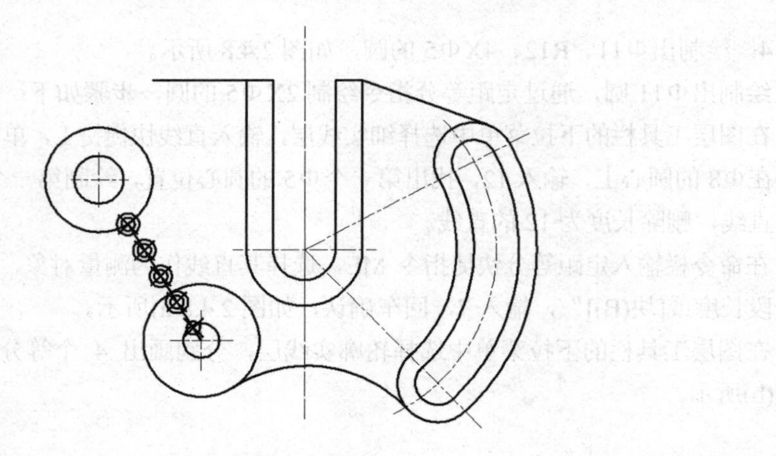

(a) 切线绘制过程 1

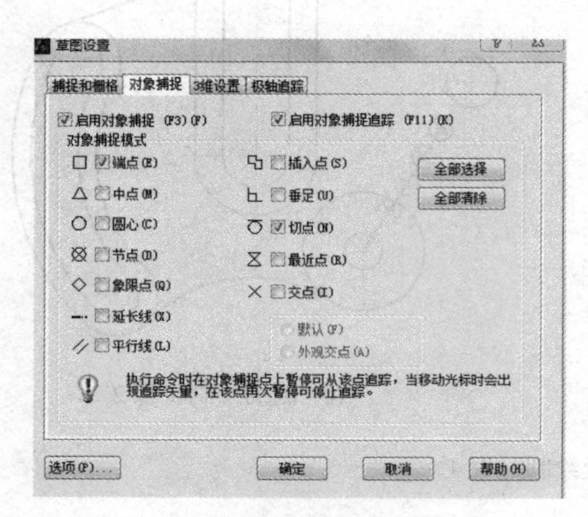

(b) 切线绘制过程 2

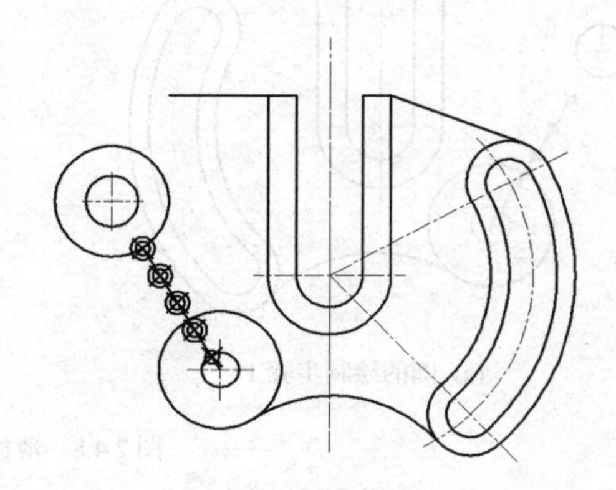

(c) 切线绘制过程 3

图 2.4.9　薄板绘制过程 5

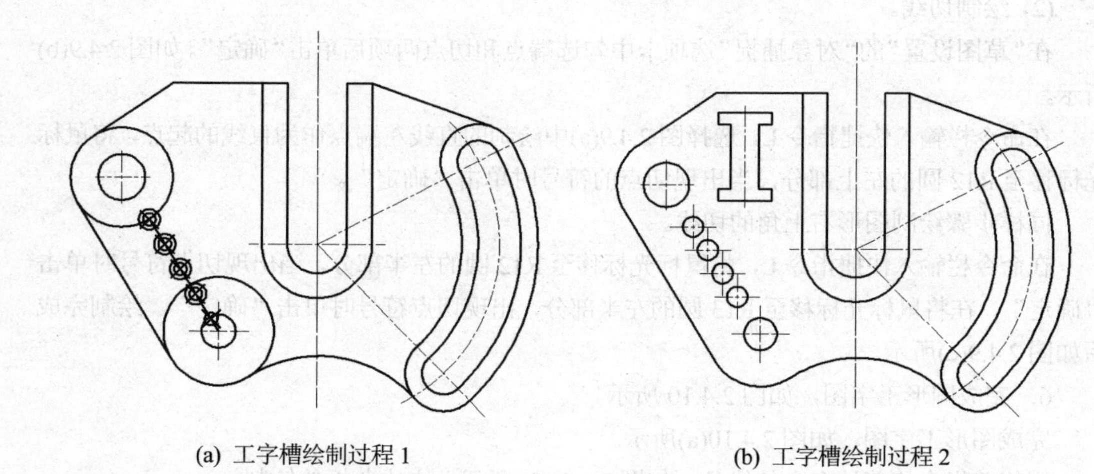

(a) 工字槽绘制过程 1　　(b) 工字槽绘制过程 2

图 2.4.10　薄板绘制过程 6

【扩展知识】

一、【定数等分】工具的其他操作方法

如图 2.4.11 所示，用“定数等分”命令将长 50mm 的直线 L_a 等分为 5 份，其操作步骤如下：

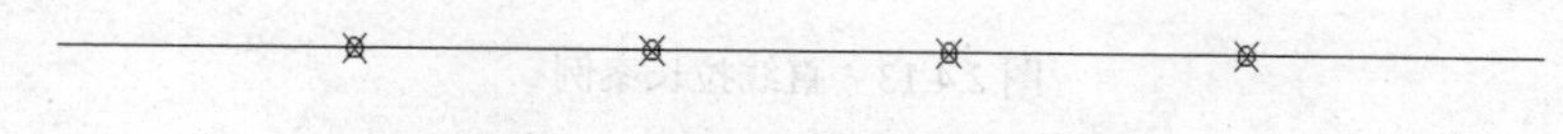

图 2.4.11　直线 L_a 定数等分案例

1．输入 DIV，命令行出现提示“选取分割对象”。单击直线 L_a。

2．命令行出现提示“输入分段数或[块(B)]”，输入 5。按回车确定。

二、【缩放】工具的其他操作方法

如图 2.4.12 所示，用缩放命令将直径 100 的圆放大为直径 200 的圆，其操作步骤如下：

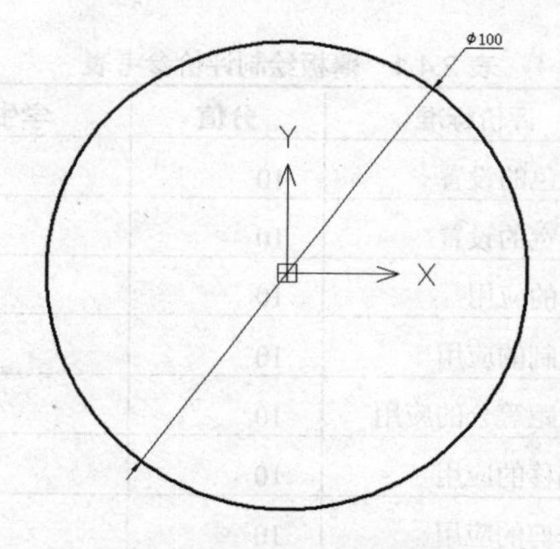

图 2.4.12　圆的缩放案例

1．单击常用的缩放命令或者输入 scale，命令行出现提示“选取要缩放的实体”。单击直径为 100 的圆。

2．单击鼠标右键或按回车键确定，命令行出现提示“找到一个”。

3．命令行出现提示“基点”，输入圆心坐标(0,0)。

4．命令行出现提示“指定缩放比例或[基本比例(B)/复制(C)/参照(R)]”，输入 2，按回车确定。

三、【拉长】工具的其他操作方法

如图 2.4.13 所示，用拉长命令将长 100mm 的直线拉长为 150mm，其操作步骤如下：

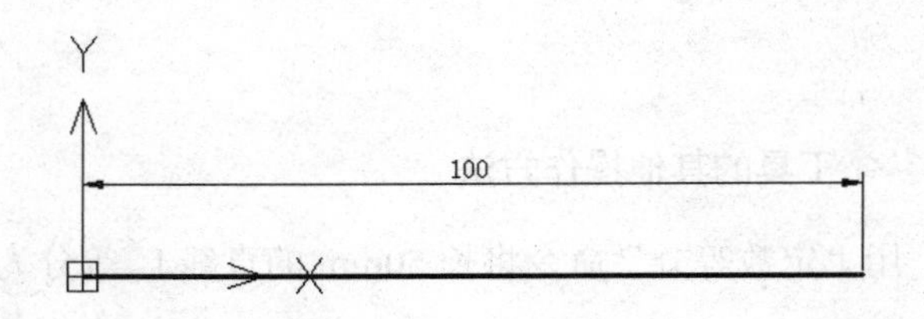

图 2.4.13　直线拉长案例

1．单击拉伸命令或者输入 lengthen，命令行出现提示“[动态(DY)/递增(I)/百分比(P)/全部(T)]<列出选取对象长度>”，输入 P，按回车确定。

2．命令行出现提示“输入百分比长度”，输入 150。按回车确定。

3．命令行出现提示“选取变化对象或[方式(M)]”，拾取直线。

【任务评价】

绘制薄板，对相关知识点的掌握程度应做一定的评价，如表 2.4.1 所示。

表 2.4.1　薄板绘制评价参考表

评价内容	评价标准	分值	学生自评	老师评估
图层设置	颜色的设置	10		
	线宽的设置	10		
绘图工具	圆的应用	10		
修改工具	复制的应用	10		
	定距等分的应用	10		
	偏移的应用	10		
	修剪的应用	10		
成品(薄板)效果	错误 1 处扣 5 分	30		

学习体会：

【练一练】

请根据所学的工具命令，绘制如图 2.4.14 和图 2.4.15 所示的平面图形。

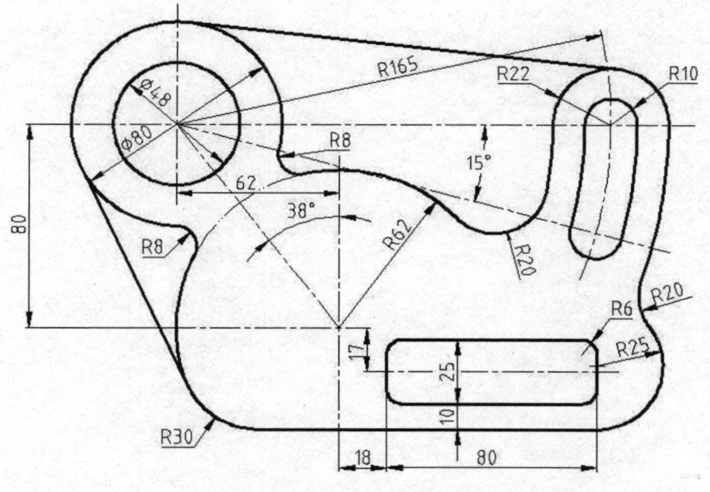

图 2.4.14　薄板 1

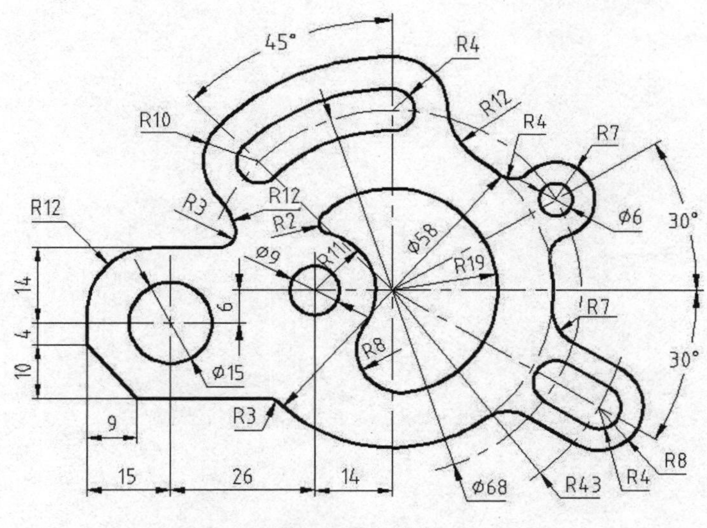

图 2.4.15　薄板 2

项目三　视图的绘制

项目描述(导读+分析)

在机械加工制造业中，机械零件加工制造离不开各种各样的工程图纸，如零件图、装配图纸等，中望机械 CAD 教育版绘图软件可以绘制各种各样的三视图、全剖视图、半剖视图、旋转剖视图、向视图等，还可以对各种尺寸、形位公差、基准、粗糙度等进行标注和修改，通过学习机体上盖、机体底座、拨叉、箱体的绘制，介绍三视图、剖视图绘制方法及尺寸、粗糙度、基准标注方法。

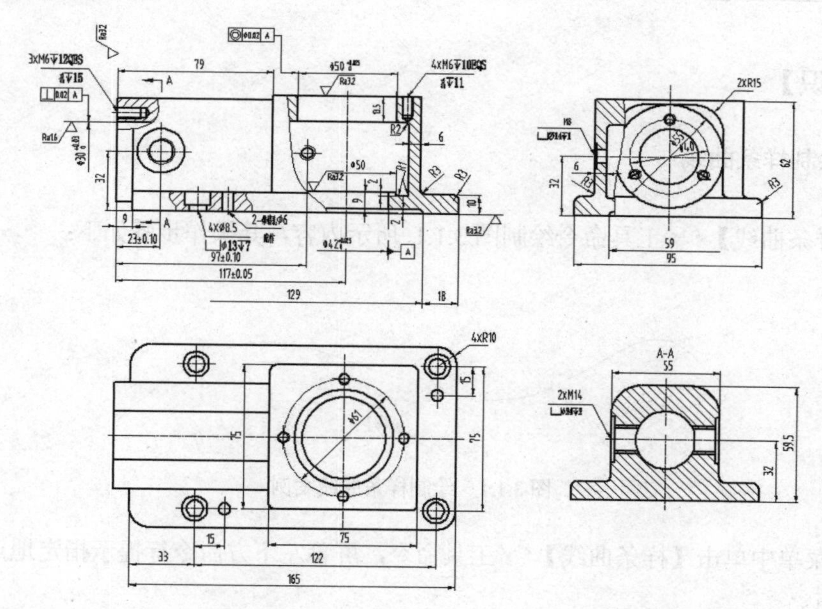

知识目标

- 掌握直线、圆弧、圆等线型的修改、设置方法。
- 掌握长度尺寸、圆、圆弧、倒角、圆角等标注方法。
- 掌握表面粗糙度标注方法。
- 掌握各种尺寸公差、形位公差、基准等标注方法。

能力目标

- 通过操作与练习，熟练使用常用绘图工具命令绘制三视图、局部剖视图、向视图。
- 通过操作与练习，会绘制零部件的全剖视图、半剖视图、旋转剖视。
- 通过操作与练习，会标注零件的尺寸、倒角和圆角。
- 通过操作与练习，会标注零件的表面粗糙度。
- 通过操作与练习，会标注零部件尺寸公差、形位公差和基准。

任务 3.1　绘制机体上盖

【任务目标】

1. 通过绘制机体上盖，巩固使用直线、偏移、修剪、镜像等常用工具命令绘制三视图。

2. 通过绘制机体上盖，会修改图形的线型、标注图形的尺寸。

【任务分析】

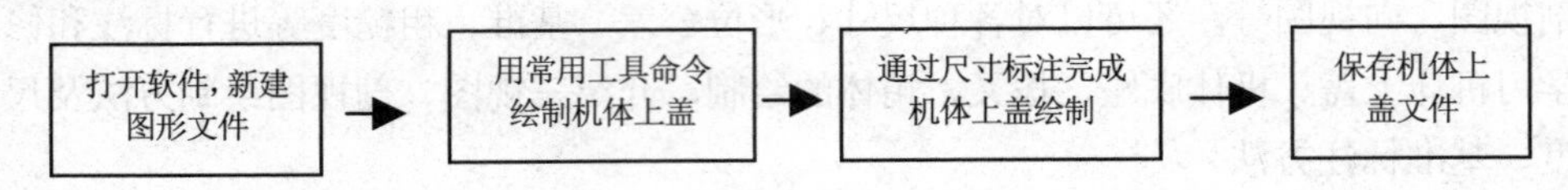

【相关知识】

一、绘制样条曲线

用【样条曲线】工具命令绘制图 3.1.1 所示内容，其操作步骤如下：

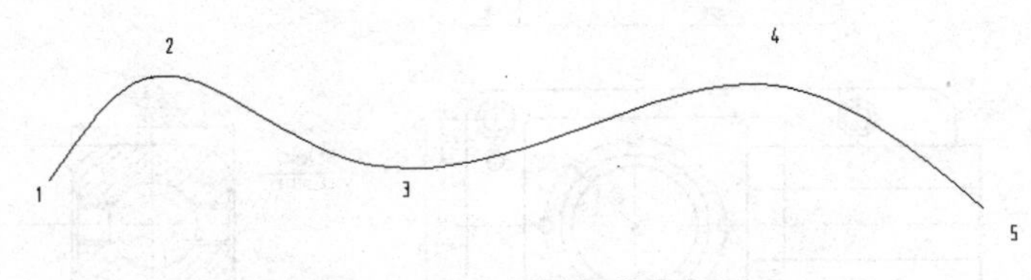

图 3.1.1　绘制样条曲线案例

1. 在菜单中单击【样条曲线】工具命令，屏幕左下方命令行提示指定地点，用光标拾取第一点。

2. 屏幕左下方命令行提示指定下一点，用光标拾取第二点。

3. 屏幕左下方命令行提示指定下一点，用光标拾取第三点。

4. 屏幕左下方命令行提示指定下一点，用光标拾取第四点。

5. 屏幕左下方命令行提示指定下一点，用光标拾取第五点。

6. 屏幕上五个点全部拾取完成后，单击回车(或单击空格键)，屏幕左下方命令行提示指定起点切向，可指定起点切向方向，若不指定继续单击回车(或单击空格键)，屏幕下方命令行提示指定端点切向，若不指定继续单击回车(或单击空格键)，完成样条曲线绘制。

二、尺寸标注

中望机械 CAD 教育版绘图软件为用户提供了多种尺寸标注方法，如线性标注、对齐标注、圆弧弧长标注、点坐标标注、圆弧或圆的半径标注、圆弧折弯标注、圆或圆弧的直径标注、角度标准等多种标注，下面通过实例介绍不同尺寸标注方法。

1．线性标注

单击标注工具菜单中的【线性标注】工具命令按钮，用鼠标拾取线段两端点，标注水平或垂直尺寸，如图 3.1.2 所示。

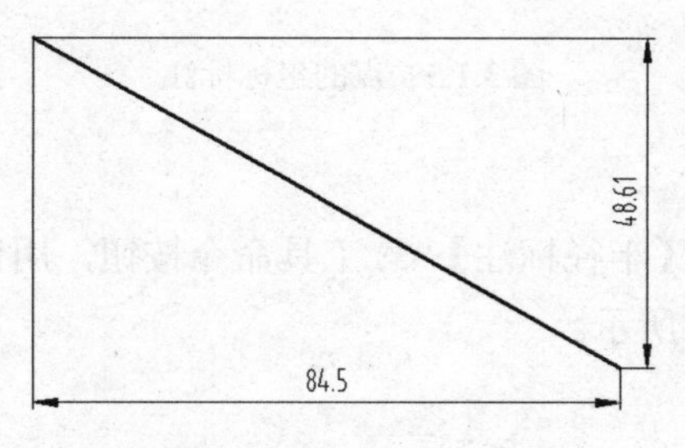

图 3.1.2　线性尺寸标注

2．对齐标注

单击标注工具菜单中的【对齐标注】工具命令按钮，用鼠标拾取线段两端点，标注对齐尺寸，如图 3.1.3 所示。

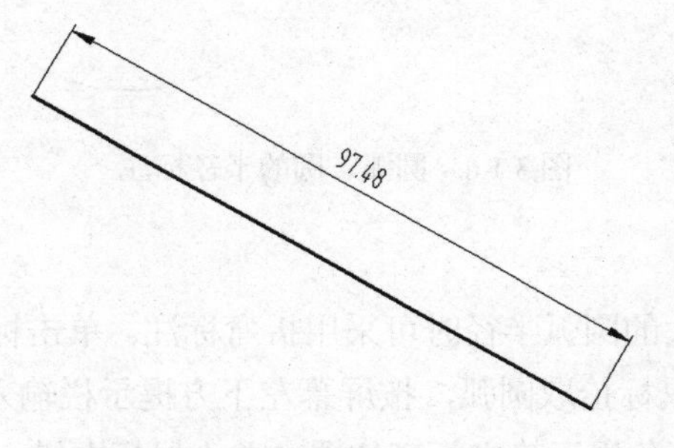

图 3.1.3　对齐尺寸标注

3．弧长标注

单击标注工具菜单中的【弧长标注】工具命令按钮，用鼠标拾取圆弧线，标注圆弧弧长尺寸，如图 3.1.4 所示。

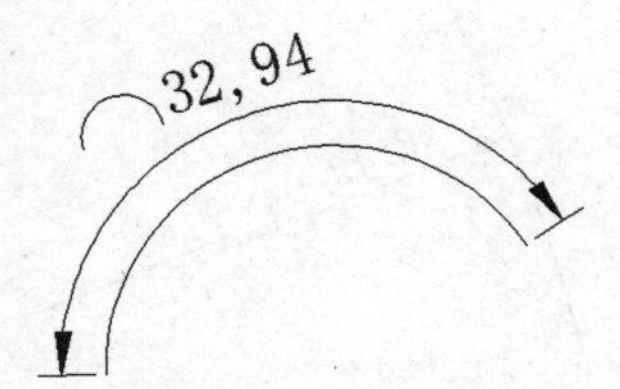

图 3.1.4　圆弧长度标注

4．坐标标注

单击标注工具菜单中的【坐标标注】工具命令按钮，用鼠标拾取直线端点，标注直线端点坐标值，如图 3.1.5 所示。

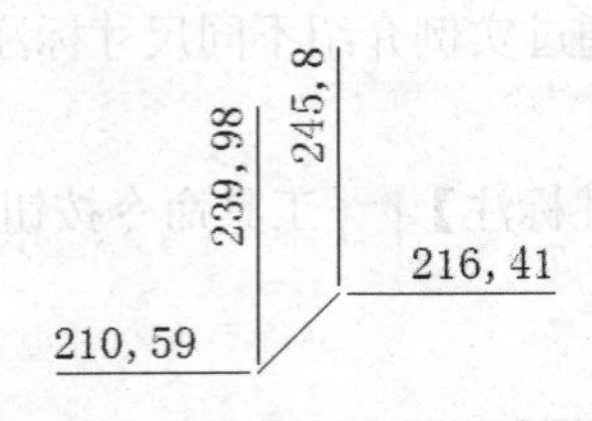

图 3.1.5　点的坐标标注

5．半径标注

单击标注工具菜单中的【半径标注】工具命令按钮，用鼠标拾取圆弧或圆，标注圆弧或圆半径尺寸，如图 3.1.6 所示。

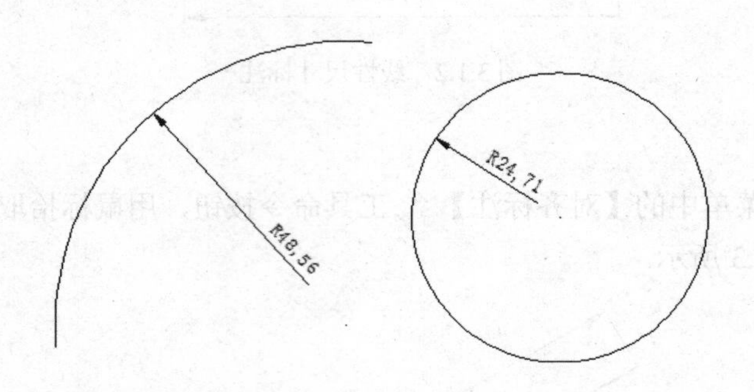

图 3.1.6　圆弧、圆的半径标注

6．折弯标注

在标注一些尺寸比较大的圆弧半径时可采用折弯标注。单击标注工具菜单中的【折弯标注】工具命令按钮，用鼠标拾取圆弧，按屏幕左下方提示栏输入圆点，指定尺寸线位置，单击鼠标左键，按屏幕左下角提示确定折弯位置，单击鼠标左键，完成大圆弧半径尺寸折弯标注，如图 3.1.7 所示。

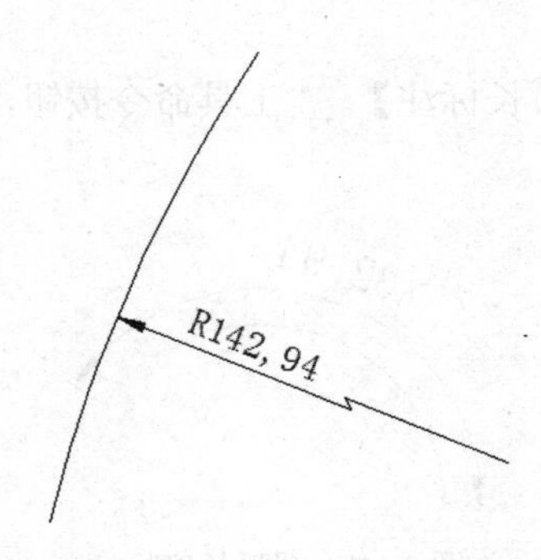

图 3.1.7　圆弧半径折弯标注

7．直径标注

单击标注工具菜单中的【直径标注】工具命令按钮，用鼠标拾取圆，选择合适位置放置尺寸数值，单击鼠标左键完成圆直径标注，如图 3.1.8 所示。

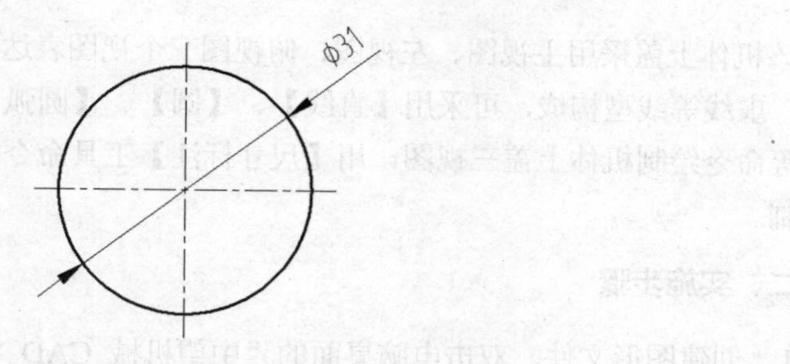

图 3.1.8　圆的直径标注

8．角度标注

单击标注工具菜单中的【角度标注】工具命令按钮，用鼠标拾取第一条线段和第二条线段，选择合适尺寸位置，单击鼠标左键，完成两直线夹角标注，如图 3.1.9 所示。

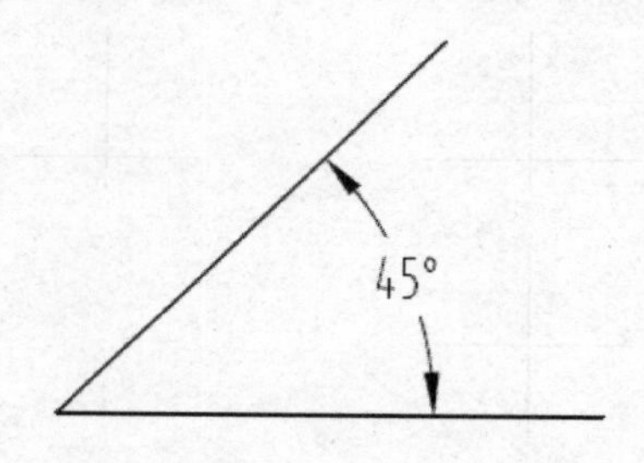

图 3.1.9　角度标注

【任务实施】

一、任务描述

图 3.1.10 是某机械设备中的机体上盖零件，其结构由圆柱体、长方体、孔等基本体组成，请绘制机体上盖三视图。

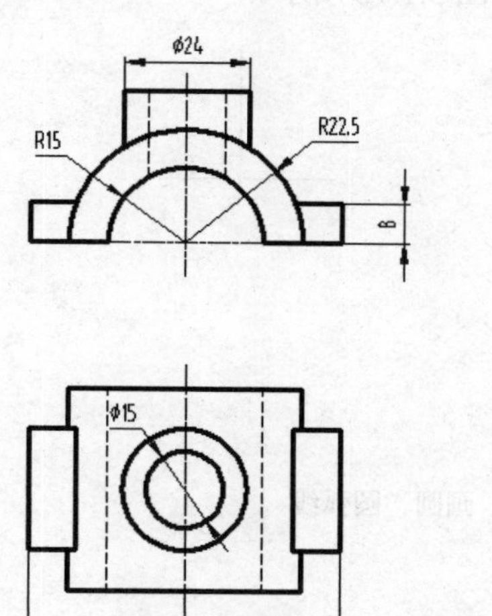

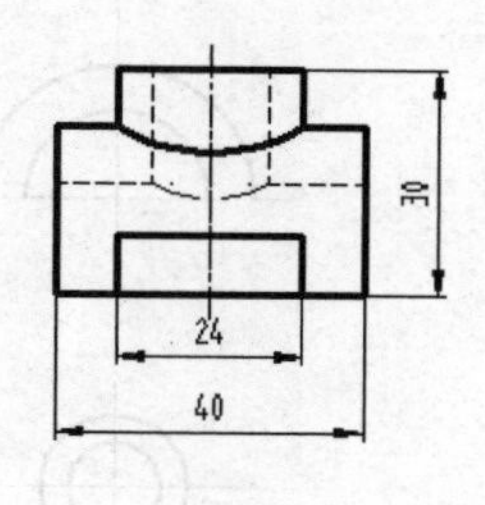

图 3.1.10　机体上盖

该机体上盖采用主视图、左视图、俯视图三个视图表达，视图中有中心线、直线、圆、圆弧、虚线等线型构成，可采用【直线】、【圆】、【圆弧】、【镜像】、【偏移】、【修剪】等命令绘制机体上盖三视图，用【尺寸标注】工具命令标注尺寸，完成机体上盖三视图的绘制。

二、实施步骤

1．创建图形文件。双击电脑桌面的“中望机械 CAD 教育版　”图标，打开中望机械 CAD 教育版软件，单击【新建】工具图标，弹出“选择样板”对话框，单击“打开”按钮，创建新的图形文件。

2．在绘图区适当位置绘制三个分别对应的十字线，单击图层管理器将线型修改为中心线，如图 3.1.11 所示。

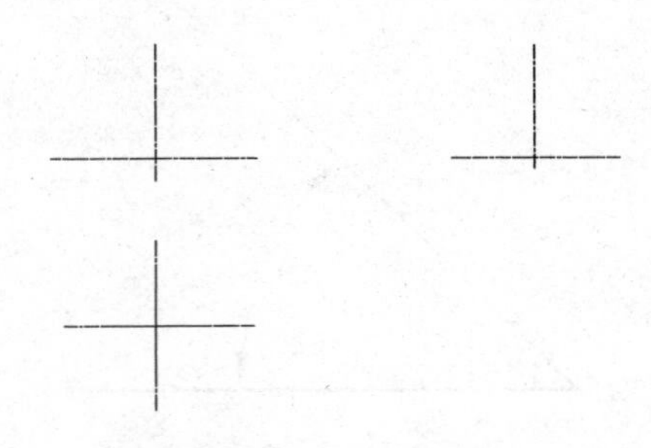

图 3.1.11　绘制十字线

3．绘制圆、圆弧线

单击【圆】工具图标或输入字母“C”回车(或单击空格键)，分别输入 15mm、22.5mm，在左视图中绘制两个整圆，再次单击【圆】工具图标或输入字母 C 回车(或单击空格键)，分别输入 15mm、20mm，在俯视图中绘制两个整圆。

输入字母“TR”回车两次(或单击空格键两次)，修剪主视图多余线条，完成圆弧绘制。选取圆和圆弧线，将线型修改为粗实线，如图 3.1.12 所示。

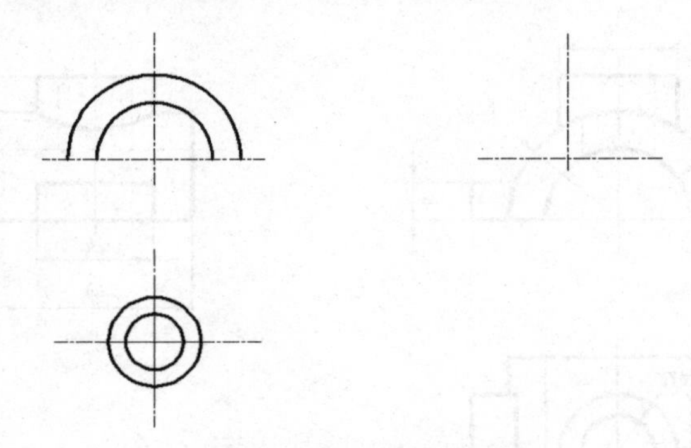

图 3.1.12　画圆、圆弧线

4．绘制主视图轮廓线

(1) 单击【直线】工具或输入“L”回车(或单击空格键)，选取小圆弧左端点，输入 15mm、8mm、15mm 绘制主视图左轮廓线；单击【偏移】工具工具命令按钮，或输入字母“O”

回车(或单击空格键)，输入 30mm 回车(或单击空格键)，拾取水平中心线和选择方向，单击鼠标左键确定，绘制上轮廓线；再次单击【偏移】工具或输入字母“O”回车(或单击空格键)，输入 12mm 回车(或单击空格键)，选取中心线，分别绘制左、右偏移线，如图 3.1.13 所示。

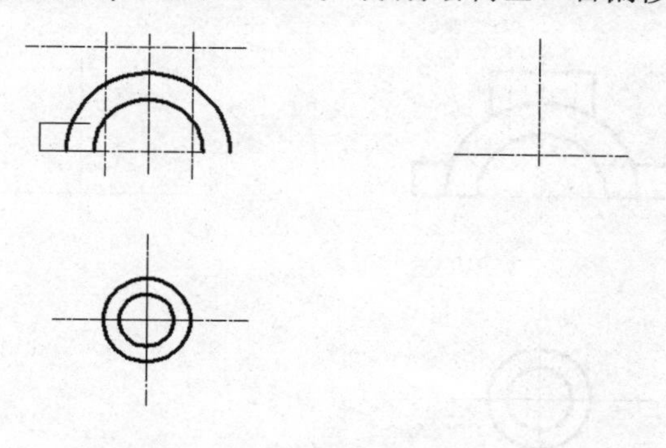

图 3.1.13　绘制左视图轮廓 1

(2) 选择【修剪】工具命令或输入字母“TR”回车两次(或单击空格键两次)，修剪多余线段，图形如图 3.1.14 所示。

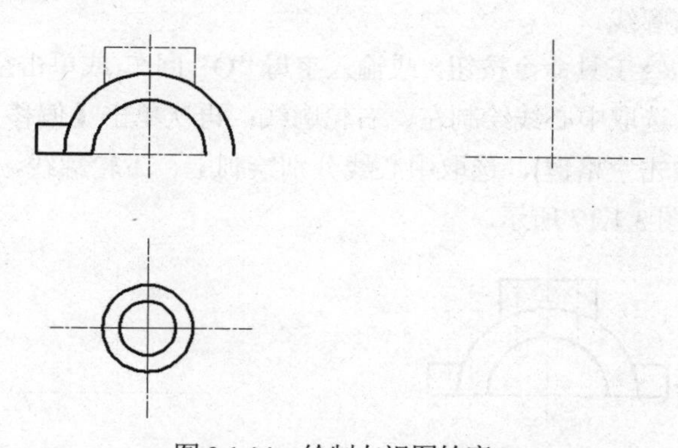

图 3.1.14　绘制左视图轮廓 2

(3) 选择【镜像】工具命令或输入字母“MI”回车(或单击空格键)，选择左半部轮廓后回车(或单击空格键)，鼠标选取中心线两端点后回车(或单击空格键)，绘制主视图的另一面轮廓，修改线型为粗实线，完成主视图轮廓绘制，如图 3.1.15 所示。

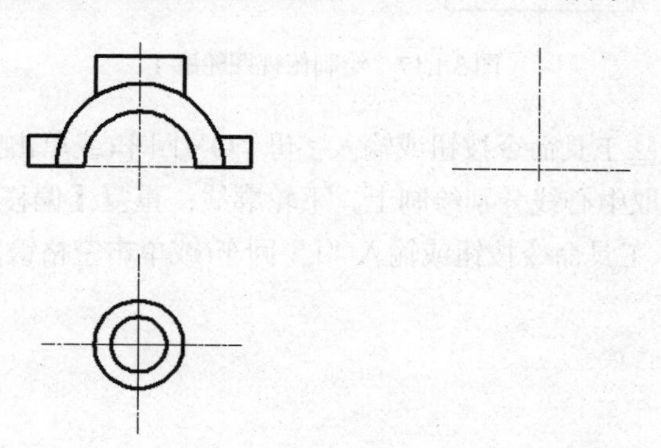

图 3.1.15　绘制左视图轮廓 3

(4) 接着绘制主视图内孔虚线。单击【偏移】工具命令，或输入字母“O”回车(或单击空格键)，输入 7.5mm 回车或(单击空格键)，选取中心线和偏移方向，绘制左、右偏移线，修剪多余线段，并修改线型为虚线，如图 3.1.16 所示。

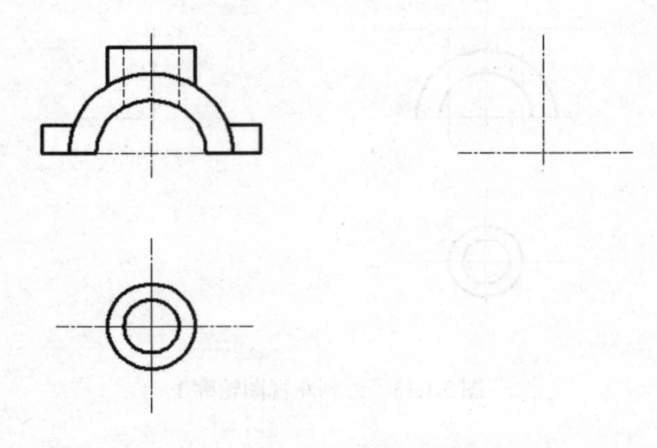

图 3.1.16　绘制左视图内孔虚线

5．绘制俯视图轮廓线

(1) 单击【偏移】工具命令按钮，或输入字母“O”回车(或单击空格键)，输入 22.5mm 回车(或单击空格键)，选取中心线绘制左、右轮廓线；再次单击【偏移】工具命令按钮，输入 30mm 回车(或单击空格键)，选取中心线分别绘制上、下轮廓线，修剪多余线段，并修改线型为粗实线，如图 3.1.17 所示。

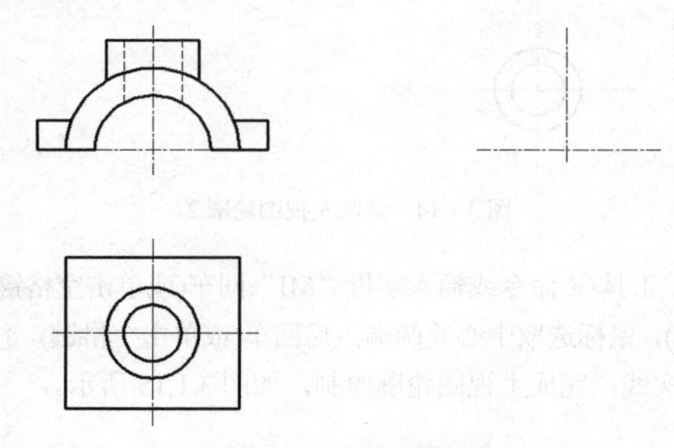

图 3.1.17　绘制俯视图轮廓 1

(2) 单击【偏移】工具命令按钮或输入字母“O”回车(或单击空格键)，输入 12mm 回车(或单击空格键)，选取中心线分别绘制上、下轮廓线；重复【偏移】过程，绘制左、右端轮廓；单击【直线】工具命令按钮或输入“L”回车(或单击空格键)，对应主视图绘制两条直线，如图 3.1.18 所示。

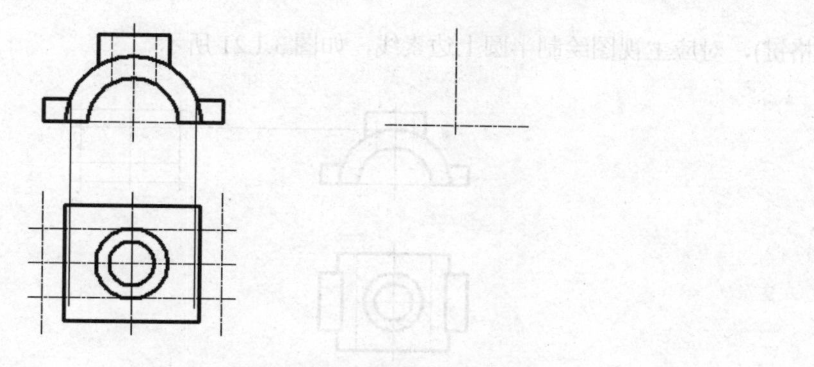

图 3.1.18　绘制俯视图轮廓 2

(3) 选择【修剪】工具命令按钮或输入字母“TR”双击回车键(或双击单击空格键)，修剪多余线段，并修改线型粗实线，如图 3.1.19 所示。

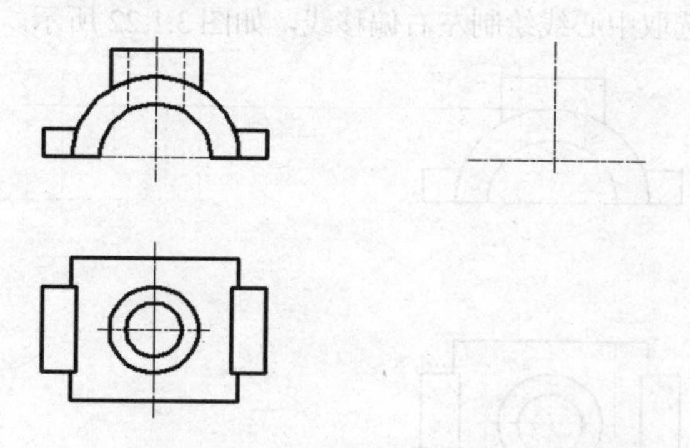

图 3.1.19　绘制俯视图轮廓 3

(4) 绘制孔虚线。单击【直线】工具命令按钮或输入字母“L”回车(或单击空格键)，对应主视图半圆孔绘制两条直线，修剪多余线段并修改线型为虚线，如图 3.1.20 所示。

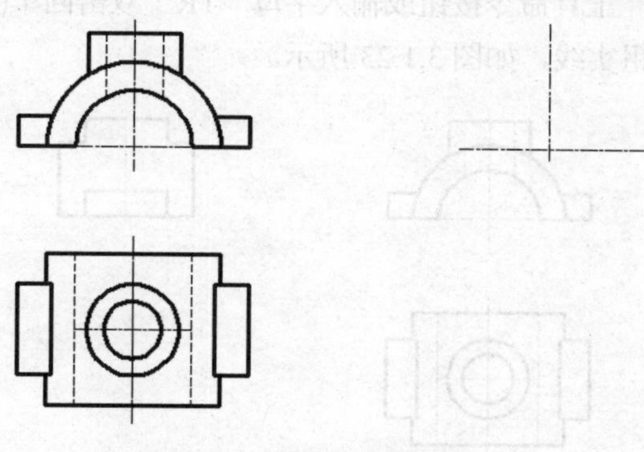

图 3.1.20　绘制俯视图轮廓 4

6．绘制左视图轮廓线

(1) 单击【偏移】工具命令按钮或输入字母“O”回车(或单击空格键)，输入 20mm 回车(或单击空格键)，选取中心线绘制左右轮廓线；重复【偏移】工具命令，输入 8mm、30mm，单击回车，分别绘制水平轮廓线；单击【直线】工具命令按钮或输入“L”回车(或单击空格键)，对应主视图绘制半圆上边素线，如图 3.1.21 所示。

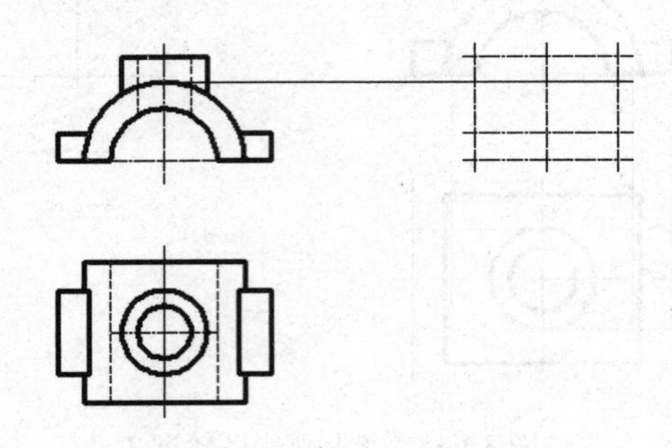

图 3.1.21　绘制左视图轮廓 1

(2) 单击【偏移】工具命令按钮或输入字母“O”回车(或单击空格键)，输入 12mm(圆柱半径)，单击回车，选取中心线绘制左右偏移线，如图 3.1.22 所示。

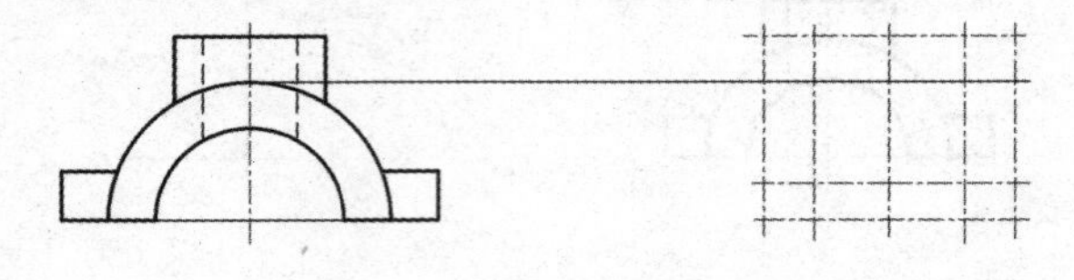

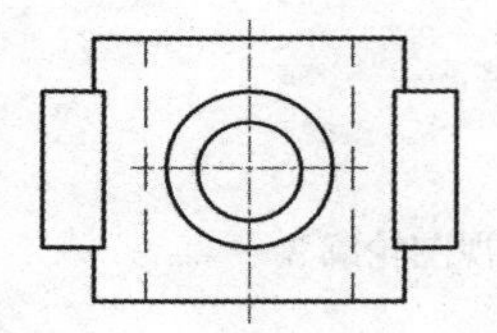

图 3.1.22　绘制左视图轮廓 2

(3) 选择【修剪】工具命令按钮或输入字母“TR”双击回车(或双击空格键)，修剪多余线段，并修改线型为粗实线，如图 3.1.23 所示。

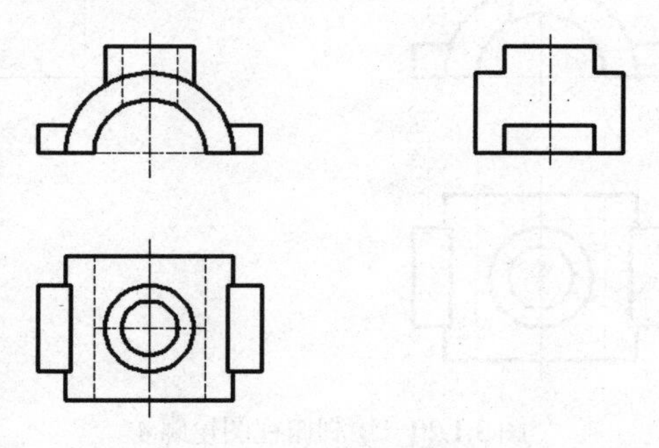

图 3.1.23　绘制左视图轮廓 3

(4) 绘制左视图相贯线。单击【直线】工具命令按钮或输入“L”回车(或单击空格键)，对应主视图绘制辅助线，单击【样条曲线】工具命令按钮，绘制外圆相贯线，如图 3. 1. 24 所示。

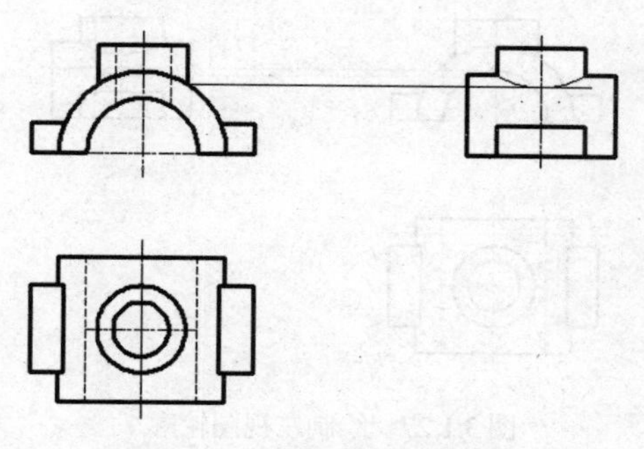

图 3.1.24　绘制左视图轮廓 4

(5) 选取上一步绘图辅助线，单击 Delete 键(或单击字母“E”回车)，删除辅助直线，如图 3.1.25 所示。

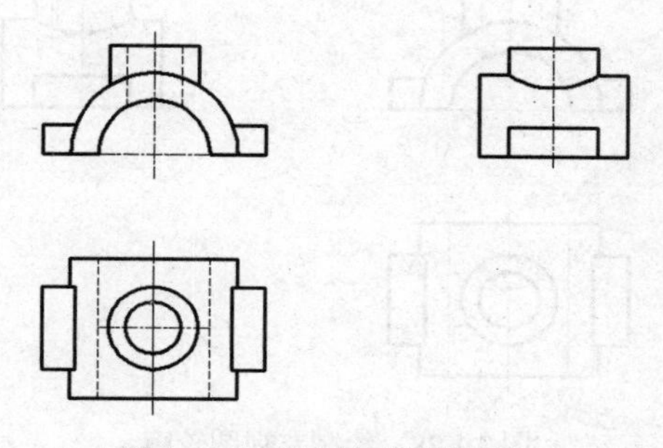

图 3.1.25　绘制左视图轮廓 5

(6) 绘制左视图虚线。单击【直线】工具命令按钮或输入“L”回车(或单击空格键)，对应主视图绘制两条直线；单击【偏移】工具命令按钮或输入字母“O”回车(或单击空格键)，输入 7.5mm(孔半径尺寸)，绘制轮廓线，如图 3.1.26 所示。

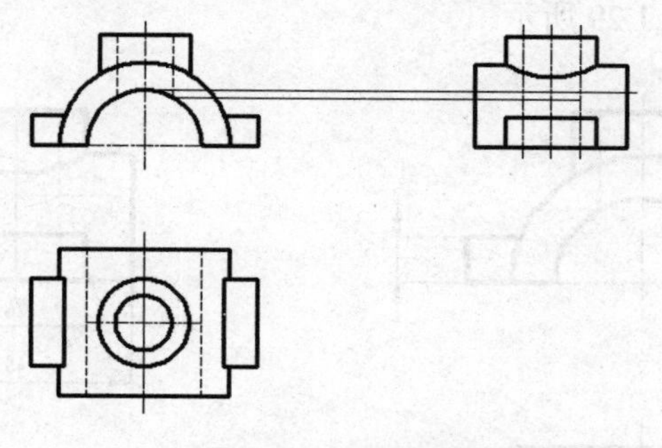

图 3.1.26　绘制左视图轮廓 6

(7) 绘制内孔相贯线。单击【样条曲线】工具命令按钮，绘制孔相贯线，如图 3.1.27 所示。

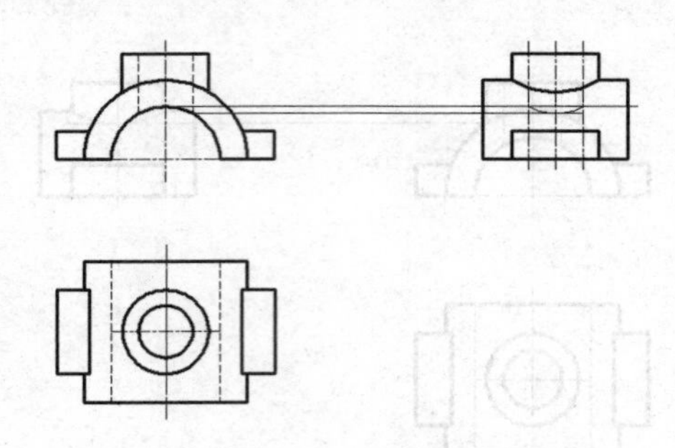

图 3.1.27　绘制左视图轮廓 7

(8) 选择【修剪】工具按钮或输入字母“TR”双击回车(或双击空格键)，修剪多余线段并修改线型，完成机体上盖绘制，如图 3.1.28 所示。

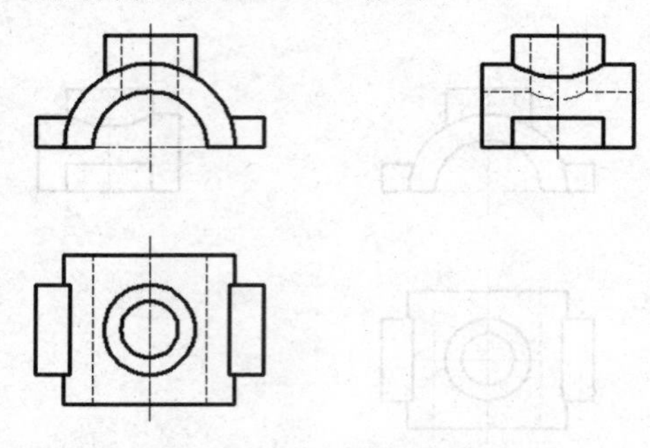

图 3.1.28　绘制左视图轮廓 8

7．尺寸标注：

(1) 进行长度尺寸标注。单击【线性标注】工具命令按钮或单击字母“D”回车(或单击空格键)，拾取图形轮廓，单击鼠标左键确定，完成尺寸标注，依次拾取标注部位，完成全部长度尺寸标注，如图 3.1.29 所示。

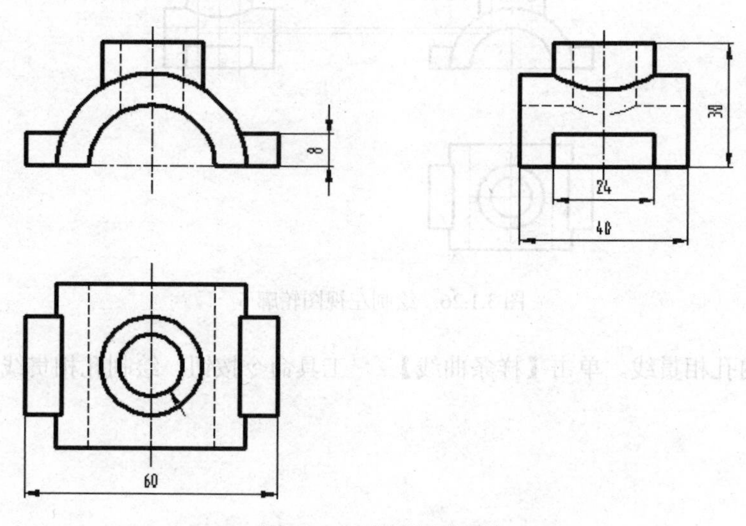

图 3.1.29　长度尺寸标注

(2) 进行圆、圆弧标注。单击【直径标注】工具命令按钮或单击字母“D”回车(或单击空格键)，单击字母“S”回车(或单击空格键)，拾取圆、圆弧标注半径或直径尺寸，完成机体上盖尺寸标注，如图 3.1.30 所示。

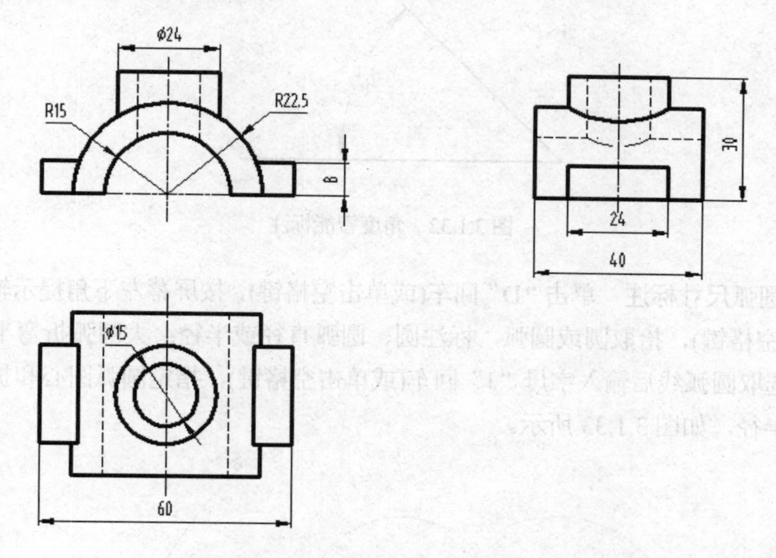

图 3.1.30 圆、圆弧尺寸标注

【扩展知识】

一、智能标注

中望机械 CAD 教育版绘图软件为用户提供了快捷智能标注方法，通过键盘输入字母 D 回车(或单击空格键)，根据屏幕下方提示，选择不同标注形式可对图形进行快速标注。下面根据不同标注方式介绍智能标注的使用方法。

1. **线性尺寸标注** 单击“D”回车(或单击空格键)，屏幕左下角出现提示栏选项，标注长度尺寸时不需要选择提示栏内容，直接选择直线两个端点，鼠标水平移动、垂直移动、对齐移动，可对直线尺寸进行线性标注，如图 3.1.31 所示。

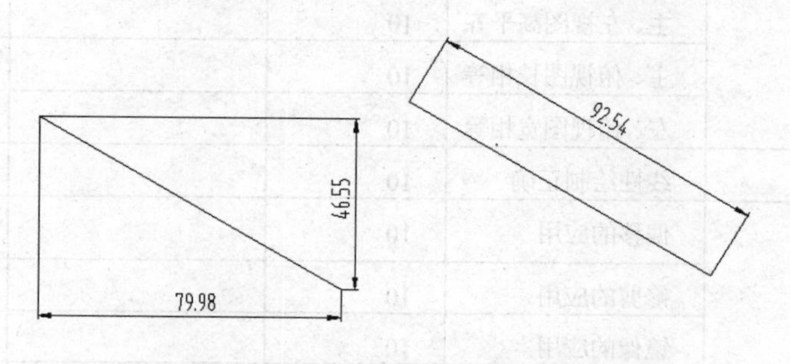

图 3.1.31 长度尺寸智能标注

2. **角度尺寸标注** 单击字母“D”回车(或单击空格键)，按屏幕左下角提示输入字母“A”回车(或单击空格键)，拾取两直线标注两直线角度，如图 3.1.32 所示。

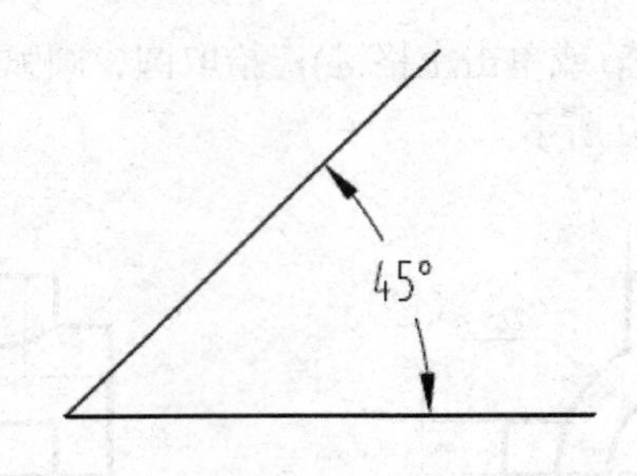

图 3.1.32　角度智能标注

3．圆、圆弧尺寸标注　单击“D”回车(或单击空格键)，按屏幕左下角提示输入字母“S”回车(或单击空格键)，拾取圆或圆弧，标注圆、圆弧直径或半径；大圆弧折弯半径标注时，按以上步骤选取圆弧线后输入字母“J”回车(或单击空格键)，指定圆弧圆心和折弯位置，标注圆弧折弯半径，如图 3.1.33 所示。

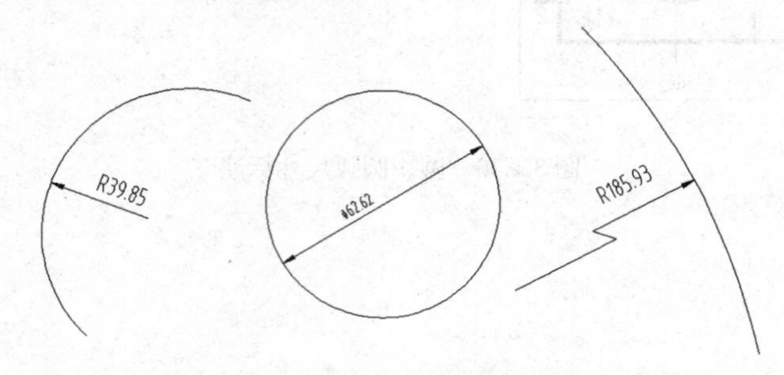

图 3.1.33　圆、圆弧智能标注

【任务评价】

绘制机体上盖，对相关知识点的掌握程度应做一定的评价，如表 3.1.1 所示。

表 3.1.1　机体上盖绘制评价参考表

评价内容	评价标准	分值	学生自评	老师评估
三视图位置	主、左视图高平齐	10		
	主、俯视图长相等	10		
	左、俯视图宽相等	10		
线型绘制	线性绘制正确	10		
修改工具	偏移的应用	10		
	修剪的应用	10		
	镜像的应用	10		
成品(机体上盖)效果	错误 1 处扣 5 分	30		

学习体会：

【练一练】

根据所学的工具命令，请绘制如图 3.1.34 所示的支架零件三视图以及如图 3.1.35 所示的支撑盖三视图。

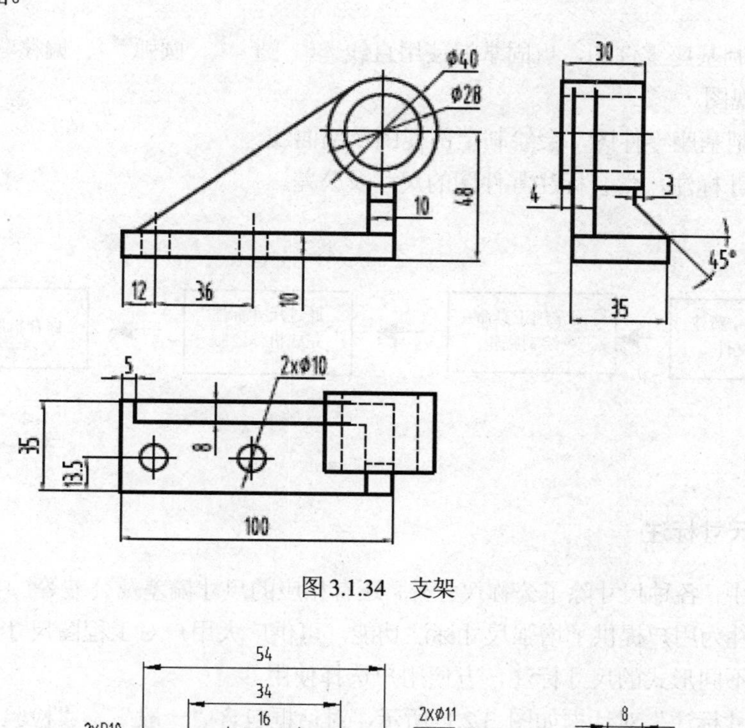

图 3.1.34　支架

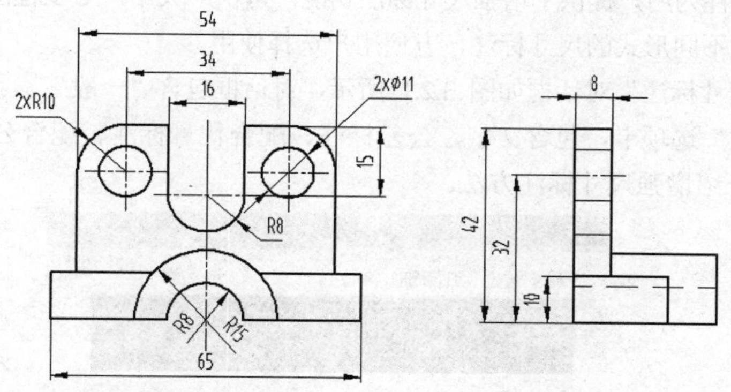

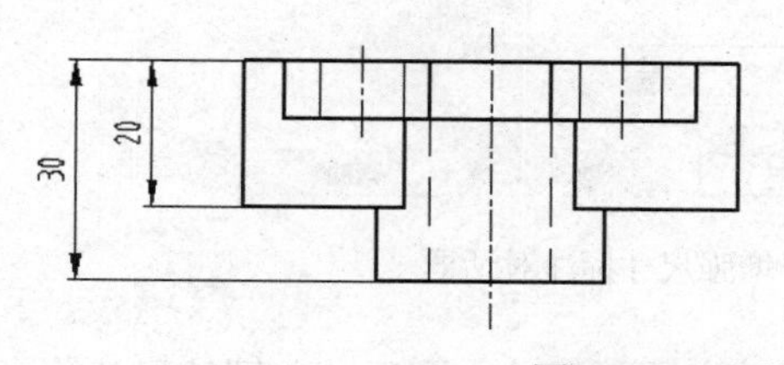

图 3.1.35　支撑盖

任务 3.2　绘制机体底座

【任务目标】

1. 通过绘制基座零件图，巩固掌握使用直线、圆、圆弧、偏移等常用工具命令绘制全剖视图。

2. 通过绘制基座零件图，会绘制全剖视图及剖面线。

3. 通过尺寸标注，学会标注零件图的尺寸及公差。

【任务分析】

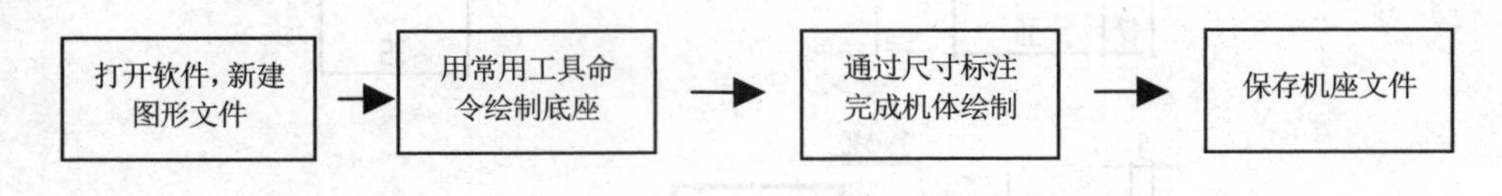

【相关知识】

一、增强尺寸标注

在工程图中，各种尺寸除了公称尺寸外，还有相应的尺寸偏差及公差等，中望机械 CAD 教育版绘图软件为用户提供了增强尺寸标注功能，可供广大用户对工程图尺寸进行偏差标注和修改，满足不同形式的尺寸标注，方便用户选择使用。

“增强尺寸标注”对话框如图 3.2.1 所示，对话框包含“一般”、“检验”、“几何图形”、“单位”选项卡，包含文字、公差标注、配合代号标注、配合公差查询等内容，下面通过实例介绍增强尺寸标注方法。

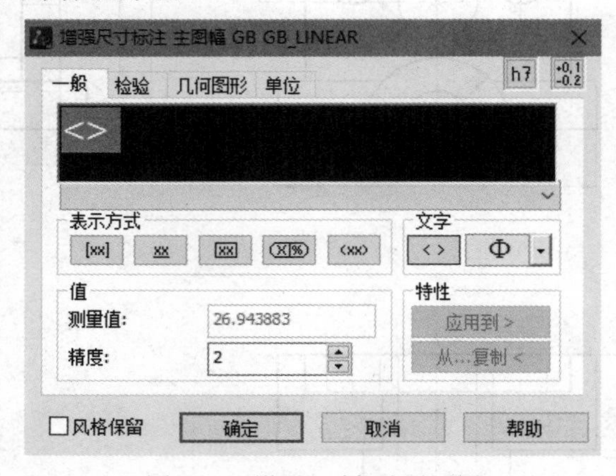

图 3.2.1　增强尺寸标注对话框

如图 3.2.2 所示图形，图中有线性尺寸、圆弧尺寸、圆尺寸、螺纹尺寸等，每个尺寸都带有不同公差或公差代号，具体标注方法如下：

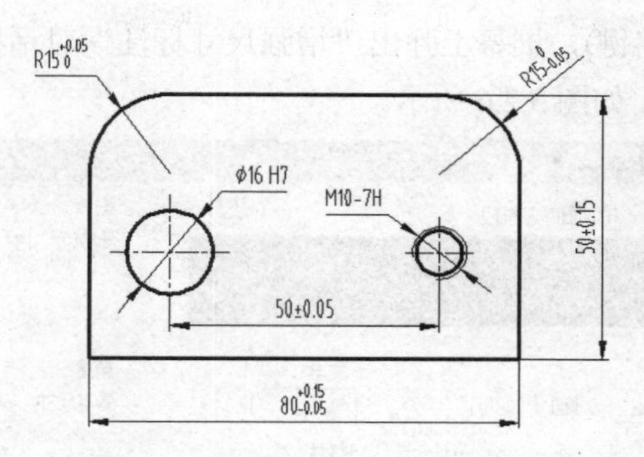

图 3.2.2　尺寸偏差标注

1．长度尺寸偏差标注

(1) 输入字母“D”，按回车(或单击空格键)，选择标注对象后继续回车(或单击空格键)，弹出如图 3.2.1 所示的对话框。

(2) 单击【添加公差】+0.1 -0.2 工具命令按钮，屏幕上又弹出如图 3.2.3 所示的对话框。

(3) 在对话框的上、下偏差处填写偏差值后，单击对话框右下角标注预览【选择公差类型】80.00 工具命令按钮，屏幕上弹出如图 3.2.4 所示的对话框。

(4) 在图 3.2.4 所示的对话框中选择合适的偏差标注类型，单击“确定”按钮，完成如图 3.2.5 所示的长度尺寸标注和偏差标注。

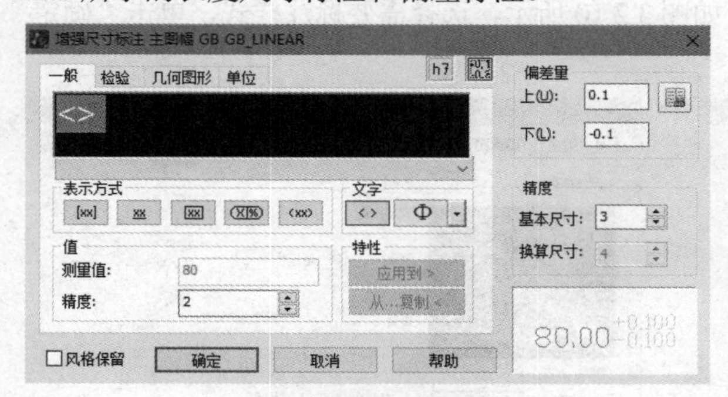

图 3.2.3　添加尺寸偏差

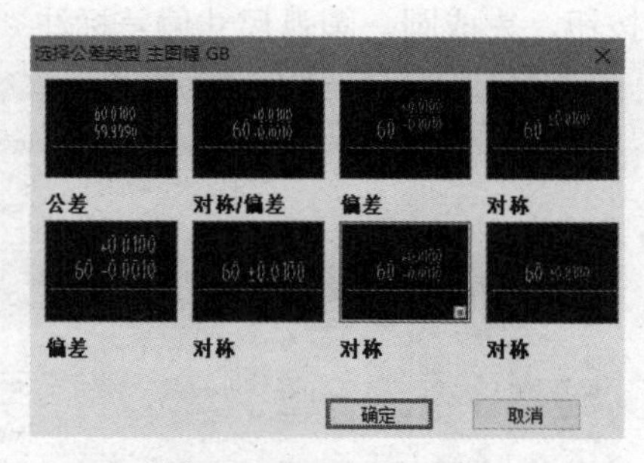

图 3.2.4　添加尺寸偏差

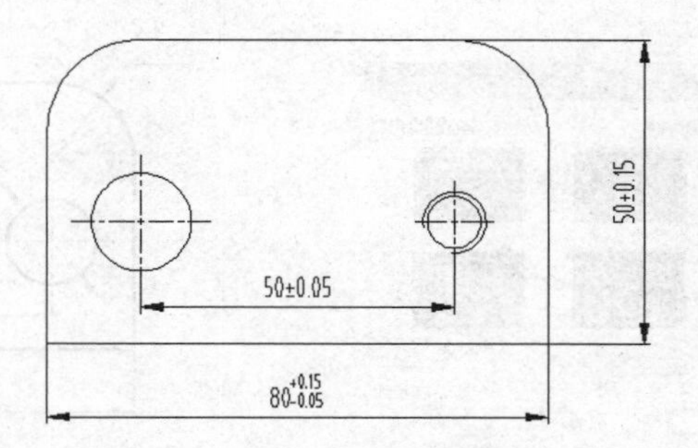

图 3.2.5　长度尺寸偏差标注

2．圆、圆弧尺寸偏差标注

输入字母“D”回车(或单击空格键)，继续输入字母“S”回车(或单击空格键)，选择标注对象后回车(或单击空格键)，屏幕上弹出“增强尺寸标注”对话框，单击对话框内【添加配合】h7 工具命令按钮，如图 3.2.6 所示。

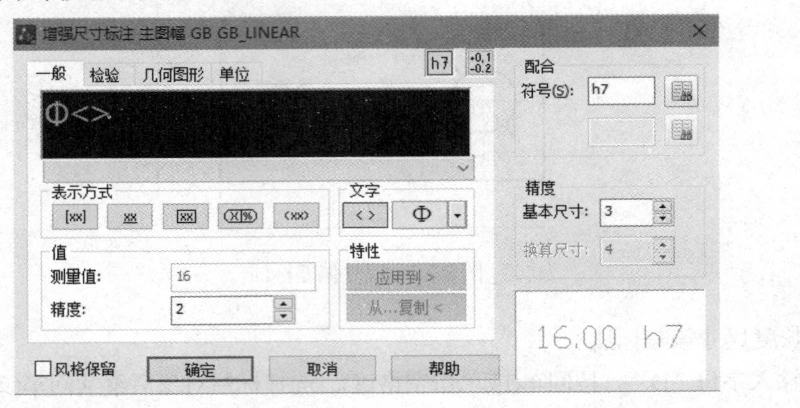

图 3.2.6　添加配合标注

单击对话框中【公差查询】工具命令按钮，屏幕上弹出如图 3.2.7 所示的“公差查询”对话框，单击对话框中的【孔公差】工具命令按钮，在对话框内选择“H7”后单击确定，回到“增强尺寸标注”对话框，单击【几何图形】几何图形 工具命令按钮，屏幕上弹出如图 3.2.8 所示的尺寸几何图形对话框，在对话框中单击图中“ϕ”工具命令按钮，弹出如图 3.2.9 所示的“半径/直径标注选项”对话框，如图 3.2.10 所示，选择需要标注样式，单击“确定”按钮，完成圆、圆弧尺寸偏差标注。

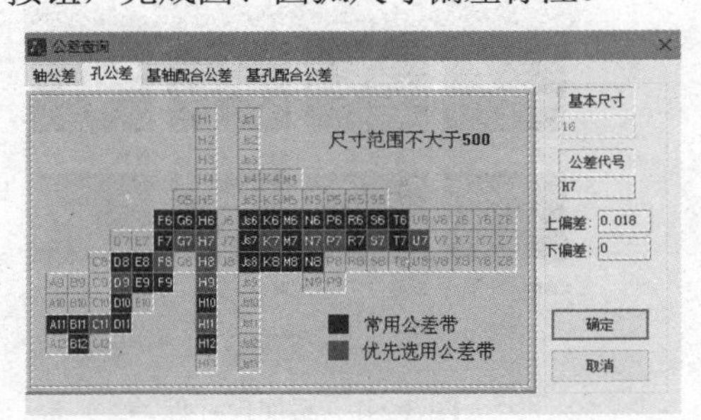

图 3.2.7　添加配合标注

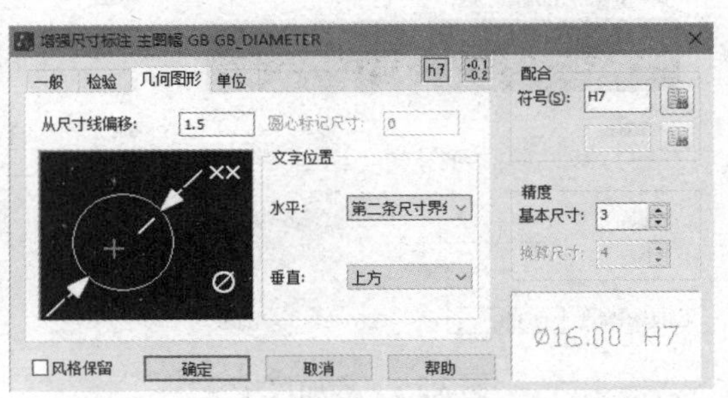

图 3.2.8　尺寸几何图形对话框

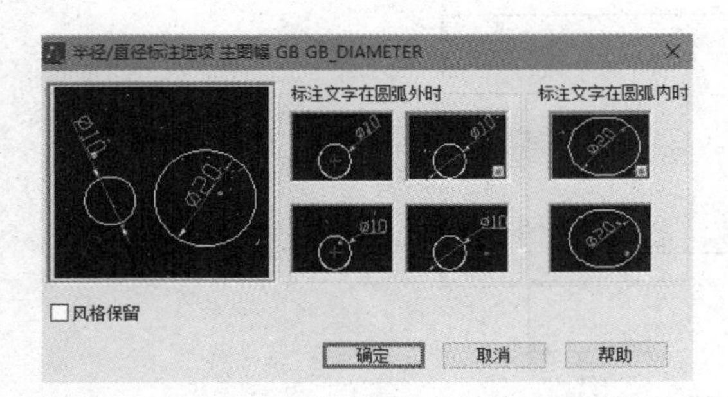

图 3.2.9　半径/直径标注选项对话框

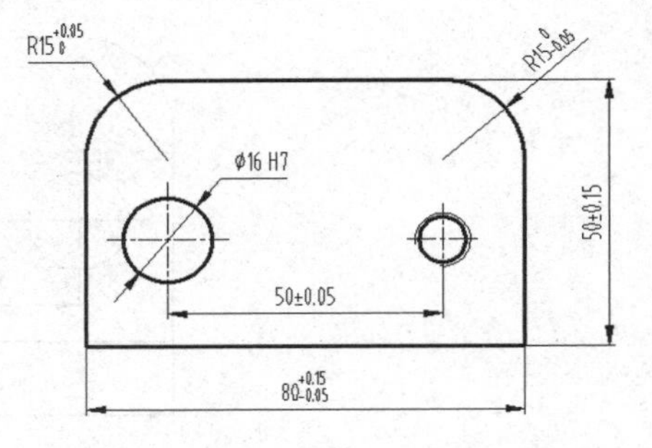

图 3.2.10　半径、直径尺寸公差标注

3．螺纹尺寸标注

输入字母“D”回车(或单击空格键)，继续输入字母“S”回车(或单击空格键)，用鼠标选择螺纹大径，输入字母“D”回车(或单击空格键)，继续单击回车(或单击空格键)，屏幕上弹出如图 3.2.11 所示的【增强尺寸标注】对话框，单击对话框中右下角箭头，屏幕上弹出如图 3.2.12 所示的对话框，选择对话框中的“M〈〉”并输入“-7H”，如图 3.2.13 所示，单击“确定”按钮完成螺纹标注，如图 3.2.14 所示。

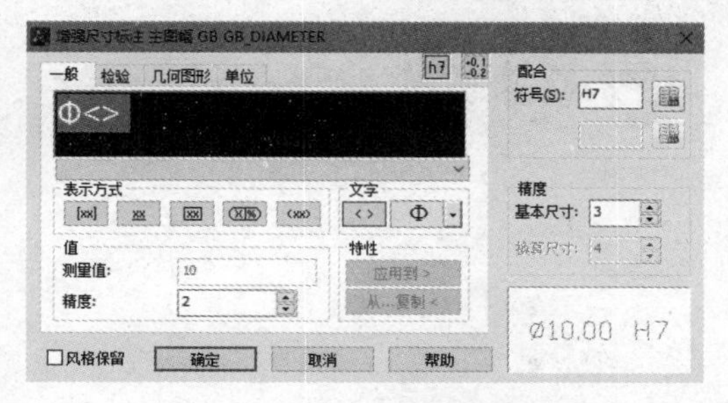

图 3.2.11　增强尺寸标注对话框

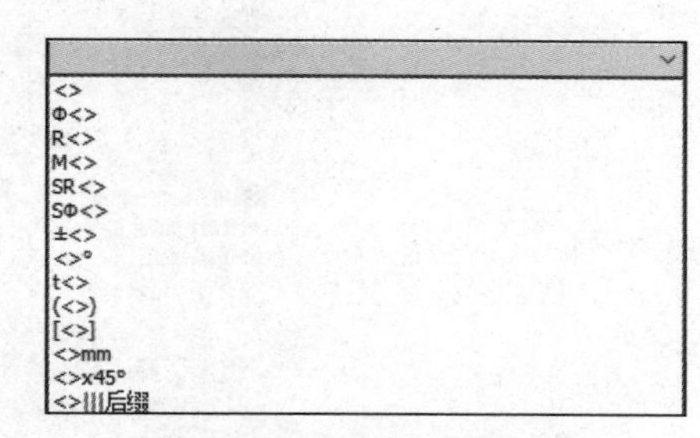

图 3.2.12　增强尺寸标注对话框

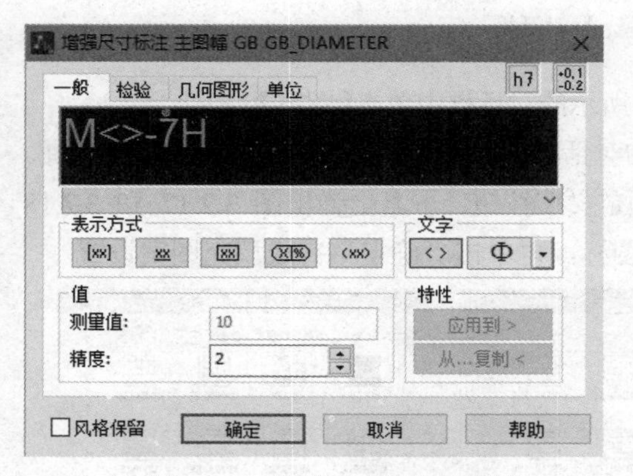

图 3.2.13　螺纹尺寸标注对话框

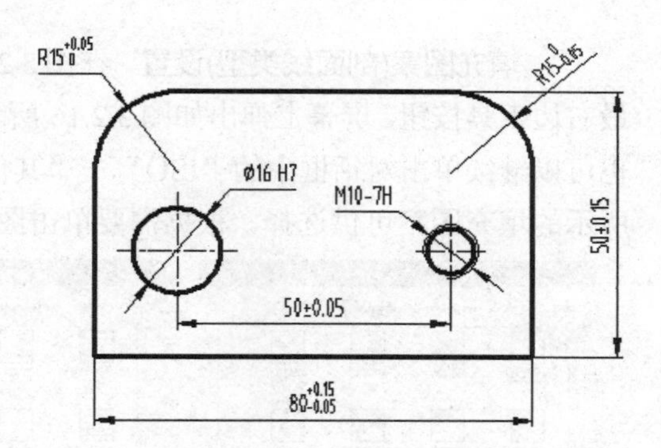

图 3.2.14　螺纹尺寸标注

二、图案填充绘制

在绘制的工程图中，为了更详细表达视图局部结构和内部结构，往往需要采用剖视图，如全剖视图、半剖视图、局部剖视图、旋转剖视图等，绘制这些剖视图需要绘制剖面线(即图案填充)，中望机械 CAD 教育版软件为用户提供了多种图案填充方案供用户选择，下面介绍绘制剖面线(图案填充)的方法和步骤。

单击【图案填充】工具命令按钮或输入字母“H”回车(或单击空格键)，屏幕上弹出如图 3.2.15 所示的对话框，在对话框中可以设定不同填充图案、设定剖面线倾斜角度、设定剖面线间距(比例)等。

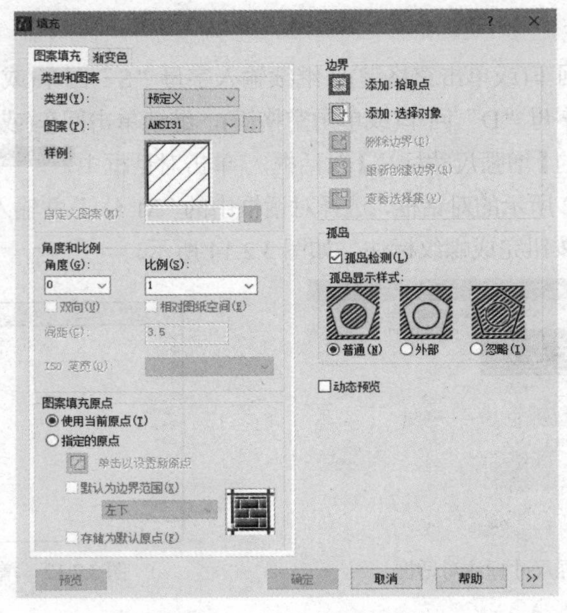

图 3.2.15　【填充】对话框

1. 填充图案(剖面线类型)设置　在图 3.2.15 所示的对话框中单击【图案】ANSI31 ... 最右边工具按钮，屏幕上弹出如图 3.2.16 所示的对话框，对话框中有不同的填充图案供选择。也可以继续单击对话框中的“ISO”、“其他预定义”按钮，屏幕上弹出图 3.2.17 和 3.2.18 所示的填充图案可供选择。根据需要单击图案图标，再单击“确定”完成填充图案设置。

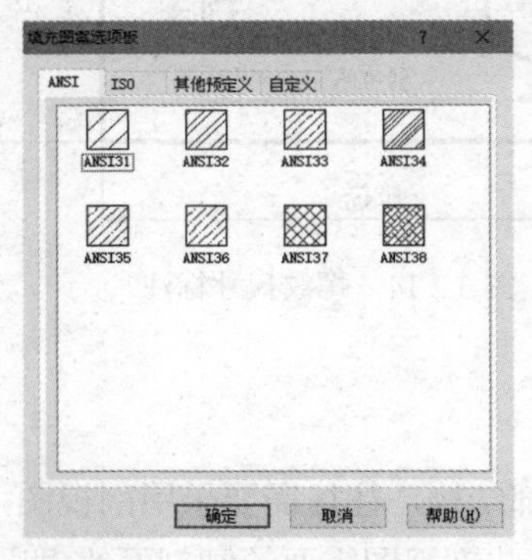

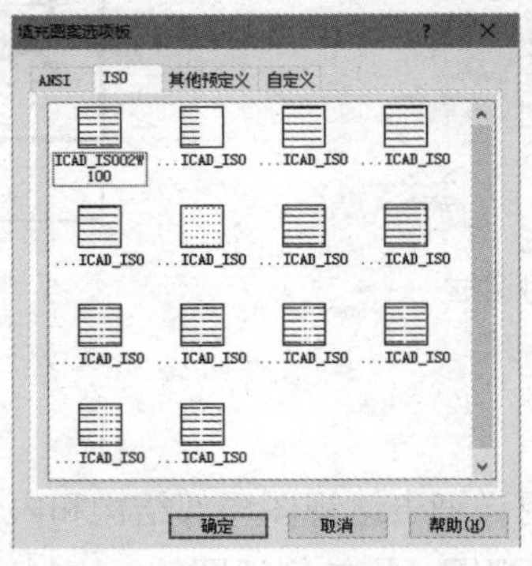

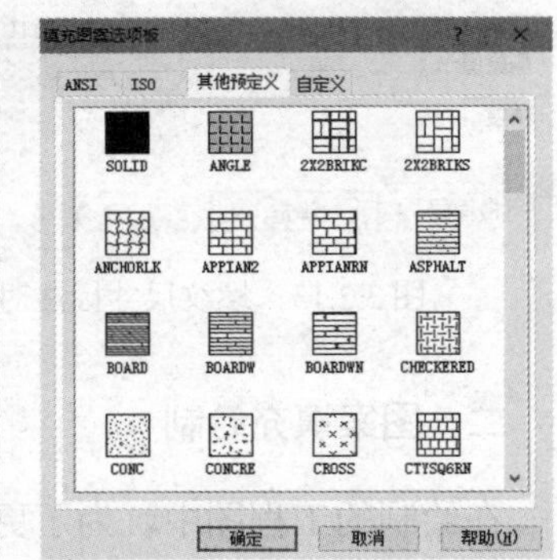

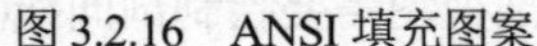

图 3.2.16　ANSI 填充图案　　图 3.2.17　ISO 填充图案　　图 3.2.18　其他预定义填充图案

2. 填充颜色设置　在图 3.2.15 所示对话框中单击【渐变色】工具命令按钮，屏幕上弹出如图 3.2.19 所示的对话框，单击图 3.2.19 对话框中的【双色】工具命令按钮，屏幕上弹出如图 3.2.20 所示的对话框，单击需要的图标，完成填充颜色设置。

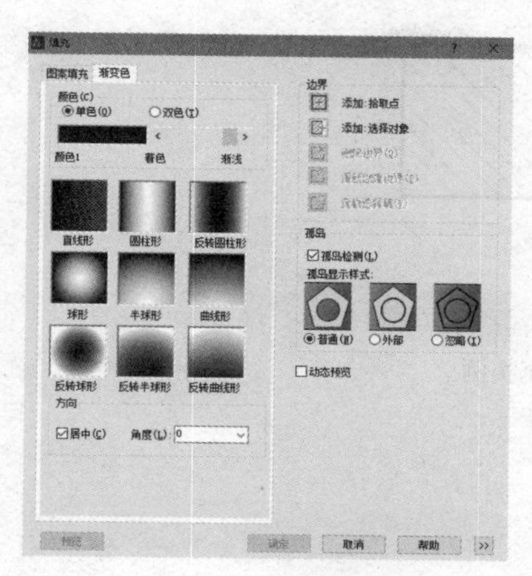

图 3.2.19　单色渐变填充

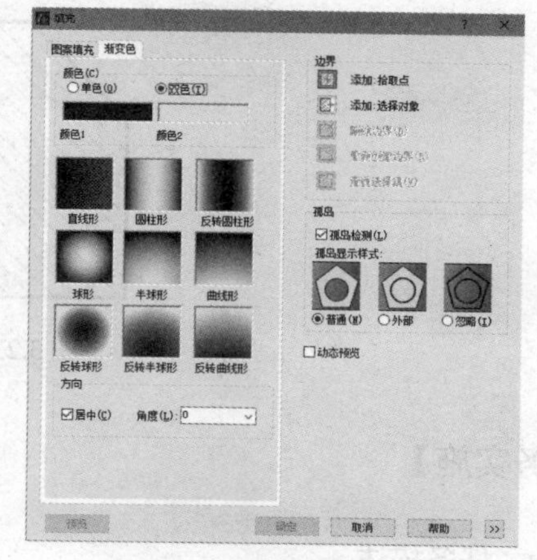

图 3.2.20　双色渐变填充

3. **剖面线角度设置**　在图 3.2.15 所示的对话框中，剖面线角度默认为“0”，剖面线与图形水平正方形夹角为 45°，如需要设定剖面线角度，在图 3.2.15 所示的对话框中单击【角度】工具命令下方的箭头按钮，弹出如图 3.2.21 所示的下拉菜单，可对剖面线角度进行设置，单击“确定”按钮完成剖面线角度设置。

4. **剖面线比例(间距)大小设置**　在图 3.2.15 所示的对话框中，剖面线比例(间距)默认为 1，单击【比例】工具命令下方的箭头按钮，弹出如图 3.2.22 所示的剖面线比例下拉菜单，可对剖面线比例进行设置，单击“确定”按钮完成剖面线比例(间距)大小设置。

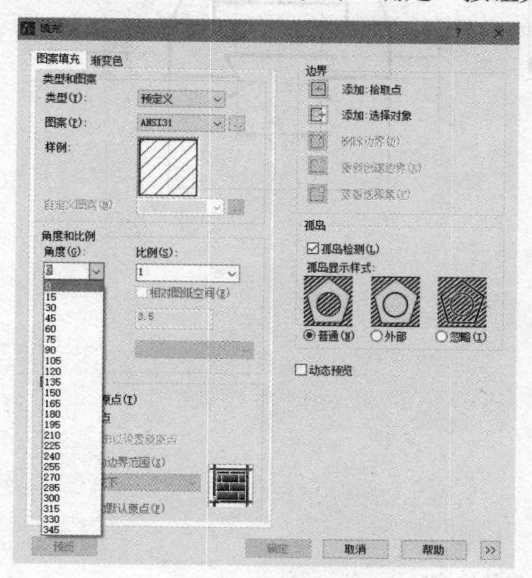

图 3.2.21　剖面线角度设置

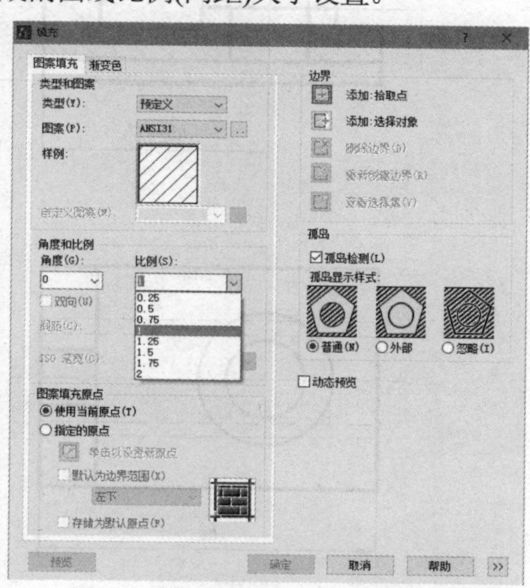

图 3.2.22　剖面线比例设置

设定完成后，单击对话框右上角的【添加：拾取点】工具命令按钮，选择剖视图需要绘制的剖面线(填充区域)，单击回车(或单击空格键)，单击“确定”按钮，完成图案填充绘制。如图 3.2.23 所示绘制剖面线实例。

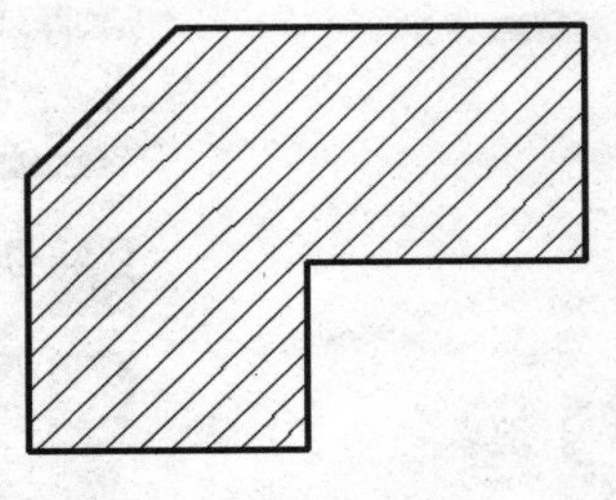

图 3.2.23　填充实例

【任务实施】

一、任务描述

机体底座由圆柱、矩形板、圆弧面燕尾槽、圆柱孔等基本体组成，通过使用常用绘图命令和尺寸标注，完成绘制机体底座零件图，如图 3.2.24 所示。

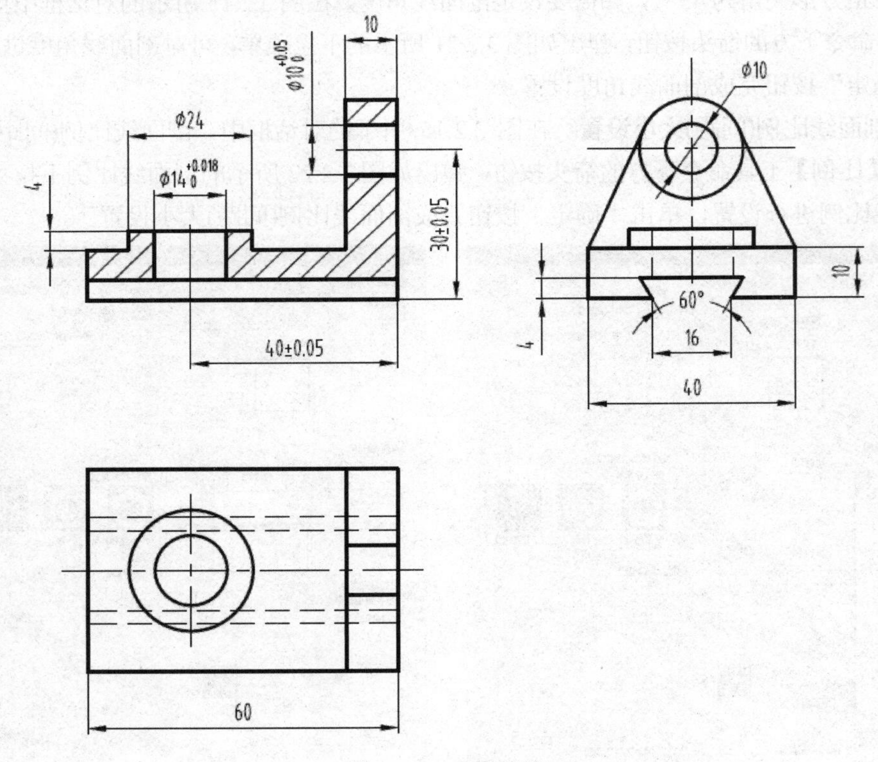

图 3.2.24　机体底座

二、实施步骤

1．创建图形文件：双击桌面“中望机械 CAD 教育版”图标，打开中望机械 CAD 教育版软件，单击【新建】工具图标，弹出“选择样板”对话框，单击“打开”按钮，创建新的图形文件。

2．在绘图区适当位置绘制三个十字线，并单击图层管理器(或输入数字“3”回车)，修改线型为中心线，如图 3.2.25 所示。

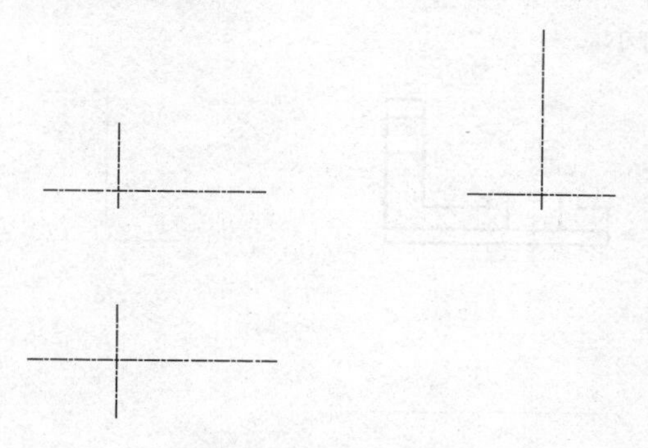

图 3.2.25　绘制中心线

3. 绘制主视图轮廓

(1) 单击【偏移】工具命令按钮或输入字母“O”回车(或单击空格键)，将水平中心线向上分别偏移 4mm、10mm、14mm、30mm、40mm；将垂直中心线分别偏移 7mm、12mm、20mm、30mm、40mm，单击【修剪】工具或输入字母“TR”双击回车(或双击空格键)，对多余线条进行修剪，如图 3.2.26 所示。

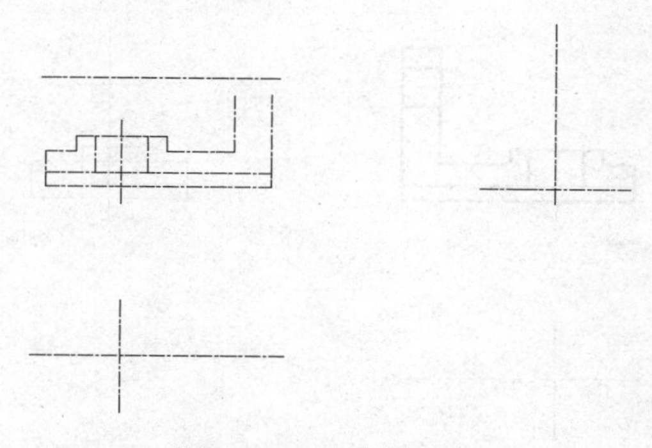

图 3.2.26　绘制主视图 1

(2) 输入字母“YS”回车(或单击空格键)，鼠标选取两垂直线向上延伸，单击【偏移】工具命令按钮或输入字母“O”回车(或单击空格键)，将上边水平线向上偏移 5mm、10mm；单击【修剪】工具命令按钮或输入字母“TR”双击回车(或双击空格键)，修剪多余线段；并将轮廓线修改为粗实线，如图 3.2.27 所示。

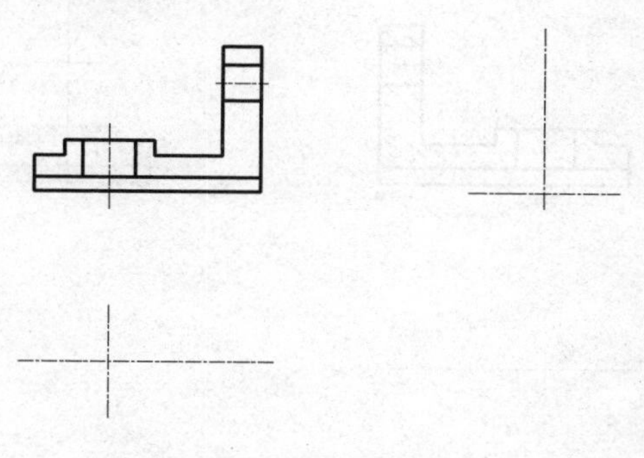

图 3.2.27　绘制主视图 2

(3) 单击【图案填充】工具命令按钮或输入字母“H”回车(或单击空格键)，绘制主视图剖面线，如图 3.2.28 所示。

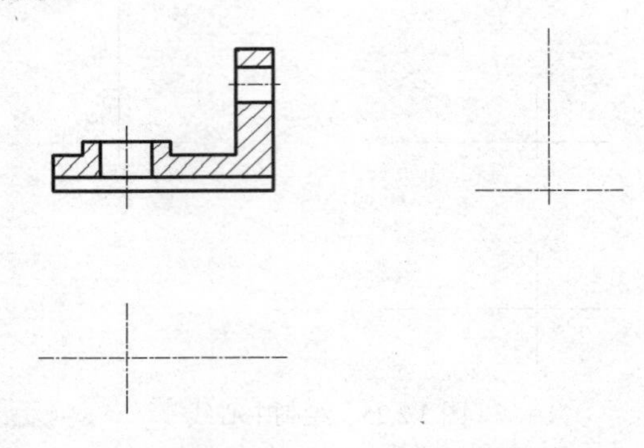

图 3.2.28　绘制剖面线

4．绘制左视图

(1) 单击【偏移】工具命令按钮或输入字母“O”回车(或单击空格键)，将左视图水平中心线向上分别偏移 4mm、10mm、14mm、30mm；将垂直中心线分别偏移 7mm、12mm、20mm；修剪多余线，如图 3.2.29 所示。

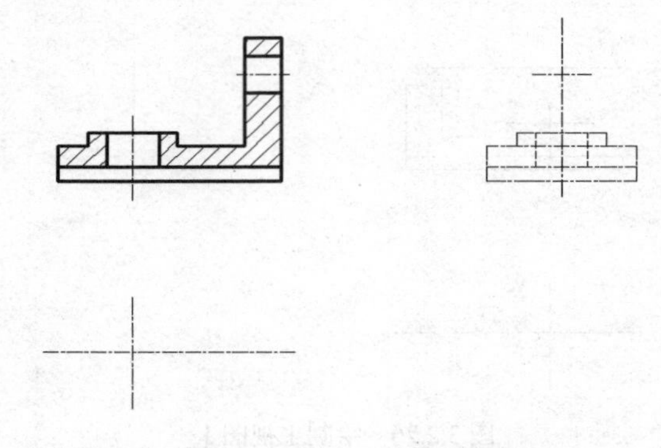

图 3.2.29　绘制左视图轮廓 1

(2) 单击【圆】工具命令按钮或输入字母“C”回车(或单击空格键)，绘制 ϕ 10mm、R10mm 两圆；单击【直线】工具命令按钮，绘制 R10mm 两切线；修剪多余段，如图 3.2.30 所示。

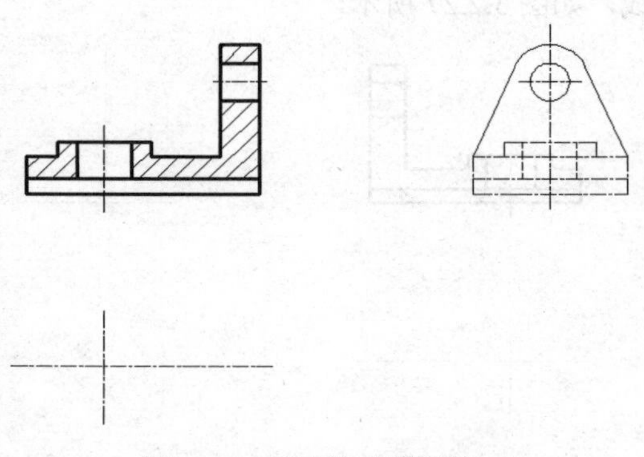

图 3.2.30　绘制左视图轮廓 2

(3) 单击【偏移】工具命令按钮或输入字母“O”回车(或单击空格键)，将垂直中心线偏移 8mm，确定燕尾槽位置，单击【直线】工具命令按钮或输入字母“L”回车(或单击空格键)，输入字母“A” 回车(或单击空格键)，输入数字“60”绘制燕尾槽右端斜线，单击【镜像】工具命令按钮或输入字母“MI”回车(或单击空格键)，把燕尾槽右端斜线镜像到左端，修剪多余线，并修改线型，完成左视图绘制，如图 3.2.31 所示。

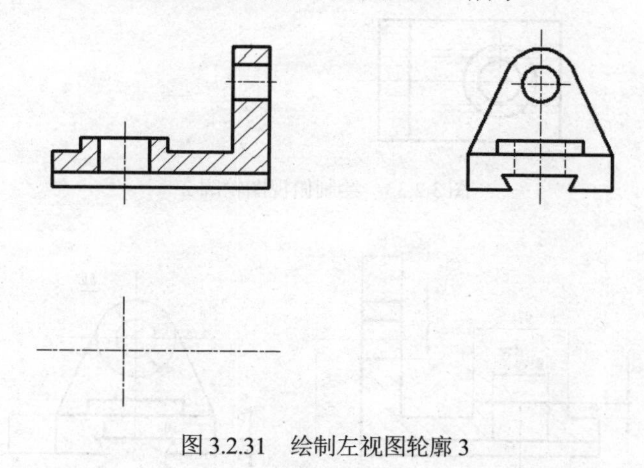

图 3.2.31　绘制左视图轮廓 3

5．绘制俯视图

(1) 单击【偏移】工具命令按钮或输入字母“O”回车(或单击空格键)，将水平中心线向上分别偏移 8mm、20mm；将垂直中心线分别偏移 8mm、20mm、40mm；修剪多余线段，并修改线型，如图 3.2.32 所示。

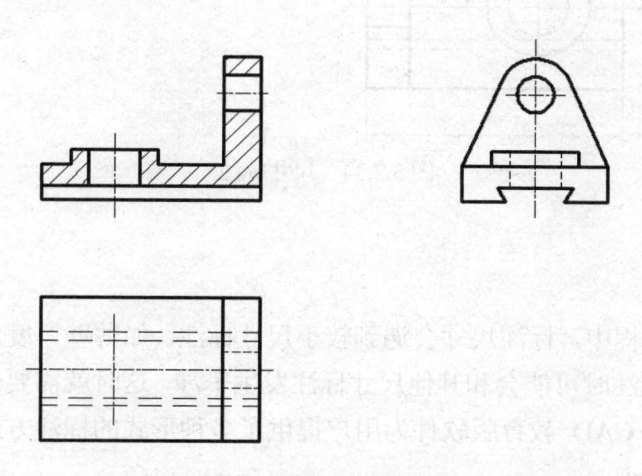

图 3.2.32　绘制俯视图轮廓 1

(2) 单击【圆】工具命令按钮或输入字母“C”回车(或单击空格键)，绘制 φ14mm、φ24mm 两圆，并修改线型，如图 3.2.33 所示。

6．标注尺寸

输入字母“D”回车(或单击空格键)，用鼠标选择需要的标注尺寸，标注各部尺寸及尺寸公差，完成机体底座绘制，如图 3.2.34 所示。

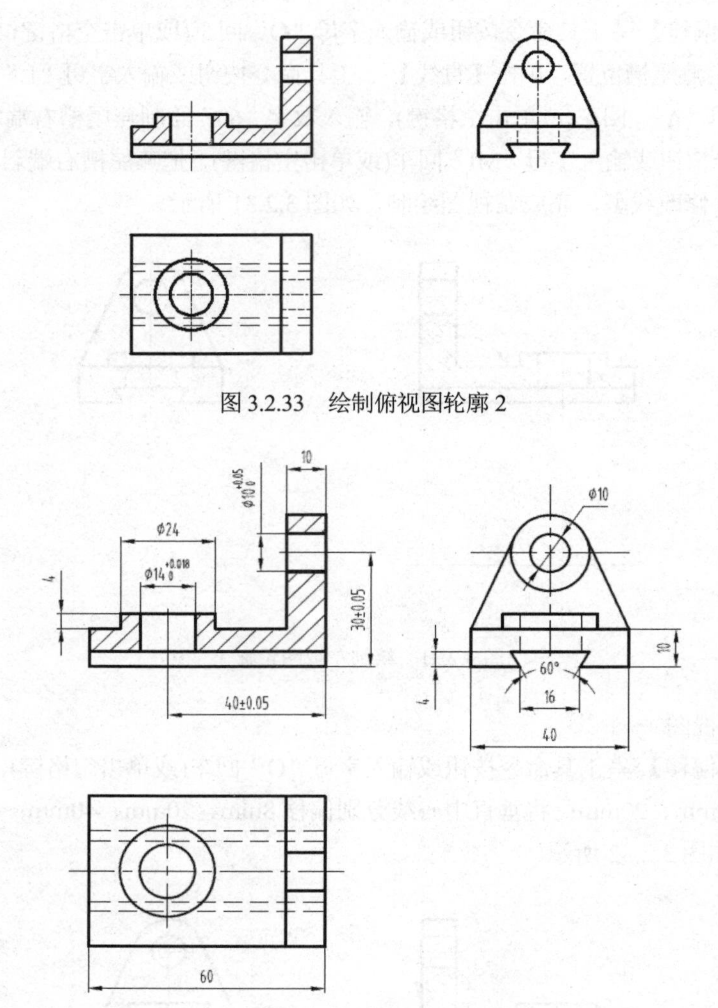

图 3.2.33　绘制俯视图轮廓 2

图 3.2.34　尺寸标注

【扩展知识】

在绘制工程图过程中，标注尺寸会遇到较小尺寸标注，如薄壁厚度尺寸 2mm、越程槽 2×1mm 等尺寸，在标注时可能会和其他尺寸标注发生干涉，这时就需要修改尺寸线箭头形式进行标注，中望机械 CAD 教育版软件为用户提供了多种形式的标注方式，下面介绍标注尺寸箭头形式方面的知识。

如图 3.2.35 所示尺寸标注形式，由于尺寸较小，标注尺寸时箭头发生干涉，因此，在尺寸界限处用圆点形式标注。操作步骤为：

1. 输入字母“D”回车(或单击空格键)，选择左端第一个 3mm 尺寸界限，单击回车(或单击空格键)，屏幕上弹出如图 3.2.36 所示的“增强尺寸标注”对话框，单击对话框【几何图形】工具命令按钮，屏幕上弹出图 3.2.37 所示的“几何图形”选项卡，单击内尺寸标注样式中的右箭头，屏幕上弹出如图 3.2.38 所示的对话框，选择需要的圆点，单击“确定”按钮，完成第一个 3mm 尺寸标注，如图 3.2.39 所示。

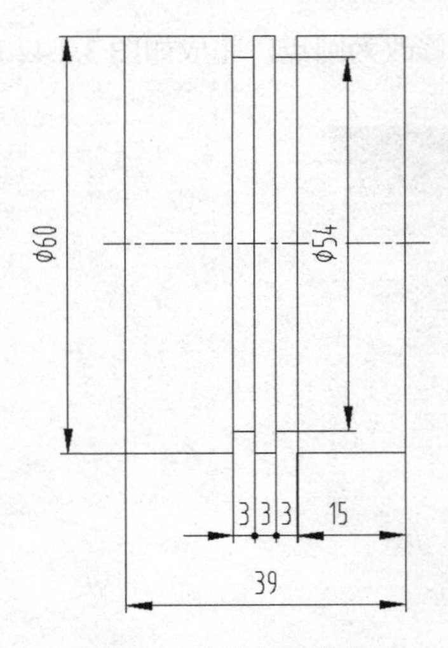

图 3.2.35　尺寸标注样式

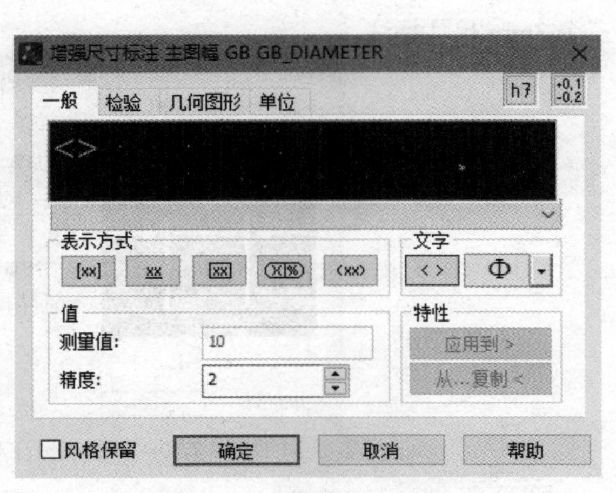

图 3.2.36　“增强尺寸标注”对话框

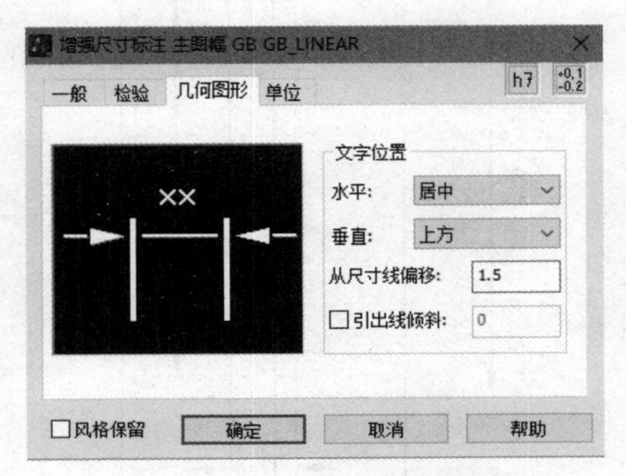

图 3.2.37　几何图形对话框 1

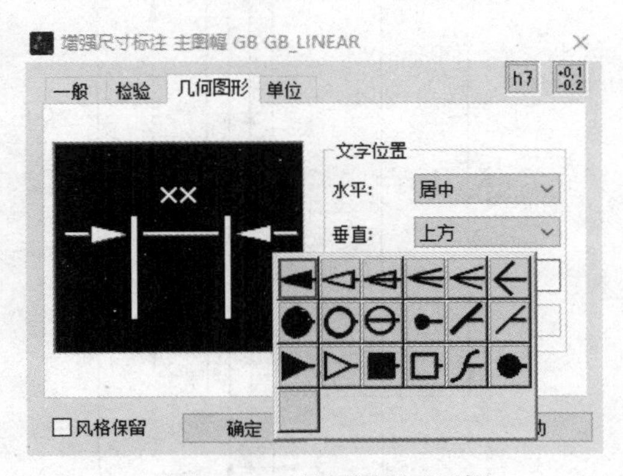

图 3.2.38　几何图形对话框 2

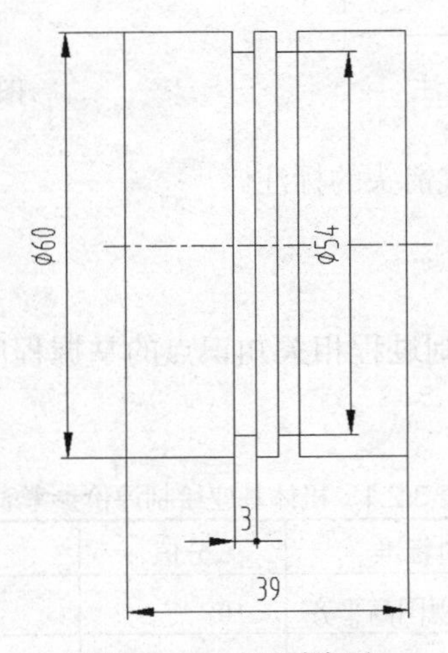

图 3.2.39　右圆点标注

2. 标注第二个 3mm 尺寸时操作步骤与上一步相同，分别将左右箭头修改为圆点，如图 3.2.40 所示，单击“确定”按钮，完成第二个 3mm 尺寸标注，如图 3.2.41 所示。

3. 标注第三个 3mm 尺寸时，用同样方法把左端箭头修改为圆点，完成如图 3.2.42 所示的第三个 3mm 尺寸标注。

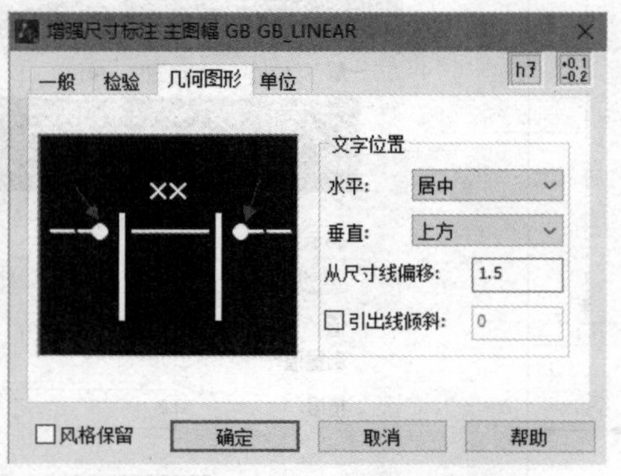

图 3.2.40　双圆点标注对话框

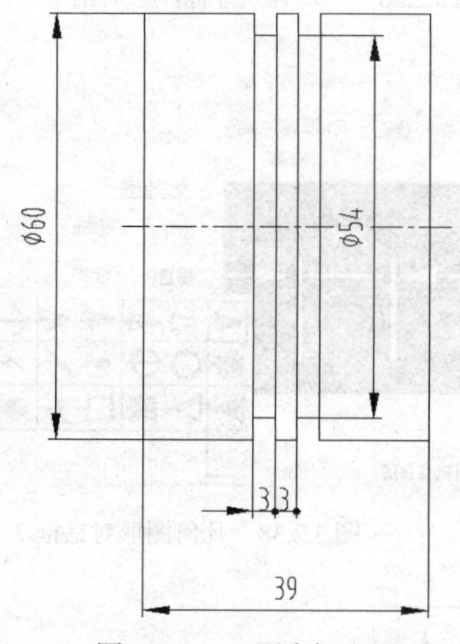

图 3.2.41　双圆点标注

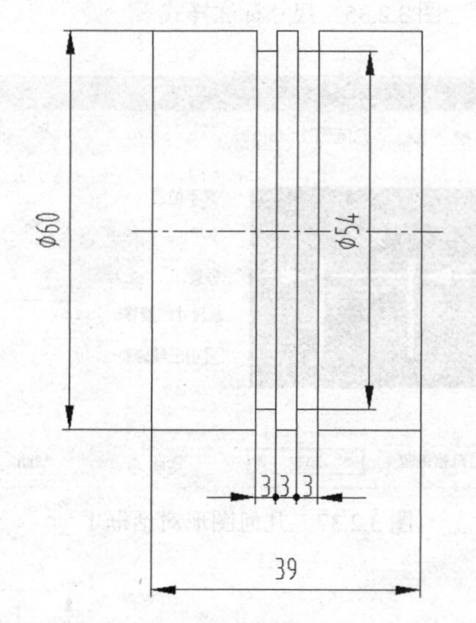

图 3.2.42　左圆点标注

可用同样方法完成其他形式箭头的标注。

【任务评价】

绘机体基座零件图，对绘制过程相关知识点的掌握程度应做一定的评价，如表 3.2.1 所示。

表 3.2.1　机体基座绘制评价参考表

评价内容	评价标准	分值	学生自评	老师评估
三视图位置	主、左视图高平齐	10		
	主、俯视图长相等	10		
	左、俯视图宽相等	10		
	剖切位置正确	10		

(续表)

评价内容	评价标准	分值	学生自评	老师评估
线型绘制	线性绘制正确	10		
尺寸标注	尺寸标注正确	10		
修改工具	偏移的应用	10		
	修剪的应用	10		
	镜像的应用	10		
成品(机体底座)效果	错误 1 处扣 2 分	10		
学习体会：				

【练一练】

请根据所学的工具命令，绘制如图 3.2.43 所示的机架以及图 3.2.44 所示的箱盖三视、剖面图形。

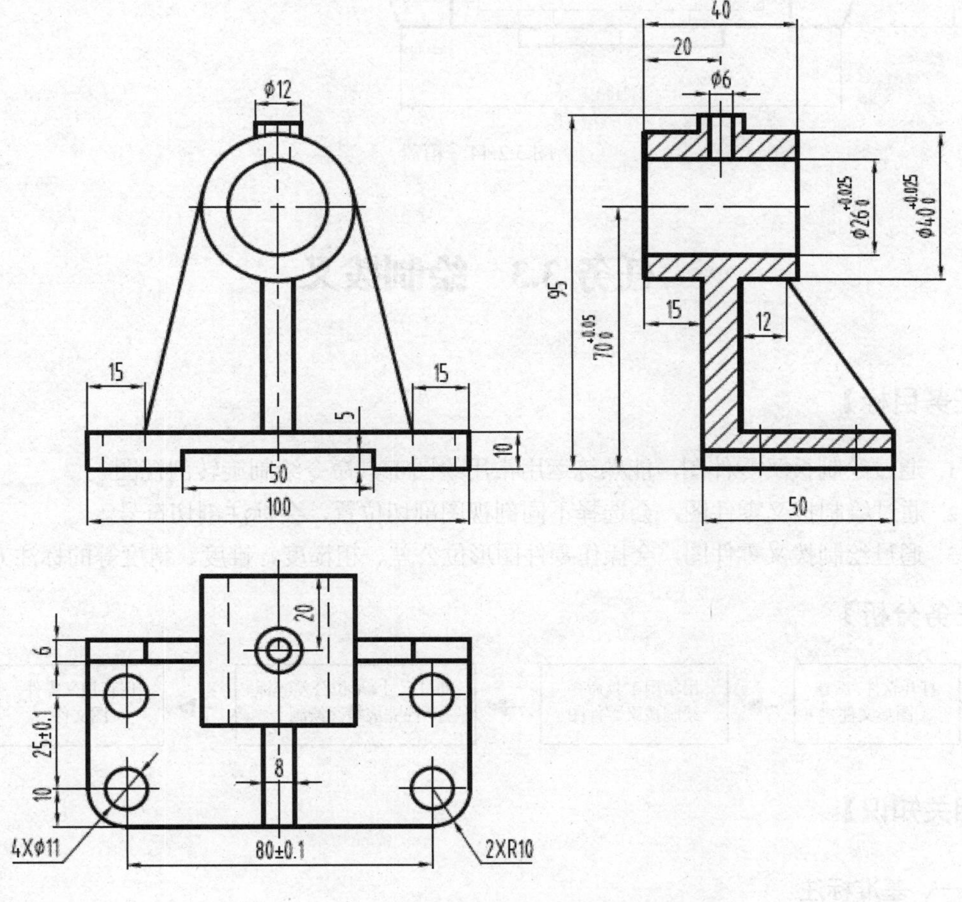

图 3.2.43　机架

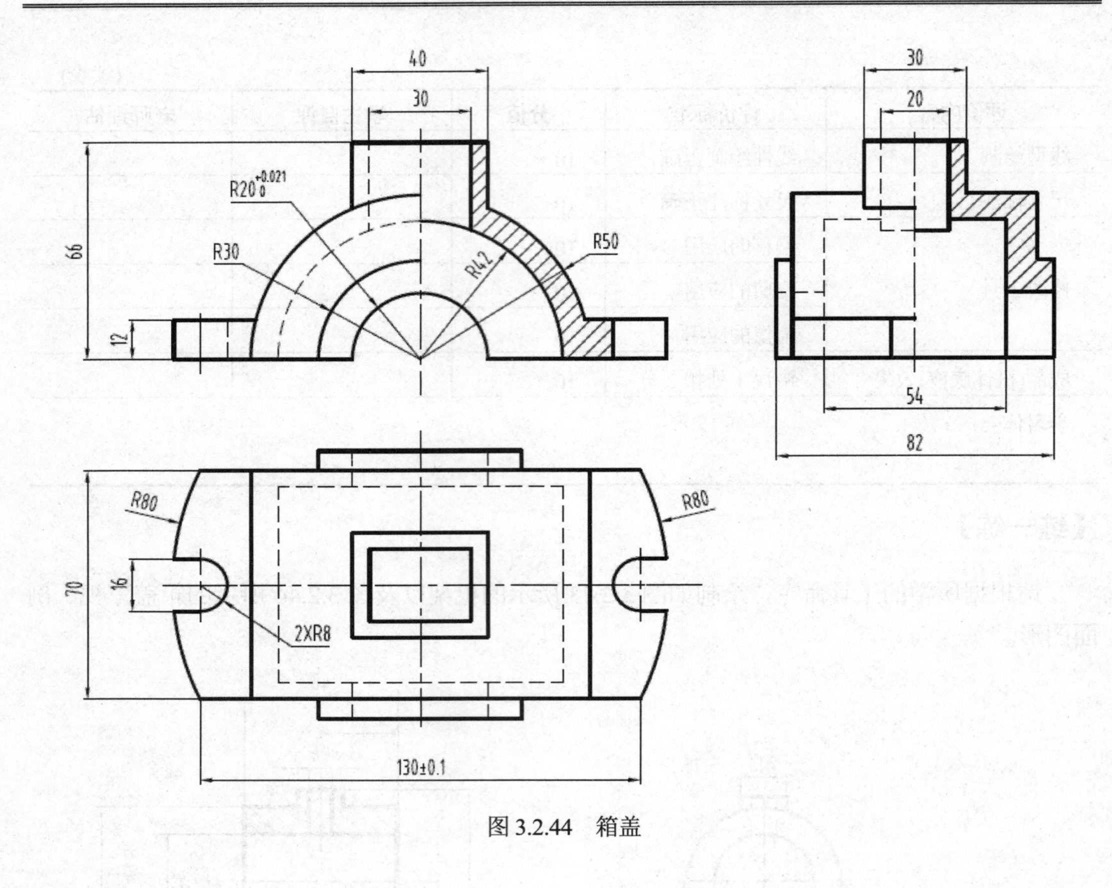

图 3.2.44　箱盖

任务 3.3　绘制拨叉

【任务目标】

1. 通过绘制拨叉零件图，能熟练运用常用绘图工具命令绘制旋转剖视图。
2. 通过绘制拨叉零件图，会选择不同剖视图剖切位置，会标注剖切符号。
3. 通过绘制拨叉零件图，会操作零件图形位公差、粗糙度、锥度、斜度等的标注方法。

【任务分析】

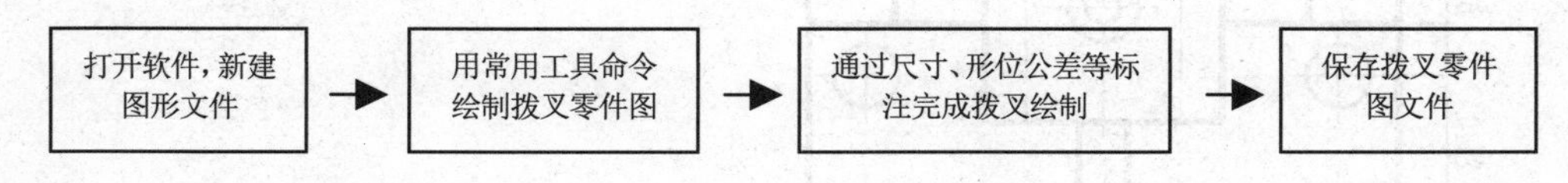

【相关知识】

一、基准标注

基准标注在绘制工程图中经常用到，中望机械 CAD 教育版软件为用户提供了两种基准标注方法：一是单击【基准】工具命令按钮进行标注，二是输入字母“JZ”回车(或单击空格键)进行标注。单击【基准】工具命令按钮或输入字母“JZ”回车(或单击空格键)后，屏幕上弹出如图 3.3.1 所示的对话框，可对基准标注内容进行修改，如基准 A、B、C 等，也可以单击“设置”在下拉菜单中对箭头样式、箭头大小、颜色、文字等内容进行设置和修改，修改完成后单击“确定”，就可以进行基准标注。

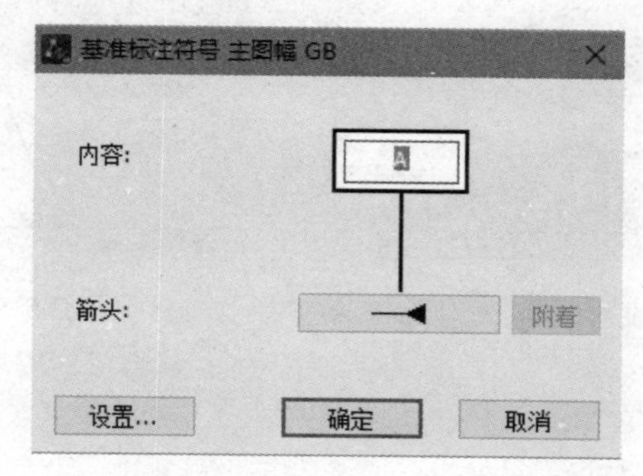

图 3.3.1　基准设置对话框

二、形位公差标注

形位公差和基准标注一样，中望机械 CAD 教育版软件也为用户提供了两种操作方法：一是单击【形位公差】工具命令按钮进行标注，二是输入字母“XW”回车(或单击空格键)进行标注，单击【形位公差】工具命令按钮或输入字母“XW”回车(或单击空格键)后，屏幕上弹出如图 3.3.2 所示的对话框，单击对话框中图标，屏幕上出现如图 3.3.3 所示的对话框，单击需要标注的形位公差图标，在公差 1 空白处填写形位公差数值，在基准 1 处填写基准符号，单击“确定”完成形位公差设置，在工程图中需要的位置标注形位公差，完成形位公差标注。

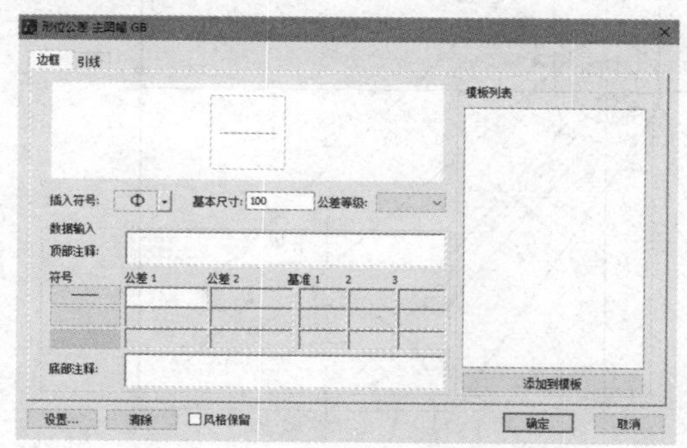

图 3.3.2　形位公差对话框

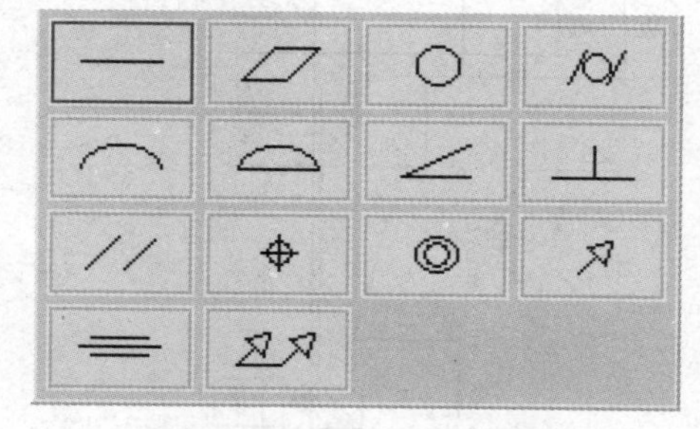

图 3.3.3　形位公差符号对话框

三、粗糙度标注

中望机械 CAD 教育版软件为广大用户提供了两种粗糙度标注操作方式：一是单击【粗糙度】工具命令按钮进行标注，二是输入字母“CC”回车(或单击空格键)进行标注。单击【粗糙度】工具命令按钮或输入字母“CC”回车(或单击空格键)后，屏幕上弹出如图 3.3.4 所示的对话框，在对话框中可以对不同粗糙度标注形式进行选择和设置。如标注“Ra1.6”粗糙度时的设置如图 3.3.5 所示，设置完成后单击“确定”，按图纸要求对图进行粗糙度标注。

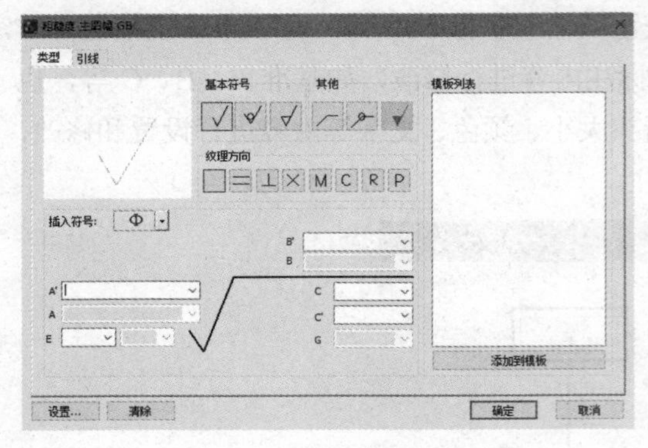

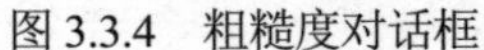

图 3.3.4　粗糙度对话框

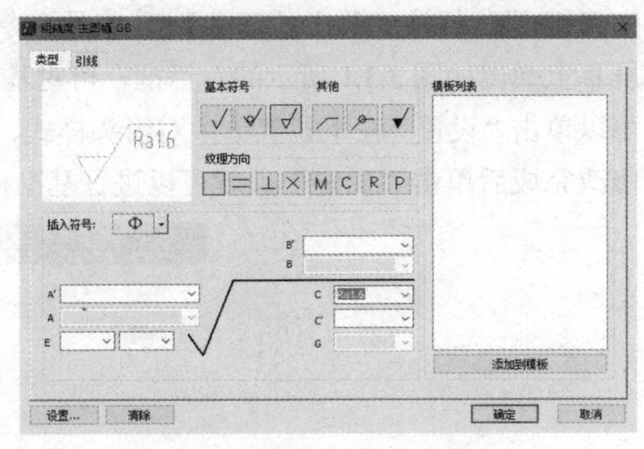

图 3.3.5　粗糙度 Ra1.6 设置对话框

【任务实施】

一、任务描述

绘制拨叉零件图，如图 3.3.6 所示，拨叉零件图由主视图和左视图组成，主视图采用旋转剖视图表达，旋转剖视图是叉架类零件图主要表达方式之一，图中有尺寸、粗糙度、形位公差等标注，绘图时应注意表达方式和标注方法。

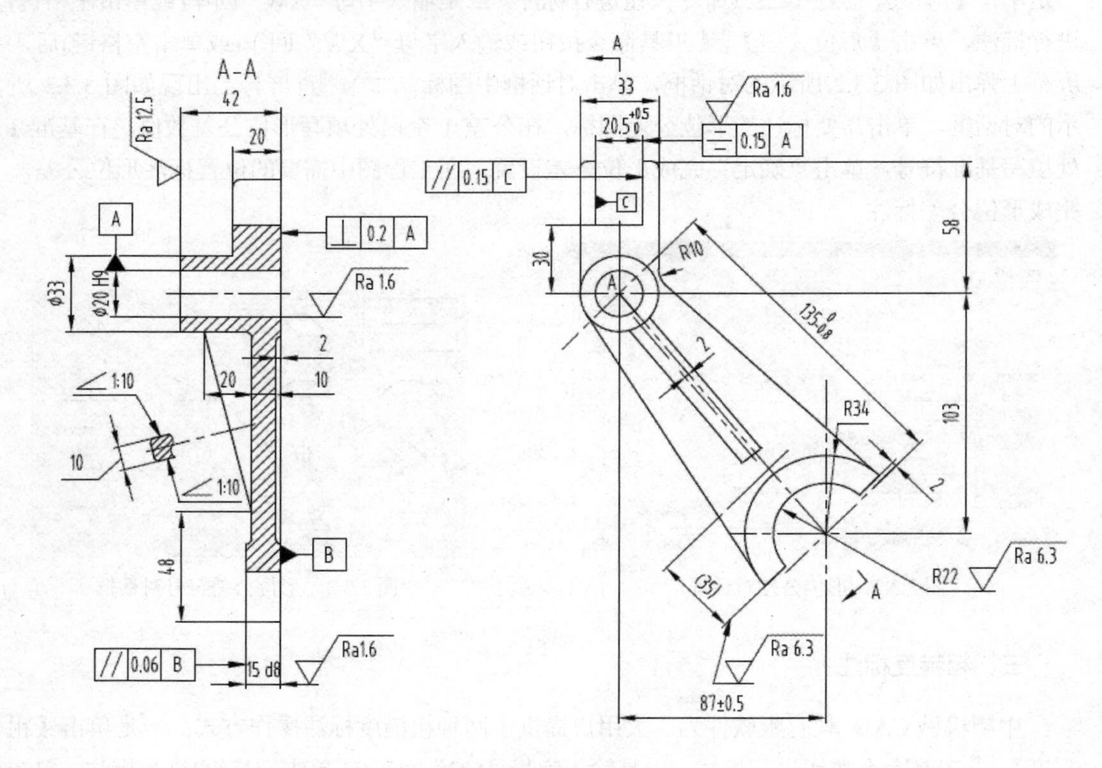

图 3.3.6　拨叉零件图

二、实施步骤

1．创建图形文件

双击桌面“中望机械 CAD 教育版”图标，打开中望机械 CAD 教育版软件，单击【新建】工具图标，弹出“选择样板”对话框，单击“打开”按钮，创建新的图形文件。

2．绘制十字线

在命令行输入 3，并连续按两次空格，将中心线层设为当前图层，在绘图区适当位置绘制三条中心线，图 3.3.7 所示。

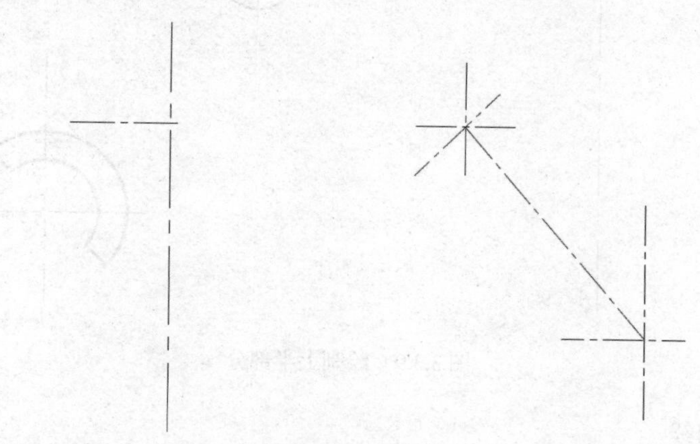

图 3.3.7　绘制中心线

3．绘制右侧视图的圆、圆弧

在命令行输入 1，并连续按两次空格，将轮廓实线层设为当前图层，单击【圆】工具命令按钮或输入字母“C”回车(或单击空格键)，在右视图中选择圆心位置，输入半径 10mm、16.5mm、22mm、34mm 画圆，如图 3.3.8 所示。

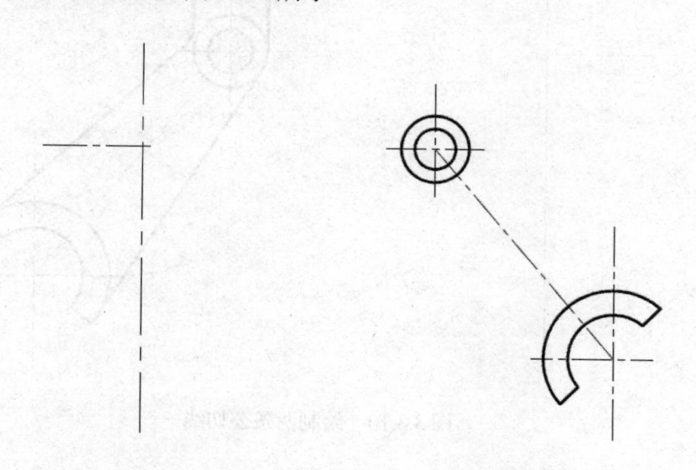

图 3.3.8　绘制圆

4．绘制右侧视图上半部分

单击【直线】工具命令按钮或输入“L”回车，单击屏幕下方【正交模式】工具命令开关按钮，设置为正交模式，分别输入 58mm、6.5mm、28mm、20mm、28mm、6.5mm、58mm 直线线段；单击【倒圆】工具命令按钮或输入字母“DY”回车(或单击空格键)，两处倒圆角 R3mm，如图 3.3.9 所示。

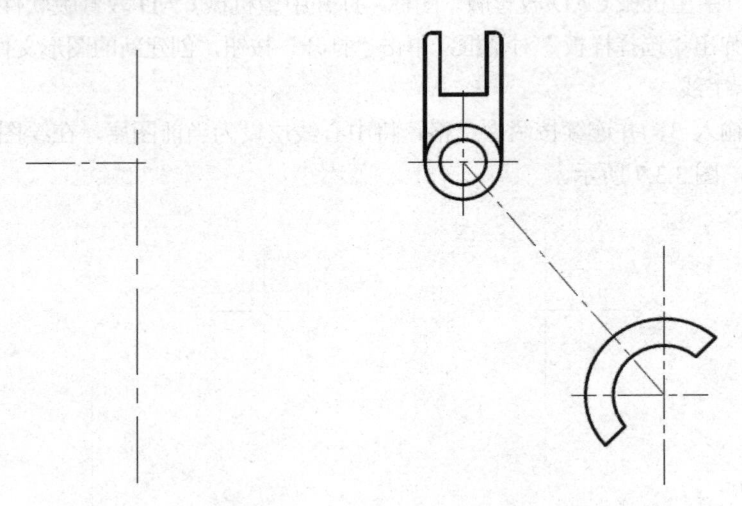

图 3.3.9　绘制上半部分

5．绘制公切线

单击【公切线】命令或输入字母“GQ”回车(或单击空格键)，绘制两条公切线；单击【倒圆】工具命令按钮或输入字母“DY”回车(或单击空格键)，倒圆角 R10mm，如图 3.3.10 所示。

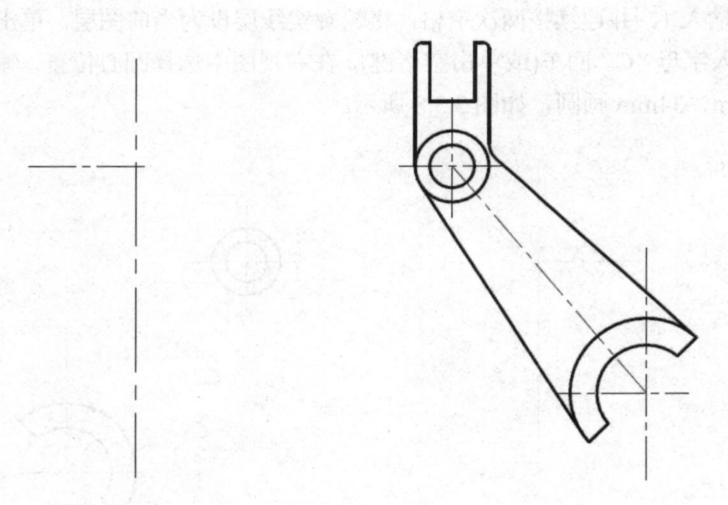

图 3.3.10　绘制两条公切线

6．绘制右侧视图筋板

单击【偏移】工具命令按钮或输入字母“O”回车(或单击空格键)，绘制筋板，再运用旋转(RO)和复制(CO)和修剪(TR)等命令补充筋板结构，如图 3.3.11 所示。

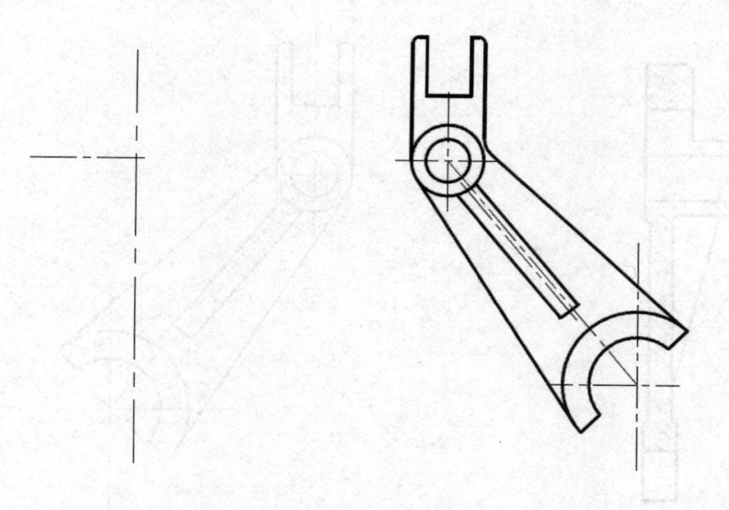

图 3.3.11 绘制筋板

7．绘制左侧视图

单击【偏移】工具命令按钮或输入字母“O”回车(或单击空格键)，分别偏移左侧图中心线，再运用直线(L)、圆弧(A)和修剪(TR)等命令补充视图上半部分。

绘制主视图下半部分的中心线时，应按左视图两圆心距离(测量值 135mm)偏移，如图 3.3.12 所示。

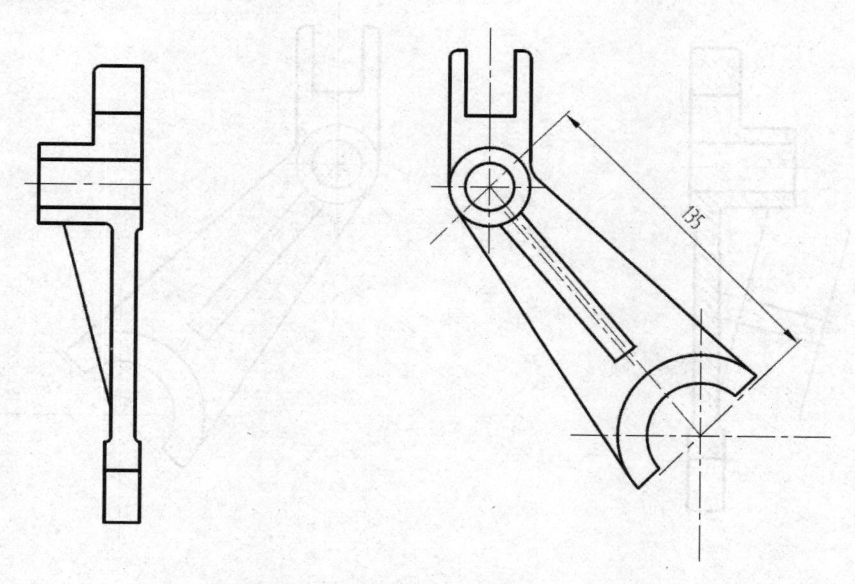

图 3.3.12 绘制左侧视图轮廓

8．填充左侧视图剖面线

用【图案填充】工具命令填充左侧视图的剖面线，如图 3.3.13 所示。

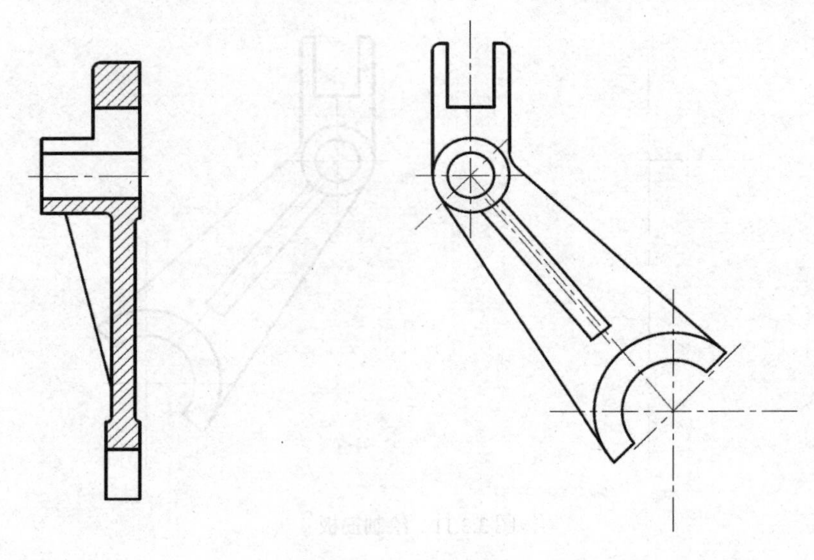

图 3.3.13　填充剖面线

9．绘制筋板

单击【偏移】工具命令按钮或输入字母“O”回车(或单击空格键)，偏移肋板线，再运用直线(L)和圆弧(A)等命令补充筋板结构线，如图 3.3.14 所示。

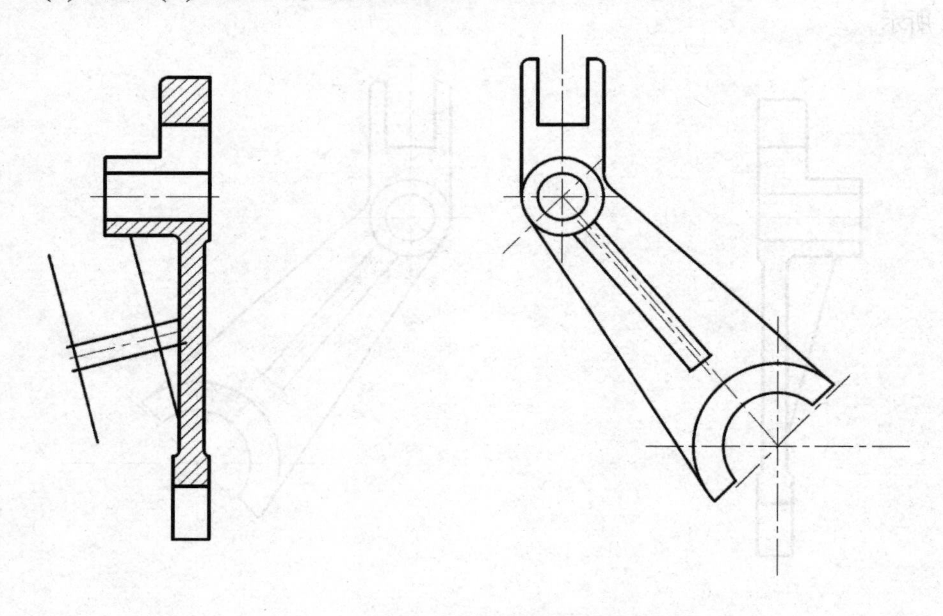

图 3.3.14　绘制筋板线步骤 1

将上面一条偏移线逆时针旋转 5.72°(筋板斜度半角)，将下面一条偏移线顺时针旋转 5.72°，用【样条线】工具命令绘制断面线，修剪多余线条并用【图案填充】工具命令填充剖面线，完成筋板绘制，如图 3.3.15 所示。

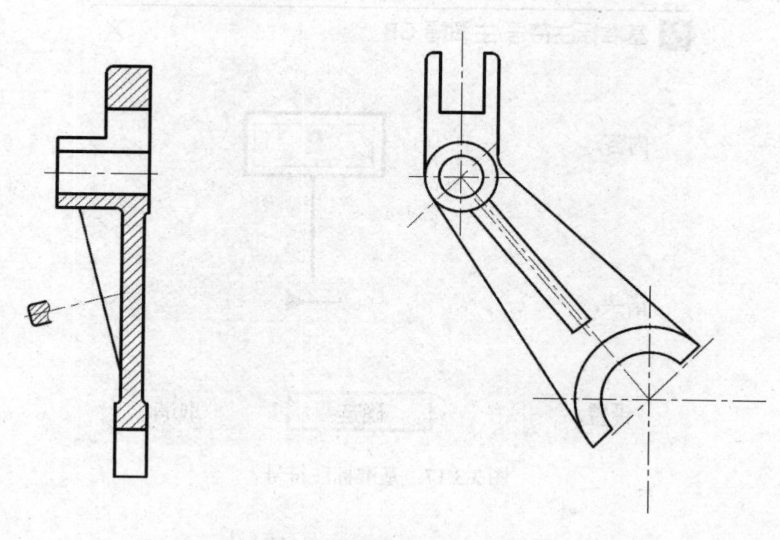

图 3.3.15 绘制筋板线步骤 2

10．标注尺寸

输入字母“D”回车(或单击空格键)，分别标注各部尺寸，如图 3.3.16 所示。

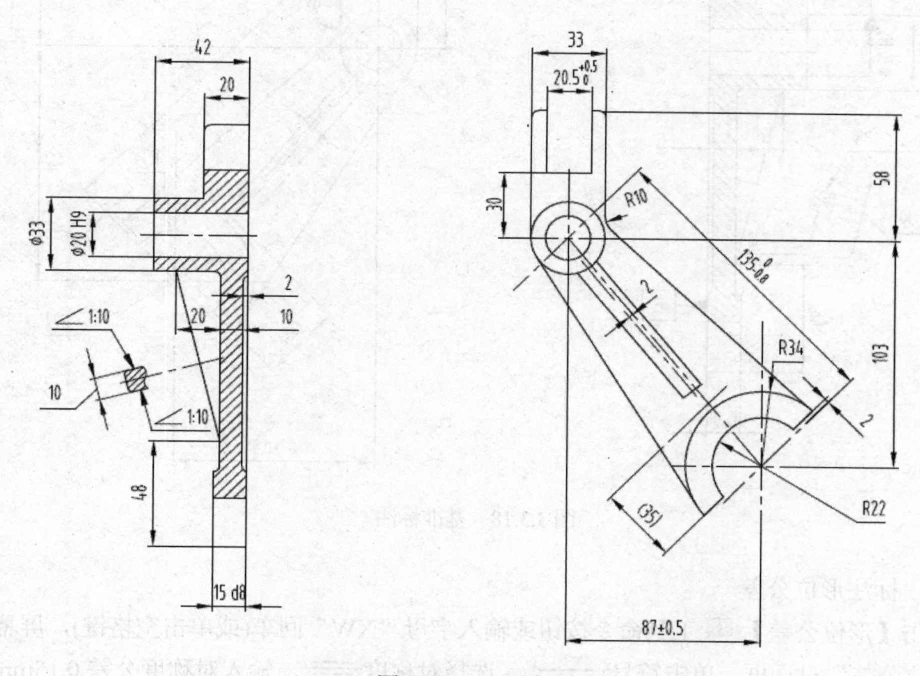

图 3.3.16 尺寸标注

11．标注基准

单击【基准】工具命令按钮或输入字母“JZ”回车(或单击空格键)，屏幕上弹出如图 3.3.17 所示的对话框，标注“A”基准时单击“确定”，选择基准 A 位置，完成基准 A 标注。用同样的方法完成基准 B 和基准 C 的标注，如图 3.3.18 所示。

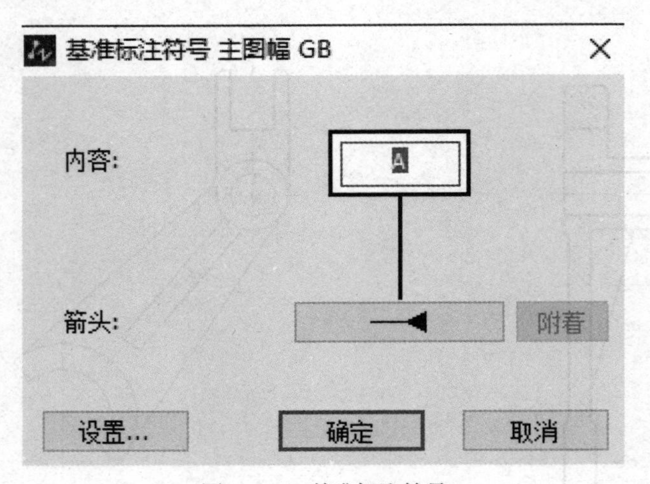

图 3.3.17　基准标注符号

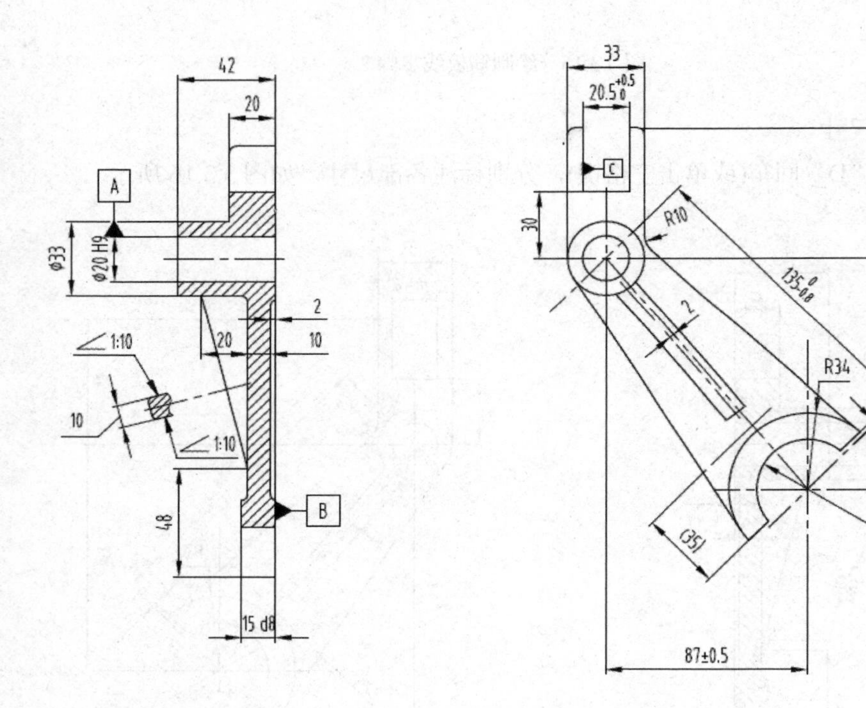

图 3.3.18　基准标注

12．标注形位公差

单击【形位公差】工具命令按钮或输入字母“XW”回车(或单击空格键)，屏幕上弹出“形位公差”对话框，单击符号，选择对称度，输入对称度公差 0.15mm，输入基准符号“A”，如图 3.3.19 所示，单击“确定”，选择标注位置，完成对称度标注。用相同方法完成平行度、垂直度标注。如图 3.3.20 所示。

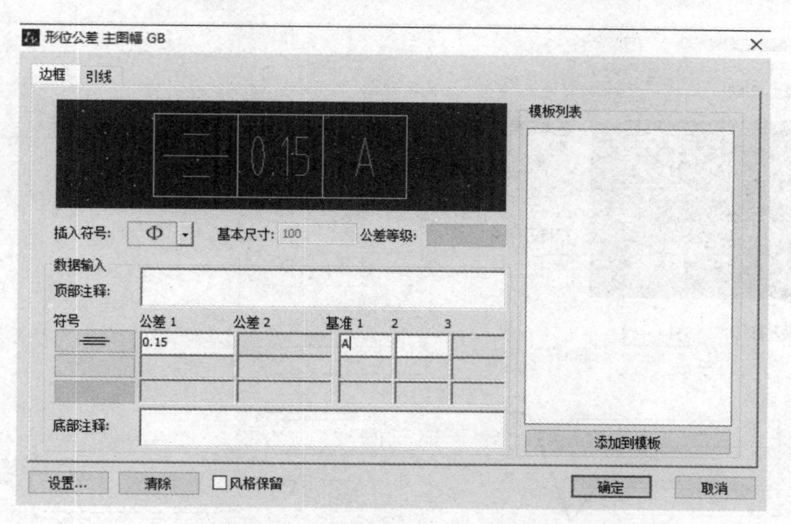

图 3.3.19　“形位公差”标注对话框

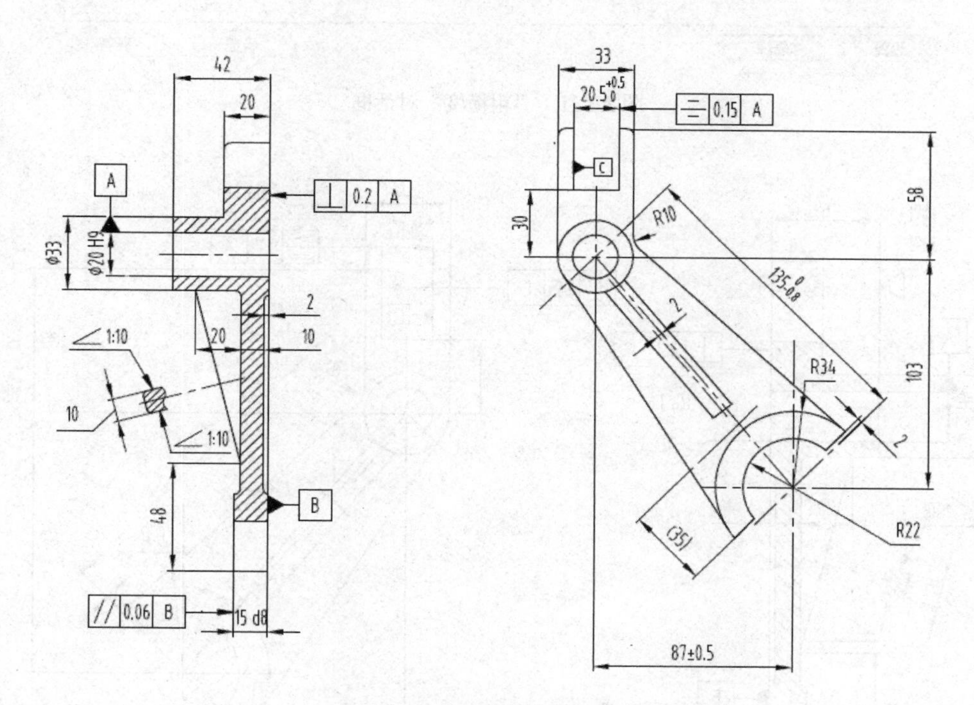

图 3.3.20　形位公差标注

13．标注粗糙度

单击【粗糙度】工具命令按钮或输入字母“CC”　回车(或单击空格键)，屏幕上弹出如图 3.3.21 所示的“粗糙度”对话框，单击对话框图标工具命令按钮，在对话框中字母“C”后面空白处填入“Ra1.6”，单击“确定”关闭对话框，在相应位置标注表面粗糙度。重复以上过程，完成图中所有粗糙度标注，如图 3.3.22 所示。

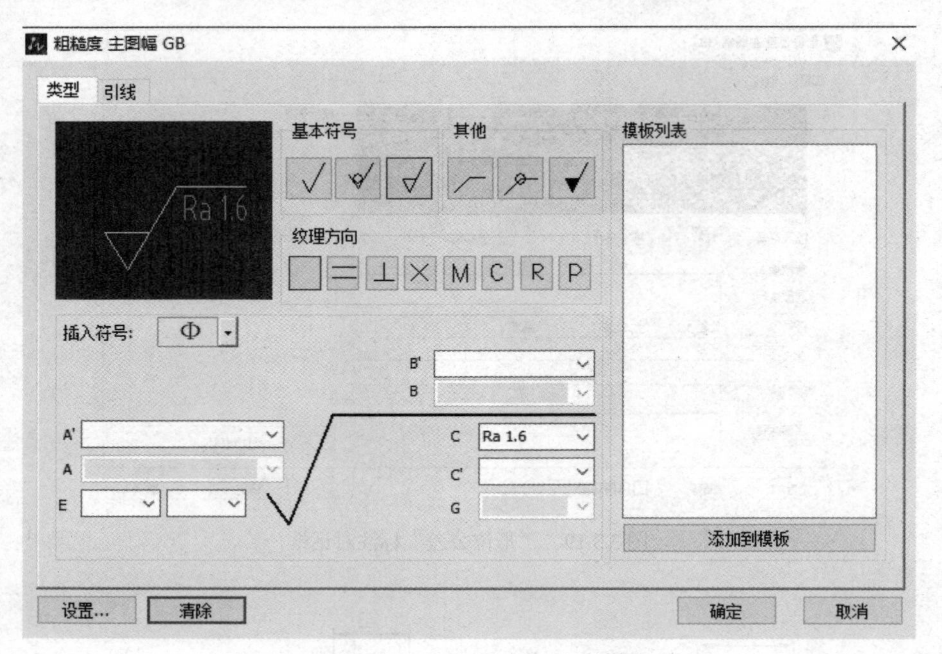

图 3.3.21　“粗糙度”对话框

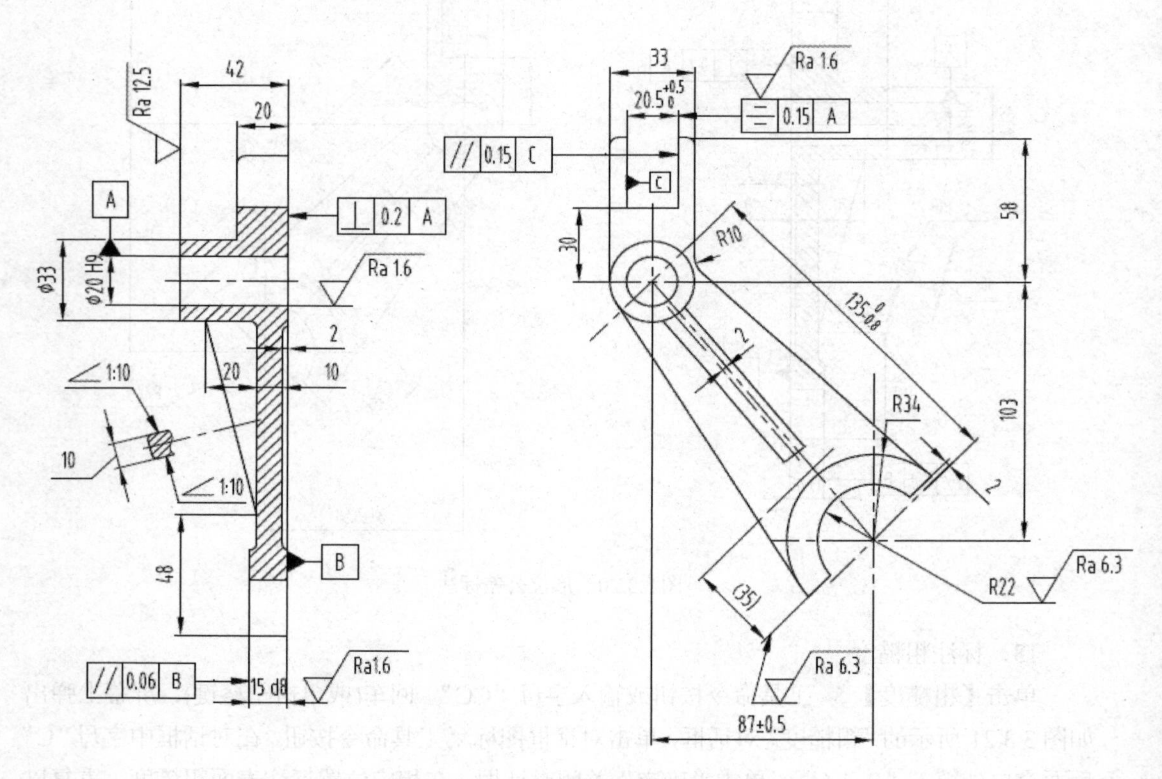

图 3.3.22　粗糙度标注

14．标注剖切符号

拨叉零件图采用旋转剖视图表达，标注剖切位置和符号操作步骤为：输入字母“PQ”回车(或单击空格键)，选择剖切位置第一点(右侧视图上部中心位置)，单击鼠标左键确定，选择剖切位置第二点(右侧视图ϕ20圆心)单击鼠标左键确定，选择剖切位置第三点(R22圆心延长线右下方)，单击鼠标左键确定，单击回车键(或单击空格键)，选择剖切方向(箭头方向)，移动鼠标令箭头朝左，单击鼠标左键确定，移动鼠标把“A-A”放在左侧视图合适位置，完成剖切符号标注，如图3.3.23所示。

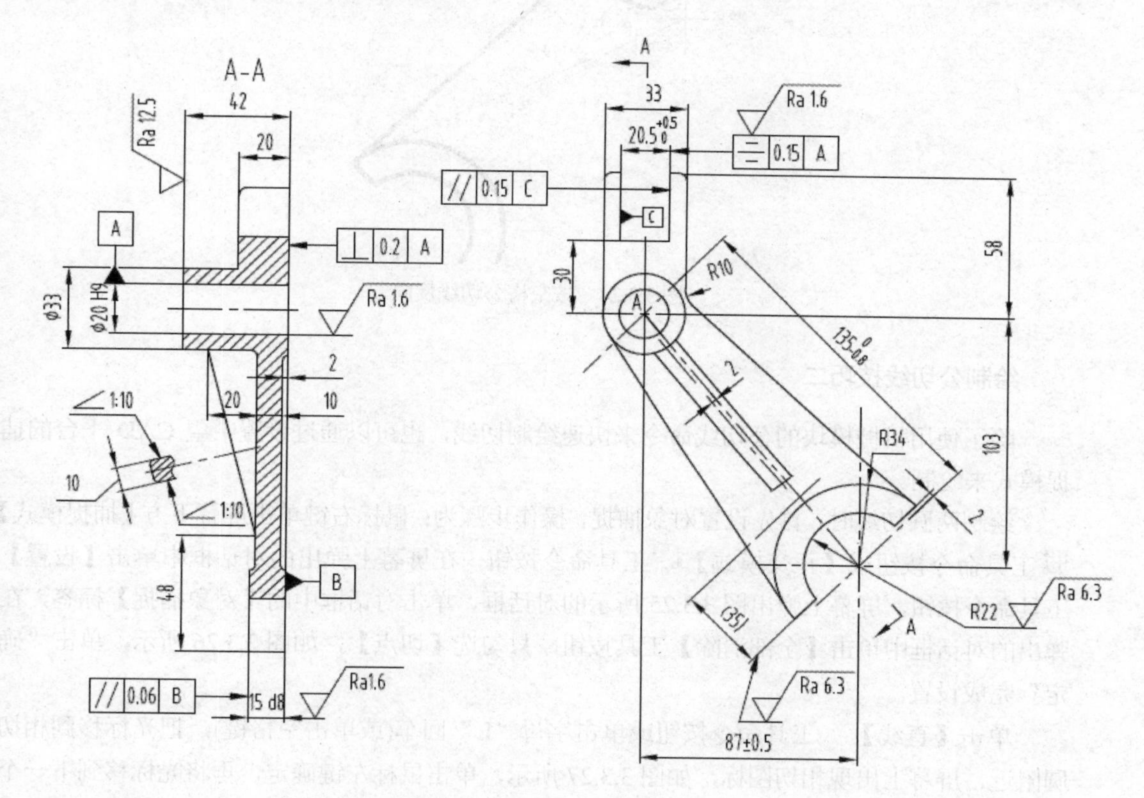

图3.3.23　剖切符号标注

【扩展知识】

绘制公切线技巧一

拨叉图中R16.5mm和R34mm两侧均有公切线。在中望机械CAD教育版中，可以使用公切线命令来快速绘制两个圆的内外公切线。

公切线命令位于【机械】模块内的【绘图工具】内，快捷方式是GQ。

公切线命令会根据选择图形的顺序逆时针绘制直线，选择顺序不一样会导致切线的方向不一样。

在绘制的过程中我们可以按空格来改变切线的方向。如图3.3.24所示。

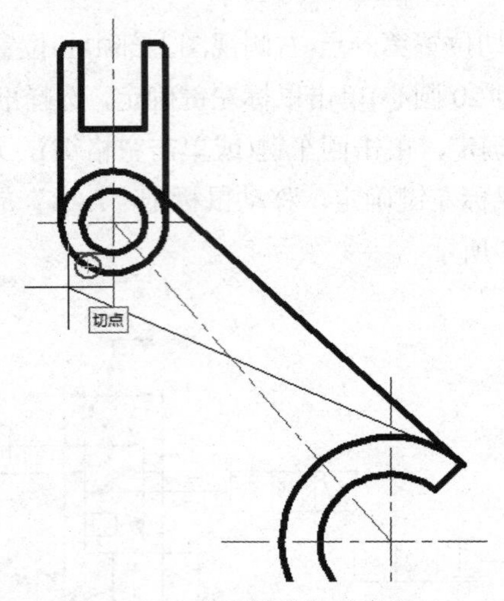

图 3.3.24　按空格公切线反向

绘制公切线技巧二

除了使用机械模块的公切线命令来快速绘制切线，也可以通过设置中望 CAD 平台的捕捉模式来绘制。

绘制两圆切线时，首先设置对象捕捉，操作步骤为：鼠标右键单击屏幕下方【捕捉模式】工具命令按钮或【正交模式】工具命令按钮，在屏幕上弹出的对话框中单击【设置】工具命令按钮，屏幕上弹出图 3.3.25 所示的对话框，单击对话框中的【对象捕捉】标签，在弹出的对话框中单击【全部清除】工具按钮，只勾选【切点】，如图 3.3.26 所示，单击“确定”完成设置。

单击【直线】工具命令按钮或单击字母“L”回车(或单击空格键)，把光标移到相切圆附近，屏幕上出现相切图标，如图 3.3.27 所示，单击鼠标左键确定，再将光标移到下一个相切圆附近，又会出现相切图标，如图 3.3.28 所示，单击鼠标左键确定，完成两圆切线绘制。

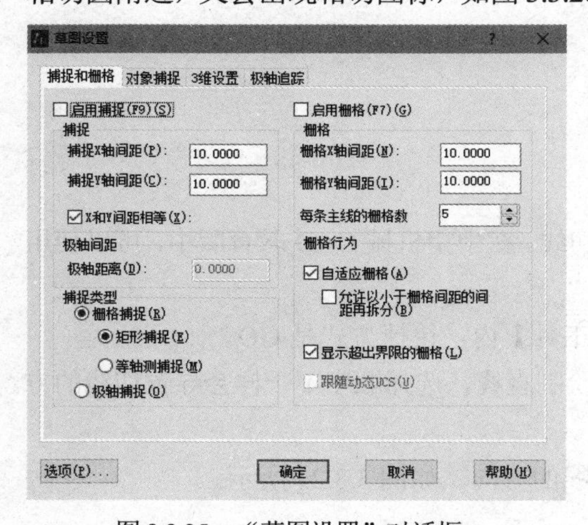

图 3.3.25　“草图设置”对话框

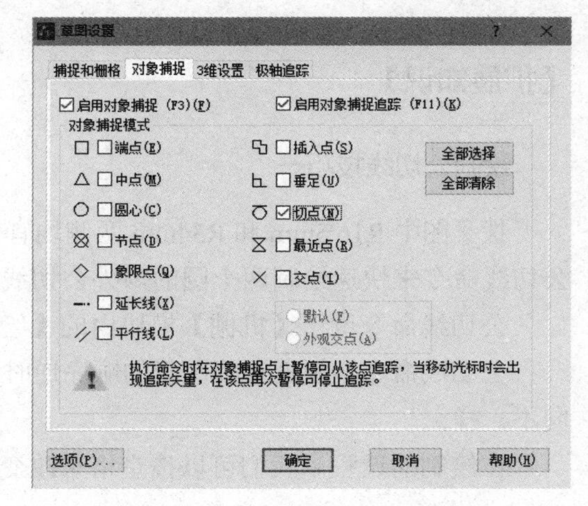

图 3.3.26　“对象捕捉”选项卡

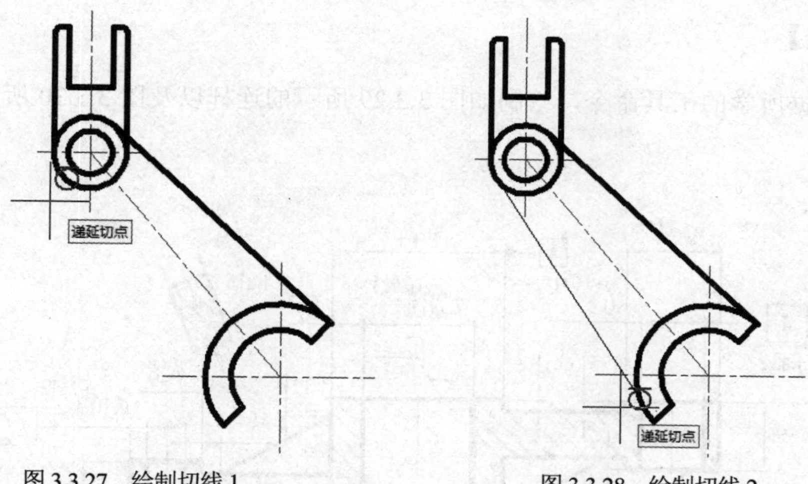

图 3.3.27　绘制切线 1　　　　图 3.3.28　绘制切线 2

【任务评价】

对绘制拨叉零件图相关知识点的掌握程度应做一定的评价，如表 3.3.1 所示。

表 3.3.1　拨叉绘制评价参考表

评价内容	评价标准	分值	学生自评	老师评估
三视图绘制	主、左视图位置合理	10		
	筋板位置绘制合理	10		
	剖切位置正确	10		
线型绘制	线型绘制正确	10		
	剖面线绘制正确	10		
尺寸标注	尺寸标注正确	10		
	尺寸位置标注合理	10		
	形位公差标注正确	10		
修改工具	修改工具运用合理	10		
成品(拨叉)效果	错误 1 处扣 2 分	10		

学习体会：

【练一练】

请根据所学的工具命令，绘制如图 3.3.29 所示的连杆以及图 3.3.30 所示的拨叉杆视图。

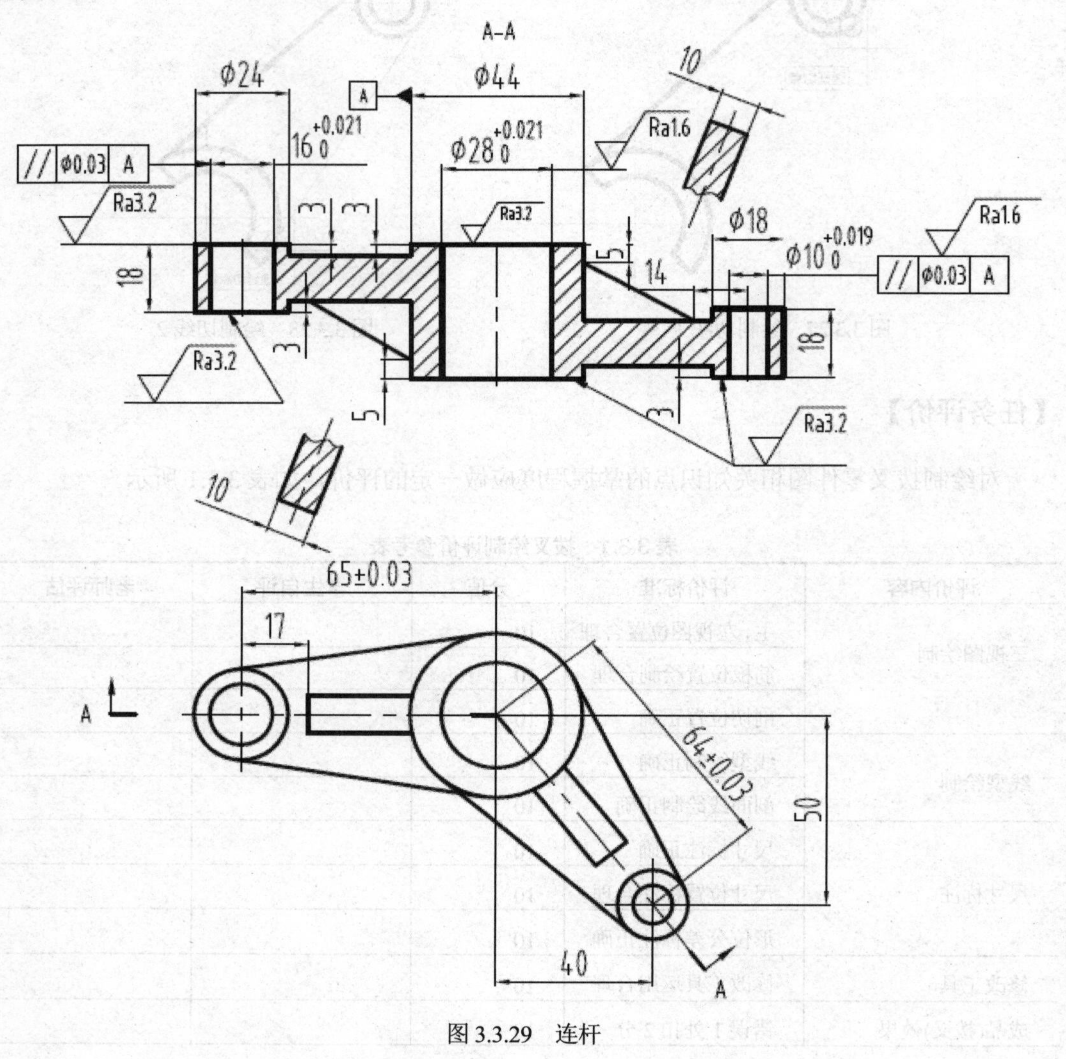

图 3.3.29　连杆

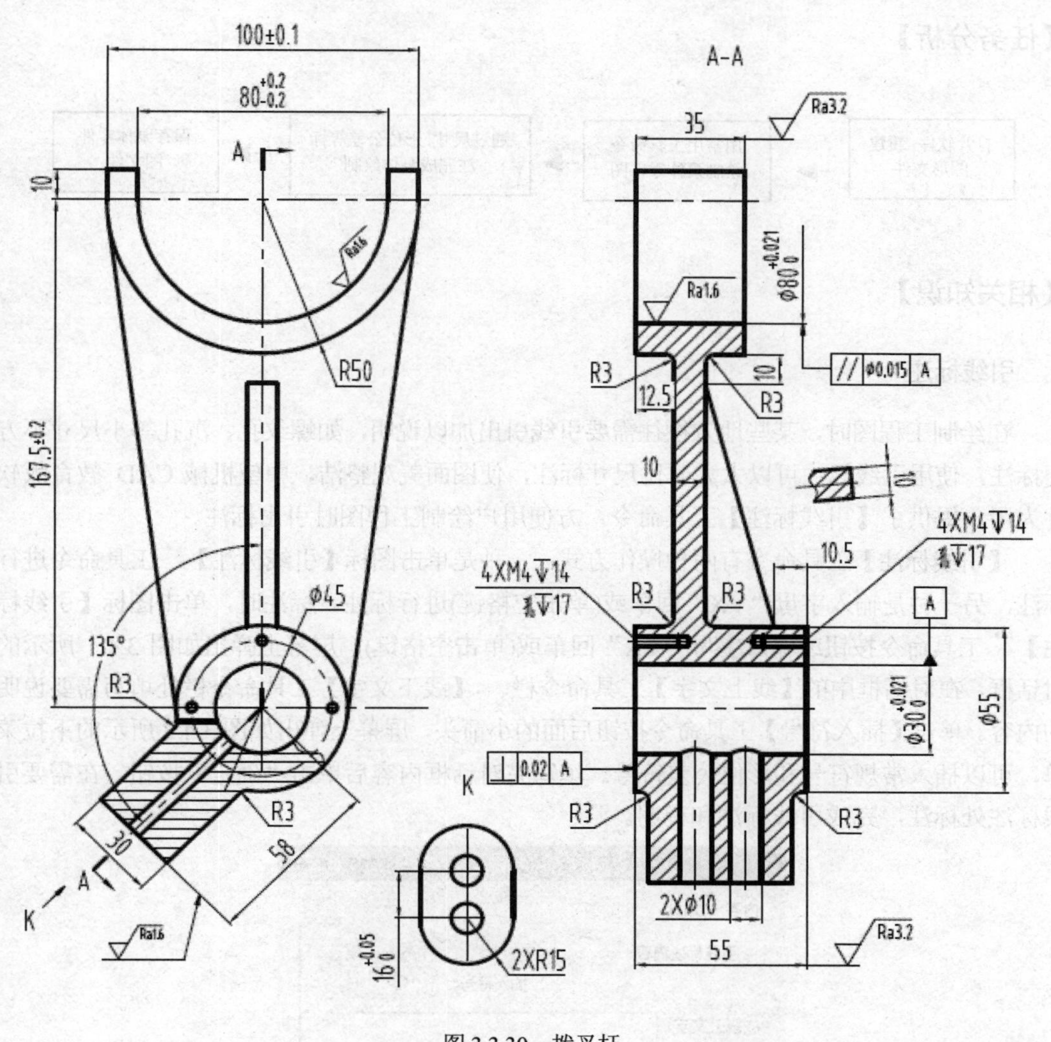

图 3.3.30　拨叉杆

任务 3.4　绘制泵体

【任务目标】

1. 通过绘制泵体零件图，巩固掌握如何使用常用绘图工具命令绘制复杂零件图和剖视图。

2. 通过绘制泵体零件图，会采用不同剖视形式完整表达泵体零件图。
3. 通过绘制泵体零件图，会引线标注。

【任务分析】

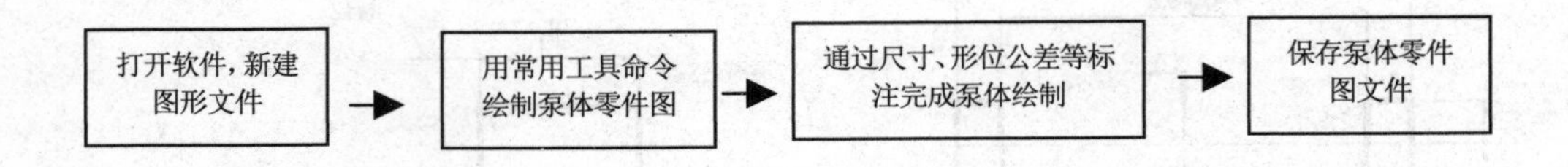

【相关知识】

引线标注

在绘制工程图时，某些地方往往需要引线引出加以说明，如螺纹孔、沉孔等小尺寸不方便标注，使用引线标注可以大大简化尺寸标注，使图面美观整洁，中望机械 CAD 教育版软件为用户提供了【引线标注】工具命令，方便用户绘制工程图时引出标注。

【引线标注】工具命令有两种操作方式：一种是单击图标【引线标注】工具命令进行标注，另一种是输入字母“YX”回车或(单击空格键)进行标注。标注时，单击图标【引线标注】工具命令按钮或输入字母“YX”回车或(单击空格键)，屏幕上弹出如图 3.4.1 所示的对话框，在对话框中的【线上文字】工具命令栏、【线下文字】工具命令栏处填写需要说明的内容。单击【插入符号】工具命令按钮后面的小箭头，屏幕上弹出如图 3.4.2 所示的下拉菜单，可以插入常规符号和形位公差符号。填写完对话框内容后单击“确定”按钮，在需要引线标注处标注，完成引线标注和说明。

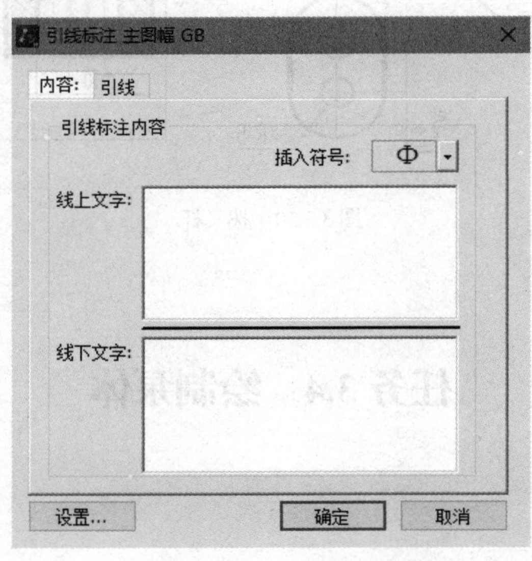

图 3.4.1　“引线标注”对话框

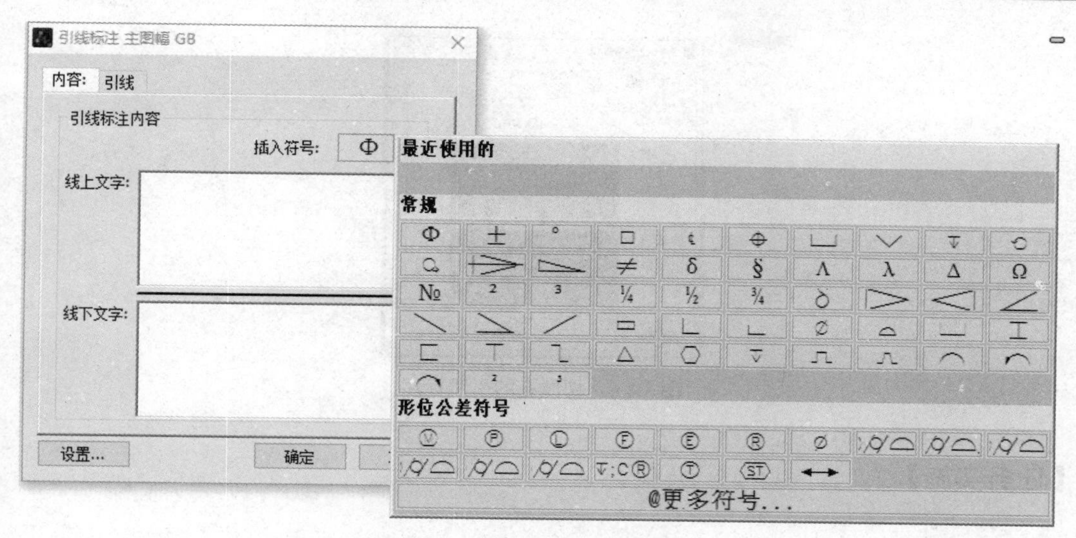

图 3.4.2　插入符号下拉菜单

下面列举一个实例。如图 3.4.3 所示的螺纹标注说明端面上有 4 个 M6 螺纹孔，螺纹深度为 12mm，螺纹底孔深度为 15mm。按要求填写，完成螺纹引出标注。

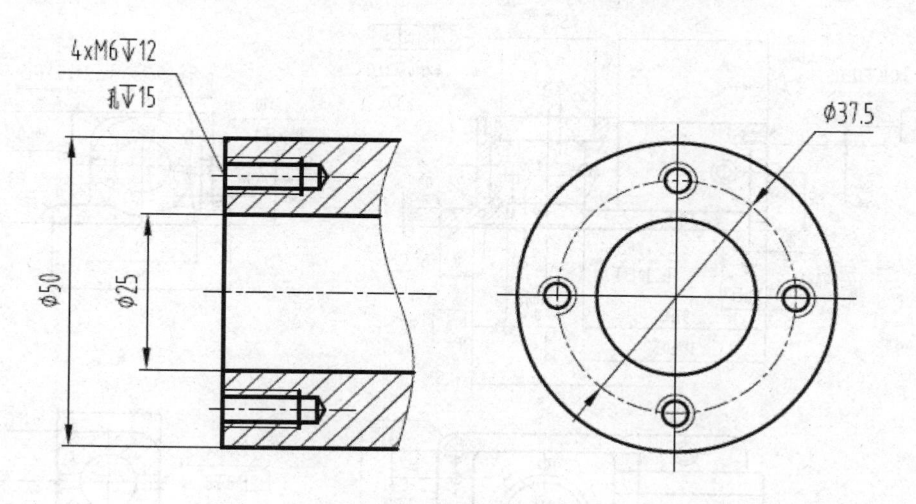

图 3.4.3　螺纹引线标注

操作步骤：

1．在界面中输入“YX”，回车，弹出如图 3.4.1 的“引线标注”对话框。

2．在“线上文字”、“线下文字”中输入所要标注相应的值。

3．将光标放置在所要插入的位置，在“插入符号”选项中，选择“深度”符号 ↧，如图 3.4.4 所示。

4．单击“引线”标签，将“箭头类型”改为“无。”

5．单击“确定”按钮后单击所要引出的位置，单击所要放置的位置，完成如图 3.4.4 所示的螺纹孔的引线标注。

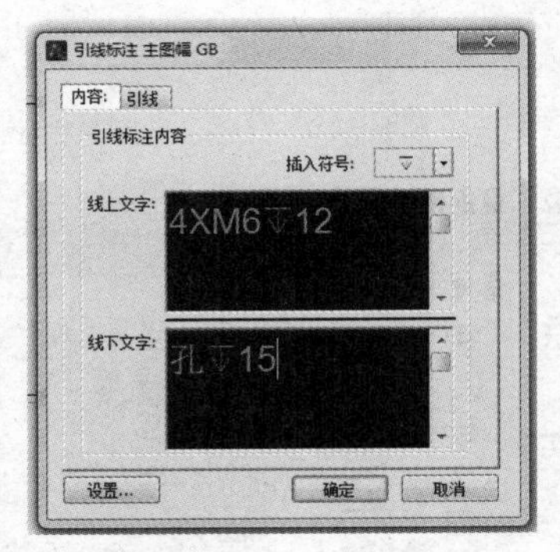

图 3.4.4　螺纹孔的引线标注

【任务实施】

一、任务描述

如图 3.4.5 所示为一种柱塞泵泵体零件，属于箱体零件，箱体零件一般比较复杂，常用到剖视图表达零件，下面通过学习绘制泵体零件图，学会箱体零件图的绘制。

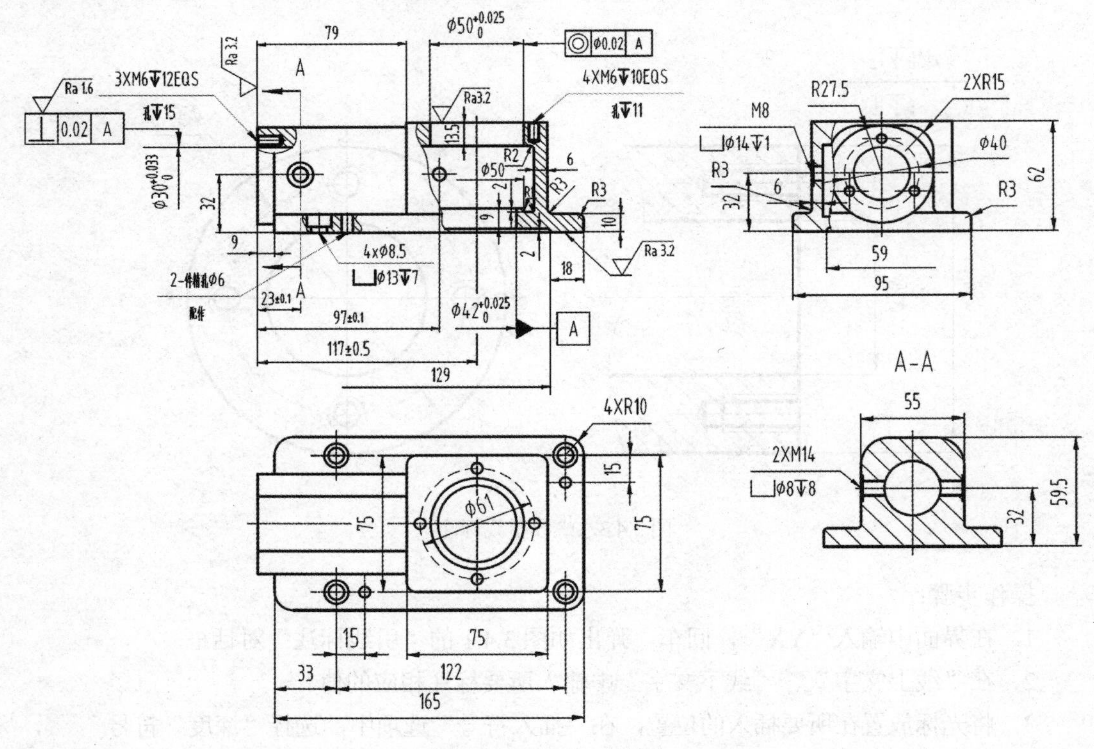

图 3.4.5　泵体零件图

二、实施步骤

1．创建图形文件

双击桌面“中望机械 CAD 教育版　”图标，打开中望机械 CAD 教育版软件，单击【新建】工具图标，弹出“选择样板”对话框，单击【打开】工具命令按钮，创建新的图形文件。

2．绘制十字线

在绘图区适当位置绘制三个十字线，图层为中心线层，如图 3.4.6 所示。

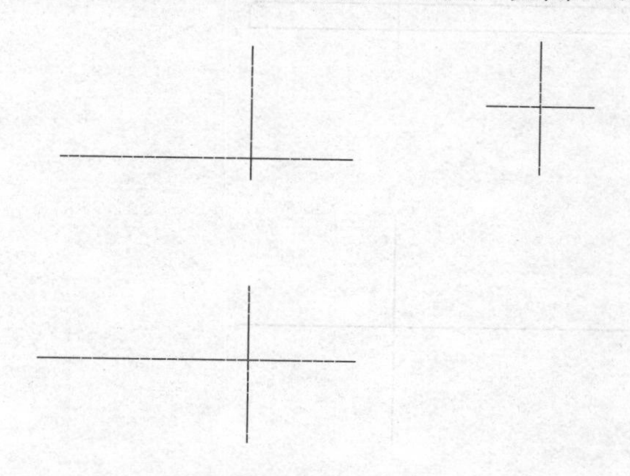

图 3.4.6　绘制中心线

3．绘制主视图轮廓线

(1) 利用【偏移】工具命令把主视图水平中心线分别偏移 10mm、32mm、60mm、62mm，竖直中心线向左偏移 117mm，然后把偏移的竖直线向右分别偏移 9mm、23mm、79mm、97mm、154mm(79mm＋75mm)、174mm，如图 3.4.7 所示。

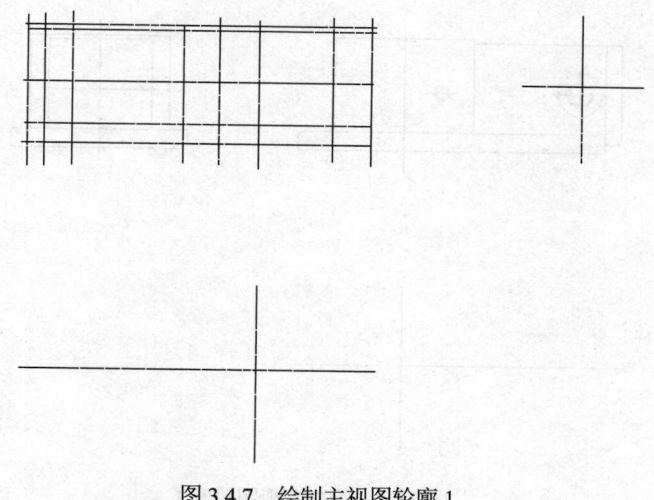

图 3.4.7　绘制主视图轮廓 1

(2) 利用【圆】工具命令或输入字母“C”绘制圆快捷命令绘制 M14 和 M8 螺纹孔，利用【修剪】命令修剪多余线段；输入字母“DY”回车(或单击空格键)，倒圆 R3 圆角，并修改线型为相应线型，如图 3.4.8 所示。

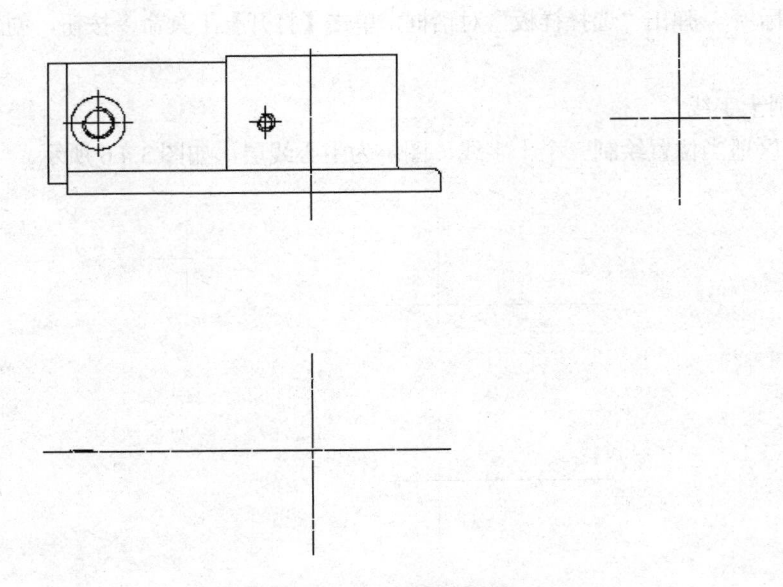

图 3.4.8　绘制主视图轮廓 2

4．绘制左视图轮廓

(1) 使用【偏移】工具命令把主视图水平中心线先向下偏移 32mm，然后以这条线段向上分别偏移 10mm、59.5mm、62mm；将竖直中心线分别向左、右偏移 47.5mm、27.5mm。按要求修剪多余线段，并修改线型为粗实线，如图 3.4.9 所示。

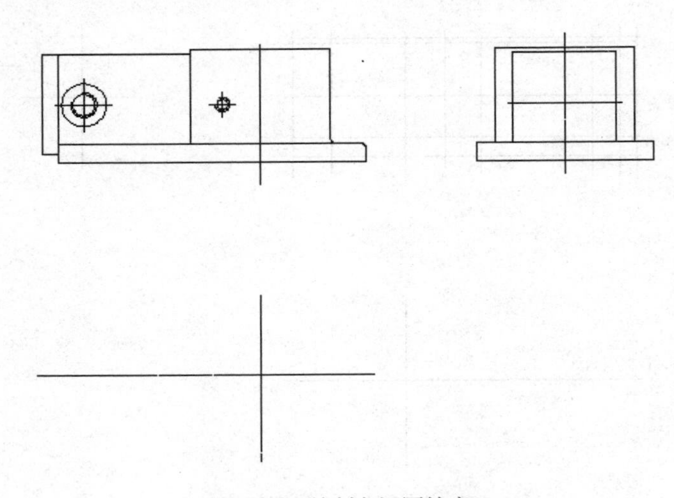

图 3.4.9　绘制左视图轮廓 1

(2) 使用【倒圆】工具命令分别倒圆角 R15、R3 圆角；使用绘制【圆】工具命令分别绘制 ϕ30mm、ϕ40mm、ϕ55mm 三个同心圆，修剪多余线段并修改线型，如图 3.4.10 所示。

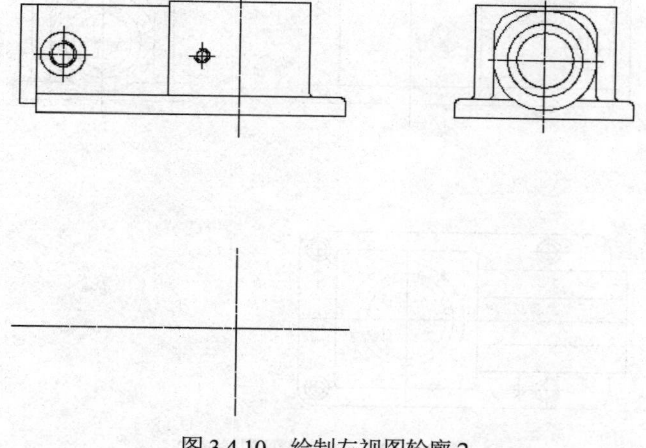

图 3.4.10　绘制左视图轮廓 2

5．绘制俯视图轮廓

(1) 使用【偏移】工具命令将俯视图水平中心线上下分别偏移 12.5mm、27.5mm、37.5mm、47.5mm，竖直中心线向左偏移 117mm，然后把偏移的竖直线向右分别偏移 9mm、79mm、154mm(79mm＋75mm)、174mm，修剪多余线条并修改线型，如图 3.4.11 所示。

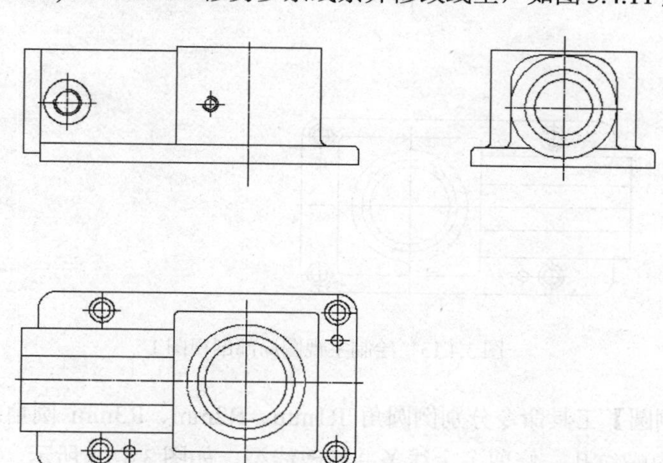

图 3.4.11　绘制俯视图轮廓 1

(2) 使用【倒圆】工具命令分别倒圆角 R10mm、R3mm 圆角；使用绘制【圆】工具命令分别绘制 ф42mm、ф50mm、ф61mm 三个同心圆，修剪多余段条并修改线型，如图 3.4.12 所示。

6．绘制主视图局部剖视图

(1) 使用【样条曲线】工具命令绘制主视图腔体局部剖视边界线并修改线型为细实线；使用【偏移】工具命令按要求分别偏移上下轮廓线，绘制内部轮廓；使用【偏移】工具命令左右偏移竖直中心线绘制内孔轮廓线及孔壁，修剪多余线段并修改线型，如图 3.4.13 所示。

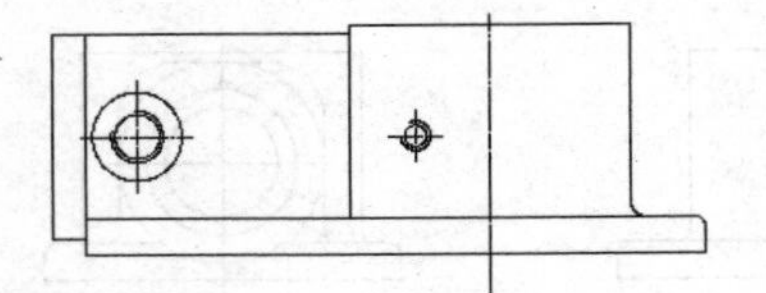
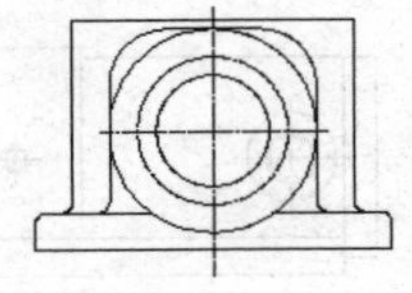
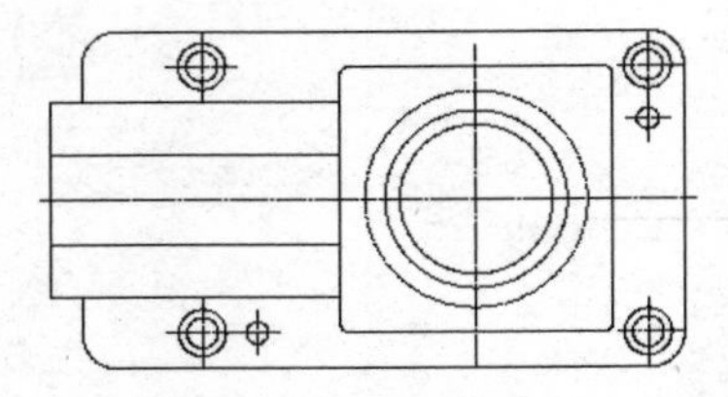

图 3.4.12　绘制俯视图轮廓 2

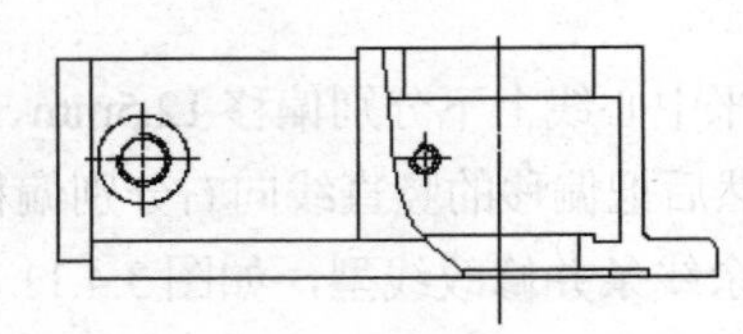
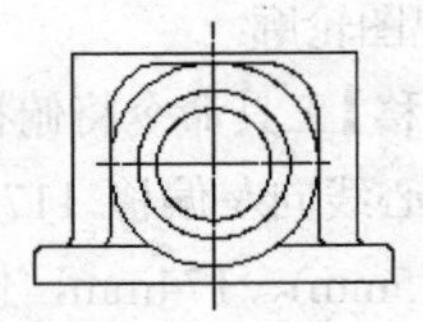
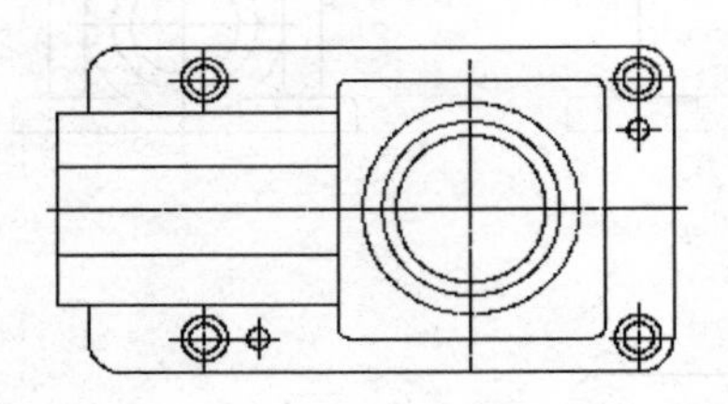

图 3.4.13　绘制主视图局部剖视图 1

(2) 使用【倒圆】工具命令分别倒圆角 R1mm、R2mm、R3mm 圆角；使用【偏移】工具命令绘制 M6 内螺纹孔，修剪多余线条并修改线型，如图 3.4.14 所示。

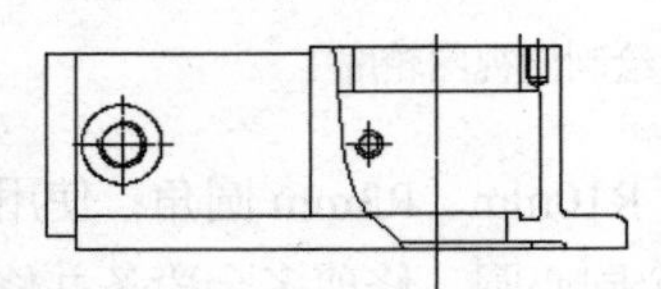
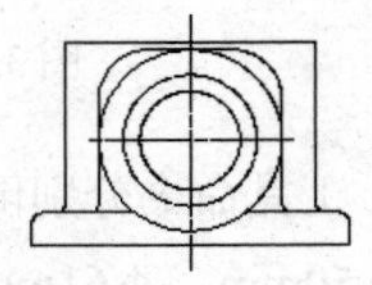
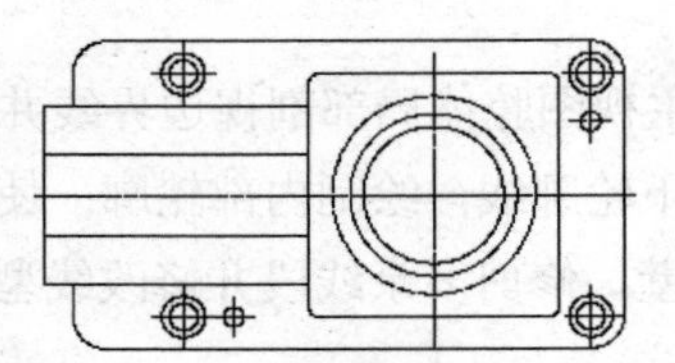

图 3.4.14　绘制主视图局部剖视图 2

(3) 使用【样条曲线】工具命令绘制主视图螺纹局部剖视边界线，并修改线型为细实线；使用【偏移】工具命令绘制 M6 内螺纹孔，修剪多余线段并修改线型，如图 3.4.15 所示。

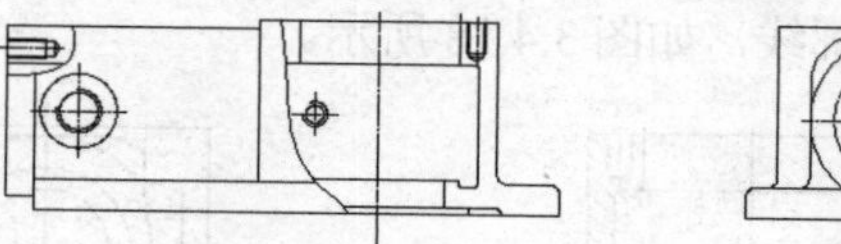

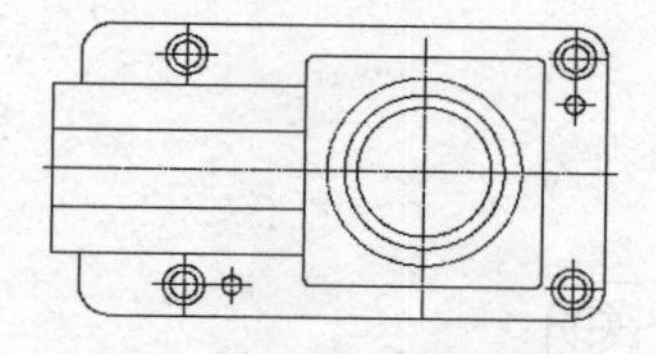

图 3.4.15　绘制主视图局部剖视图 3

(4) 使用【偏移】工具命令绘制阶梯孔和锥销孔局部剖视图；使用【样条曲线】绘制阶梯孔和锥销孔局部剖视图边界线，修剪多余线段并修改线型，如图 3.4.16 所示。

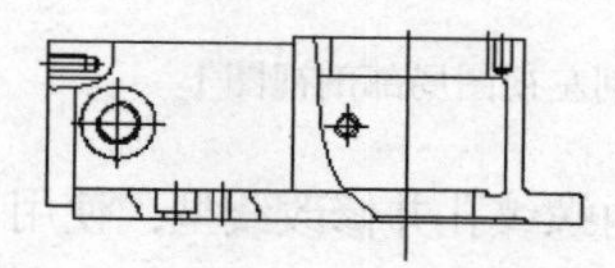
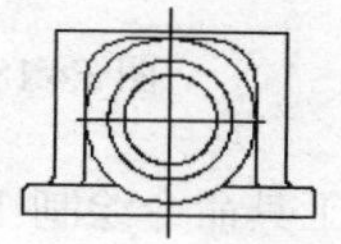
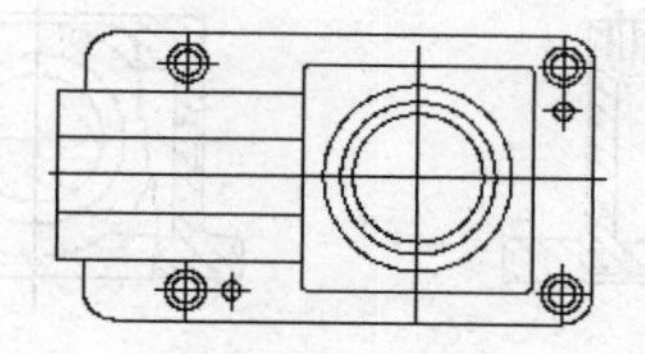

图 3.4.16　绘制主视图局部剖视图 4

(5) 使用【图案填充】工具命令绘制主视图中局部剖视图剖面线，如图 3.4.17 所示。

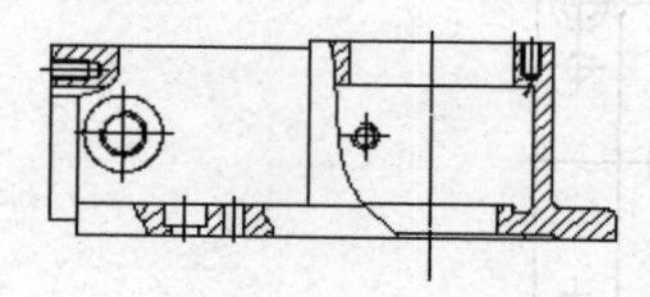
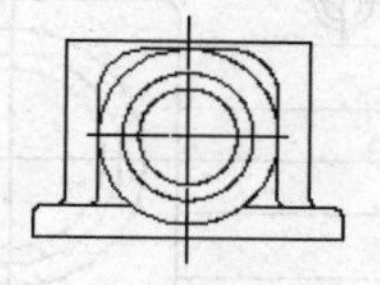
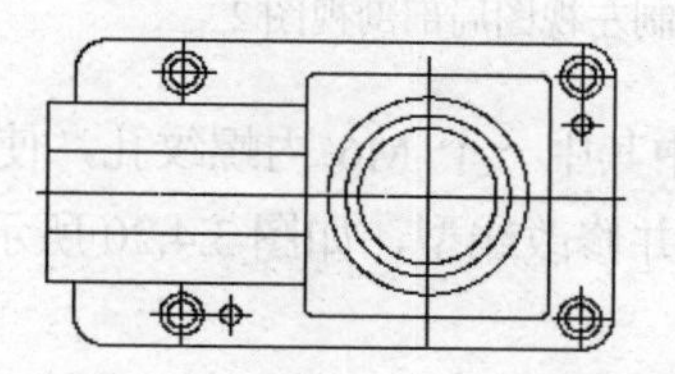

图 3.4.17　绘制主视图局部剖视图 5

7. 绘制左视图局部剖视图

(1) 使用【样条曲线】工具命令绘制左视图局部剖视边界线，修改线型为细实线；使用【偏移】工具命令绘制腔体内轮廓线，如图 3.4.18 所示。

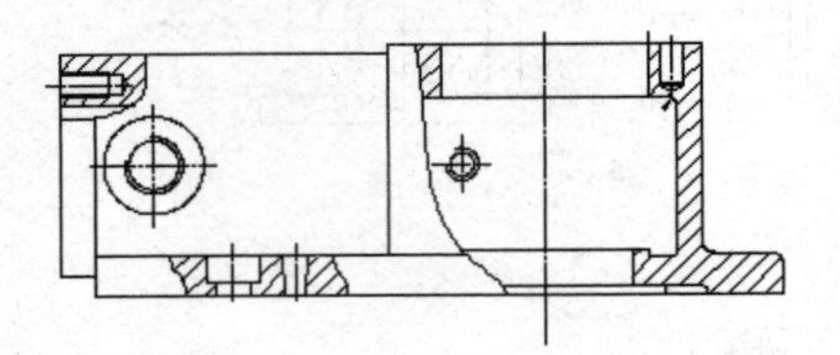

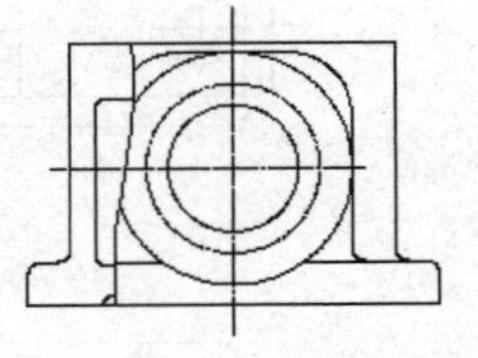

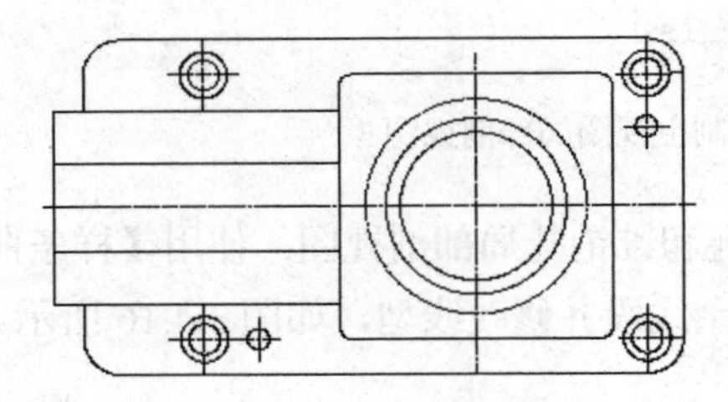

图 3.4.18　绘制左视图局部剖视图 1

(2) 使用【偏移】工具命令绘制 M8 内螺纹孔并修改线型；使用【图案填充】工具命令绘制左视图局部剖视图剖面线，如图 3.4.19 所示。

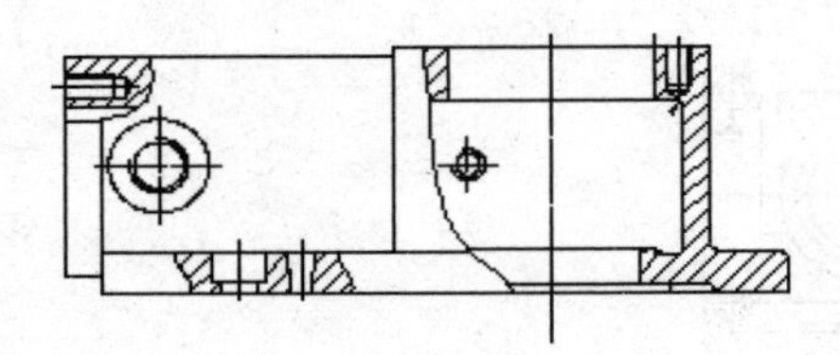

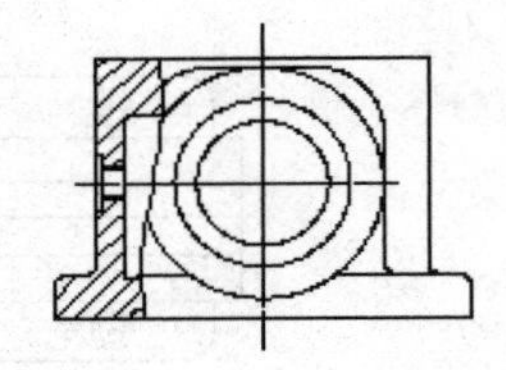

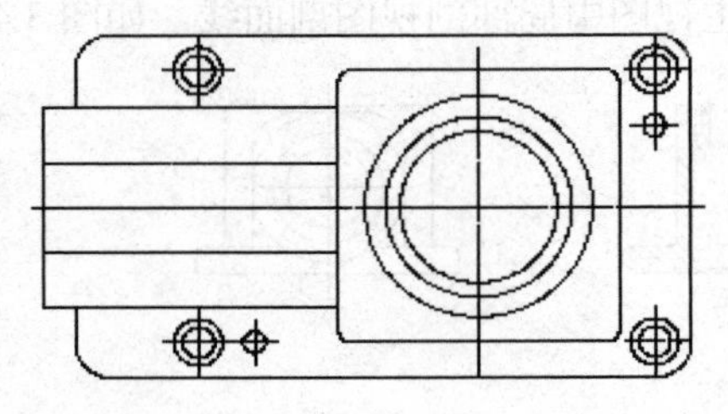

图 3.4.19　绘制左视图局部剖视图 2

(3) 使用【圆】工具命令绘制左视图中其中一个 M6 内螺纹孔，使用【阵列】工具命令绘制其余两个相同螺纹孔，修剪多余线段并修改线型，如图 3.4.20 所示。

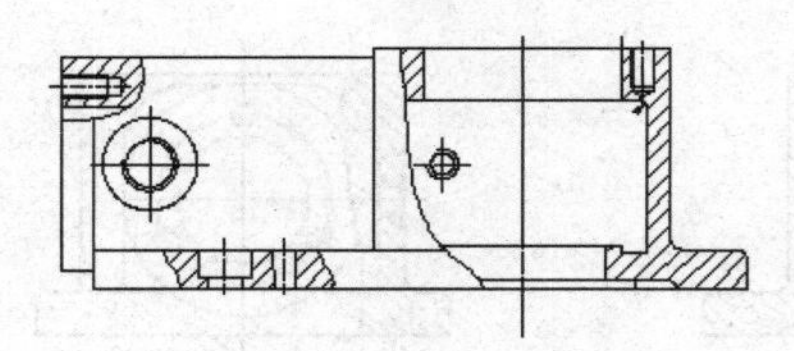
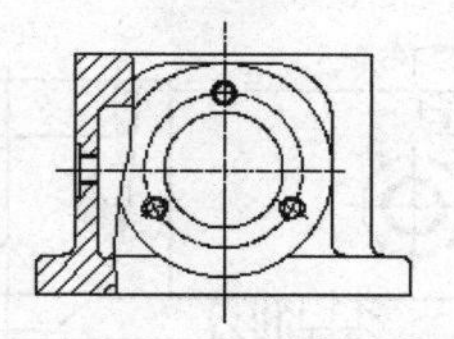
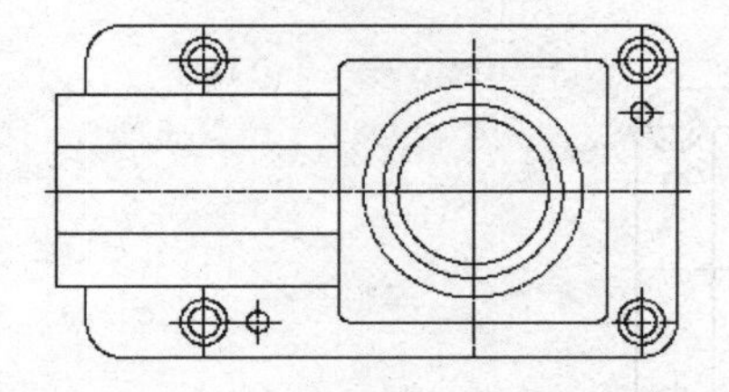

图 3.4.20　绘制左视图局部剖视图 3

8．绘制俯视图圆孔

使用【圆】工具命令绘制通孔、台阶孔及一个 M6 内螺纹孔，使用【阵列】命令绘制其余三个相同内螺纹孔，修改线型，如图 3.4.21 所示。

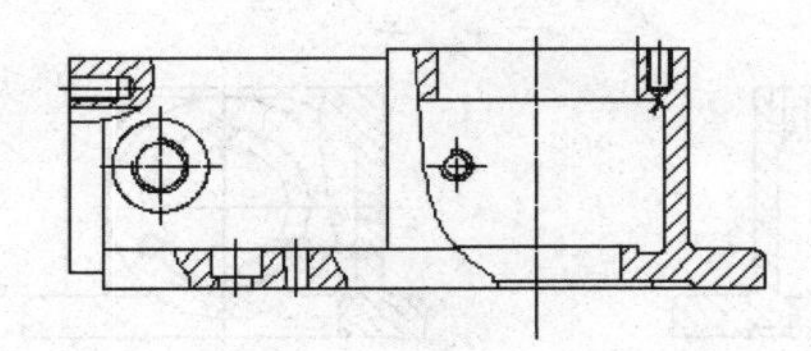
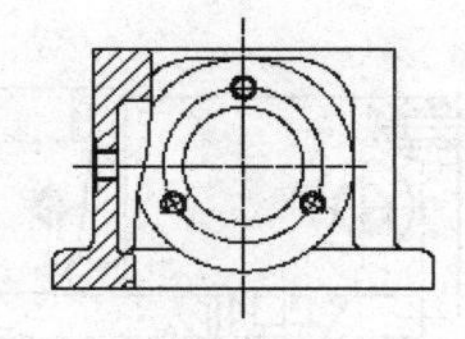
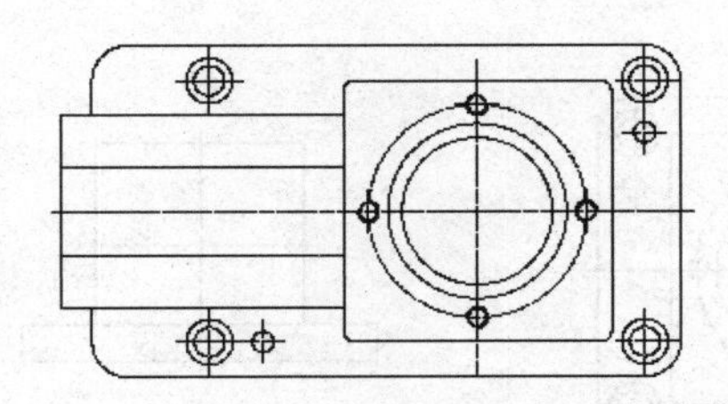

图 3.4.21　绘制俯视图孔及螺纹孔

9．绘制断面图

(1) 使用【剖切】工具命令绘制剖切符号，输入字母“PQ”回车(或单击空格键)，在主视图 M14 螺纹孔中心上方处单击鼠标左键输入第一点，移动鼠标光标下移至第二点，单击鼠标左键确定，单击回车(或单击空格键)，移动鼠标选择箭头方向，单击鼠标左键确定，移动鼠标将“A-A”放在合适位置，单击鼠标左键确定，完成剖切符号绘制，如图 3.4.22 所示。

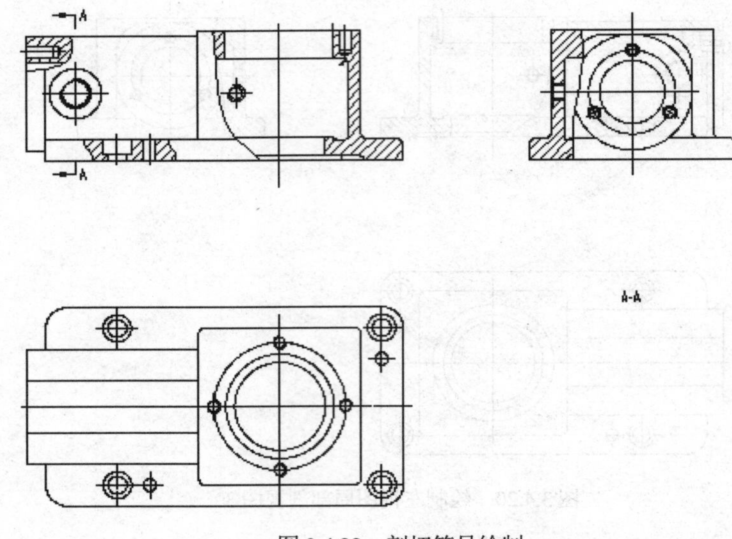

图 3.4.22　剖切符号绘制

(2) 绘制十字中心线，使用【偏移】工具命令绘制轮廓线，修剪多余线段并修改线型，如图 3.4.23 所示。

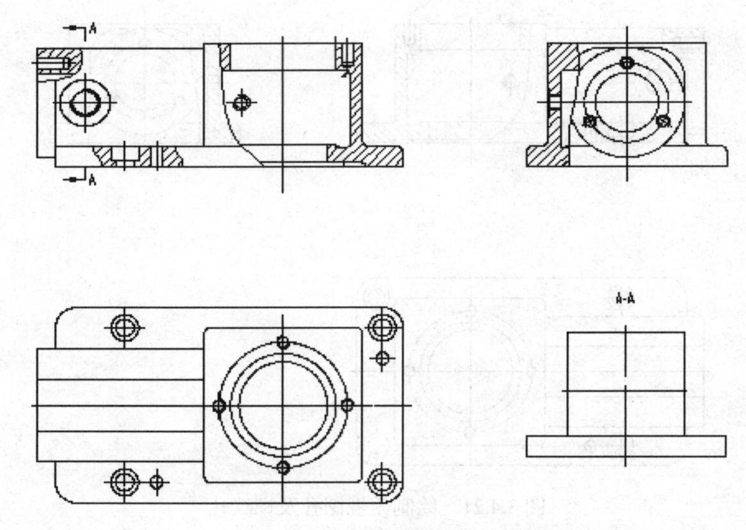

图 3.4.23　绘制断面图 1

(3) 使用【圆】工具命令绘制 φ30 孔；使用【倒圆】工具命令分别倒圆角 R3mm、R15mm 圆角；使用【偏移】工具命令绘制 M14 内螺纹孔；使用【图案填充】工具命令绘制断面图剖面线，修剪多余线段并修改线型，如图 3.4.24 所示。

10．标注尺寸

(1) **标注长度尺寸**　使用【尺寸标注】工具命令标注，输入字母“D”回车(或单击空格键)，对三个视图线性尺寸进行标注，图 3.4.25 显示了长度尺寸标注。

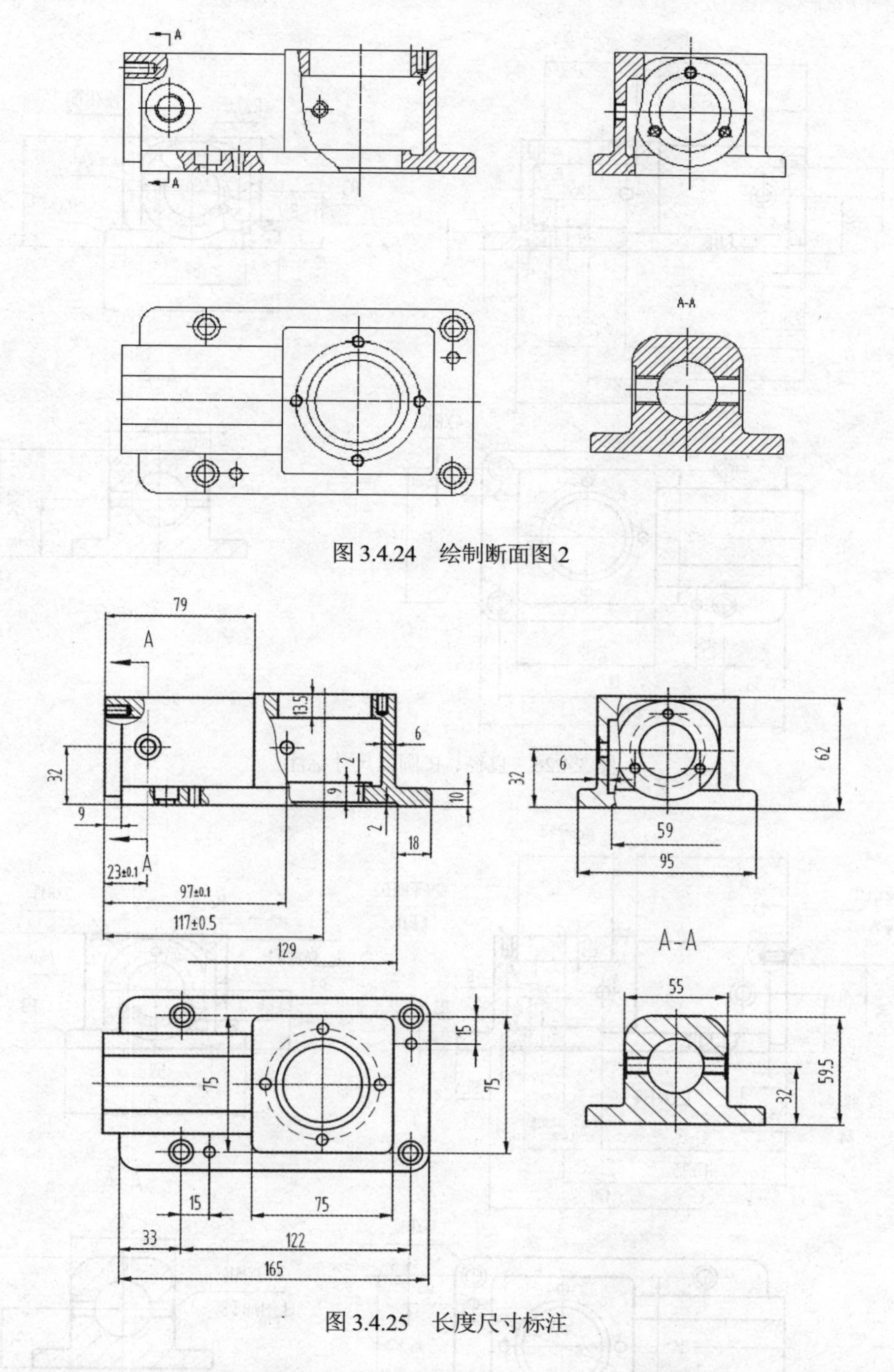

图 3.4.24 绘制断面图 2

图 3.4.25 长度尺寸标注

(2) **标注直径、R 圆角** 使用【尺寸标注】工具命令标注，输入字母“D”回车(或单击空格键)，输入字母“S” 回车(或单击空格键)，标注圆弧半径；标注直径时，选择圆后继续输入字母“D”回车(或单击空格键)，标注圆直径，如图 3.4.26 所示为圆直径、R 圆角标注。

(3) **标注台阶孔、锥销孔、螺纹** 螺纹标注采用引出标注，输入字母“YX”回车(或单击空格键)，在【线上文字】工具栏和【线下文字】工具栏填入相应内容单击“确定”，在相应位置标注螺纹尺寸，完成引出标注，如图 3.4.27 所示为螺纹引出标注。

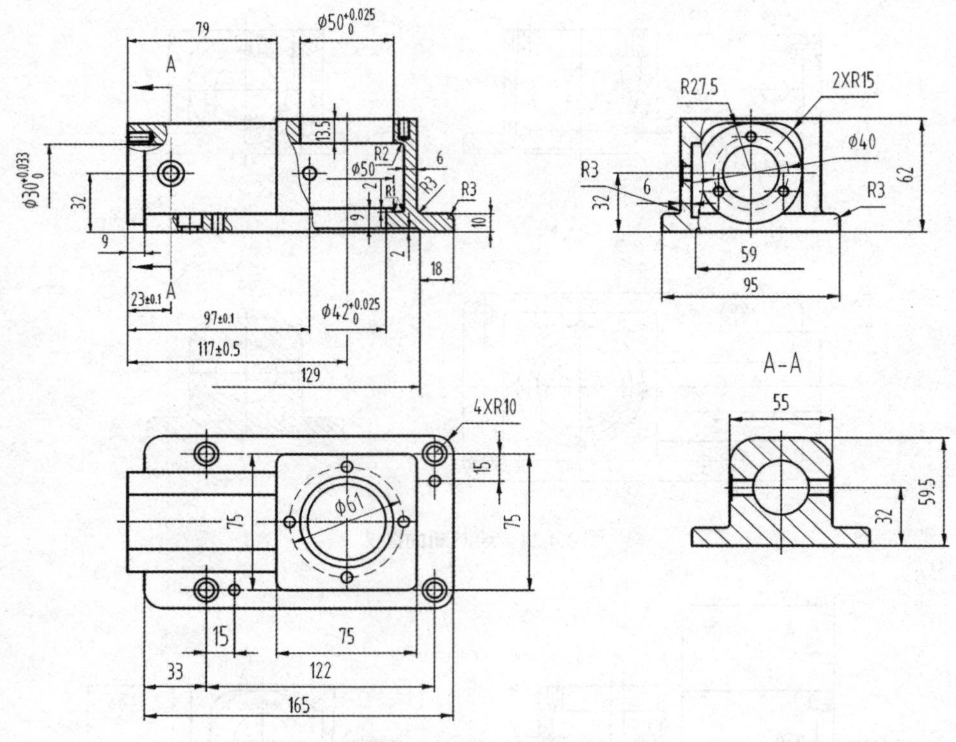

图 3.4.26　直径、R 圆弧尺寸标注

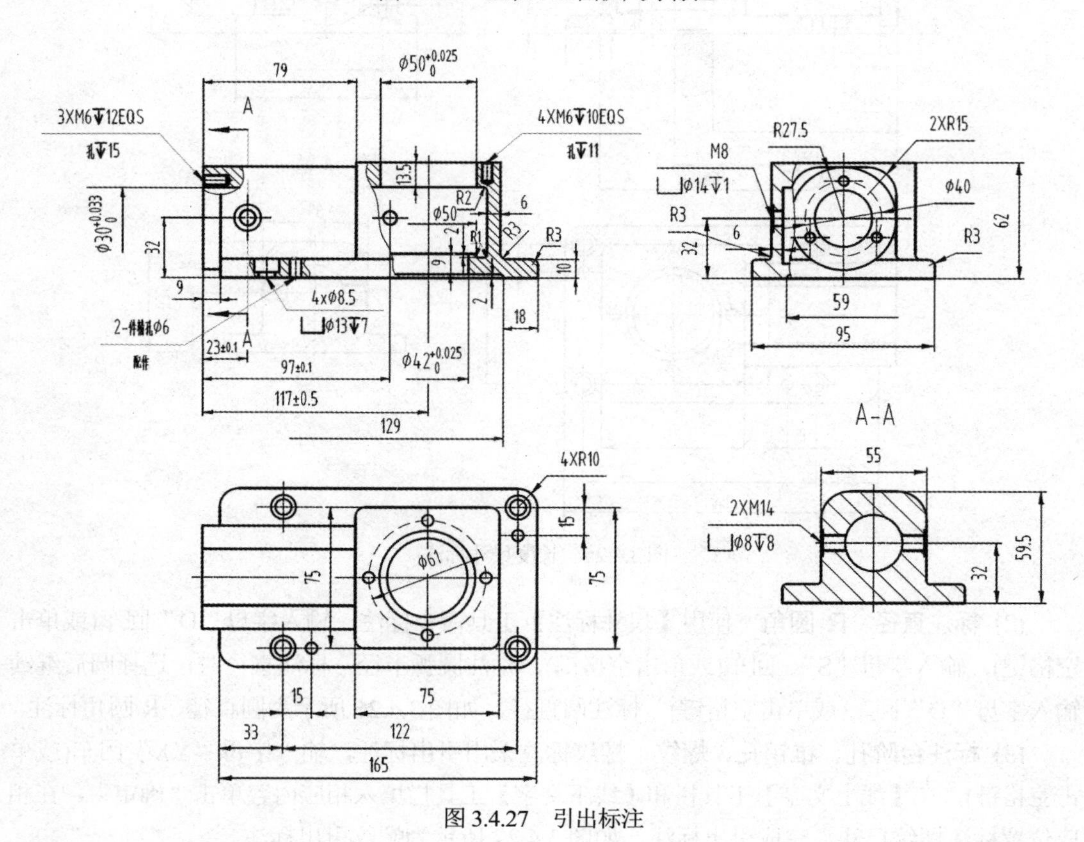

图 3.4.27　引出标注

(4) **标注基准、形位公差、粗糙度**　输入字母“JZ”回车(或单击空格键)，填写“基准标注”对话框，单击“确定”在孔Φ42尺寸线处标注基准A；输入字母“XW”回车(或单击空格键)，分别填写“形位公差”对话框(同轴度、垂直度)，在孔Φ50和Φ30尺寸线处分别标注同轴度和垂直度；输入字母“CC”回车(或单击空格键)，分别填写“粗糙度”对话框，在相应处标注粗糙度，如图3.4.28所示为基准、形位公差、粗糙度标注，完成泵体零件图绘制。

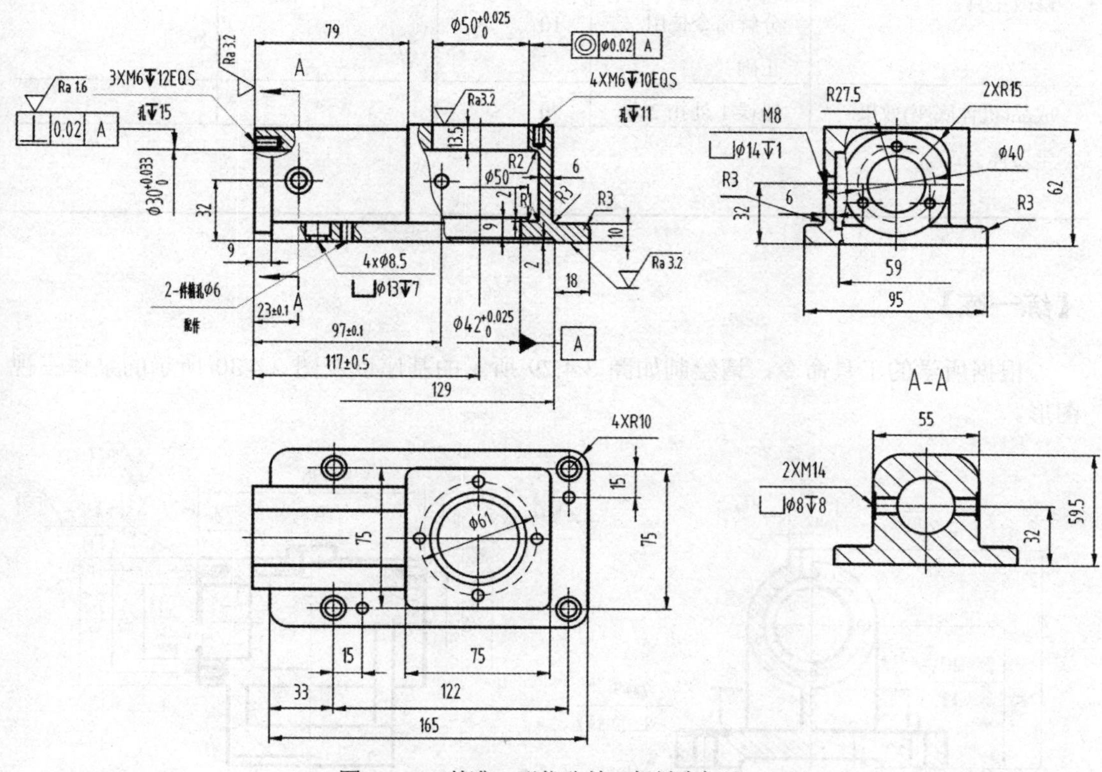

图3.4.28　基准、形位公差、粗糙度标注

【任务评价】

绘制泵体过程中，对相关知识点的掌握程度应做一定的评价，如表3.4.1所示。

表3.4.1　泵体绘制评价参考表

评价内容	评价标准	分值	学生自评	老师评估
三视图位置	剖切视图绘制正确	10		
	剖面线绘制正确	10		
	断面图绘制正确	10		
线型绘制	线性绘制正确	10		

(续表)

评价内容	评价标准	分值	学生自评	老师评估
尺寸标注	尺寸标注正确	10		
	引出标注正确	10		
修改工具	阵列命令使用正确	10		
	分解命令使用正确	10		
成品(机体底座)效果	错误 1 处扣 2 分	20		
学习体会：				

【练一练】

根据所学的工具命令，请绘制如图 3.4.29 所示的基座以及图 3.4.30 所示的泵体三视图形。

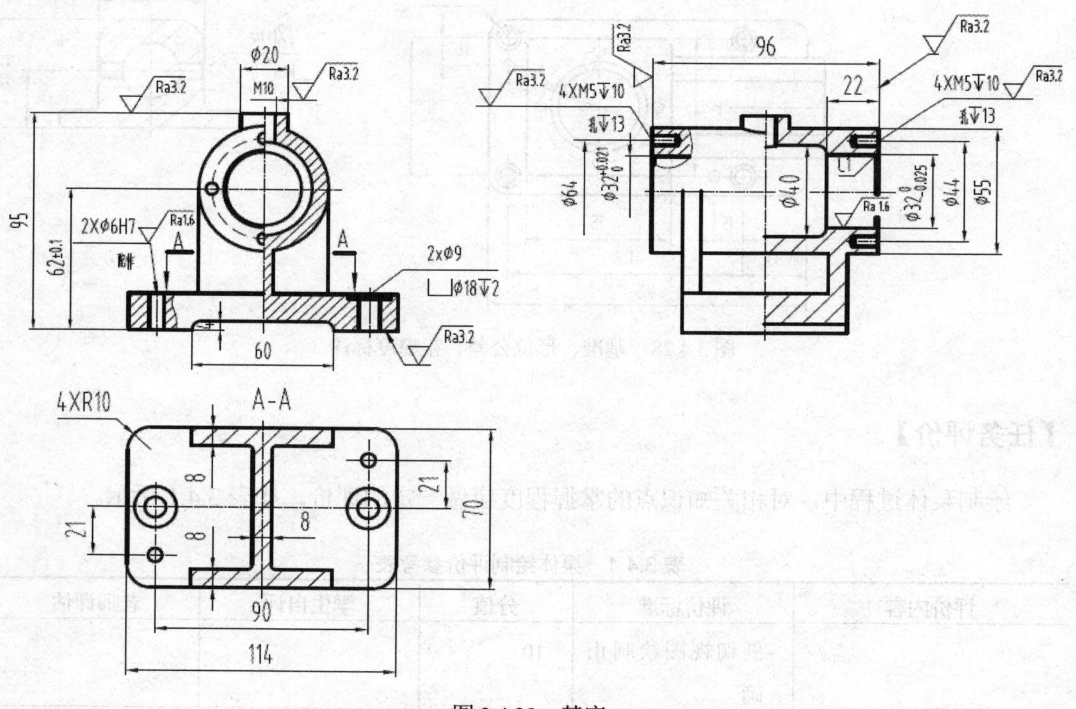

图 3.4.29　基座

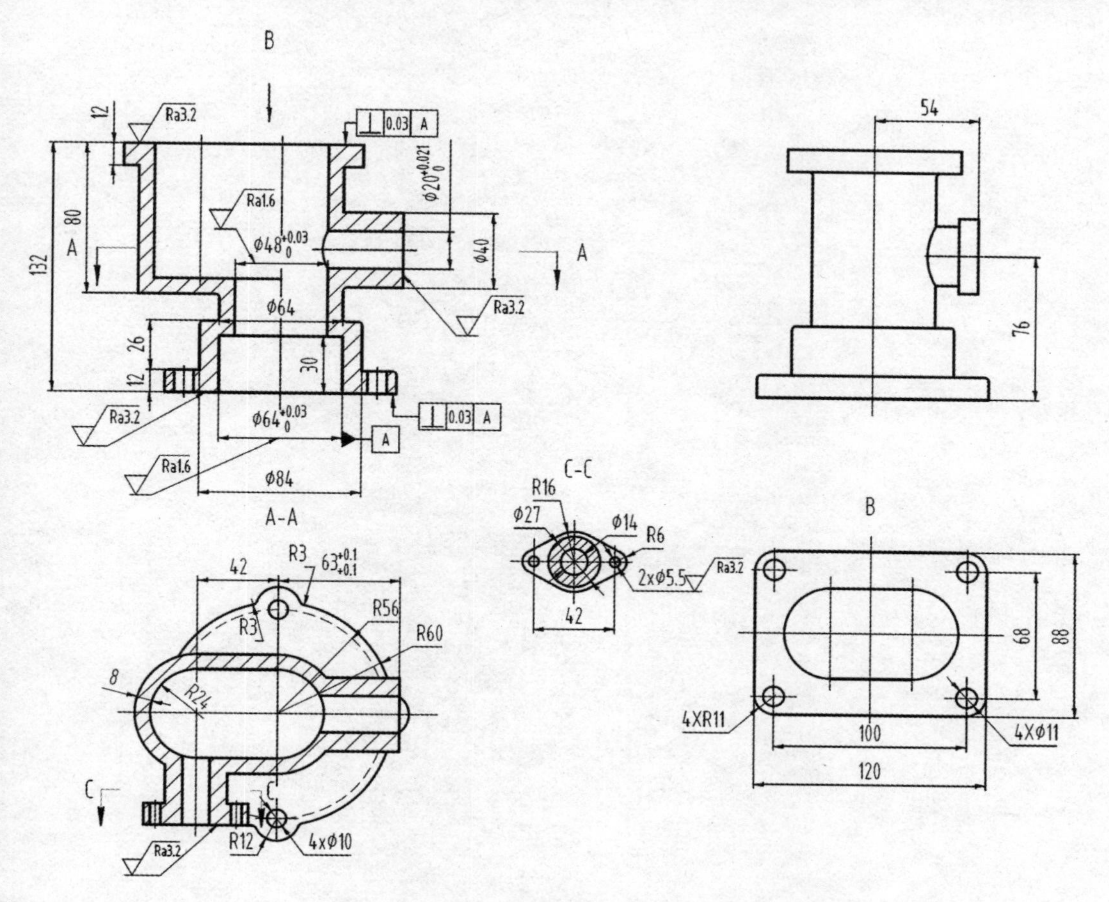
B
A
A
Ra3.2
Ra1.6
Ra3.2
Ra3.2
Ra1.6
0.03 A
0.03 A
A
12
80
132
26
12
30
φ48
φ64
φ64
φ84
φ20
φ40
54
76
A-A
C-C
B
42
R3
R3
R56
R60
8
R24
R12
4xφ10
Ra3.2
C
C
R16
φ27
φ14
R6
2xφ5.5
Ra3.2
42
68
88
100
120
4XR11
4Xφ11

图 3.4.30　泵体

项目四　典型零件的测绘

项目描述(导读+分析)

零件测绘是《机械制图》这门课重要的组成部分，通过测绘可以根据实际零件绘制图形、测量并标注尺寸、确定技术要求、填写标题栏等绘制成零件图，零件测绘在机器仿制、设备维修、技术交流和革新等方面都有重要作用。本项目通过介绍轴类零件、盘类零件、箱体类零件、轴承座零件等案例，让大家了解和掌握这几类常用零件图绘制的基本思路、方法、步骤和技巧。

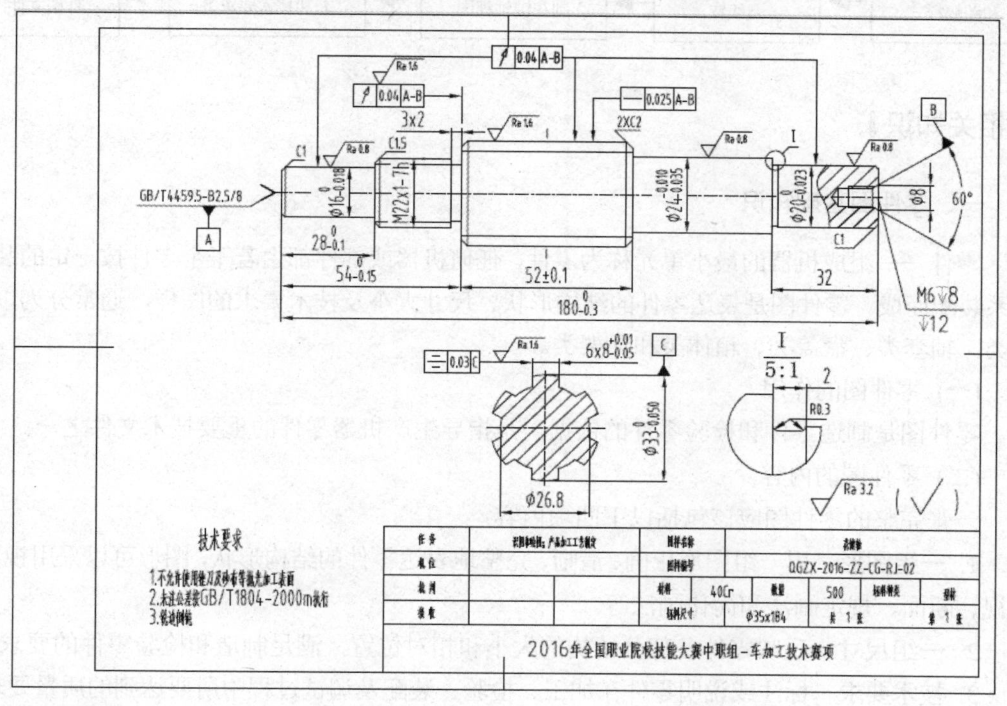

知识目标

- 掌握轴类零件图绘制的基本思路、方法、步骤、技巧。
- 掌握盘类零件图绘制的基本思路、方法、步骤、技巧。
- 掌握箱体类零件图绘制的基本思路、方法、步骤、技巧。
- 掌握轴承座零件图绘制的基本思路、方法、步骤、技巧。
- 掌握中望机械 CAD 教育版轴设计的绘制方法和技巧。

能力目标

- 通过案例操作与练习，学会图幅设置、标题栏选用等工具命令的使用。
- 通过案例操作与练习，学会图案填充、文字编辑、粗糙度标注等工具命令的使用。
- 熟记快捷键，学会使用快捷键方式进行平面图形的绘制。

任务 4.1　轴类零件的绘制

【任务目标】

1. 通过案例介绍和练习，能掌握图幅设置、标题栏选用、编辑文字调用等命令。
2. 通过案例操作与练习，学会轴类零件图的绘制方法、步骤、技巧等。
3. 通过案例操作与练习，学会中望机械 CAD 教育版轴设计的绘制方法和技巧。

【任务分析】

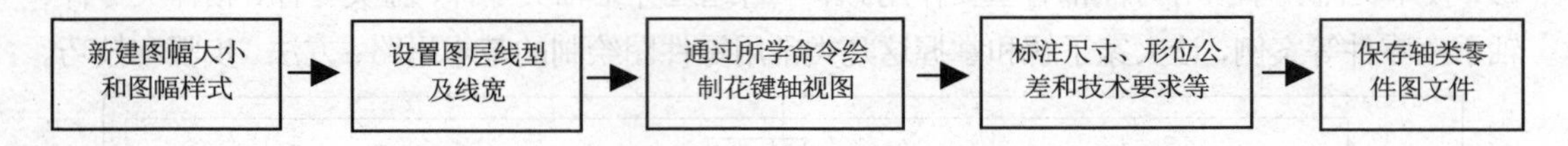

【相关知识】

一、零件图基础知识

零件——组成机器的最小单元称为零件，任何机器或部件都由若干个零件按一定的装配关系装配而成。零件图是表达零件的结构形状、尺寸大小及技术要求的图样，通常分为以下几类：轴套类、盘盖类、箱体类和叉架类。

(一) 零件图的作用

零件图是制造零件和检验零件的依据，是指导生产机器零件的重要技术文件之一。

(二) 零件图的内容

一张完整的零件图应该包括以下四项内容：

1. **一组图形**　用一组图形正确、清晰、完整地表达零件的结构形状，图形可以采用视图、剖视、断面、规定画法和简化画法等。

2. **一组尺寸**　反映零件各部分结构的大小和相对位置，满足制造和检验零件的要求。

3. **技术要求**　标注或说明零件在加工、检验、装配及调试过程中所要达到的质量要求。其中包括：

(1) 表面粗糙度。

(2) 尺寸的极限偏差。

(3) 形状和位置公差。

(4) 热处理、表面处理等。

一般用规定的代号、符号、数字和字母等标注在图上，或用文字书写在图样下方的空白处。

4. **标题栏**　用来填写零件的名称、材料、数量、代号、图样的比例及图样的责任人签名和单位名称等。

二、轴类零件图的表达方案

如图 4.1.1 所示的传动轴由若干个不等直径的同轴圆柱体组成，轴向尺寸大于径向尺寸，轴上有轴肩、键槽、螺孔、倒角、退刀槽、圆角等结构，其视图表达方案如图 4.1.1 所示。

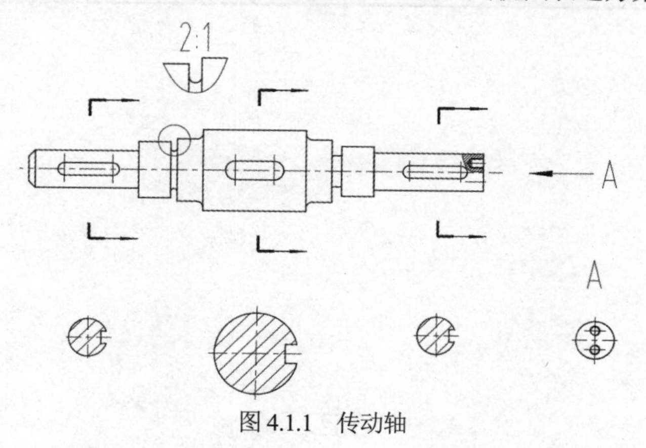

图 4.1.1 传动轴

轴类零件一般选用轴线水平放置的主视图，这样既符合零件的加工位置原则，又表达了阶梯轴、键槽等结构的基本形状、相对位置和轴向尺寸大小。该传动轴用三个移出断面表达每一个键槽处的断面结构；用 A 向局部视图表达轴右端面上两个螺孔的分布情况，其螺孔深度由主视图上的局部剖视图来反映；用局部放大图来表明退刀槽的细微结构，同时便于标注尺寸。

三、【图幅设置】工具操作

中望机械 CAD 教育版对于图幅设置和标题栏选用较其他软件比较简单，用户在绘图过程中，可以使用命令直接调用软件中已经生成的图幅和标题栏，只需要根据绘图需求做简单设置，具体操作如下：

单击工具图标，或输入“TF”空格或回车，也可在单击菜单“机械(J)” →“图纸”→“图幅设置”，弹出“图幅设置”对话框，如图 4.1.2 所示。选择图幅大小为“A4”，布置方式根据图幅需要，可选择为“横置”或“纵置”，选择绘图比例为“1:1”，单击“确定”。

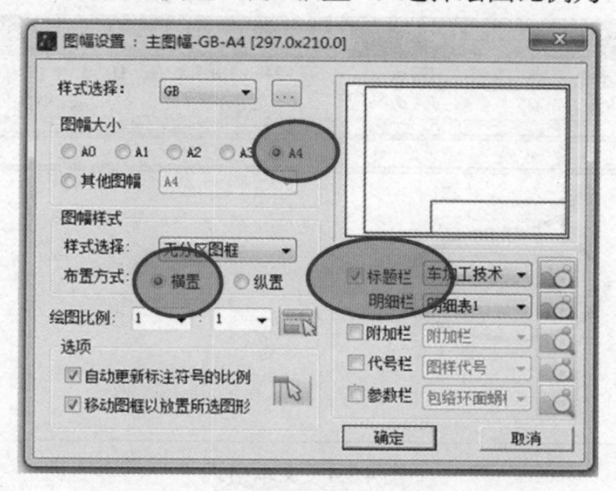

图 4.1.2 图幅设置和标题栏选用

此时出现命令行提示“请选择新的绘图区域中心及更新比例的图形”。

在绘图环境中选择适当位置作为图框的初始位置(若直接按回车，图框将在坐标原点处生成)，此时图幅设置完毕，　结果如图 4.1.3 所示。

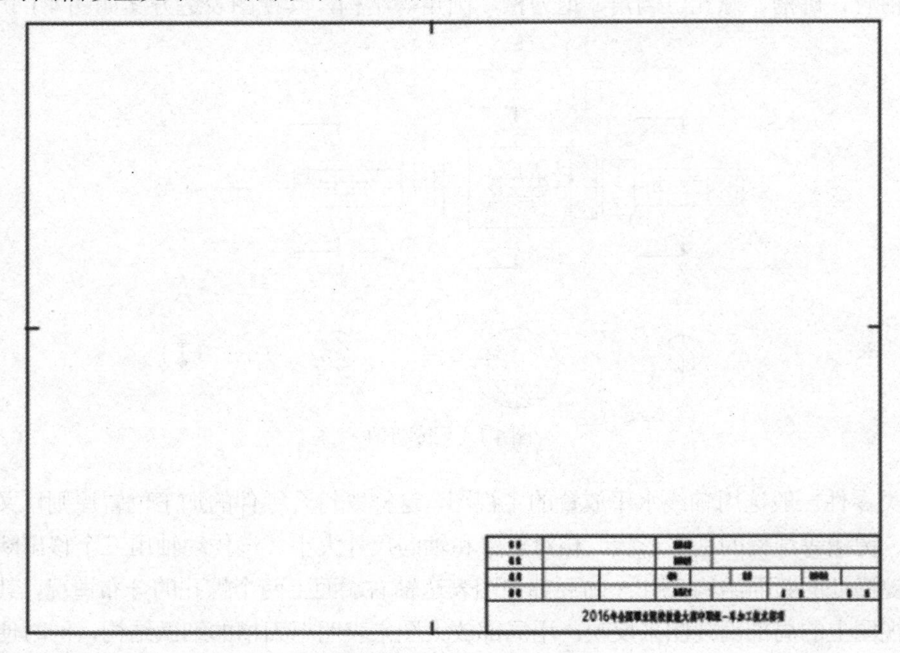

图 4.1.3　设置好的图纸

注意：可以根据要求灵活设置图纸大小和标题栏的格式。

四、【文字编辑】工具操作

在中望机械 CAD 教育版界面中，单击工具图标，也可以单击“绘图”→“文字”→“单行或多行文字”，命令行提示“指定第一个角点”，在要添加文字处单击并拉出一个矩形框，出现如图 4.1.4 所示的“文本格式”对话框，输入需要的文字，也可在对话框中对“文字高度”等进行设置。

图 4.1.4　文本格式

【任务实施】

一、任务描述

绘制花键轴零件图，如图 4.1.5 所示。

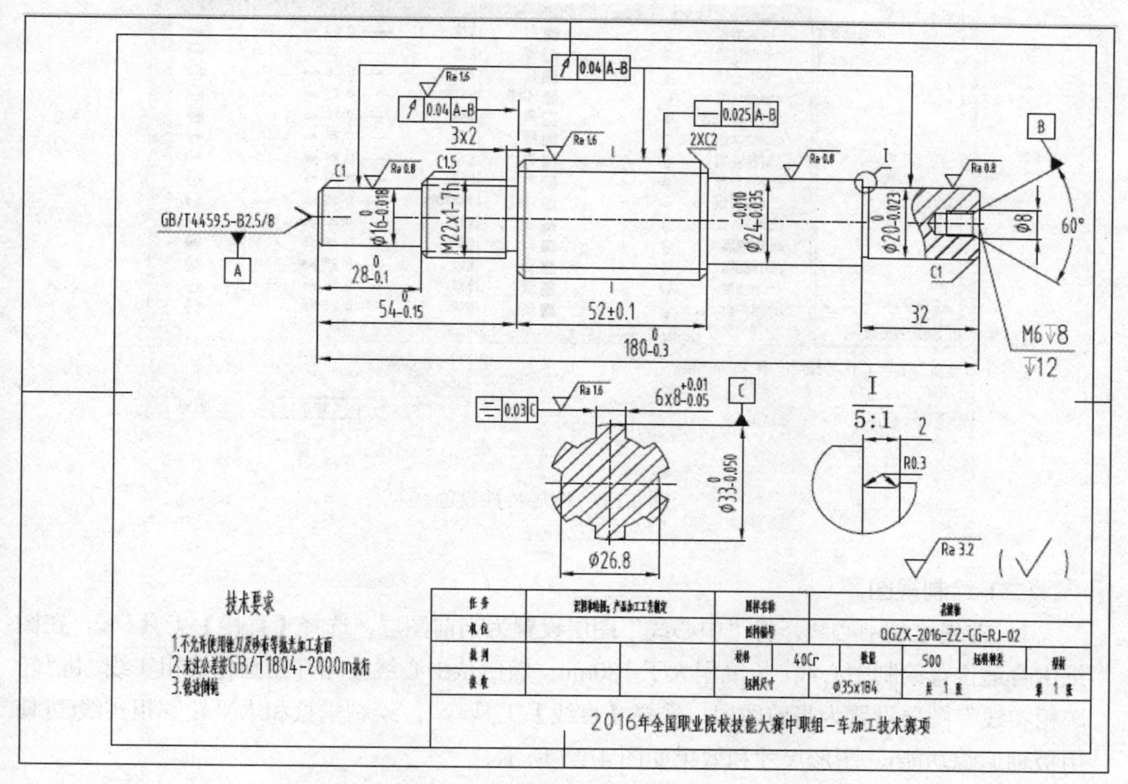

图 4.1.5　花键轴零件图

该平面图形为花键轴，有中心线层、细线层和轮廓粗线层所构成，可采用【直线】、【偏移】、【修剪】、【镜像】、【倒角】、【图案填充】等工具命令来完成该平面视图的绘制。

二、实施步骤

(一) 绘图前准备

1．图幅设置和标题栏选用：单击菜单“机械(J)”→“图纸”→“图幅设置”或输入字母“TF”+ 空格或回车，弹出“图幅设置”对话框，根据花键轴图形的大小，可以选择图幅大小为“A4”,选择绘图比例为“1:1”，单击“确定”。

2．分别设置绘图过程中用到的图层，像“中心线”、“轮廓实线”、“标注线”等几个图层：

(1) 单击【图层特性管理器】工具图标 ，也可单击菜单“格式”→“图层”弹出“图层特性管理器”对话框；如图 4.1.6 所示。

(2) 分别将中心线、轮廓实线、标注线等的线宽设置成符合制图国家标准，设置完成后，单击“确定”按钮。

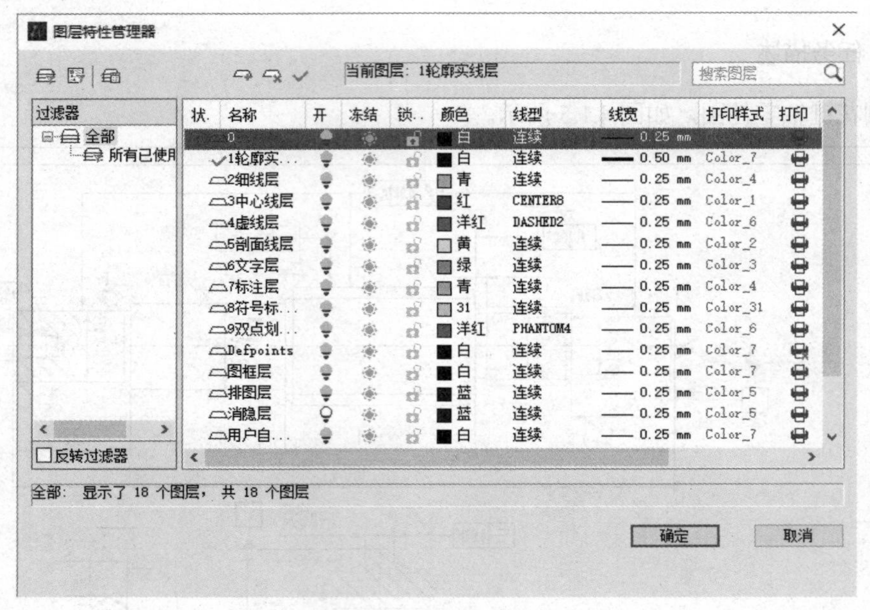

图 4.1.6　图层特性设置

(二) 绘制视图

1．首先绘制中心线，将“中心线”图层设置为当前图层，选择【直线】工具，在图纸中合适位置绘制中心线，长度稍大于 180mm，然后从中心线左端开始画轮廓粗实线，将“轮廓粗实线”图层设置为当前图层，选择【直线】工具，绘制垂直和水平轮廓粗实线(可使用极轴追踪功能)，图形尺寸和效果如图 4.1.7 所示。

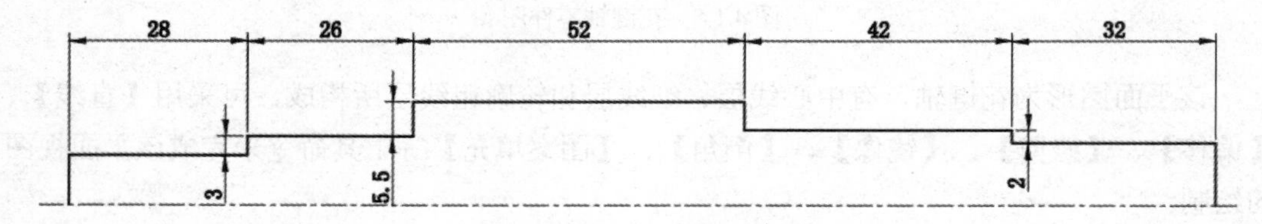

图 4.1.7　花键轴外轮廓

2．选择【倒角】工具，(也可使用快捷键命令 DJ)，按图纸要求倒角，随后按要求绘制出退刀槽，右侧退刀槽内有两个半径为 0.3 的圆角，图形效果如图 4.1.8 所示。

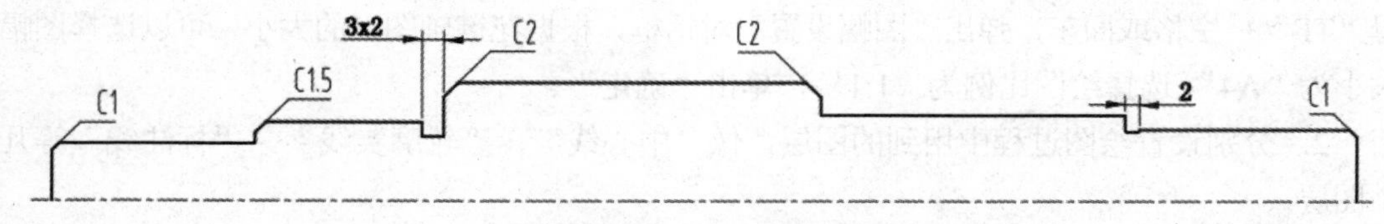

图 4.1.8　轮廓倒角与退刀槽

3．绘制倒角后产生的线段，图形效果如图 4.1.9 所示。

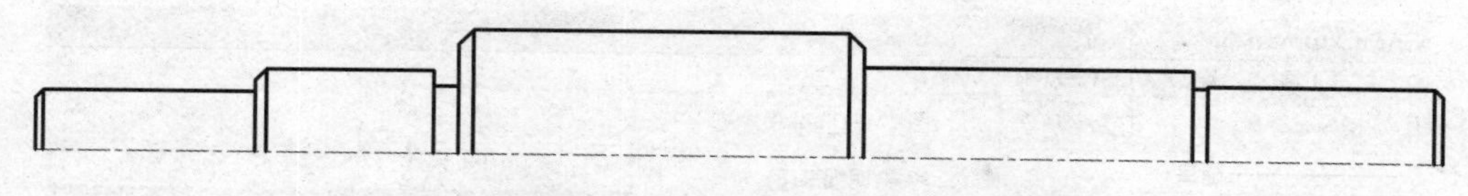

图 4.1.9　完整的外轮廓(一半)

4. 选择【直线】工具，绘制出螺纹小径和花键小径(细直线)，选择【镜像】工具，(也可使用快捷键命令 MI)，接着按图绘制出中心孔的局部剖视图，如图 4.1.10 所示，最后图形效果图如 4.1.11 所示。

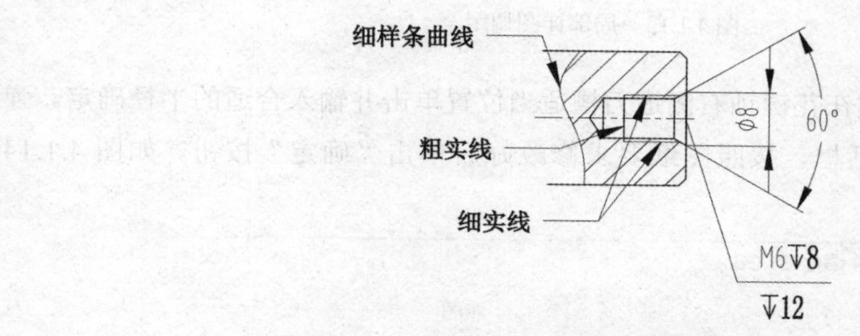

图 4.1.10　中心孔绘制

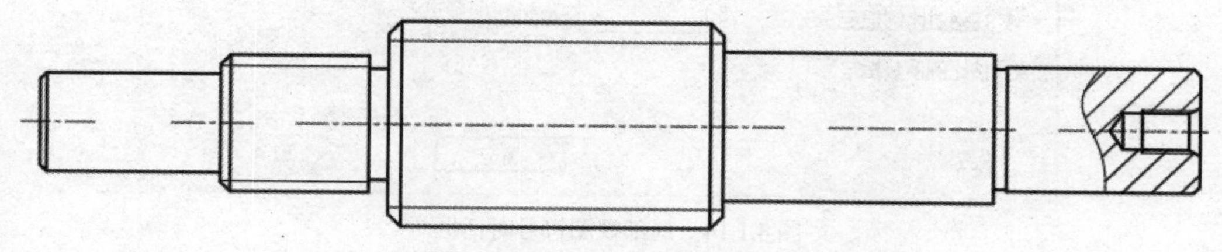

图 4.1.11　完成后的花键轴主视图

5. 将“轮廓粗实线”图层设置为当前图层，绘制花键轴花键处的断面图轮廓，可选择【直线】、【圆】、【偏移】、【修剪】等工具命令绘制，随后利用图案填充命令进行图案填充，如图 4.1.12 所示。

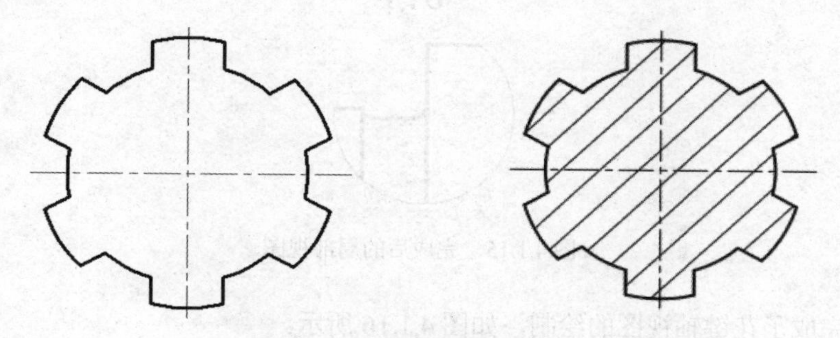

图 4.1.12　花键断面图的绘制

6. 单击菜单“机械(J)”→“创建视图”→“局部详图”，如图 4.1.13 所示。

命令行出现提示“圆心或[矩形(R)]”。

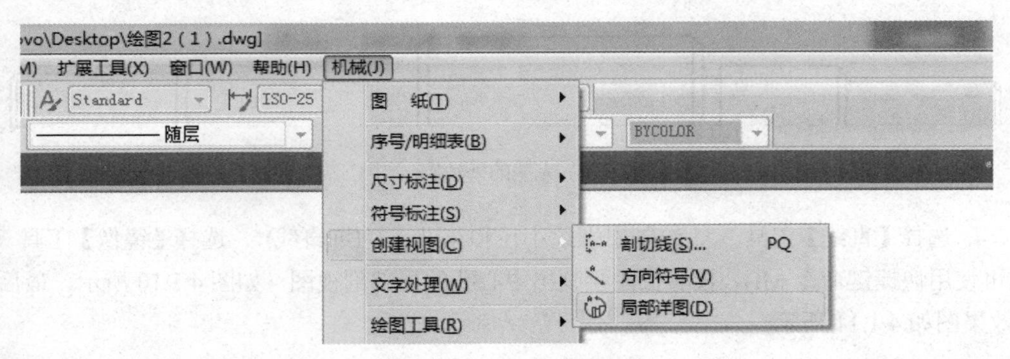

图 4.1.13　局部详图调用

这时可以用鼠标左键在花键轴右侧退刀槽适当位置单击并输入合适的半径确定。弹出“局部视图符号”对话框，按照图纸要求修改好后单击“确定”按钮，如图 4.1.14 所示。

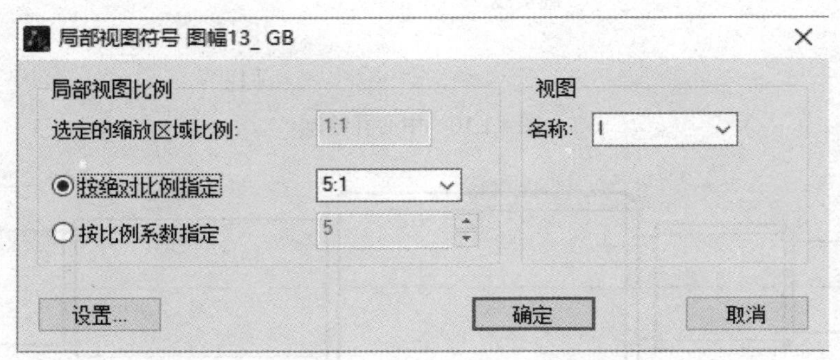

图 4.1.14　局部视图符号对话框

把光标移动到主视图右下方，单击鼠标左键，完成视图创建，如图 4.1.15 所示。

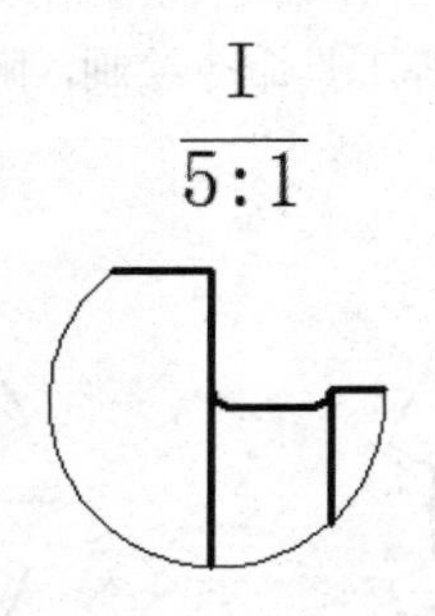

图 4.1.15　完成后的局部视图

至此，完成了花键轴视图的绘制，如图 4.1.16 所示。

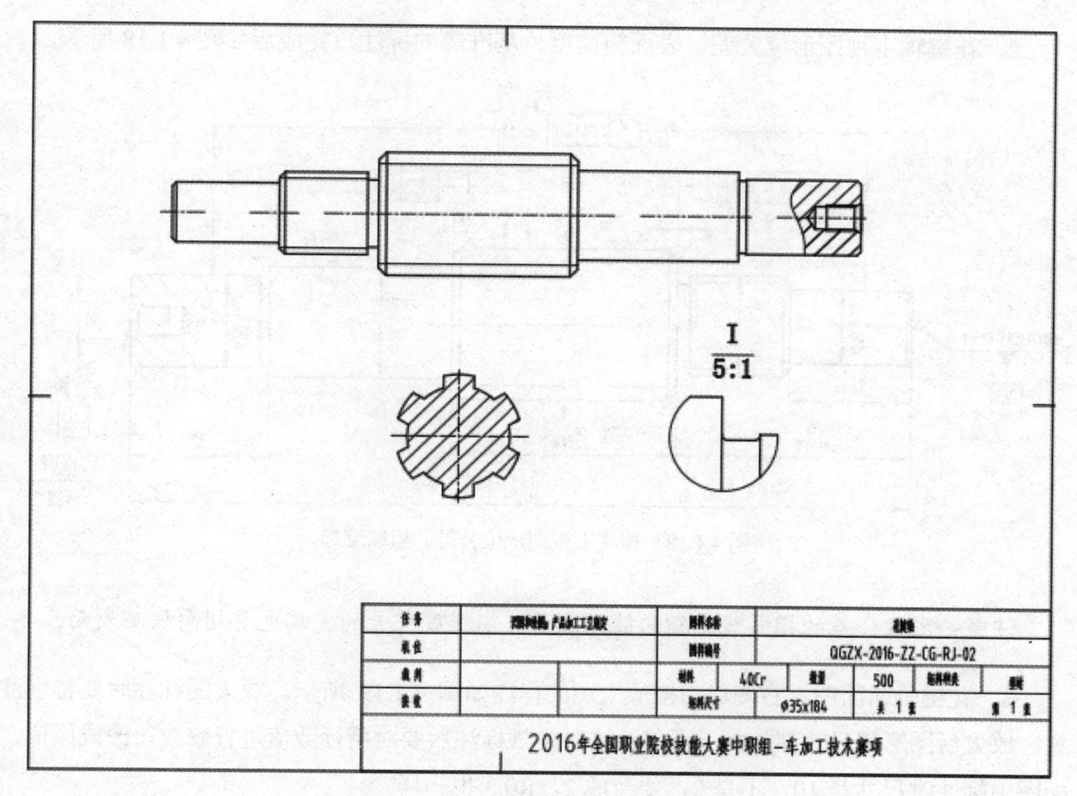

图 4.1.16　完成后的花键轴视图

(三) 标注尺寸公差、形位公差、表面粗糙度、技术要求等

1．花键轴主视图尺寸及尺寸公差标注，完成后如图 4.1.17 所示。

注意：所标注尺寸等尽量不要和其他线条交叉，要断开，如此图中与中心线交叉的尺寸，如 Ø16、M22、Ø24、Ø20 等；中心线长度一般超出轮廓线 3～5mm，不要太长；角度标注数字一定要水平放置，像图中“60°”。

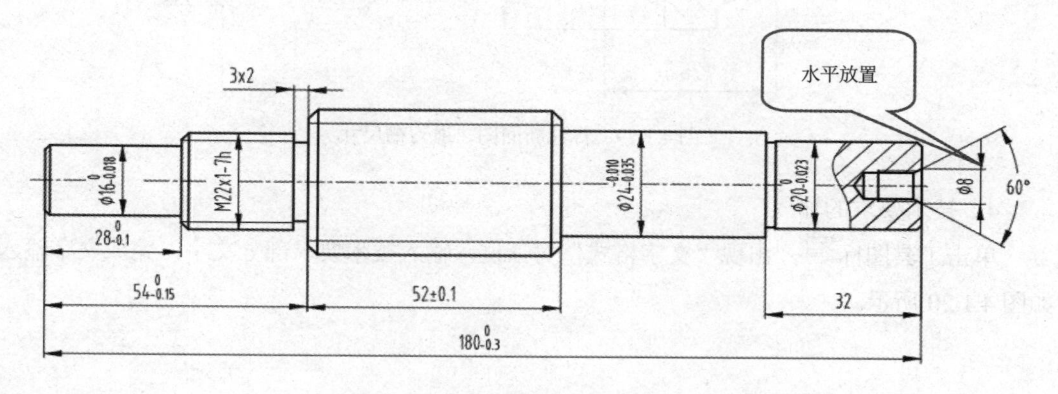

图 4.1.17　标注主视图尺寸

2．花键轴主视图形位公差、表面粗糙度、基准等的标注，完成后如图 4.1.18 所示。

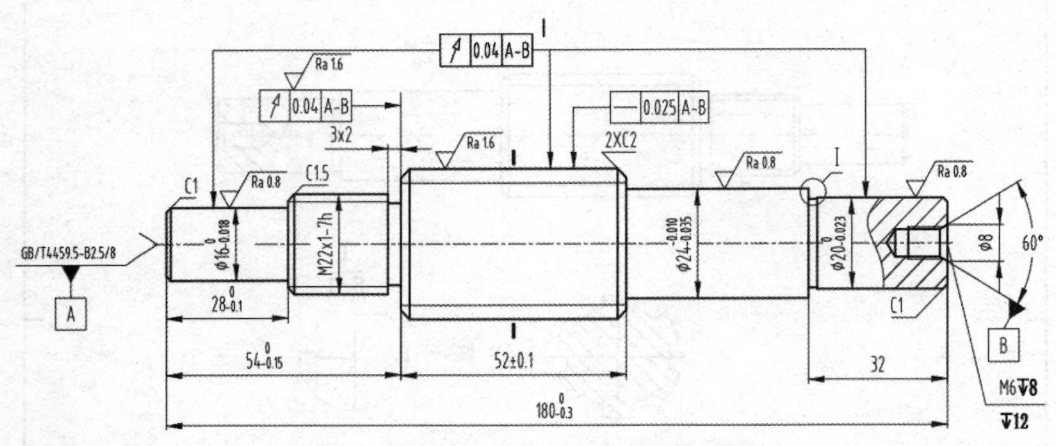

图 4.1.18　标注主视图形位公差、粗糙度等

注意：形位公差的指引线要指向被测表面；粗糙度符号的尖端也要指向被测表面。

3．花键轴断面图、右侧退刀槽放大图的标注如图 4.1.19 所示。放大图标注时要特别注意，放大后图形和尺寸都放大了五倍，这时常规标注后要对所标数值进行修改，改成原值，如图中标注时尺寸是 10，不是 2，要改成 2，R0.3 也一样。

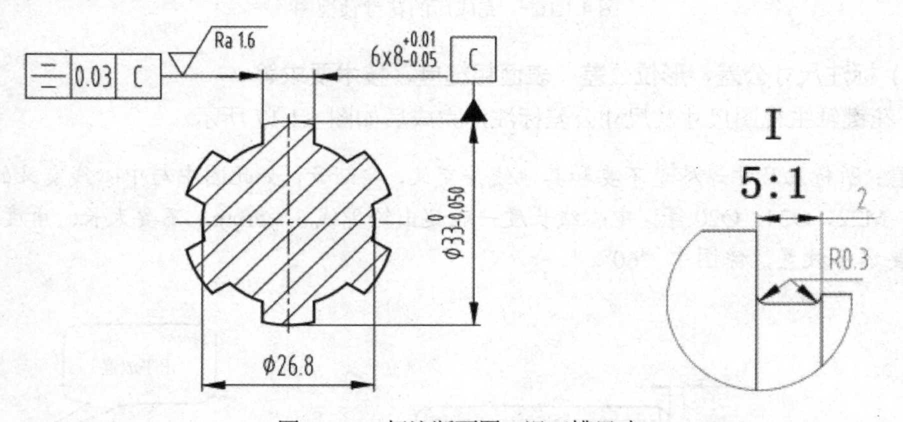

图 4.1.19　标注断面图、退刀槽尺寸

4．技术要求的输入

单击工具图标，出现“文字格式”对话框，输入技术要求部分文字，完成文字输入，如图 4.1.20 所示。

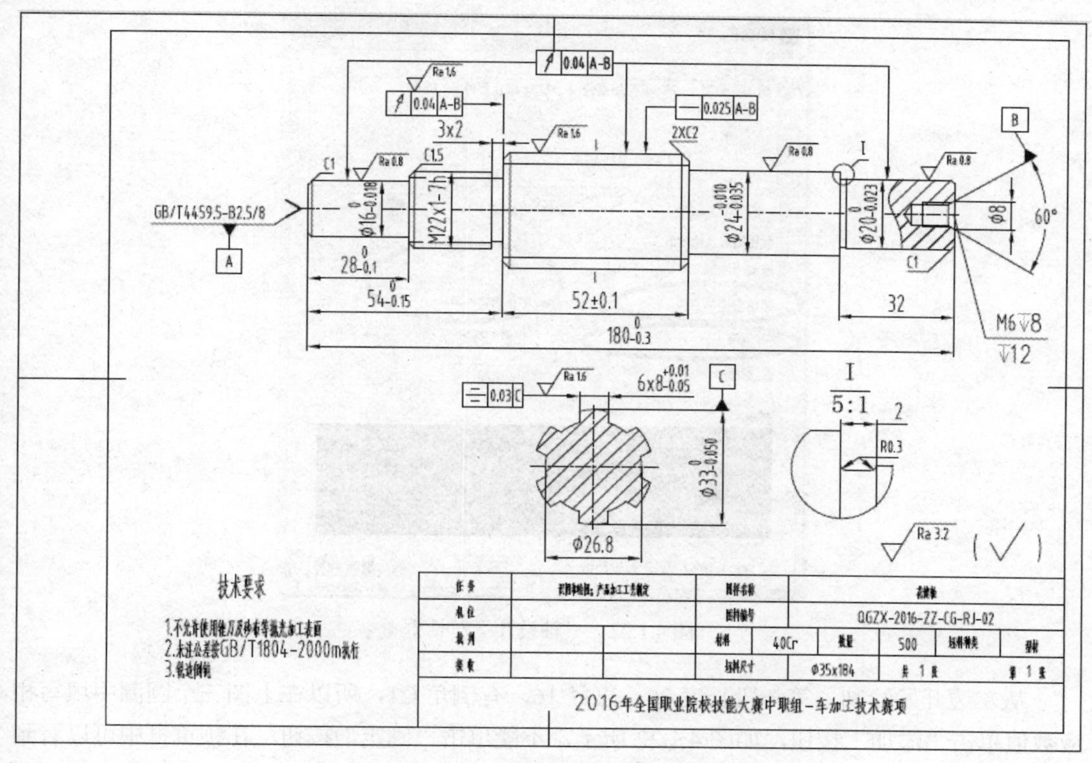

图 4.1.20　花键轴零件图

【扩展知识】

一、　“轴设计”功能

中望机械CAD教育版软件为我们提供了一种快速绘制轴类零件轮廓的方法——轴设计。结合上面花键轴，介绍“轴设计”功能。

1．单击菜单栏“机械(J)”→“机械设计”→“轴设计”，如图 4.1.21 所示，弹出的“轴设计”对话框如图 4.1.22 所示。

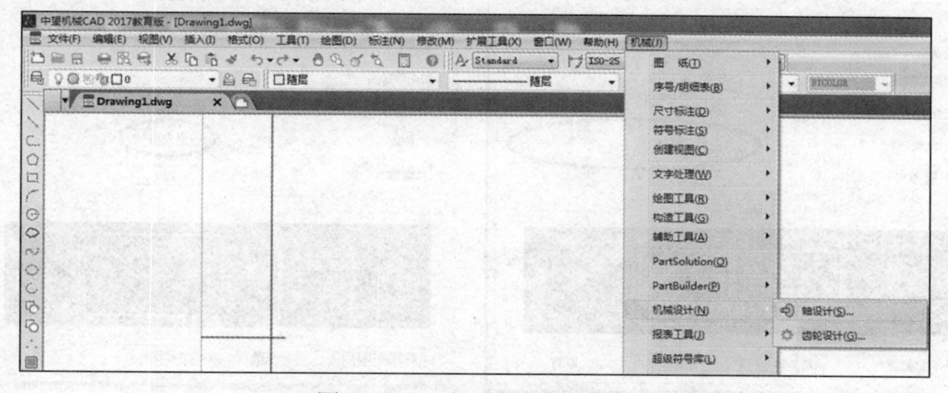

图 4.1.21　“轴设计”命令调用

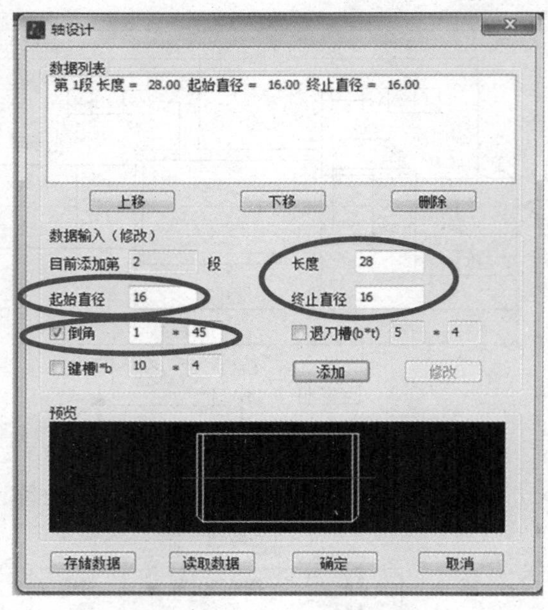

图 4.1.22　“轴设计”对话框

从左边开始绘制，第一段长度 28，直径 16，有倒角 C1，所以在上图三个圆圈中填写相应数值单击“添加”按钮，如图 4.1.22 所示，不能单击“确定”按钮。在预览框中可以看到轴的第一段已经添加。

2．添加第二段：继续修改刚才的几个数据，因为轴的第二段右端有退刀槽，所以要在退刀槽选项小方格中勾选“√”，并输入 3*2，完成后单击“添加”按钮，如图 4.1.23 所示。

3．添加第三段，长度 52、起始直径 33、终止直径 33，倒角 C2，右端没有退刀槽，这时要把退刀槽前面方格中的“√”去掉，如图 4.1.24 所示。

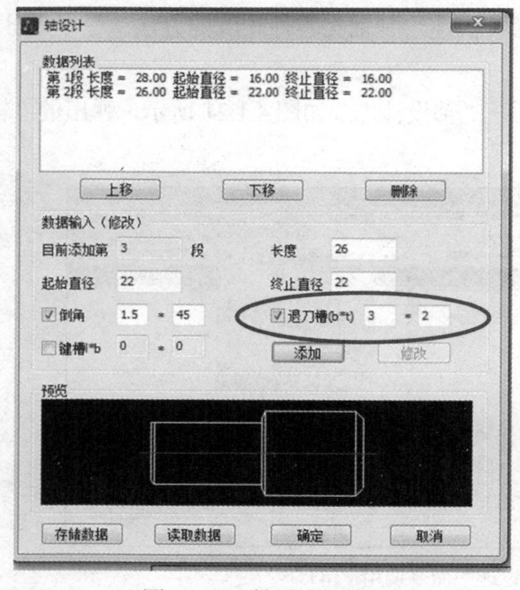

图 4.1.23　轴设计第二段

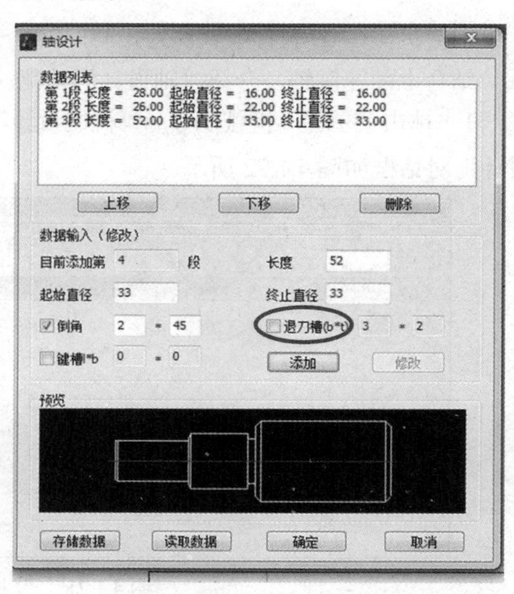

图 4.1.24　轴设计第三段

4．添加第四段：长度 42、起始直径 24、终止直径 24，如图 4.1.25 所示。

5．添加第五段：长度 32、起始直径 20、终止直径 20，倒角 C1，如图 4.1.26 所示。

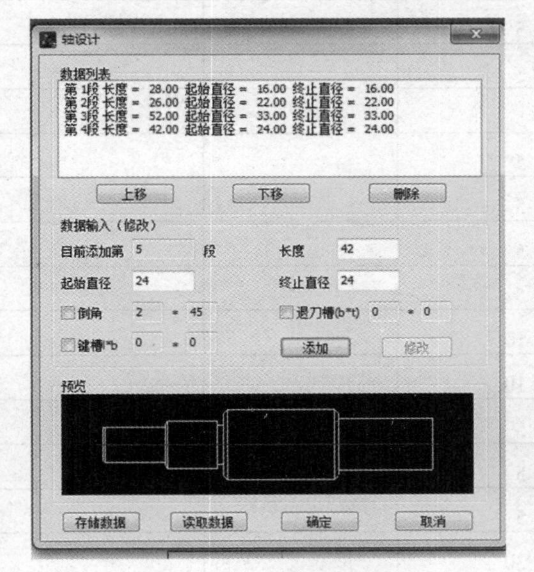

图 4.1.25　轴设计第四段

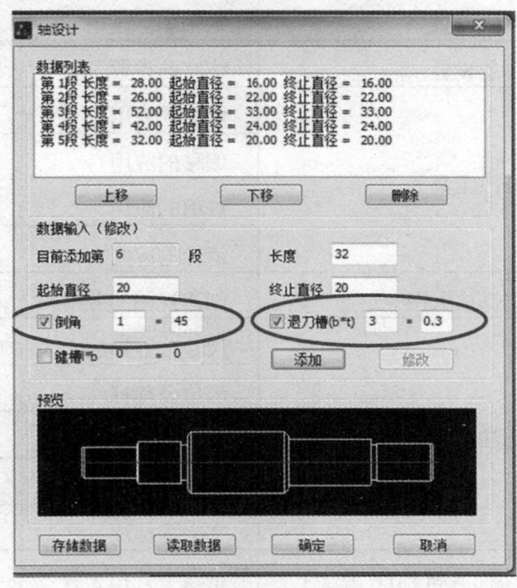

图 4.1.26　轴设计第五段

在“预览”框中可查看形成当前整体轴的内容； 单击“确定”按钮，在图纸上选择适当位置，绘制轴成功，如图 4.1.27 所示，其余视图可以用之前所学的绘图命令绘制。

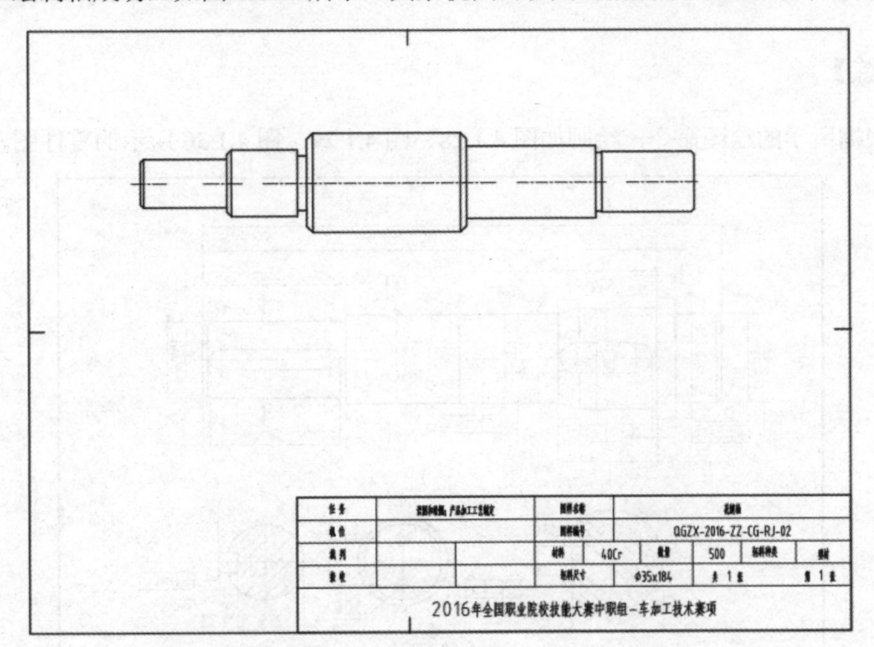

图 4.1.27　轴设计完成后效果

【任务评价】

绘制花键轴，对相关知识点的掌握程度应做一定的评价，如表 4.1.1 所示。

表 4.1.1　花键轴绘制评价参考表

评价内容	评价标准	分值	学生自评	老师评估
图幅设置	纸张和标题栏	5		
图层设置	线宽的设置	5		
修改工具	倒角的应用	5		
	偏移的应用	5		
	修剪的应用	5		
	镜像的应用	5		
局部放大图	创建视图的应用	5		
标注	尺寸公差标注	10		
	形位公差标注	10		
	基准的标注	5		
	粗糙度标注	5		
	文字等标注	5		
成品(花键轴)效果	错误 1 处扣 5 分	30		
学习体会：				

【练一练】

请根据所学的绘图命令，绘制如图 4.1.28、图 4.1.29、图 4.1.30 所示的零件图。

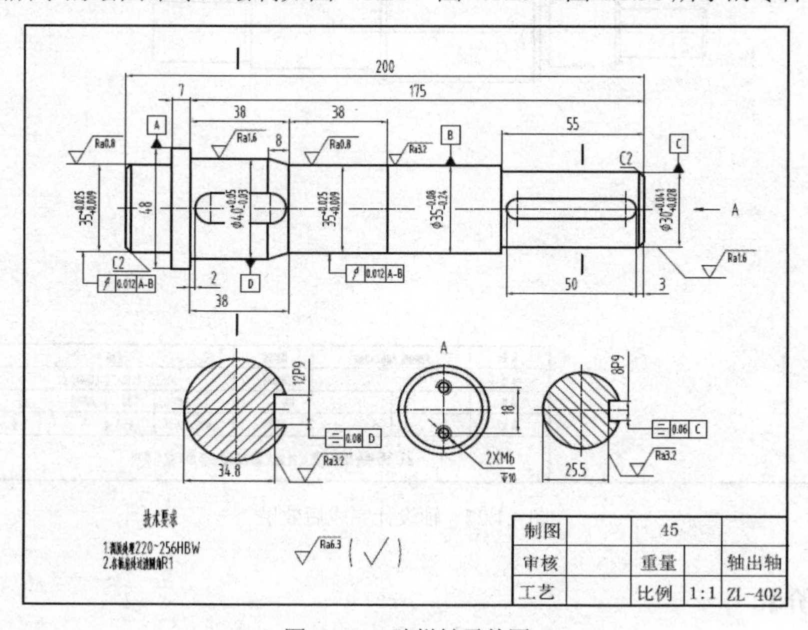

图 4.1.28　阶梯轴零件图

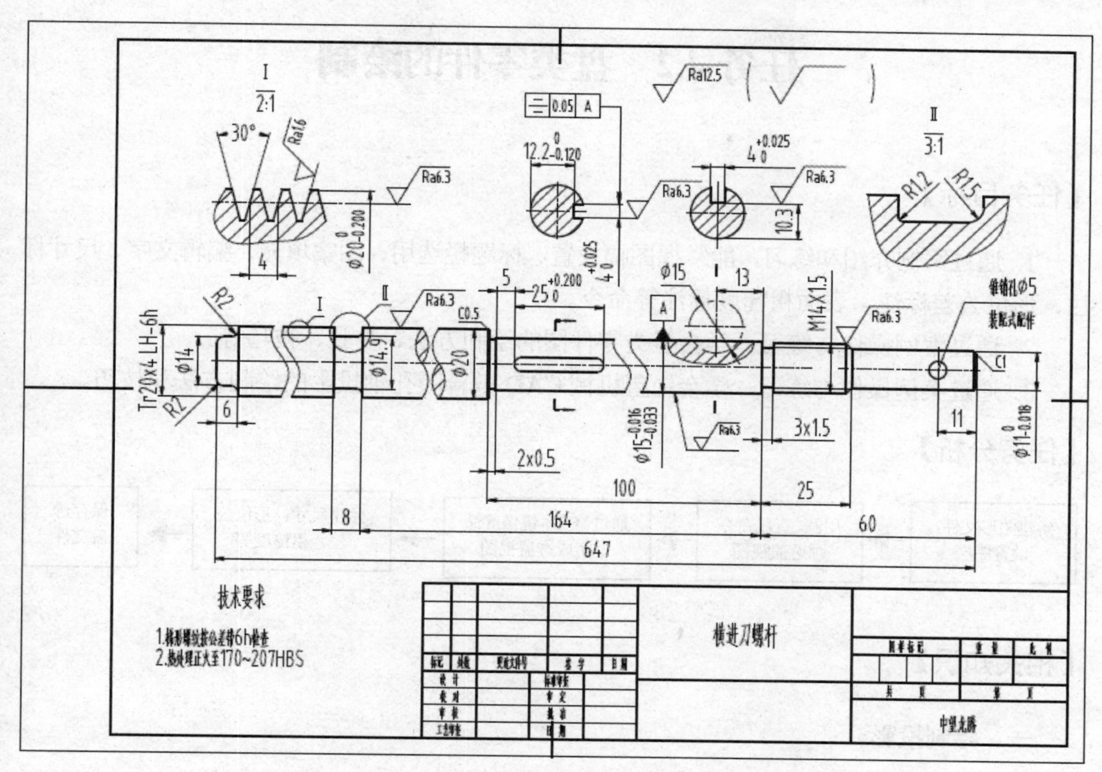

图 4.1.29　横进刀螺杆

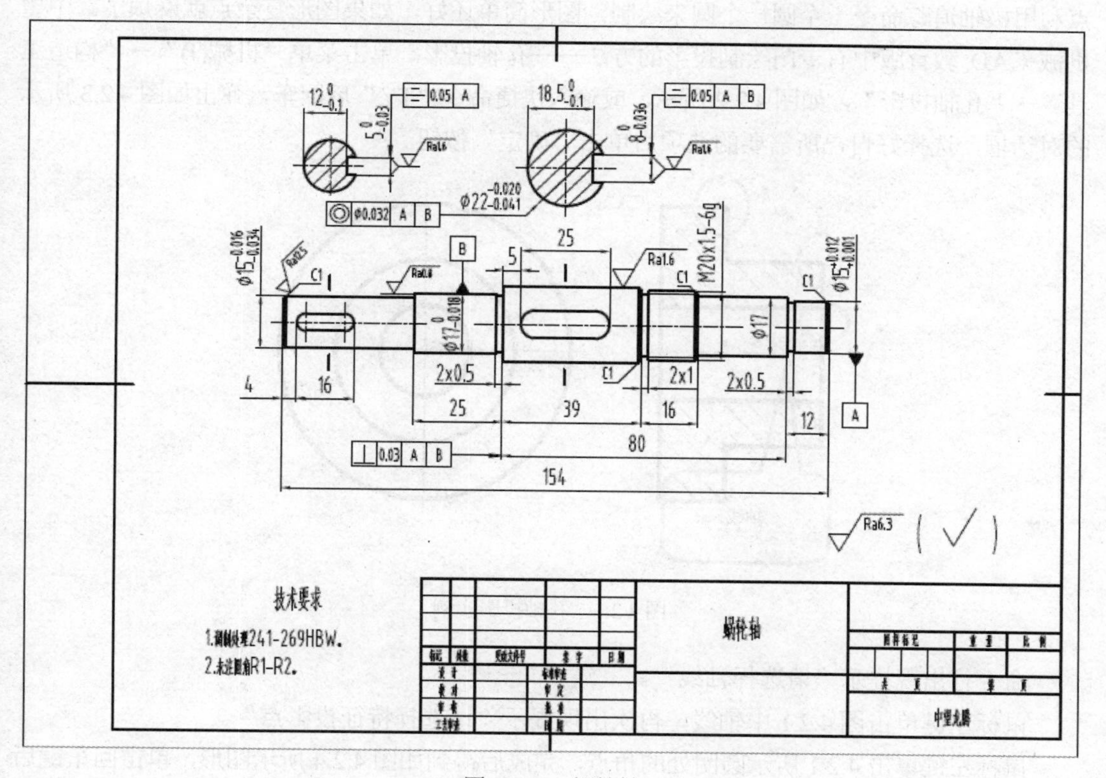

图 4.1.30　蜗轮轴

任务 4.2　盘类零件的绘制

【任务目标】

1. 通过案例介绍和练习，能掌握图幅设置、标题栏选用、图案填充、编辑文字、尺寸标注、形位公差标注、表面粗糙度标注等命令。

2. 通过案例操作与练习，学会盘类零件图的绘制方法、步骤、技巧等。

3. 通过案例操作与练习，学会中望机械 CAD 教育版孔轴投影的绘制方法和技巧。

【任务分析】

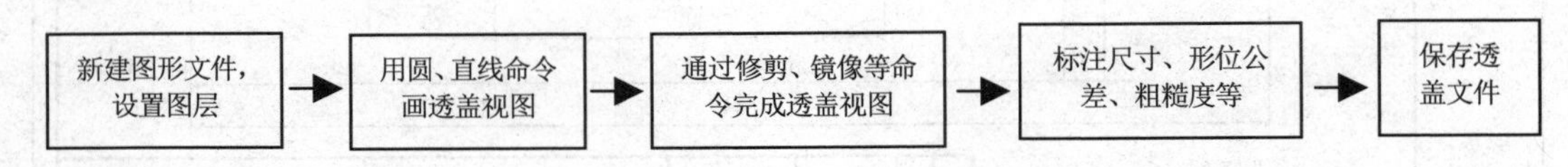

【相关知识】

一、绘制投影

要绘制如图 4.2.1 所示零件的左视图，一般先绘制好主视图，然后根据主视图上的特殊点利用极轴追踪命令一个圆一个圆来绘制，图形简单还好，如果图形复杂点就麻烦了。中望机械 CAD 教育版中有专门绘制投影的方法——孔轴投影。单击菜单“机械(J)”→“构造工具”→“孔轴投影”，如图 4.2.2 所示，或输入快捷命令“TY”后回车，弹出如图 4.2.3 所示的对话框，选择好自己所需要的选项后单击“确定”按钮。

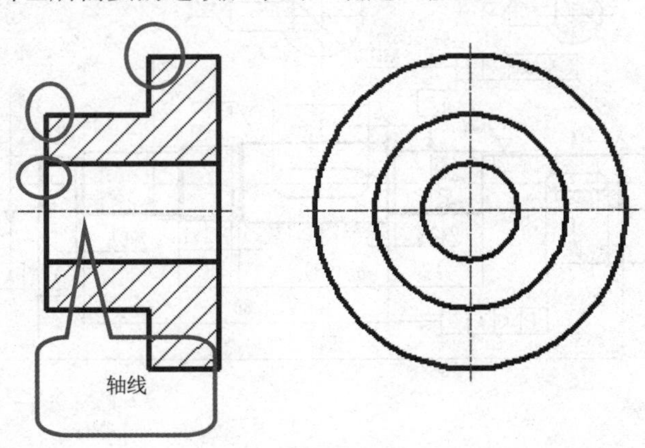

图 4.2.1　孔轴投影实例

命令行出现提示“请选择轴线”。

鼠标左键单击图 4.2.1 中轴线，再次出现提示“请选择特征投影点”。

鼠标左键单击 4.2.1 所示圆圈处的角点，完成后得到如图 4.2.4 所示图形，单击回车键后又得到如图 4.2.5 所示的图形。

命令行出现提示“指定第二点的位移或者 <使用第一点当做位移>”。

鼠标移动，左视图也会左右移动，位置核实后单击“确定”，完成左视图的投影绘制。

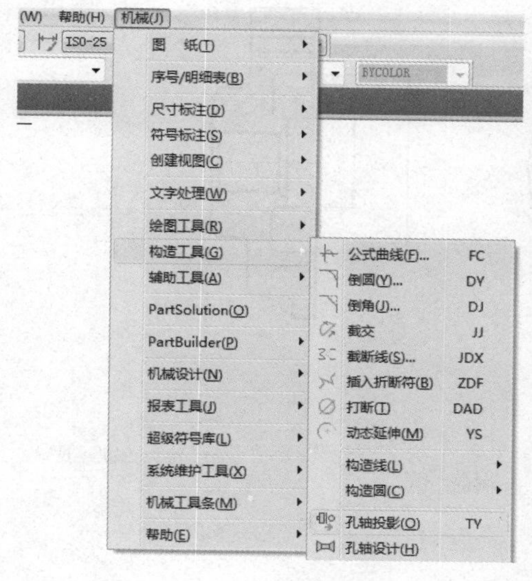

图 4.2.2　孔轴投影命令调用

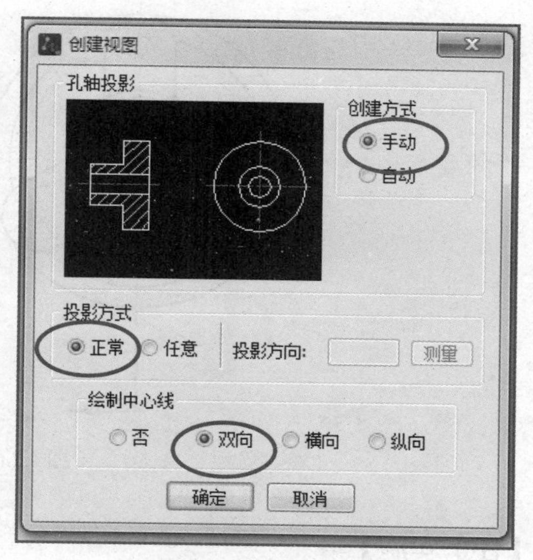

图 4.2.3　弹出的对话框

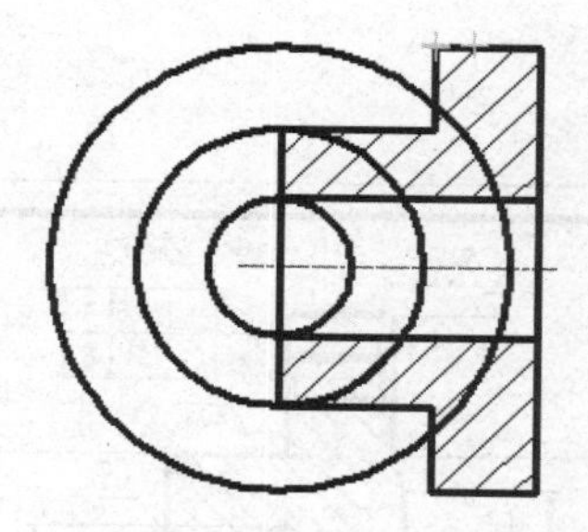

图 4.2.4　孔轴投影操作 1

图 4.2.5　孔轴投影操作 2

二、盘类(端盖)零件的表达方案分析

如图 4.2.6 所示的端盖，其形体为回转体，轴向尺寸小于径向尺寸，端盖中部有圆柱形凸台，并开有轴孔，盖缘处均匀分布三个拱形耳座及螺孔，小结构处均为圆角过渡，端盖的表达方案如图 4.2.6 所示。

端盖零件一般常有两个基本视图表达，主视图和左视图，轴线水平放置，这样便于加工、测量。图示端盖的主视图作为全剖视图，主要表达轴孔、螺孔的结构和内、外凸台形状。左视图则表达端盖外形和三个耳座及螺孔的分布情况。

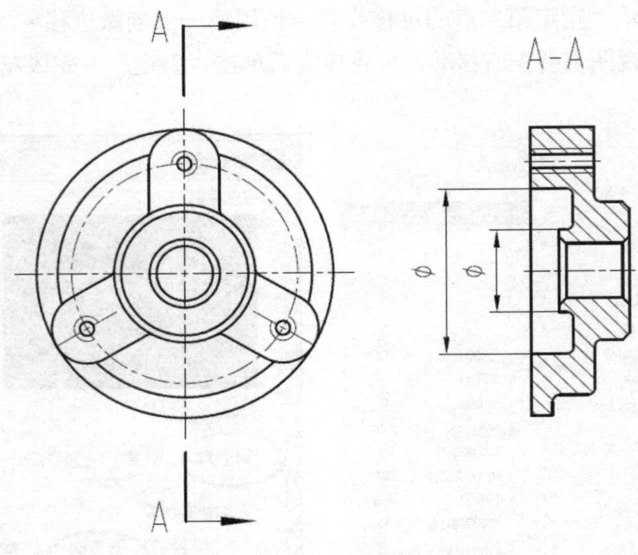

图 4.2.6　端盖

【任务实施】

一、任务描述

绘制透盖零件图，如图 4.2.7 所示。

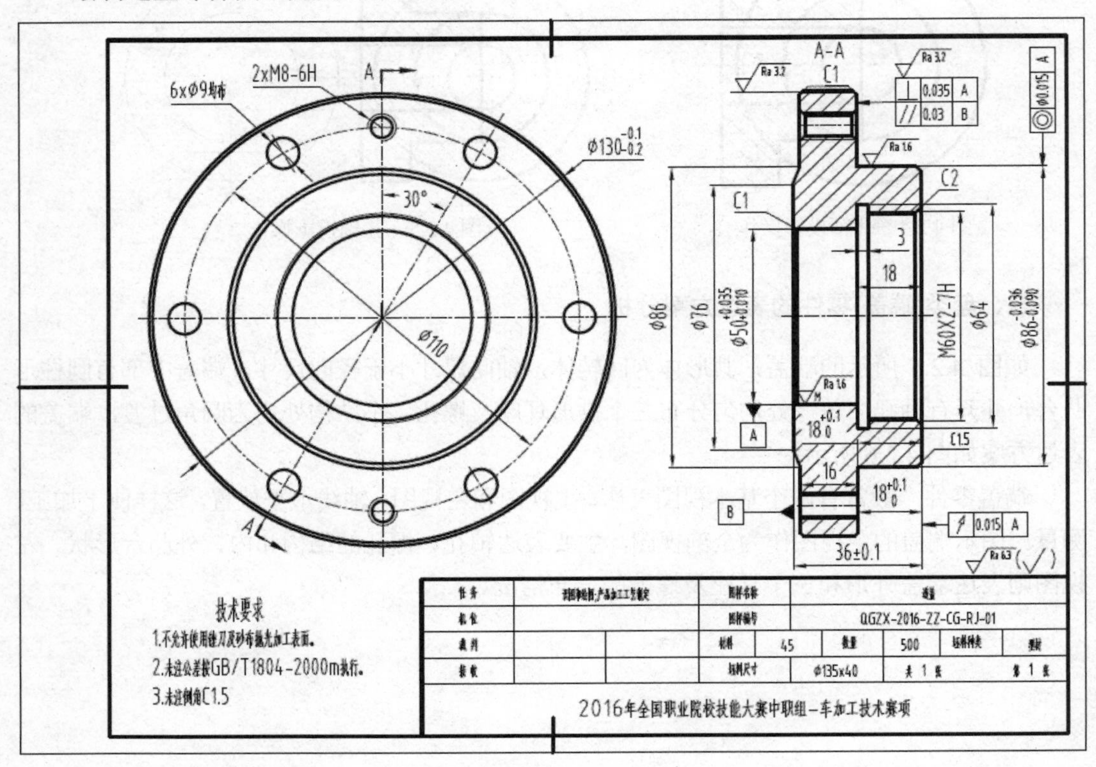

图 4.2.7　透盖

该平面图形(透盖)为盘类零件，有中心线层、细线层、标注层、剖面线层和轮廓粗线层等构成，可采用【圆】、【直线】、【修剪】、【镜像】、【倒角】等工具命令来完成该零件图的绘制。

二、操作步骤

(一) 绘图前准备

1. 图幅设置和标题栏选用：单击菜单“机械(J)”→“图纸”→“图幅设置”或输入“TF”后回车，弹出“图幅设置”对话框，根据花键轴图形的大小，可以选择图幅大小为“A4”，选择绘图比例为“1:1”，单击“确定”。

2. 分别设置绘图过程中用到的图层，像“中心线”、“轮廓实线”、“标注线”等几个图层：

(1) 单击【图层特性管理器】工具图标 ，也可单击菜单“格式”→“图层”，弹出“图层特性管理器”对话框；如图 4.2.8 所示。

(2) 分别将中心线、轮廓实线、标注线等线宽设置成符合制图国家标准，设置完成后，单击“确定”按钮。

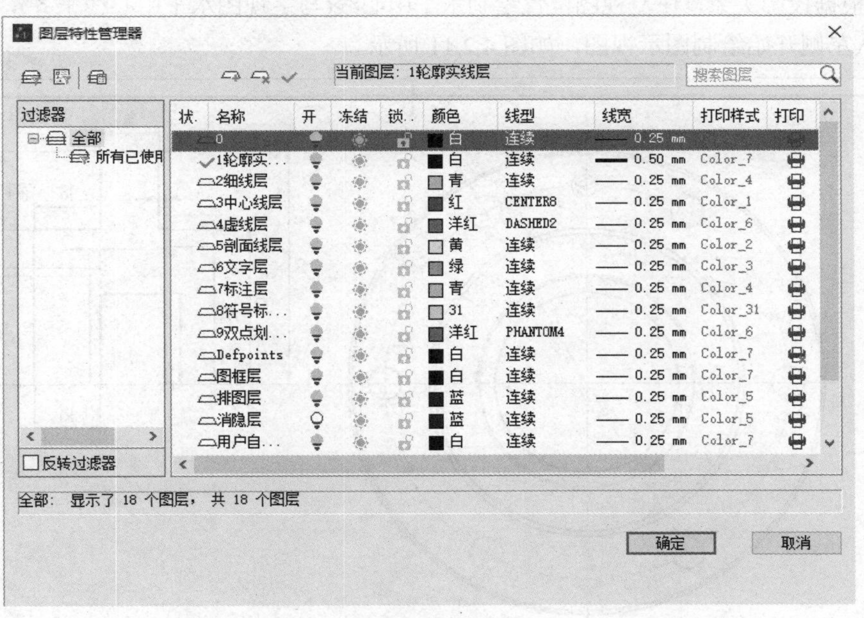

图 4.2.8　图层特性设置

(二) 视图绘制

1. 首先绘制中心线，将“中心线”图层设置为当前图层，选择【直线】工具 ，在图纸左侧合适位置绘制相互垂直的两条中心线，长度稍大于 130mm，画直径为 110mm 圆及与垂直中心线成 30° 的中心线，然后将“轮廓粗实线”图层设置为当前图层，以中心线交点为圆心依次画圆，直径分别为 50mm、86mm、130mm，并画好两个倒角圆，如图 4.2.9 所示。在与水平中心线交点上画直径为 9mm 的圆，利用“阵列”命令完成 6 个 Ø9 的圆；将“细线层”设置为当前层，绘制 M8、M60 内螺纹，大径 3/4 圈、小径为轮廓线(粗直线)，如图 4.2.10 所示。

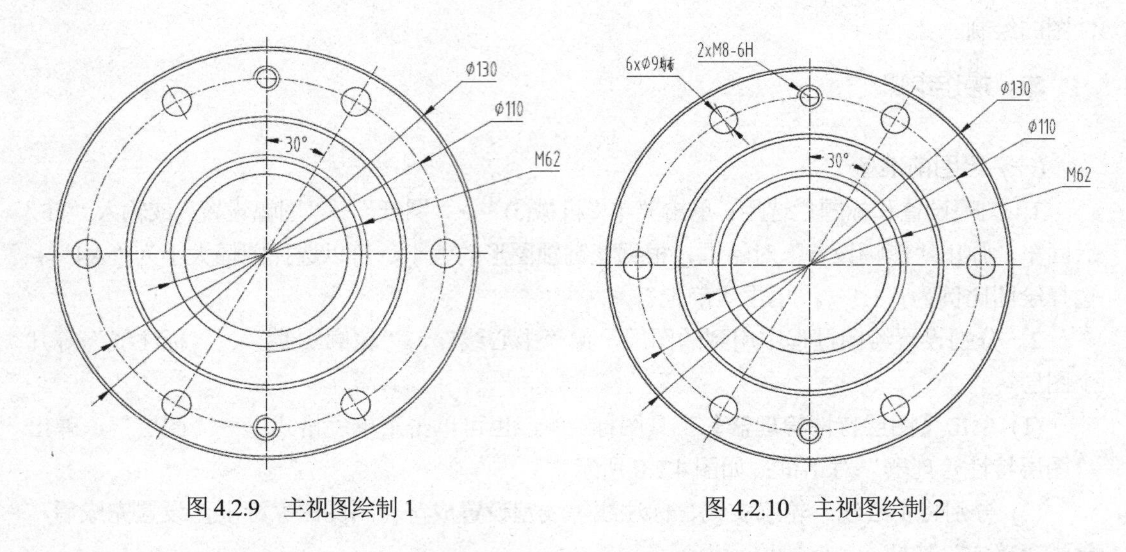

图 4.2.9　主视图绘制 1　　　　图 4.2.10　主视图绘制 2

2．根据投影关系，在左视图位置绘制水平中心线(与主视图水平中心线平齐)，然后用直线命令从左侧开始绘制图示视图，如图 4.2.11 所示。

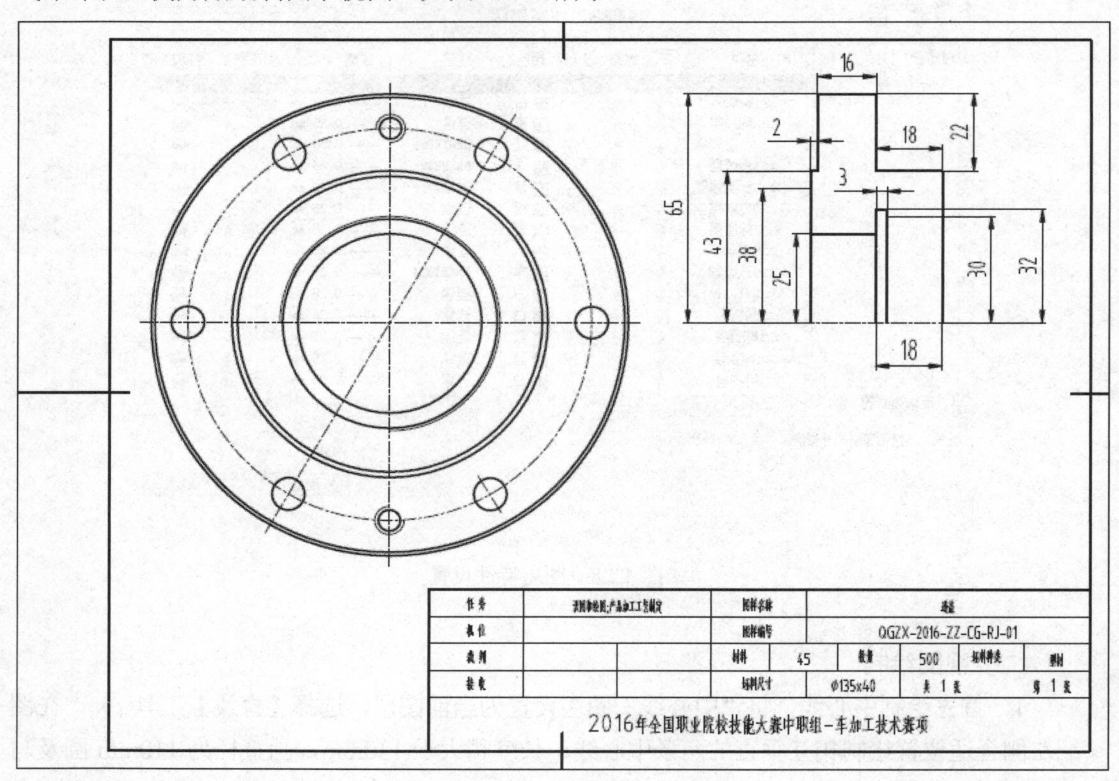

图 4.2.11　左视图绘制

3．利用倒角命令依次倒角，如图 4.2.12 所示。

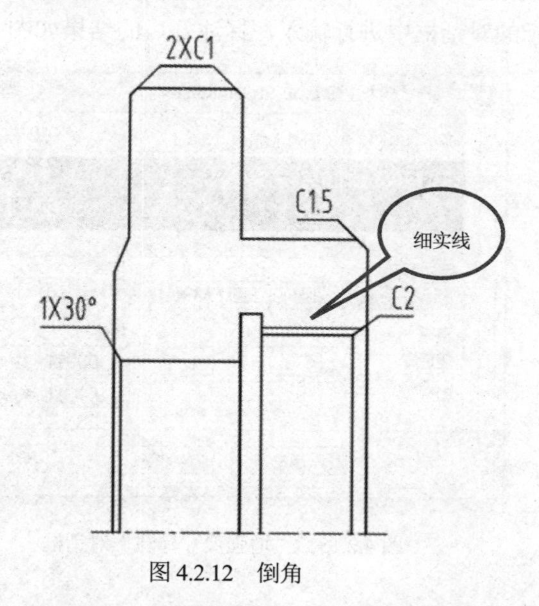

图 4.2.12　倒角

4．利用镜像命令完成左视图轮廓，并画上 Ø9 孔和 M6 螺纹孔，如图 4.2.13 所示。

5．单击工具图标▩，或快捷键命令 H，在“图案填充”对话框中选择“ANSI31”选项，单击“拾取点”按钮，鼠标左键依次单击要填充的区间，效果如图 4.2.14 所示。

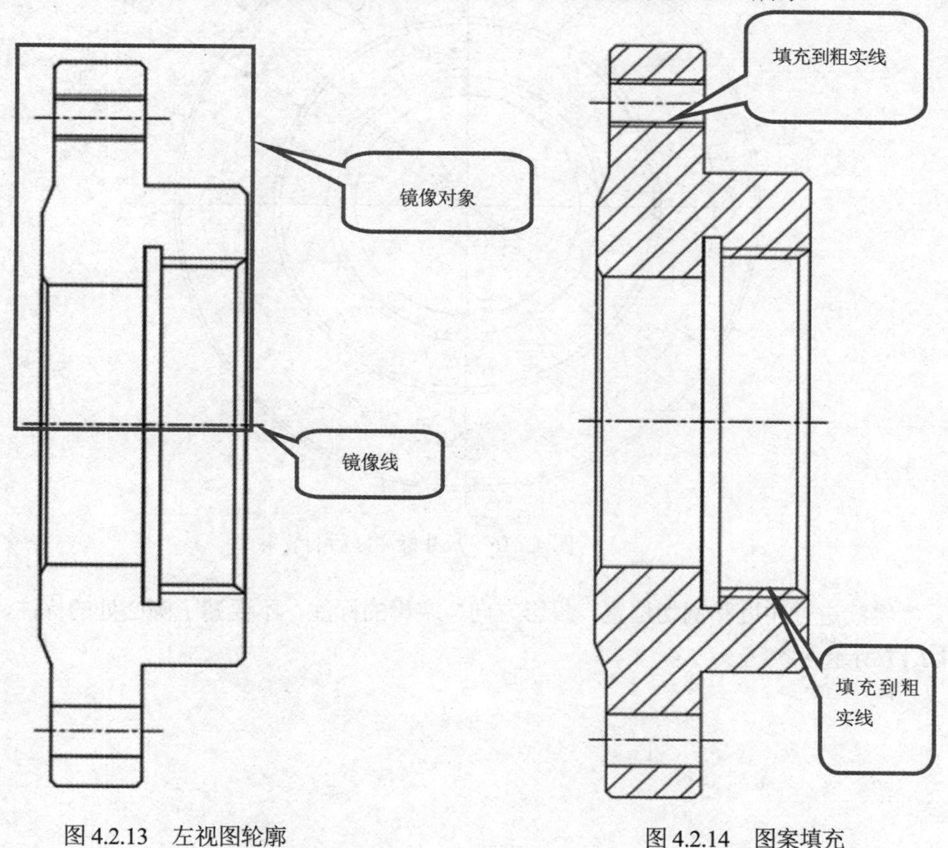

图 4.2.13　左视图轮廓　　图 4.2.14　图案填充

6. 主视图尺寸标注，单击工具图标⊘进行直径标注，对于“6xØ9 均布”和“2xM8-6H”可以在图 4.2.15 所示的对话框中进行输入，标注好后的结果如图 4.2.16 所示。

图 4.2.15　“增强尺寸标注”对话框

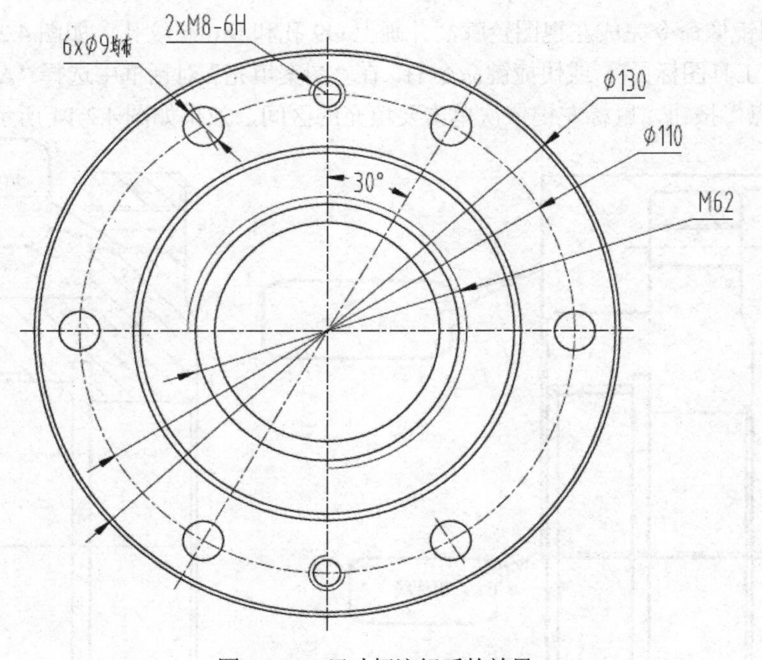

图 4.2.16　尺寸标注好后的效果

继续进行角度和剖切位置、投影方向、字母的标注，不要漏了圆心处的标注，结果如图 4.2.17 所示。

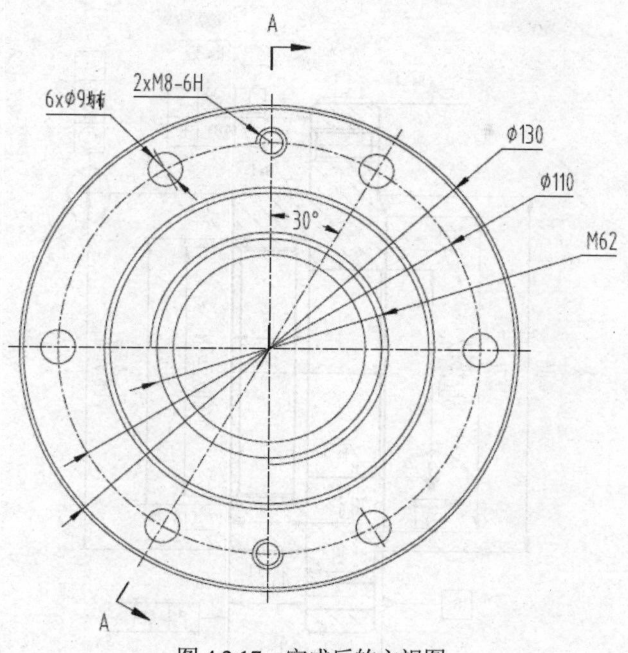

图 4.2.17　完成后的主视图

7．标注左视图尺寸，利用智能标注或快捷键命令 D 进行尺寸标注；并用倒角工具图标或快捷键命令 DB 进行标注，结果如图 4.2.18 所示。

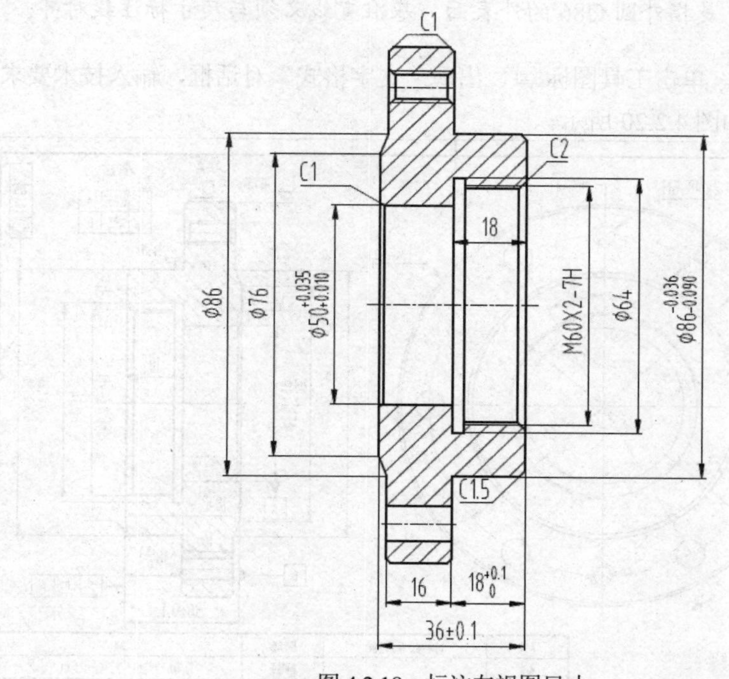

图 4.2.18　标注左视图尺寸

继续进行形位公差、粗糙度、基准符号等标注，结果如图 4.2.19 所示。

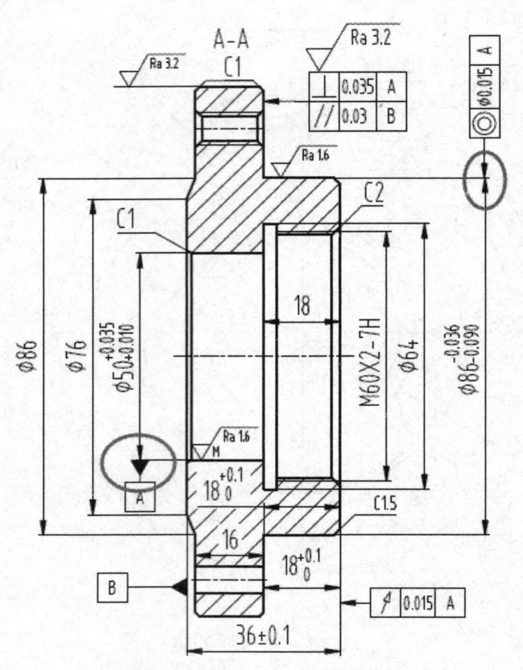

图 4.2.19　标注左视图完整尺寸

注意： 此处同轴度指引线与尺寸标注线必须对齐；如与 Ø86 尺寸线对齐，是指外圆 Ø86 的中心线，如不对齐，是指外圆 Ø86 的外表面。基准直线必须与尺寸标注线对齐。

8．输入技术要求。单击工具图标，出现“文字格式”对话框，输入技术要求部分文字，完成文字输入，如图 4.2.20 所示。

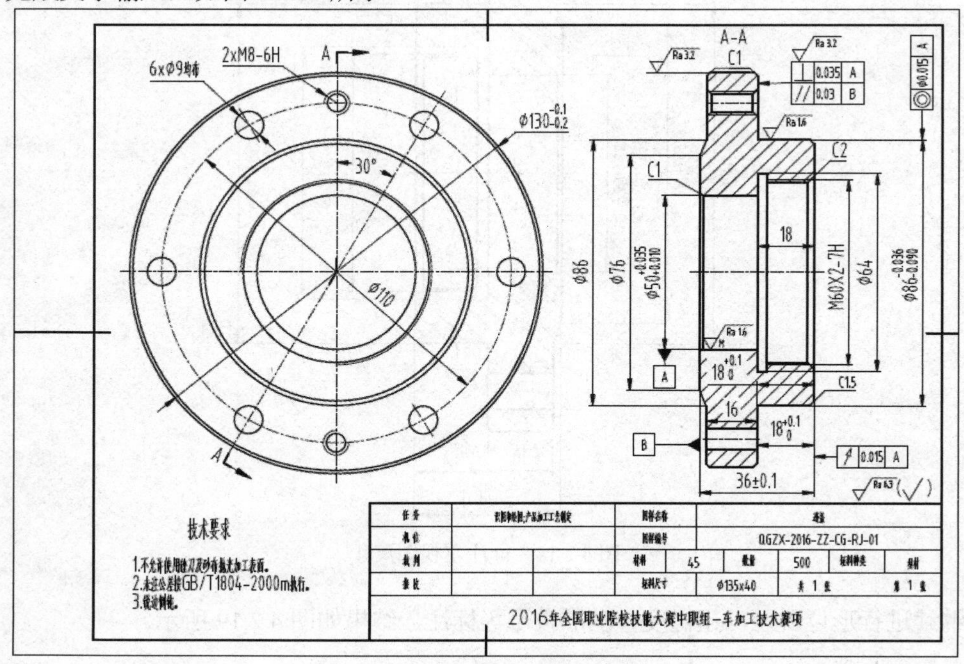

图 4.2.20　完成后的透盖零件图

【任务评价】

绘制透盖零件图，对相关知识点的掌握程度应做一定的评价，如表 4.2.1 所示。

表 4.2.1　透盖绘制评价参考表

评价内容	评价标准	分值	学生自评	老师评估
图层设置	颜色的设置	5		
	线宽的设置	5		
绘图工具	圆的应用	10		
修改工具	倒角的应用	10		
	偏移的应用	5		
	修剪的应用	10		
	镜像的应用	5		
标注	尺寸标注	10		
	粗糙度标注	5		
	基准标注	5		
成品(透盖)效果	错误 1 处扣 5 分	30		

学习体会：

【练一练】

请根据所学的工具命令，绘制图 4.2.21 和图 4.2.22 所示的零件图。

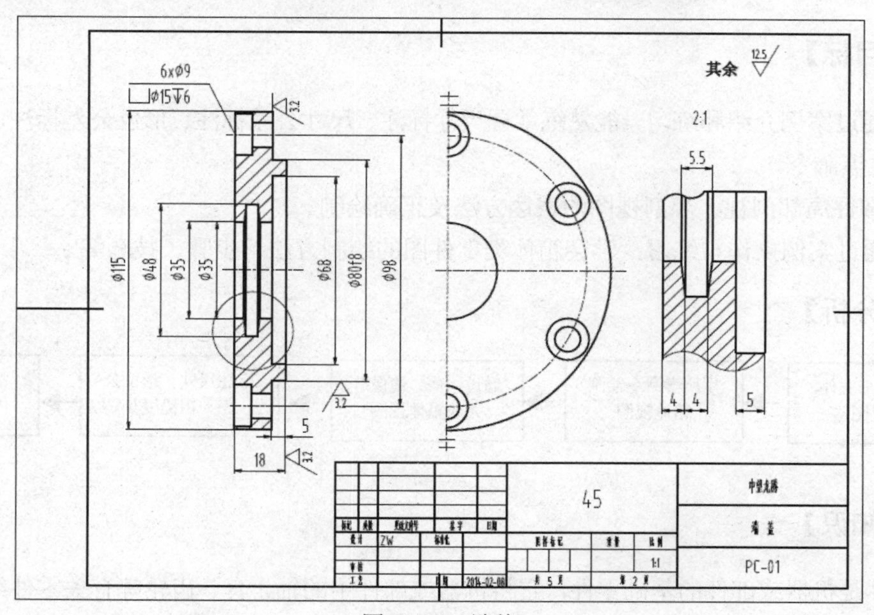

图 4.2.21　端盖

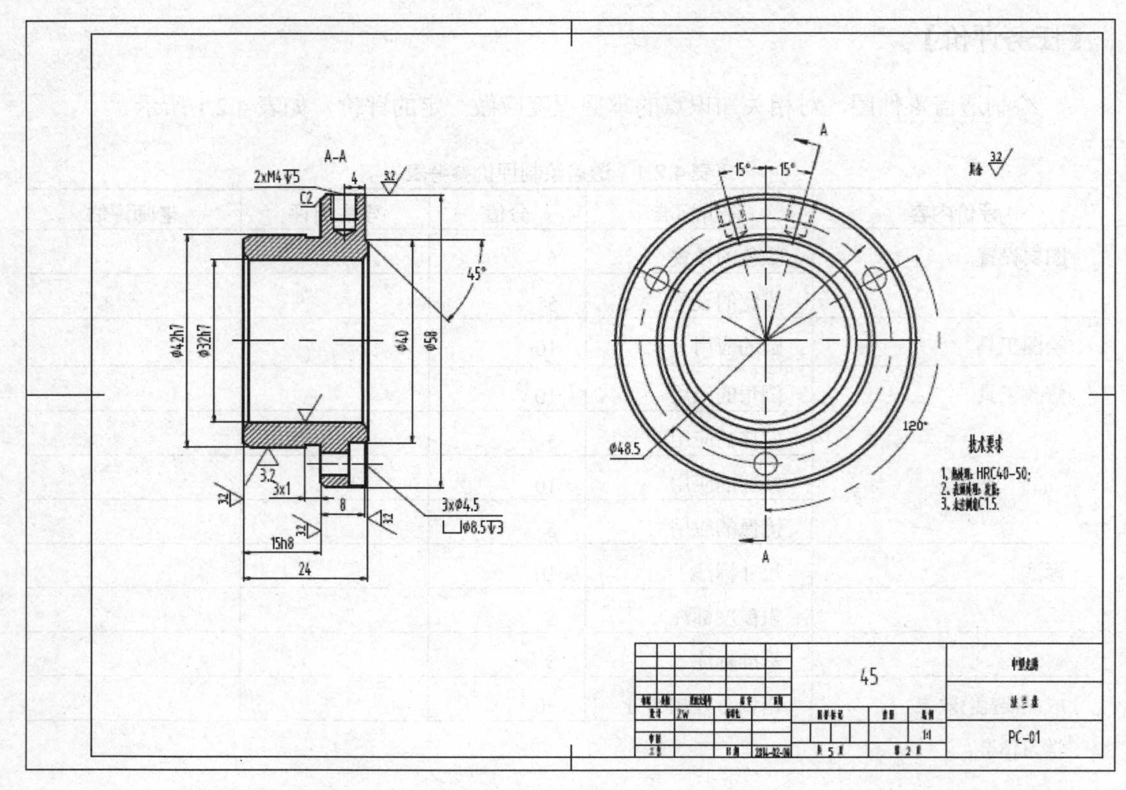

图 4.2.22　法兰盘

任务 4.3　箱体零件的绘制

【任务目标】

1. 通过案例介绍和练习，能熟练掌握尺寸标注、尺寸公差标注、形位公差标注、表面粗糙度标注等命令。

2. 掌握局部剖视、半剖视图的表达方法及正确绘制。

3. 通过案例操作与练习，学会箱体类零件图的绘制方法、步骤、技巧等。

【任务分析】

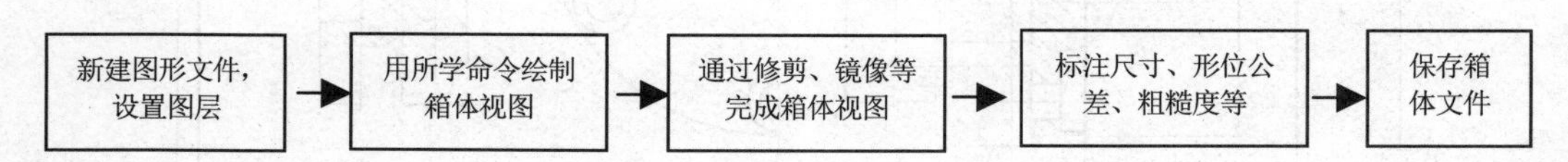

【相关知识】

箱体是机器或部件的基础零件，它将机器或部件中的轴、套、齿轮等有关零件组装成一个整体，使它们之间保持正确的相互位置，并按照一定的传动关系协调地传递运动或动力。

常见的箱体类零件有：机床主轴箱、机床进给箱、变速箱体、减速箱体、发动机缸体和机座等。根据箱体零件的结构形式不同，可分为整体式箱体和分离式箱体。箱体的结构形式虽然多种多样，但仍有共同的主要特点：形状复杂、壁薄且不均匀，内部呈腔形，加工部位多，加工难度大。

一、箱体类的主要技术要求

1．主要平面的形状精度和表面粗糙度

箱体的主要平面是装配基准，并且往往是加工时的定位基准，所以，应有较高的平面度和较小的表面粗糙度值，否则，直接影响箱体加工时的定位精度，影响箱体与机座总装时的接触刚度和相互位置精度。

2．孔的尺寸精度、几何形状精度和表面粗糙度

箱体上的轴承支承孔本身的尺寸精度、形状精度和表面粗糙度都要求较高，否则，将影响轴承与箱体孔的配合精度，使轴的回转精度下降，也易使传动件(如齿轮)产生振动和噪声。

3．主要孔和平面相互位置精度

同一轴线的孔应有一定的同轴度要求，各支承孔之间也应有一定的孔距尺寸精度及平行度要求，否则，不仅装配有困难，而且使轴的运转情况恶化，温度升高，轴承磨损加剧，齿轮啮合精度下降，引起振动和噪声，影响齿轮寿命。

二、箱体的材料及毛坯

箱体材料一般选用 HT200~400 的各种牌号的灰铸铁，而最常用的为 HT200。灰铸铁不仅成本低，而且具有较好的耐磨性、可铸性、可切削性和阻尼特性。在单件生产或某些简易机床的箱体，为了缩短生产周期和降低成本，可采用钢材焊接结构。此外，精度要求较高的坐标镗床主轴箱则选用耐磨铸铁。负荷大的主轴箱也可采用铸钢件。

毛坯的加工余量与生产批量、毛坯尺寸、结构、精度和铸造方法等因素有关。有关数据可查阅相关资料并根据具体情况决定。

毛坯铸造时，应防止砂眼和气孔的产生。为减少毛坯制造时产生残余应力，应使箱体壁厚尽量均匀，箱体浇铸后应安排时效或退火工序。

三、箱体类零件的表达方案分析

如图 4.3.1 所示为箱体零件立体图，该零件为方形壳体，中间部分容纳齿轮、轴等传动件；箱体四周有圆柱形凸台和不等径轴孔，凸台外端面均布一定数量的螺孔。箱体底座为长方体，四角为圆弧形，底板布有四个固定孔，安装接触面为凸台状，可增加稳定性。其表达方案如图 4.3.1 所示。

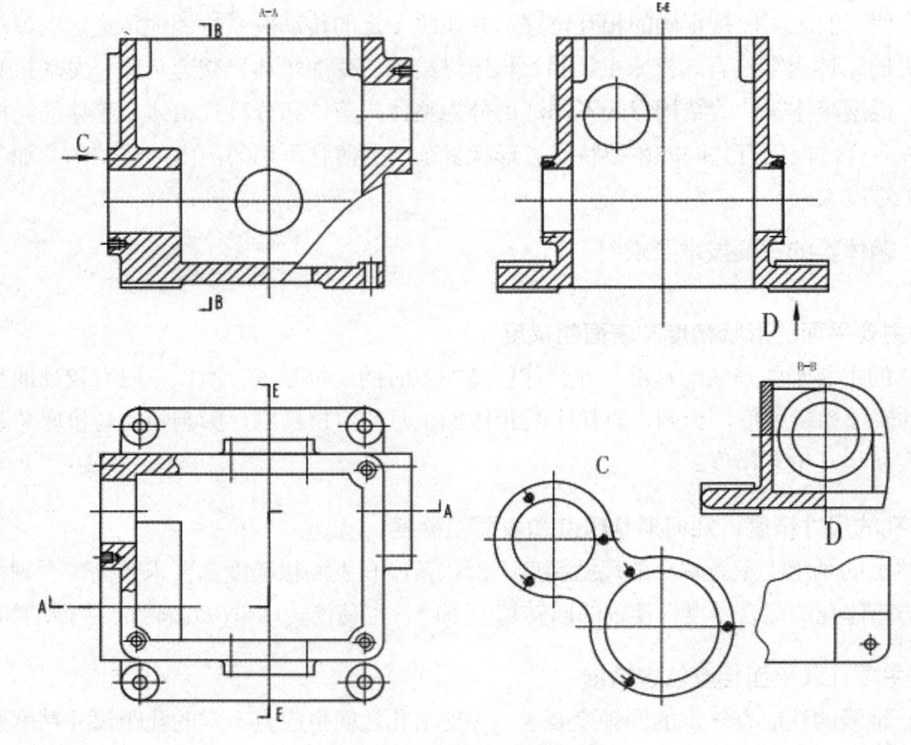

图 4.3.1　箱体类零件表达

由于箱体结构比较复杂，故选用了三个基本视图、两个向视图和两个局部剖视图来表达。主视图按工作位置画出，并用局部剖视表达内部结构形状。俯视图用局部剖视表达箱体和底板的外形结构，以及螺孔、圆柱孔的内部结构形状和各圆柱形凸台的分布情况。左视图用全剖视图进一步表达箱体前、后轴孔的结构和螺孔深度，以及箱体右侧面轴孔的具体位置。另外用 C 向局部视图表达箱体左侧两个圆形凸台的结构形状及其所处位置和凸台端面上六个螺孔的分布情况。而 B-B 局部剖视图显示了箱体左内侧凸台的形状及轴孔的具体位置。D 向局部视图表达安装底面的凸台形状。

由于零件的类型繁多，结构各异，所以在选择表达方案之前，必须对零件的形状结构及工艺特点进行认真分析，反复推敲，再按前面所述的选择主视图原则，灵活运用各种视图、剖视和断面等表达方法，完整、清晰地表达零件的内、外形状结构。

【任务实施】

一、任务描述

绘制某型号减速器箱座零件图，如图 4.3.2 所示。

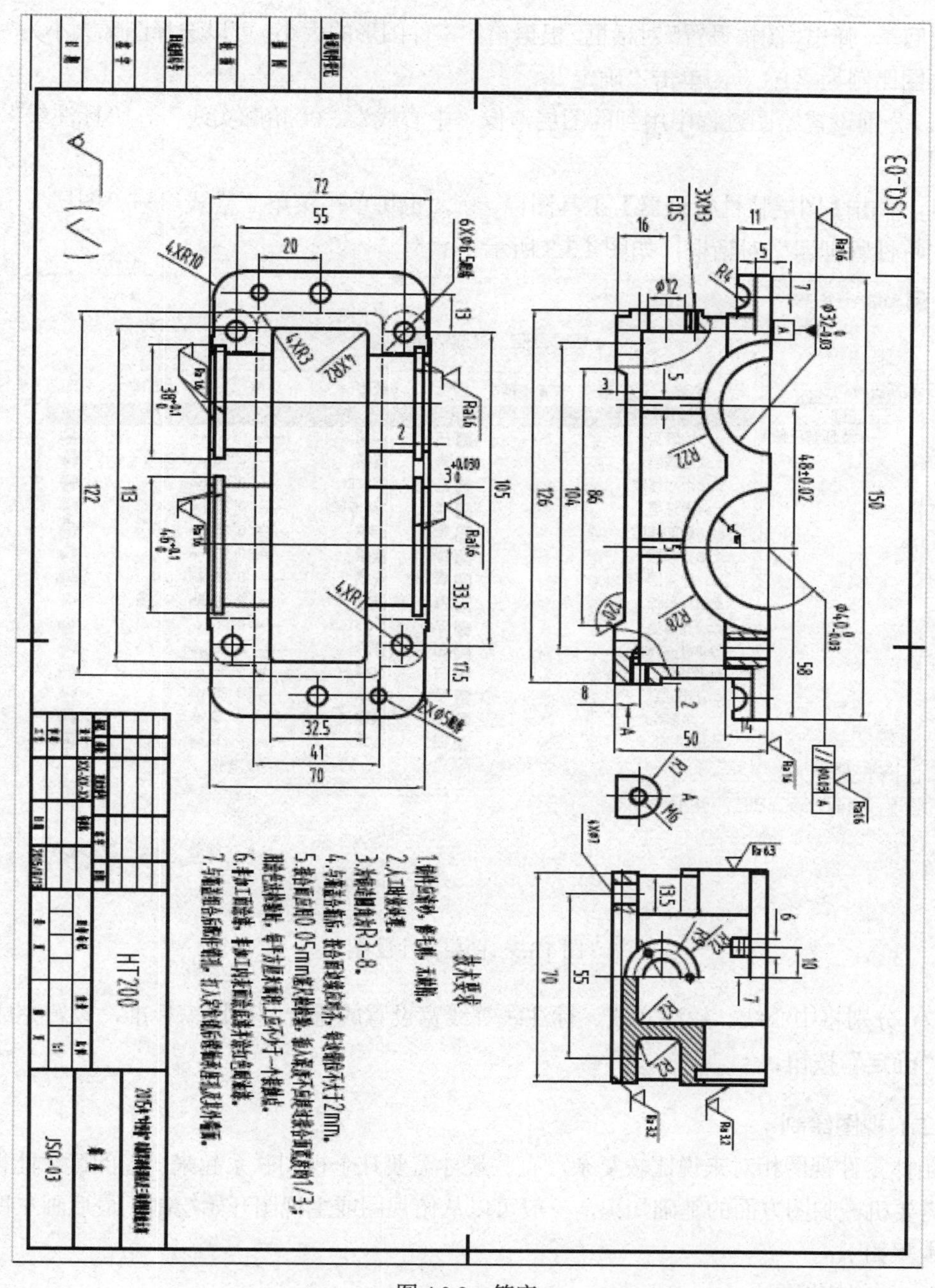

图 4.3.2　箱座

该平面图形为箱体零件，有中心线层、细线层、标注层、剖面线层和轮廓粗线层等所构成，可采用【直线】、【圆】、【修剪】、【镜像】、【倒圆角】等工具命令来完成该零件图的绘制。

二、操作步骤

(一) 绘图前准备

1. 图幅设置和标题栏选用：单击菜单“机械(J)”→“图纸”→“图幅设置”或输入“TF”

空格或回车，弹出“图幅设置”对话框，根据箱体零件图形的大小，可以选择图幅大小为“A4”，选择绘图比例为“1:1”，单击“确定”。

2．分别设置绘图过程中用到的图层，像“中心线”、“轮廓实线”、“标注线”等几个图层：

(1) 单击【图层特性管理器】工具图标，也可单击菜单“格式”→“图层”，弹出“图层特性管理器”对话框；如图 4.3.3 所示。

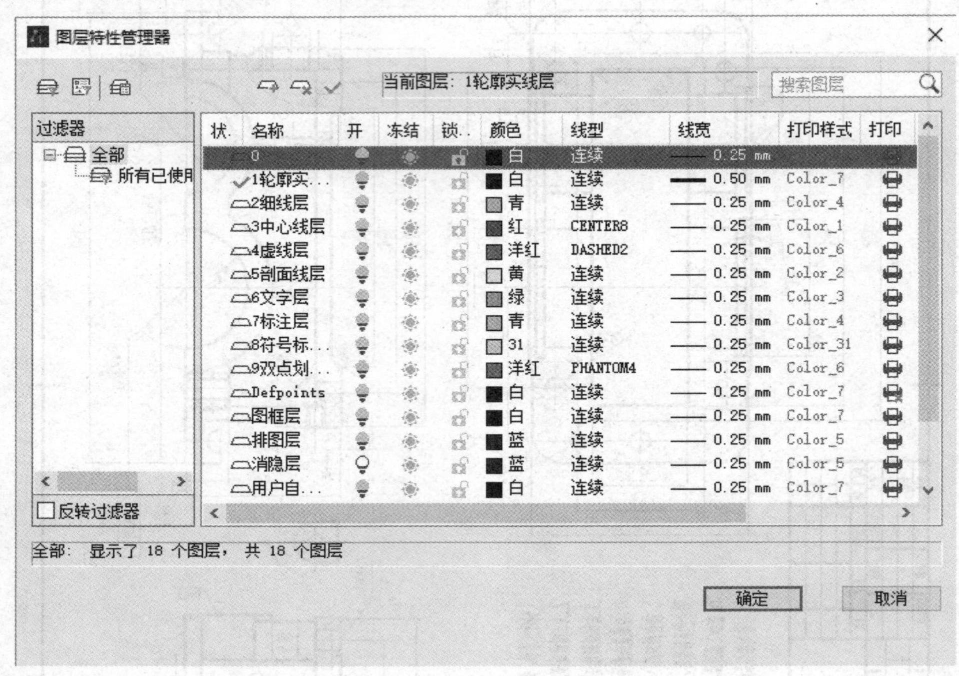

图 4.3.3　图层特性设置

(2) 分别将中心线、轮廓实线、标注线等线宽设置成符合制图国家标准，设置完成后，单击“确定”按钮。

(二) 视图绘制

箱体零件视图相对来说比较复杂，有些尺寸需要几个视图联系起来一起阅读才能得到，所以需要机械制图方面的基础知识，一般可以从俯视图或主视图开始绘制，最后画左视图，具体步骤如下：

1．绘制俯视图

(1) 绘制中心线

将“中心线”图层设置为当前图层，选择【直线】工具，在图纸左侧下方合适位置绘制中心线，具体尺寸图上已经标注，根据图示尺寸，先画一根中心线，然后在竖直方向分别画中心线(也可采用偏移命令来画)，具体间距尺寸如下：48、33.5、105、13 和 17.5；水平方向也先画一根中心线，随后分别画间距为 27.5、20、55 的中心线，长短要根据图纸要求，如图 4.3.4 所示。

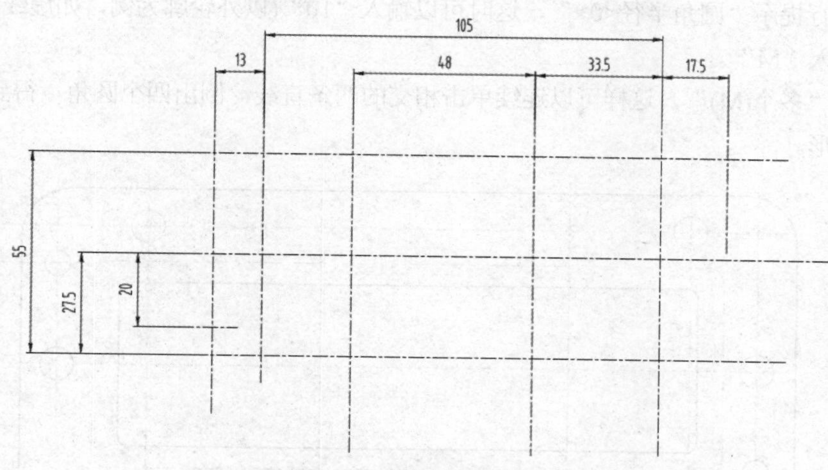

图 4.3.4　俯视图中心线

(2) 绘制圆孔及外轮廓

以中间的中心线为基准分别上下偏移 16.25、20.5 和 35，得到六个圆的圆心。设置轮廓线层到当前图层，在圆心上按图要求绘制两个 Ø5 和四个 Ø6.5 的圆，再分别画出距离 58 和 150 的左右两条轮廓线，随后绘制距离 14 的两条垂直线，选中后转变线型，变成虚线和轮廓线，如图 4.3.5 所示。

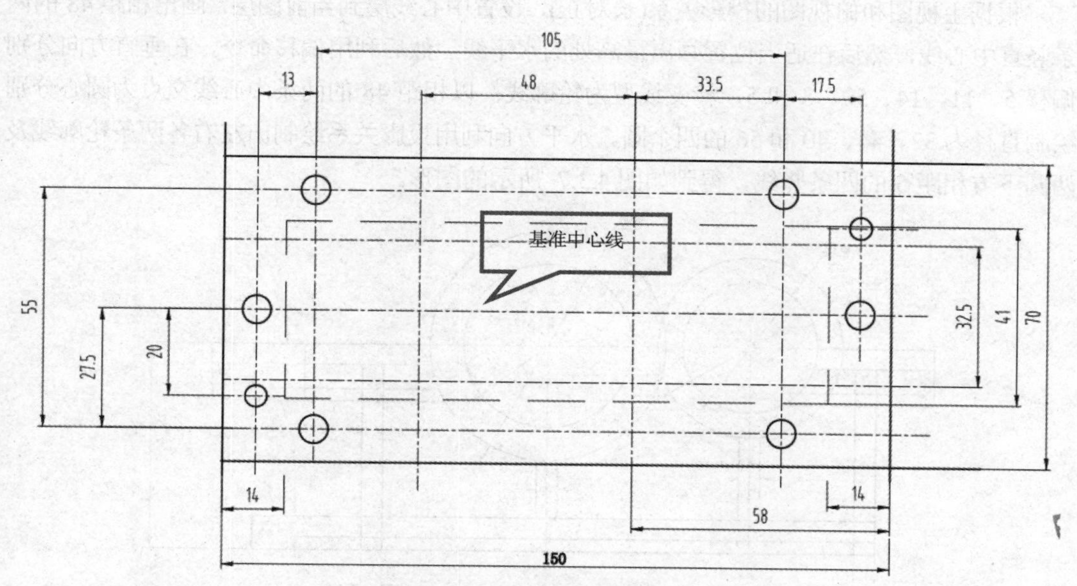

图 4.3.5　绘制圆孔及外轮廓

(3) 倒圆角

完成外轮廓的倒圆角 4×R10、虚线框倒圆角 4×R3 和内轮廓倒圆角 4×R2。

单击倒圆命令工具图标；或快捷键命令：DY/F。命令行提示“选取第一个对象或 [多段线(P)/半径(R)/修剪(T)/多个(M)]”。

因为要倒四个圆角，所以应该先设置半径，所以先选 R，回车。

命令行提示“圆角半径<0>”，这时可以输入“10”(以外轮廓为例，如虚线框则为 3)，随后再输入“M”。

选择“多个(M)”，这样可以连续单击相交的两条直线，倒出四个圆角，得到如图 4.3.6 所示的图形。

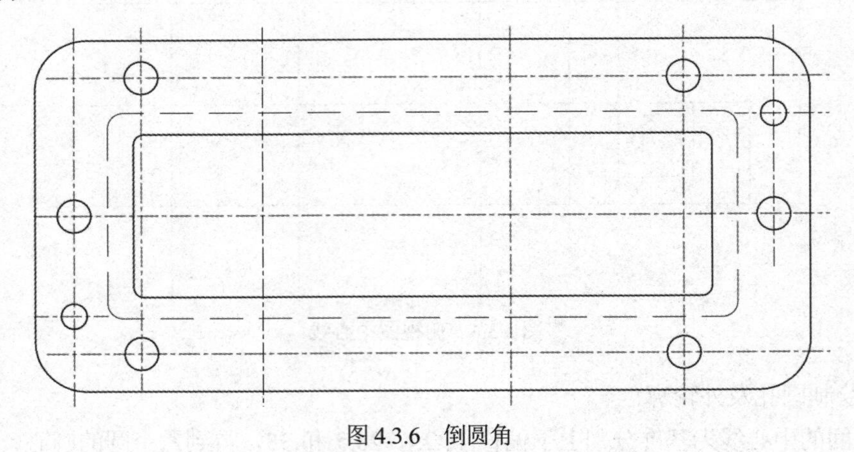

图 4.3.6　倒圆角

2．绘制主视图

(1) 绘制主视图基本轮廓

根据主视图和俯视图的投影关系(长对正)，设置中心线层到当前图层，画出相距 48 的两条竖直中心线，然后在适当位置画出最高处的水平线，然后利用偏移命令，在垂直方向分别偏移 5、11、14、50、8 和 5，转变线型为轮廓线；以相距 48 的两条中心线交点为圆心分别绘制直径为 32、44、40 和 56 的四个圆。水平方向利用投影关系绘制出左右各两条轮廓线及两圆下方相距 5 的四条竖线，得到如图 4.3.7 所示的图形。

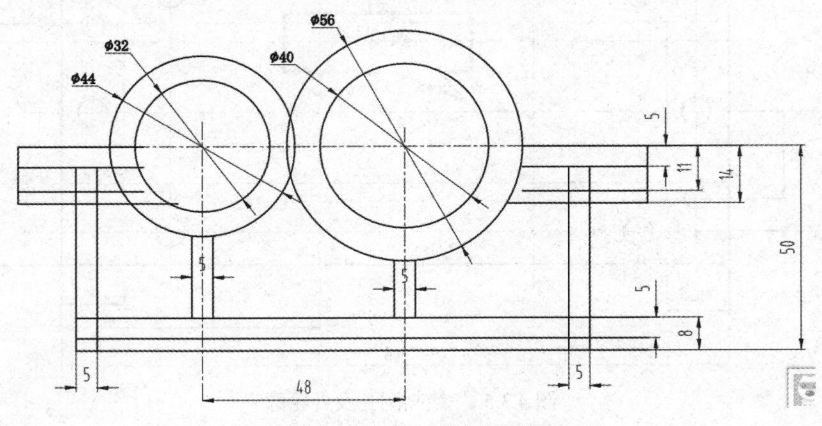

图 4.3.7　主视图基本轮廓

(2) 绘制距离最左侧 7 的中心线并绘制 R4 的圆(右侧采用同样方法，或可使用“镜像”命令)，随后使用“修剪”命令修剪不需要的线段。

(3) 左下角部分，绘制两条中心线分别距离底面 16 和 25(16+9)，尺寸 9 是由左视图上标注得到，并利用偏移命令绘制两孔 Ø12 和 M3，特别是 M3 螺纹孔要特别注意，内螺纹应该有小径(粗实线)和公称直径(细实线)四条线段，最后按图示尺寸绘制完该部分视图。

(4) 绘制底面两条 120° 线段，可以用极轴追踪或用相对输入法绘制，修剪后完成。

(5) 右上角 Ø6.5 配作孔的局部剖视图，根据俯视图的投影关系，画出中心线和 Ø6.5 孔径的两条粗实线，并利用样条曲线画出要剖切的范围，完成视图，如图 4.3.8 所示。

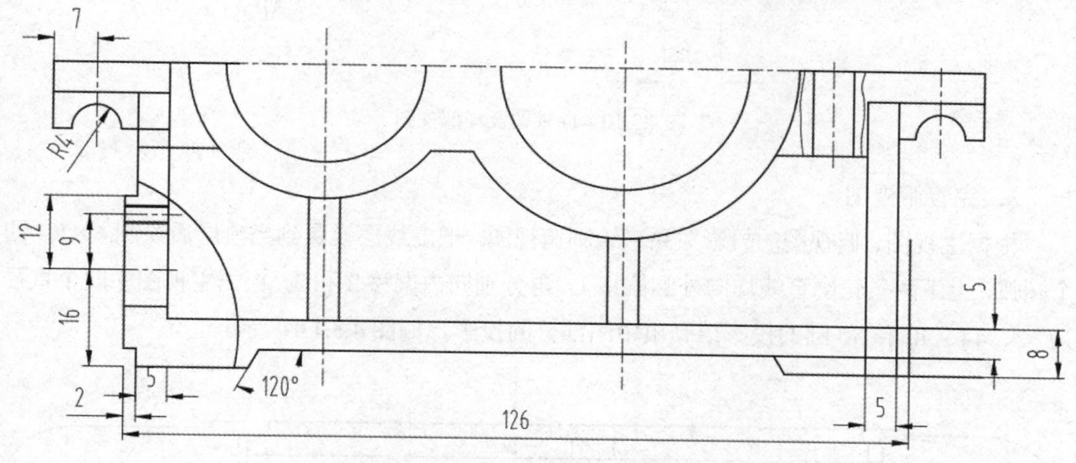

图 4.3.8　主视图局部剖视

(6) 向视图绘制

先画 A 向视图(最好底面平齐)，这样可以根据 A 向视图的投影关系绘制左侧螺孔的局部剖视图，要注意的是螺纹截止线要比螺纹孔深度小，螺纹孔顶角为 120°，剖面线填充到螺纹孔的粗实线。这样主视图就基本绘制完成了，如图 4.3.9 所示，局部剖视图部分如图 4.3.10 所示。

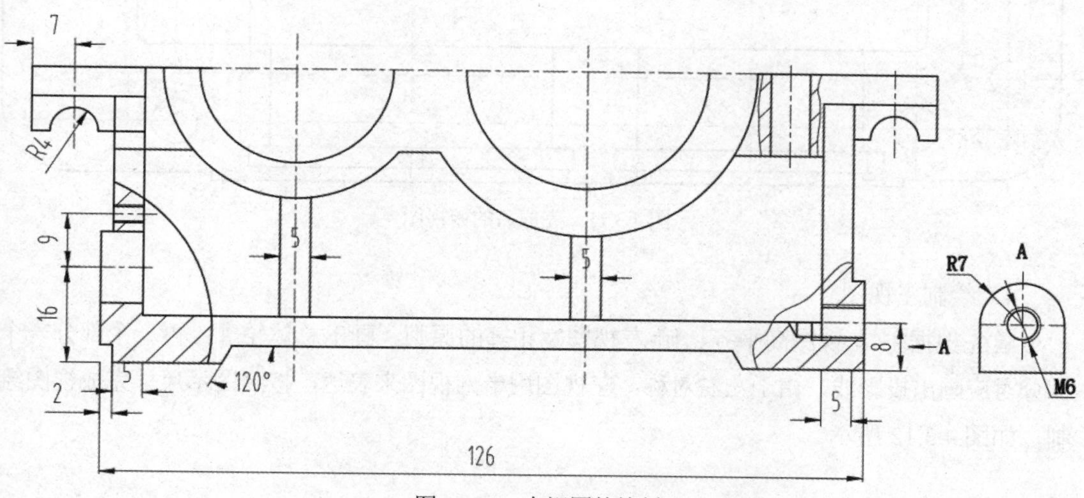

图 4.3.9　向视图的绘制

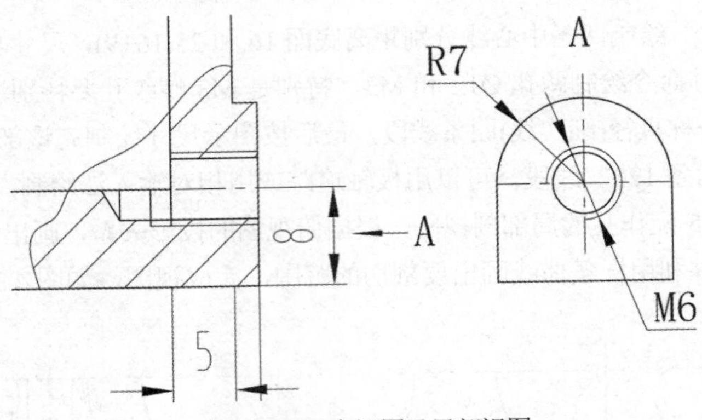

图 4.3.10　向视图及局部视图

3．完善俯视图

根据主视图、俯视图的投影关系来绘制俯视图，把虚线层设置到当前层后绘制 4×R7 四个圆弧，上下两条轮廓直线均向外侧偏移 1，再分别向内偏移 2 和 3，根据主视图中四个直径为 32、44、40 和 56 圆的投影绘制出中间部分的投影，如图 4.3.11 所示。

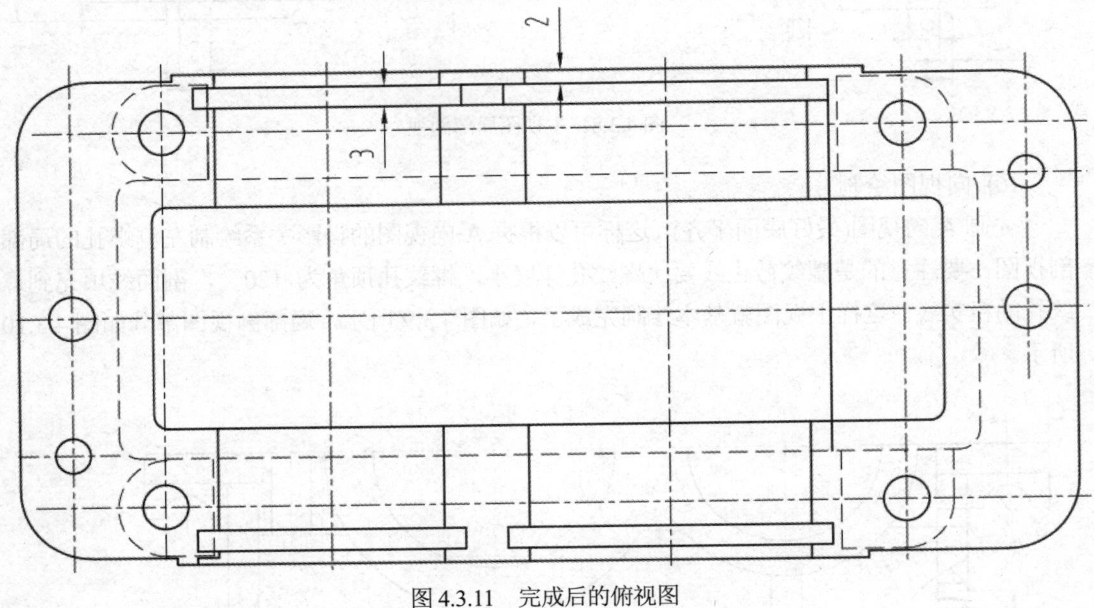

图 4.3.11　完成后的俯视图

4．绘制左视图

首先根据主-左视图高平齐、俯-左视图宽相等的原则，画出总体轮廓，再一个部分一个部分对应画出投影线，由于左右对称，左视图用半剖视图来表达，按照图示尺寸完成视图绘制，如图 4.3.12 所示。

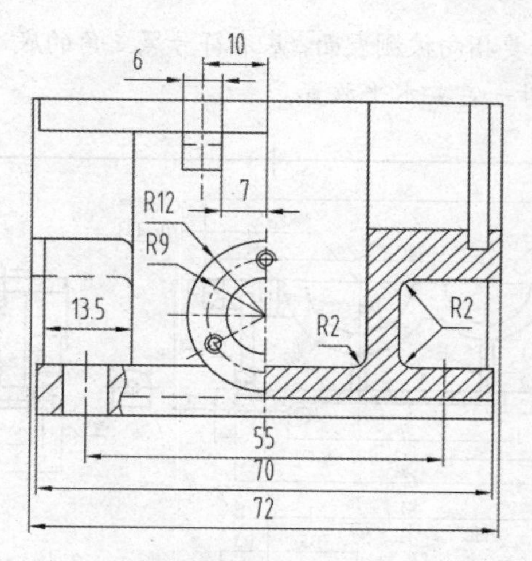

图 4.3.12　半剖视图及局部视图

(三) 尺寸标注

利用尺寸标注命令按图标注各种尺寸，如图 4.3.13 所示。

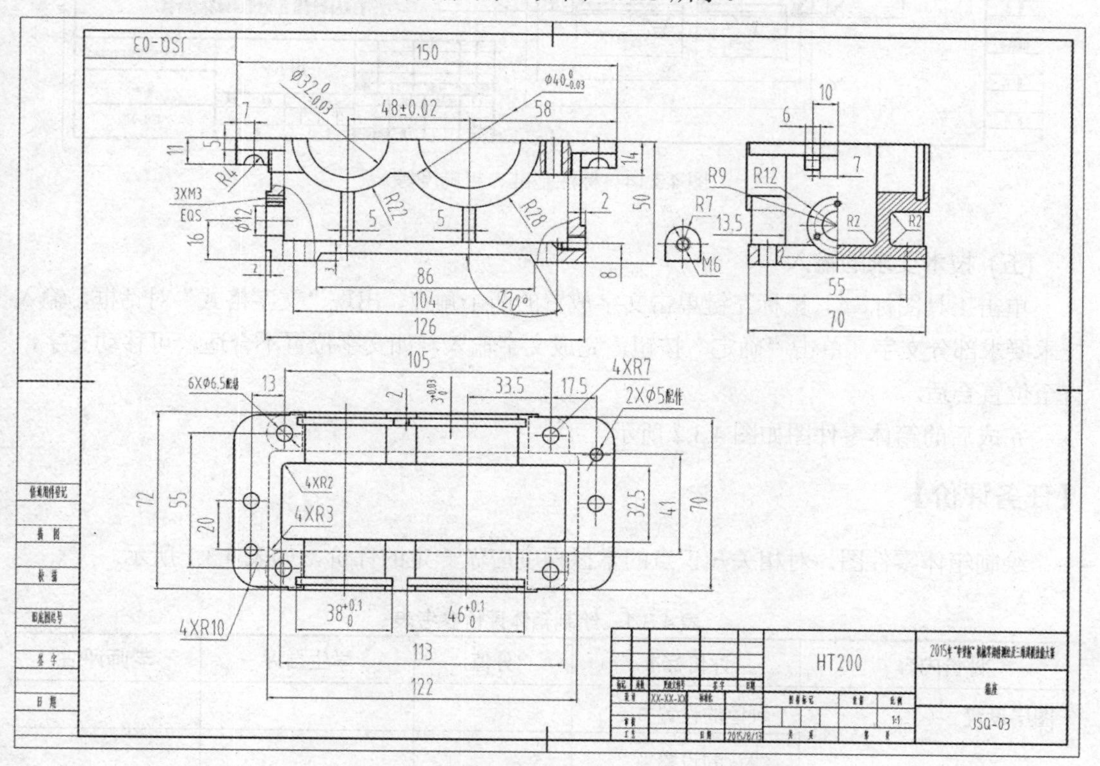

图 4.3.13　标注尺寸

(四) 标注基准、向视图、粗糙度

标注好后效果如图 4.3.14 所示。

注意： 粗糙度符号尖端要指向被测表面，基准符号黑三角的底边要与表面或辅助线贴合，不能有间隙，方格中的字母一定要水平放置。

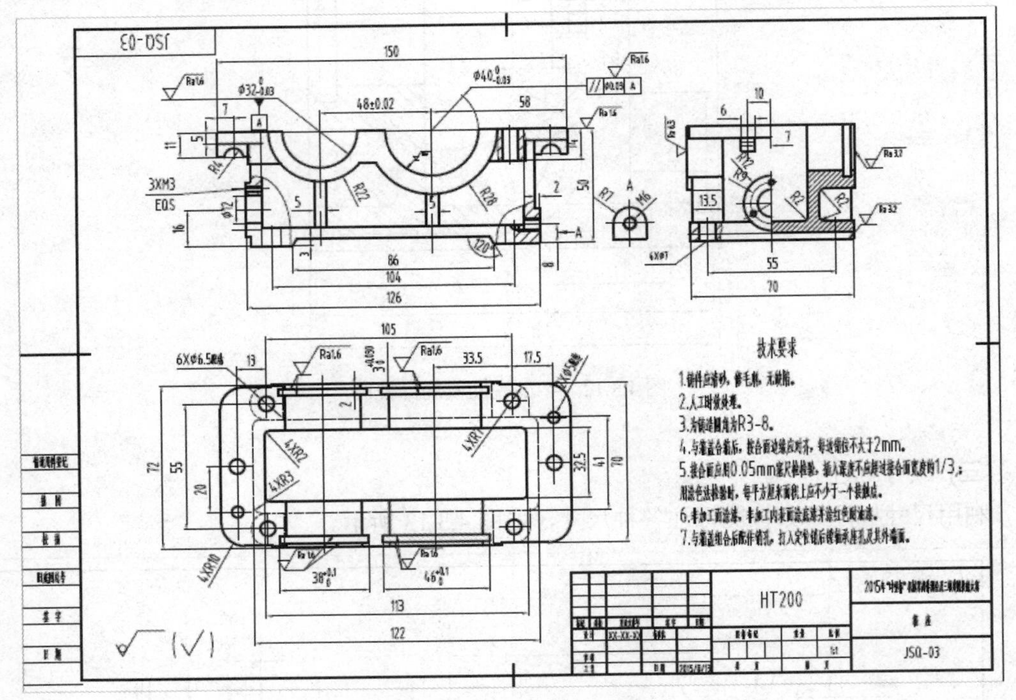

图 4.3.14　标注基准、粗糙度等

(五) 技术要求的输入

单击工具图标，鼠标左键单击文字放置的两个角点，出现“文字格式”对话框，输入技术要求部分文字，单击“确定”按钮，完成文字输入，如文字位置不合适，可移动文字，直至位置合适。

完成后的箱体零件图如图 4.3.2 所示。

【任务评价】

绘制箱体零件图，对相关知识点的掌握程度应做一定的评价，如表 4.3.1 所示。

表 4.3.1　绘制箱体评价参考表

评价内容	评价标准	分值	学生自评	老师评估
图层设置	颜色的设置	5		
	线宽的设置	5		
修改工具	倒角的应用	10		
	偏移的应用	5		
	修剪的应用	10		
	镜像的应用	5		

(续表)

评价内容	评价标准	分值	学生自评	老师评估
零件内形表达	局部剖视	10		
标注	尺寸标注	10		
	粗糙度标注	10		
	文字编辑	5		
成品(透盖)效果	错误 1 处扣 5 分	25		

学习体会：

【练一练】

根据所学工具命令，绘制如图 4.3.15 所示的某型号减速器箱盖。

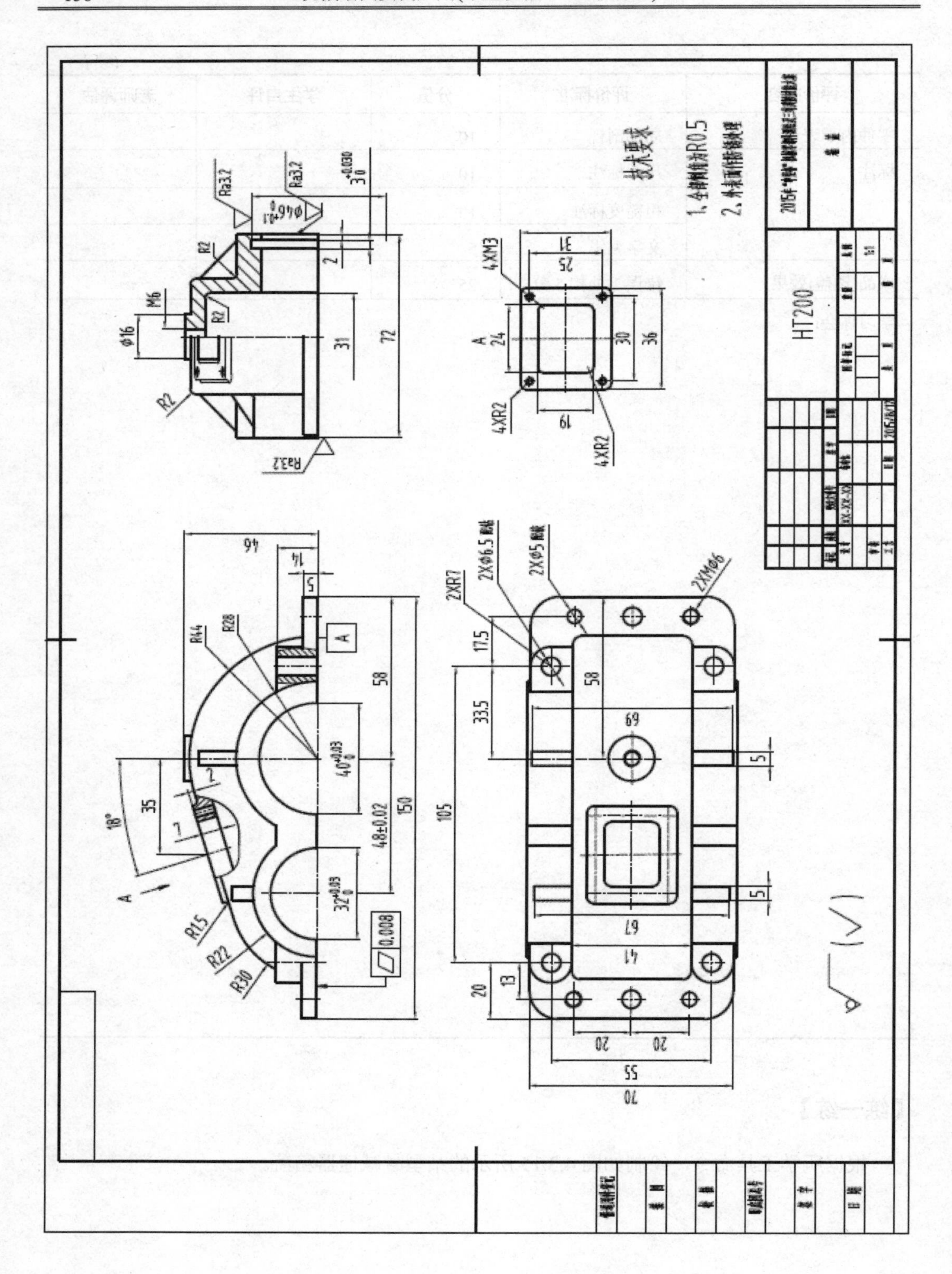

图 4.3.15　箱盖

任务 4.4　测绘轴承座零件

【任务目标】

1. 通过案例介绍和练习，能熟练掌握图幅设置、标题栏选用、图案填充、编辑文字、尺寸标注、表面粗糙度标注等命令。

2. 通过案例操作与练习，学会轴承座零件图的测绘方法、步骤等。

【任务分析】

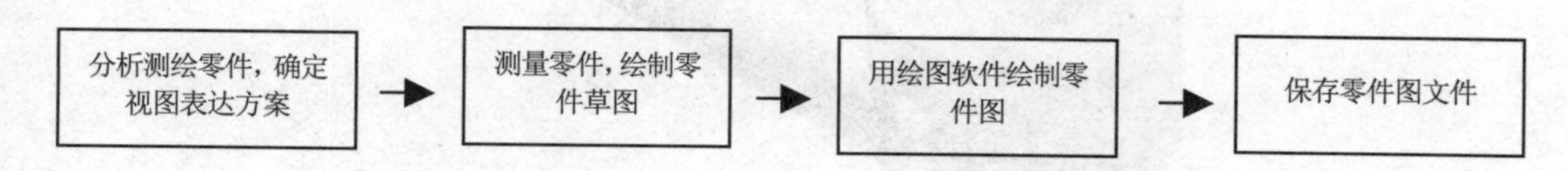

【相关知识】

测绘零件是对已有零件进行分析，以目测估计图形与实物的比例，徒手画出草图，测量并标注尺寸和技术要求，然后经整理画成零件图的过程。测绘零件大多在车间现场进行，由于场地和时间限制，一般都不用或只用少数简单绘图工具，徒手目测绘出图形。

测绘零件徒手目测绘出图形，其线型不可能像用直尺和软件绘制的那样均匀笔直，但不能马虎，而应努力做到线型明显清晰、内容完整、投影关系正确、比例匀称、字迹工整。

一、测绘零件的步骤

1．分析了解测绘零件

为把被测零件准确完整表达出来，应先对被测零件进行认真分析，明确零件的名称、功能，零件的材料、热处理及表面处理等情况，分析零件形状结构和装配关系，检查零件上有无磨损和缺陷，了解零件的工艺制造过程等。

2．确定零件的视图表达方案

关于零件的表达方案，《机械制图》中已经讨论过。需要重申的是，一个零件，其表达方案并非是唯一的，可多考虑几种方案，选择最佳方案。

3．目测徒手画零件草图

(1) 确定绘图比例并定位布局：根据零件大小、视图数量、现有图纸大小，确定适当的比例。粗略确定各视图应占的图纸面积，在图纸上画出主要视图的作图基准线、中心线。注意留出标注尺寸和画其他补充视图的地方。

(2) 详细画出零件内外结构和形状，检查、加深有关图线。注意各部分结构之间的比例应协调。

(3) 将应该标注的尺寸的尺寸界线、尺寸线全部画出，然后集中测量、加注各个尺寸。

(4) 注写技术要求：确定表面粗糙度，确定零件的材料、尺寸公差、形位公差及热处理等要求。

(5) 最后检查、修改全图并填写标题栏，完成草图。

二、目测徒手画零件草图举例

如图 4.4.1 所示为拨杆实体图，根据拨杆实体绘制草图步骤如下：

图 4.4.1　拨杆实体图

1．布图(画中心线、对称中心线及主要基准线)，如图 4.4.2 所示。

2．画各视图的主要部分，如图 4.4.3 所示。

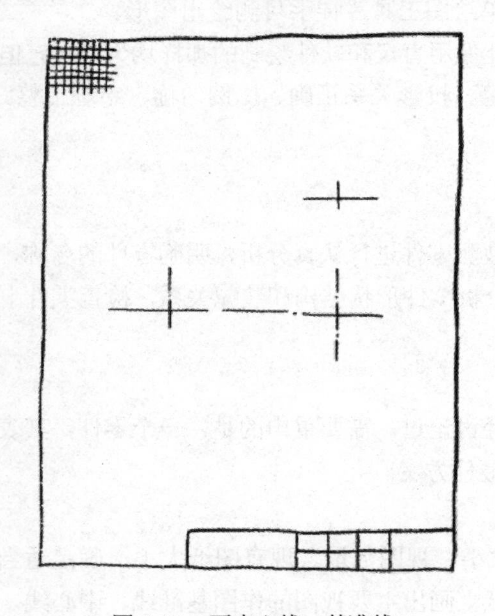

图 4.4.2　画中心线、基准线

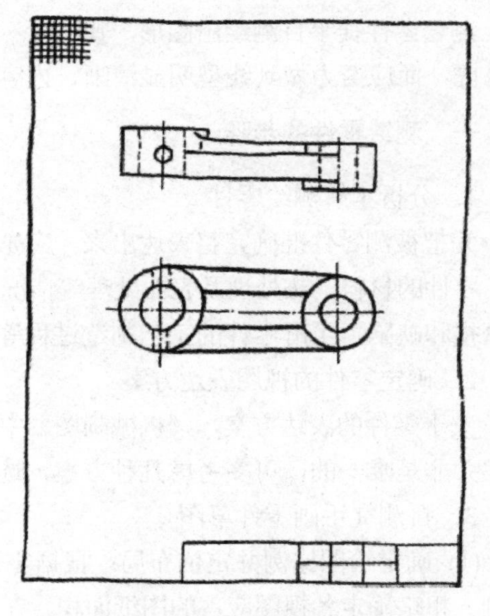

图 4.4.3　画视图主要部分

3．采用剖视形式，画出全部视图，并标出尺寸界线、尺寸线，如图 4.4.4 所示。

4．标注尺寸和技术要求，填写标题栏并检查校正全图，如图 4.4.5 所示。

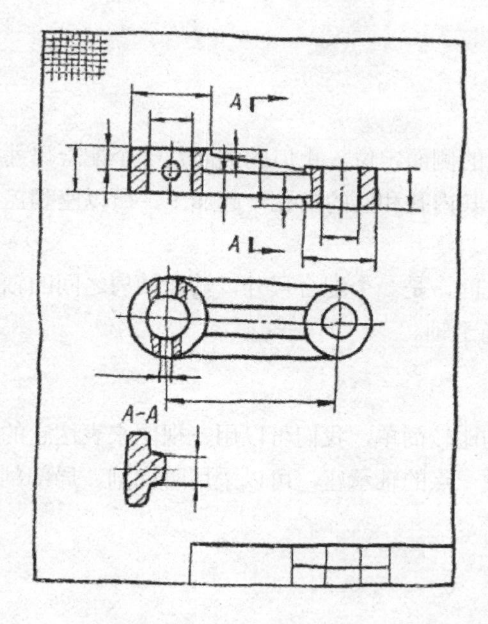

图 4.4.4　画出全部视图

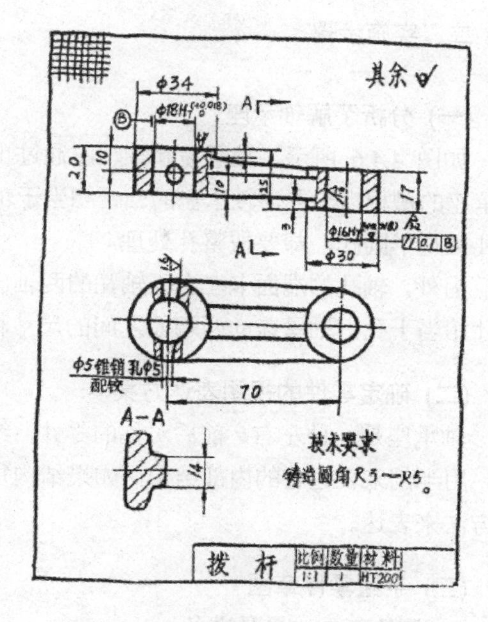

图 4.4.5　标注尺寸、技术要求等

【任务实施】

一、任务描述

测绘轴承座零件，如图 4.4.6 所示，需根据轴承座实物，选择合适的量具，完成以下内容：

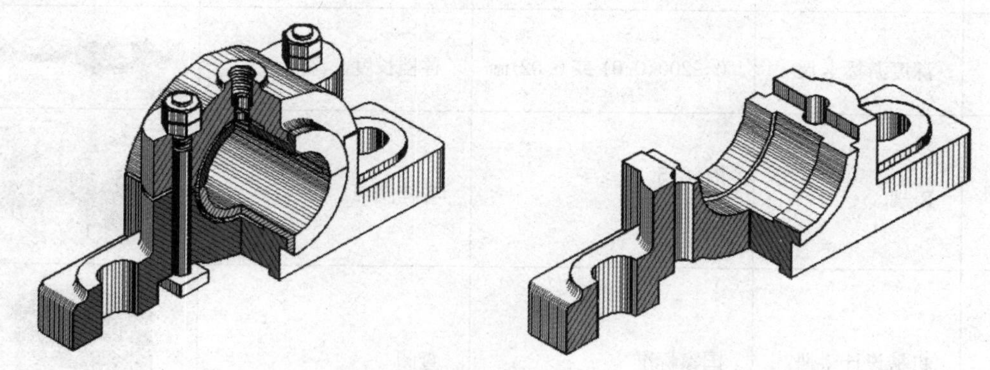

图 4.4.6　轴承座零件

(一) 分析轴承座零件结构，确定需要测量的手工量具。

(二) 根据组合件实物和测量工具，测量轴承座，并徒手绘制草图。

(三) 绘制零件图，根据已完成的徒手草图，完成零件图的绘制，要求：

1. 零件图视图选择合理、表达方案正确。
2. 尺寸标注完整、正确、清晰，公差等几何精度完整、并正确标注。
3. 图幅合适、标题栏填写正确、有技术要求等。

二、实施步骤

(一) 分析了解轴承座

如图 4.4.6 所示，轴承盖和轴承座通过止口的侧面定位，止口的侧面是一个配合尺寸，轴承座的槽相当于孔，轴承盖的凸台相当于轴。其内孔和座的内孔一起加工，所以座和盖的轴孔虽是半圆孔，却要按整孔处理。

另外，轴孔的端面卡在上下轴瓦的两轴肩之间，是一个配合尺寸，轴瓦轴肩之间的轴向尺寸相当于孔，轴承盖的两端面之间的尺寸相当于轴。

(二) 确定零件的视图表达方案

轴承座是一种左右、前后对称的零件，结构比较简单，我们可以用三视图来表达它的外形，用半剖来表达它的内部结构，如果结构复杂一点的轴承座，可以采用阶梯剖、局部剖视等方法来表达。

(三) 手绘零件草图

1．测绘工具、量具准备

测量轴承座工具、量具清单如表 4.4.1 所示。

表 4.4.1　测量轴承座工具、量具清单

序号	内容	参考规格、范围	内容	图示
1	带表游标卡尺	0～200(0.01 或 0.02)mm	外圆、内孔、长、宽、高等尺寸	
2	深度游标卡尺	0～200(0.01 或 0.02)mm	各档长度、深度	
3	R 规	R1-6.5 R25-50	各档圆弧	
4	机械设计手册	国家标准	查阅	

2．绘制草图

可以参照前面拨杆草绘步骤，得到草图如图 4.4.7 所示。

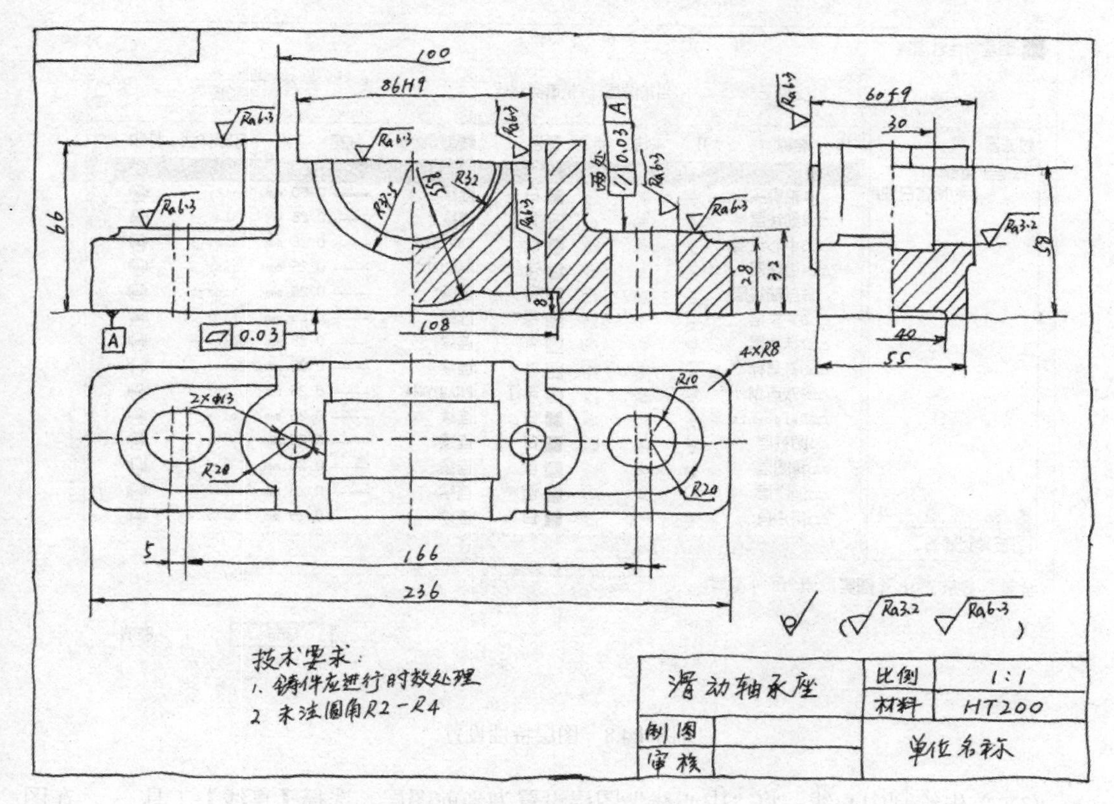

图 4.4.7　轴承座草图

(四) 绘制零件工作图

1．检查审核零件草图

检查零件草图表达方案是否正确、完整、清晰，尺寸标注是否正确、齐全、清晰、合理，技术要求规定是否恰当，进一步完善零件草图。

2．绘制零件工作图

在画零件工作图时，对于零件上标准结构，查表并正确注出尺寸，根据零件草图，用计算机画出零件工作图，操作过程如下：

(1) 图幅设置和标题栏选用：单击菜单“机械(J)”→“图纸”→“图幅设置”或输入“TF”空格或回车，弹出“图幅设置”对话框，根据花键轴图形的大小，可以选择图幅大小为“A3”，选择绘图比例为“1:1”，单击“确定”。

(2) 分别设置绘图过程中用到的图层，像“中心线”、“轮廓实线”、“标注线”等几个图层：

① 单击【图层特性管理器】工具图标 ，也可单击菜单“格式”→“图层”，弹出“图层特性管理器”对话框；如图 4.4.8 所示。

② 分别将中心线、轮廓实线、标注线等线宽设置成符合制图国家标准，设置完成后，单击“确定”按钮。

图 4.4.8　图层特性设置

(3) 首先绘制中心线，将“中心线”图层设置为当前图层，选择【直线】工具，在图纸合适位置绘制主视图、俯视图和左视图的典型中心线(长度合适)，如图 4.4.9 所示。

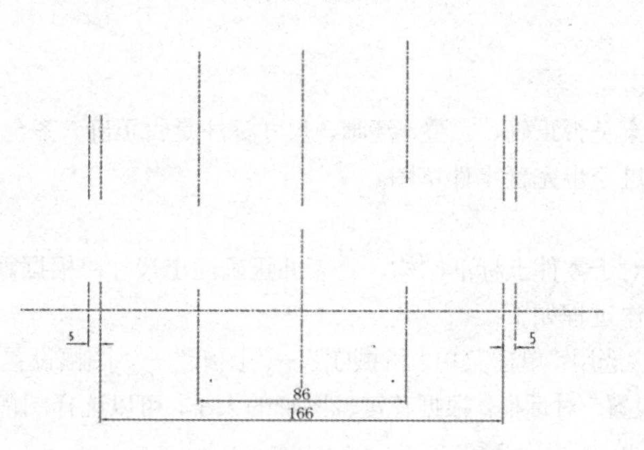

图 4.4.9　绘制中心线

(4) 将“轮廓线”图层设置为当前图层，在俯视图中绘制 236×55 长方形，依次绘制 R10、R20、2×Ø13 圆，中间部分相距 60 的两段线段；主视图中依次绘制 Ø60、Ø64、Ø75 及 R55 的圆，底面长度 236，距底面高度 32 的台阶，相距 100 的线段。左视图中绘制 55×66 的长方形，根据投影关系绘制出相连接的线段，如图 4.4.10 所示。

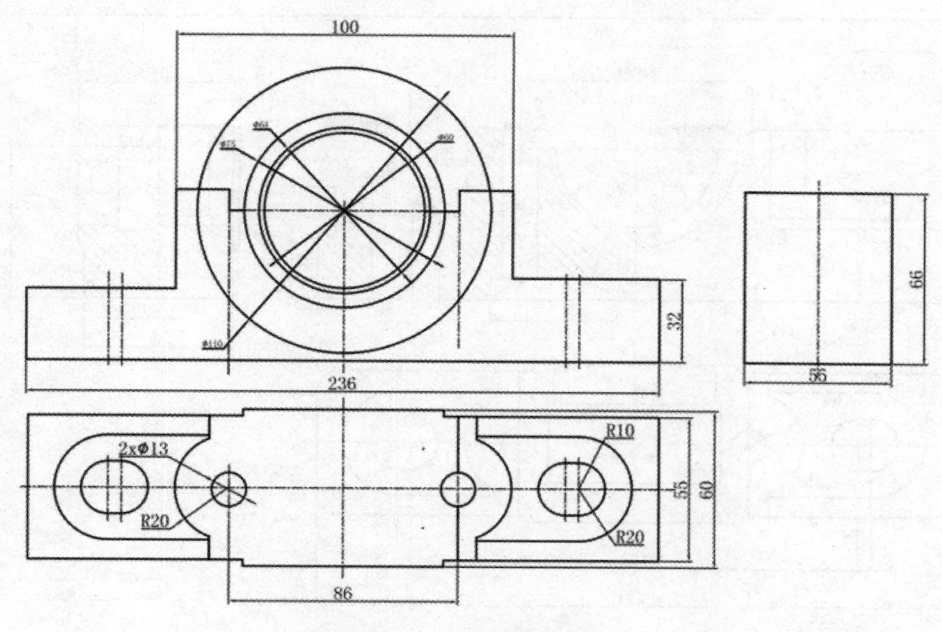

图 4.4.10　三视图轮廓线

(5) 根据三视图的投影关系进行投影，绘制出相应的投影线段，图中圆圈选中线段为投影辅助线，倒圆角按图中标注及技术要求执行，完成后如图 4.4.11 所示。

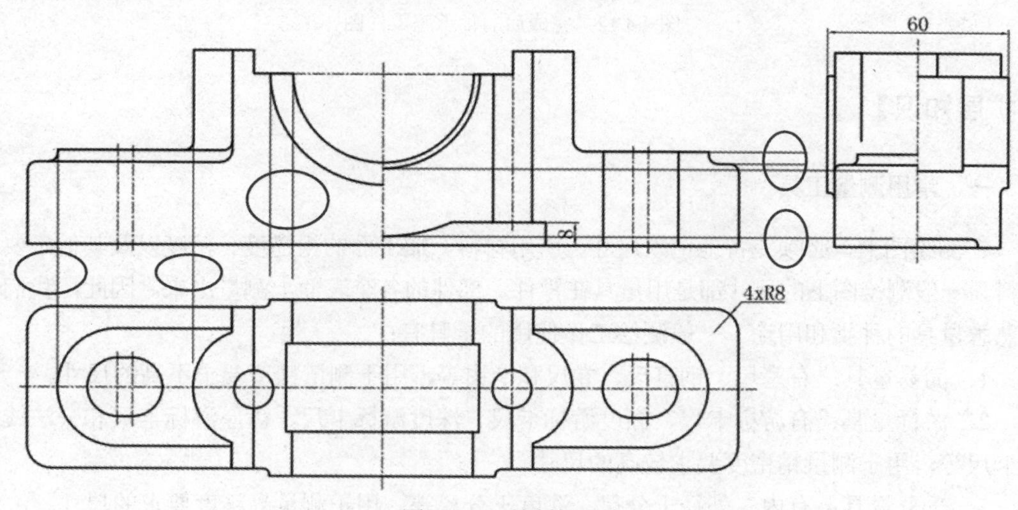

图 4.4.11　绘制投影线

(6) 标注尺寸、粗糙度、形位公差等。

(7) 输入技术要求。

单击工具图标，出现“文字格式”对话框，输入技术要求部分文字，完成文字输入，如图 4.4.12 所示。

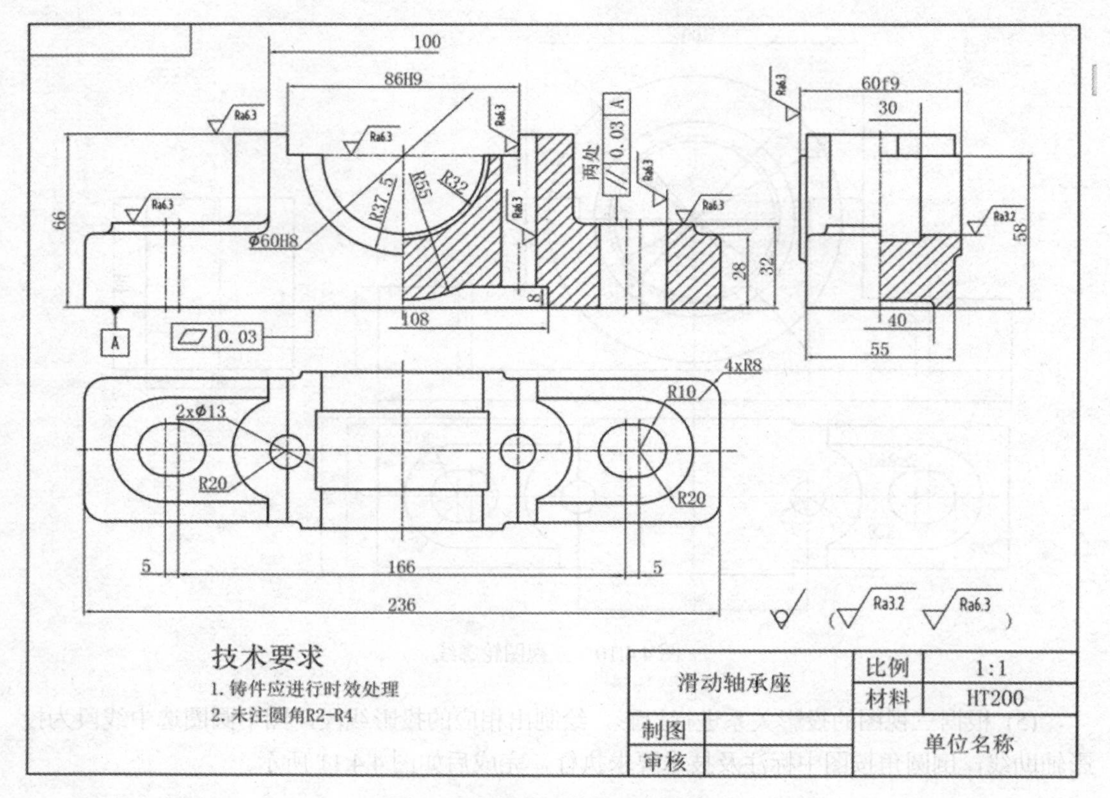

图 4.4.12　完成后的轴承座零件图

【扩展知识】

一、常用测量工具

在测绘图上，必须完备地记入尺寸、所用材料、加工面的粗糙度、精度以及其他必要的资料。一般测绘图上的尺寸都是用量具在零件、部件的各个表面上测量出来。因此，我们必须熟悉量具的种类和用途。一般测绘工作使用的量具有：

1．简易量具：有塞尺、钢直尺、卷尺和卡钳等，用于测量精度要求不高的尺寸。

2．游标量具：有游标卡尺、高度游标卡尺、深度游标卡尺、齿厚游标卡尺和公法线游标卡尺等，用于测量精密度要求较高的尺寸。

3．千分量具：有内、外径千分尺、深度千分尺等，用于测量高精度要求的尺寸。

4．平直度量具：水平仪，用于水平度测量。

5．角度量具：有直角尺、角度尺和正弦尺等，用于角度测量。

这里仅简单介绍一下钢直尺、卡钳、游标卡尺、千分尺的使用方法。如图 4.4.13 是几种常用的测量工具。

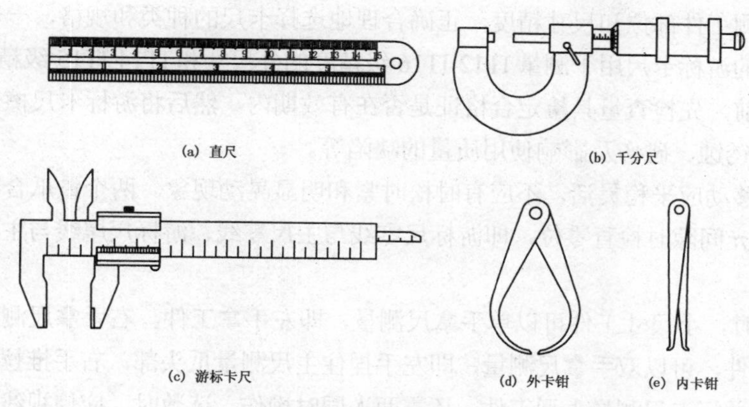

图 4.4.13　常用测量工具

1．钢直尺

使用钢直尺时，应以左端的零刻度线为测量基准，这样不仅便于找正测量基准，而且便于读数。测量时，尺要放正，不得前后左右歪斜。否则，从直尺上读出的数据会比被测的实际尺寸大。

用钢直尺测圆截面直径时，被测面应平，使尺的左端与被测面的边缘相切，摆动尺子找出最大尺寸，即为所测直径。

2．卡钳

凡不适于用游标卡尺测量的，用钢直尺、卷尺也无法测量的尺寸，均可用卡钳进行测量。

卡钳结构简单，使用方便。按用途不同，卡钳分为内卡钳和外卡钳两种：内卡钳用于测量内部尺寸，外卡钳用于测量外部尺寸。按结构不同，卡钳又分为紧轴式卡钳和弹簧式卡钳两种。

卡钳常与钢直尺，游标卡尺或千分尺联合使用。测量时操作卡钳的方法对测量结果影响很大。正确的操作方法是：用内卡钳时，用拇指和食指轻轻捏住卡钳的销轴两侧，将卡钳送入孔或槽内。用外卡钳时，右手的中指挑起卡钳，用拇指和食指撑住卡钳的销轴两边，使卡钳在自身的重量下两量爪滑过被测表面。卡钳与被测表面的接触情况，凭手的感觉。手有轻微感觉即可，不宜过松，也不要用力过度。

使用大卡钳时，要用两只手操作，右手握住卡钳的销轴，左手扶住一只量爪进行测量。

测量轴类零件的外径时，需要使卡钳的两只量爪垂直于轴心线，即在被测件的径向平面内测量。测量孔径时，应使一只量爪与孔壁的一边接触，另一量爪在径向平面内左右摆动找最大值。

校好尺寸后的卡钳轻拿轻放，防止尺寸变化。把量得的卡钳放在钢直尺、游标卡尺或千分尺上量取尺寸。测量精度要求高的用千分尺，一般用游标卡尺，测量毛坯之类的用钢直尺校对卡钳即可。

3．游标卡尺

游标卡尺是机械加工中广泛应用的常用量具之一，它可以直接测量出各种工件的内径、外径、宽度、长度和深度等。

用游标卡尺测量工件时，只有正确使用，才能保证读数正确，因此，必须做到：

(1) 按所测工件部位和尺寸精度，正确合理地选择卡尺的种类和规格，一般情况下，分度值 0.02mm 的游标卡尺用于测量 IT12-IT16 级精度的外尺寸和 IT14-IT15 级精度的内尺寸。

(2) 使用前，先检查量具检定合格证是否在有效期内。然后将游标卡尺擦干净，检查工件表面是否有锈蚀、碰伤及影响使用质量的缺陷等。

(3) 尺框移动应平稳灵活，不应有时松时紧和明显晃动现象。两个量爪合拢，严密贴合没有明显的漏光间隙时检查零位，即游标尺零线与主尺零线、游标尺尾线与主尺的相应刻线都应相互对准。

(4) 测量时，小尺寸工件可以单手拿尺测量，即左手拿工件，右手拿尺测量工件。对于较大尺寸的工件，可以双手拿尺测量，即左手捏住主尺测量爪头部，右手推拉游标尺慢慢接触工件。若用游标卡尺测量大型工件，还需两人同时操作。读数时，应使视线垂直于卡尺的刻度线。

(5) 当量爪与被测件表面接触后，不要用力太大；用力的大小，应该正好使两个量爪恰恰能接触到被测件的表面。如果用力过大，尺框量爪会倾斜，这样容易引起较大的测量误差。所以在使用卡尺时，用力要适当，被测件应尽量靠近量爪测量面的根部。

(6) 测量内孔直径时，应使量爪的测量线通过孔心，取其最大值，见图 4.4.14 中 a、b。测量内槽时，应使测量线垂直于槽壁，取最小值，见图 4.4.14 中 c、d。

(7) 用带深度尺的游标卡尺测孔深或高度时，深度尺要垂直，不可前后倾斜。

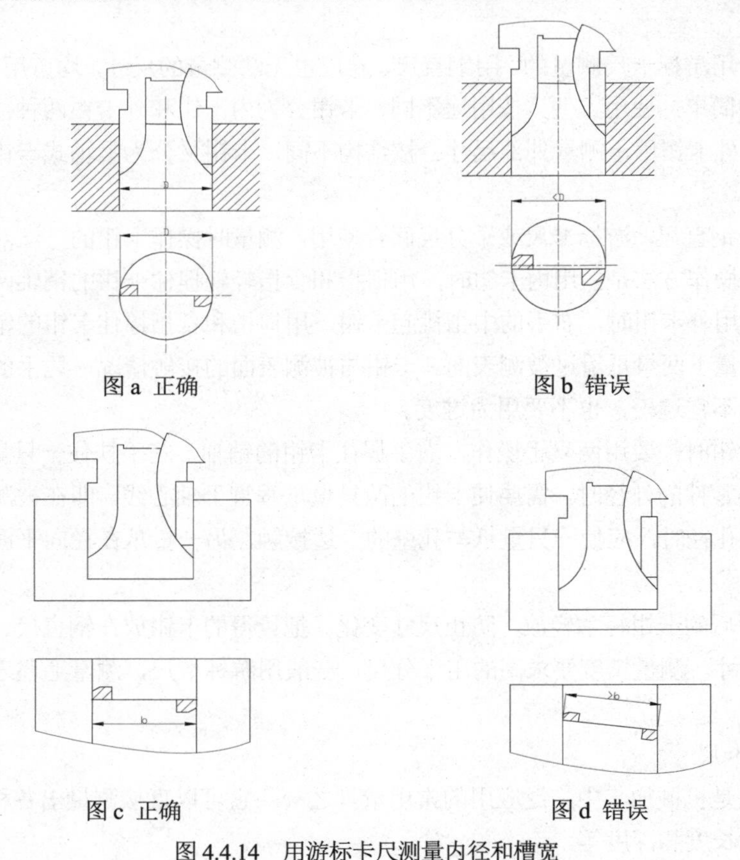

图a 正确　　图b 错误

图c 正确　　图d 错误

图 4.4.14　用游标卡尺测量内径和槽宽

为保持游标卡尺的精度，并延长其使用寿命，必须正确维护和保养游标卡尺。

(1) 不准把卡尺的量爪尖端当作划针、圆规、钩子或螺钉旋具等使用。也不可将卡尺代替卡钳或卡板等用。

(2) 游标卡尺不要放在强磁场附近(如磨床的磁性工作台上)，也不要与其他工具，如锤子、锉刀、凿子、车刀等堆放在一起。

(3) 测量结束后要把游标卡尺平放，尤其是大尺寸的游标卡尺更应注意，否则尺身会弯曲变形。

(4) 游标卡尺使用完毕后，要擦净上油，放在专用盒内，避免生锈或弄脏。

4．千分尺

(1) 外径千分尺的结构

千分尺是比游标卡尺更精确的测量工具，其测量精度为 0.01mm。最常用的为外径千分尺，主要用来测量工件的外径。其结构如图 4.4.15 所示。

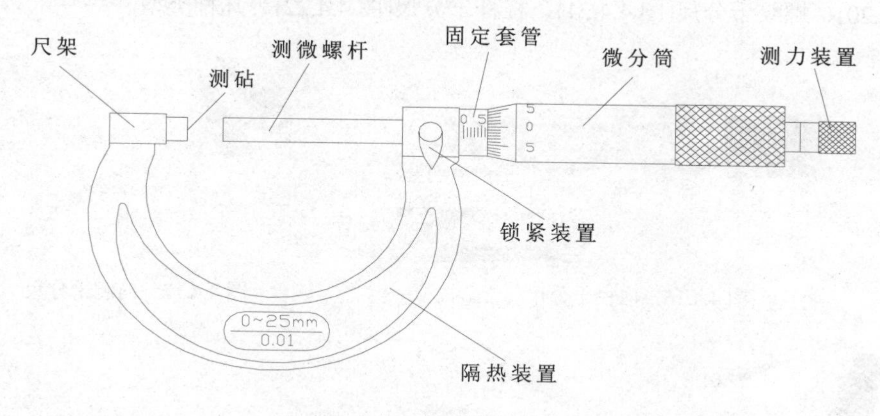

图 4.4.15　外径千分尺

外径千分尺的结构由固定的尺架、测砧、测微螺杆、固定套管、微分筒、测力装置、锁紧装置等组成。固定套管上有一条水平线，这条线上、下各有一列间距为 1 毫米的刻度线，上面的刻度线恰好在下面二相邻刻度线中间。微分筒上的刻度线是将圆周分为 50 等分的水平线，它是旋转运动的。锁紧装置用来固定尺寸，防止变动。

(2) 外径千分尺的读数原理

外径千分尺是利用螺旋传动原理，将角位移转变成直线位移来进行长度测量的。微分筒上面刻有 50 条等分刻线，当微分筒旋转一圈时，由于测微螺杆的螺距一般为 0.5mm，因此它就轴向移动 0.5mm，当微分筒转过一格时，测微螺杆轴向移动距离为：0.5÷50=0.01mm。这就是千分尺的读数装置所以能读出 0.01mm 的原理，而 0.01mm 就是外径千分尺的分度值。

(3) 外径千分尺的测量范围

外径千分尺测量范围的划分：在 500mm 以内，每 25mm 为一档，如 0~25mm、25~50mm、50～75mm 等，在 500mm 以上至 1000mm，每 100mm 为一档，如 500~600mm、600~700mm 等。

(4) 外径千分尺的读数方法

外径千分尺的读数结构是由固定套管和微分筒组成的。固定套管上的纵刻线是微分筒读数值的基准线，而微分筒锥面的端面是固定套管读数值的指示线。

读数步骤：

① 读整数：读出固定套管上露出刻线的 mm 整数或 0.5mm 数；

② 读小数：再看准微分筒上哪一格与固定套管基准对准，读出小数部分；

③ 整个读：最后将整数和小数部分相加，即为被测工件的尺寸。

(5) 外径千分尺的使用方法

外径千分尺测量工件时，把工件放在测砧和测微螺杆之间，右手转动千分尺的微分筒，当测量面将与工件表面接触时，应改为转动测力装置(棘轮)，直到棘轮发出“咔、咔”的响声后，即可进行读数。

(6) 千分尺其他类型

千分尺的品种与规格较多，除了常用的外径千分尺外，按其用途还可分为内径千分尺(图 4.4.16)、内测千分尺(图 4.4.17)、深度千分尺(图 4.4.18)、壁厚千分尺(图 4.4.19)、公法线千分尺(图 4.4.20)、螺纹千分尺(图 4.4.21)、杠杆千分尺(图 4.4.22)等几种类型。

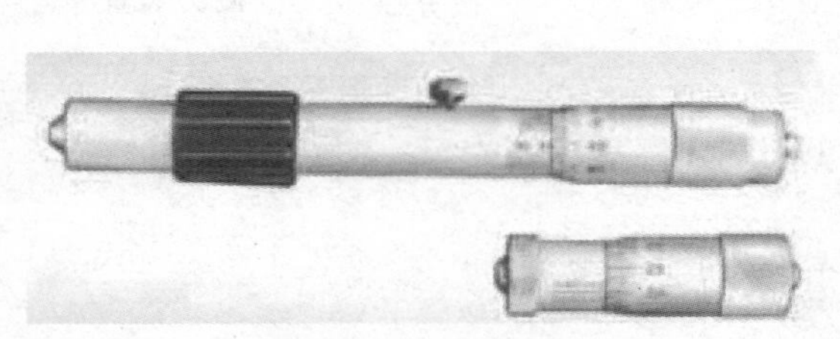

图 4.4.16　内径千分尺

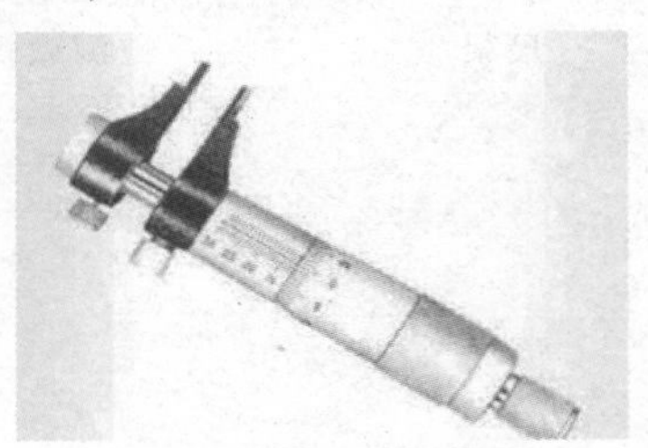

图 4.4.17　内测千分尺

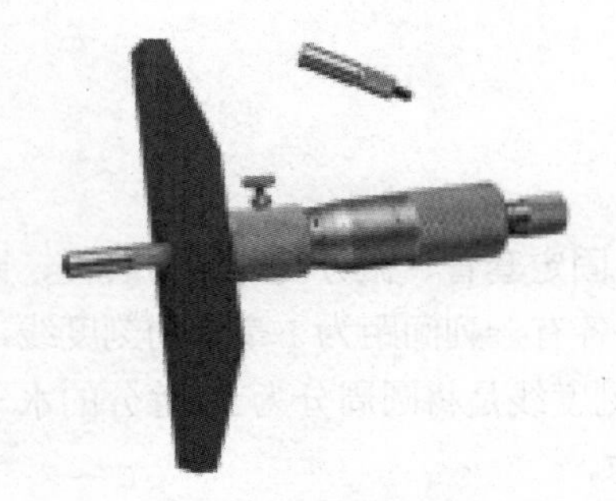

图 4.4.18　深度千分尺

图 4.4.19　壁厚千分尺

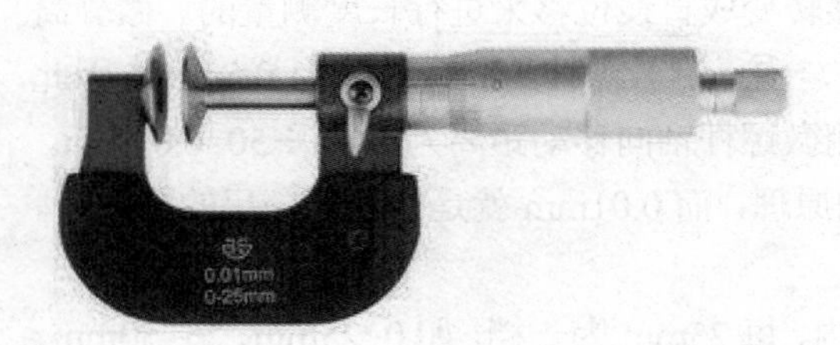

图 4.4.20　公法线千分尺

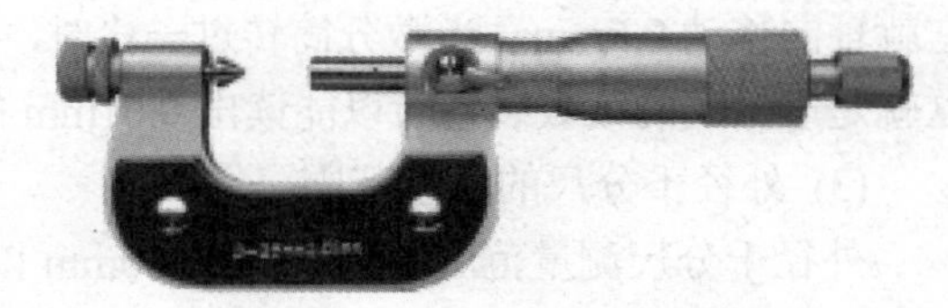

图 4.4.21　螺纹千分尺

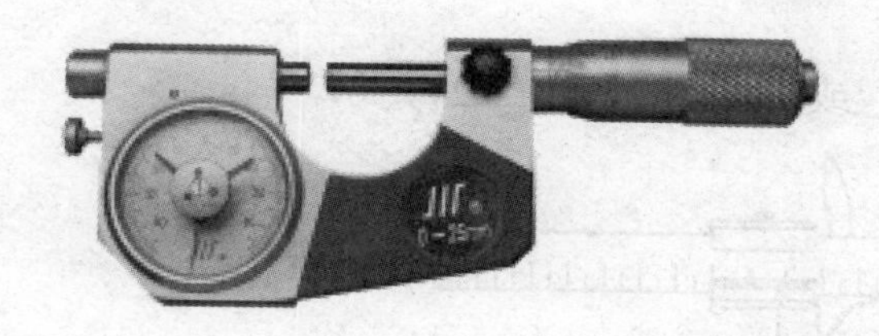

图 4.4.22　杠杆千分尺

(7) 千分尺使用的注意事项

① 根据要求选择适当量程的千分尺。

② 测量前应擦净千分尺。

③ 校对零点。检查零位时应使两测量面轻轻接触，并无漏光间隙，这时微分筒上的零刻线应对准固定套管上的基准线，微分筒锥面的端面应与固定套管零刻线相切。

测量时应握住弓架。当螺杆即将接触工件时必须使用棘轮，并至打滑 1-2 圈为止，以保证恒定测量压力。

④ 工件应准确放在千分尺测量面间，不可倾斜。测量时不应先锁紧螺杆，后用力卡过工件。否则将导致螺杆弯曲或测量面磨损，因而影响测量准确度。

⑤ 千分尺只适用于测量精确度较高的尺寸，不宜测量粗糙表面。

(8) 千分尺的维护保养

千分尺的维护保养应注意以下几点：

① 不能手握千分尺的微分筒任意摇动，以免丝杠过快磨损和损伤。

② 不准在千分尺的微分筒和固定套管之间加酒精、柴油及普通机油，也不准把千分尺浸在机油、柴油及冷却液里。

③ 千分尺要经常保持清洁，使用完毕后应把切屑和冷却液擦干净，同时还要将千分尺的两测量面涂一薄层防锈油，并让测量面互相离开一些，然后放在专用盒内，并保存在干燥的地方。

④ 为了保持千分尺的精度，必须进行定期检定。

二、常用的测量方法

1．测量线性尺寸

一般可用直尺或游标卡尺直接量得尺寸的大小，如图 4.4.23 所示。

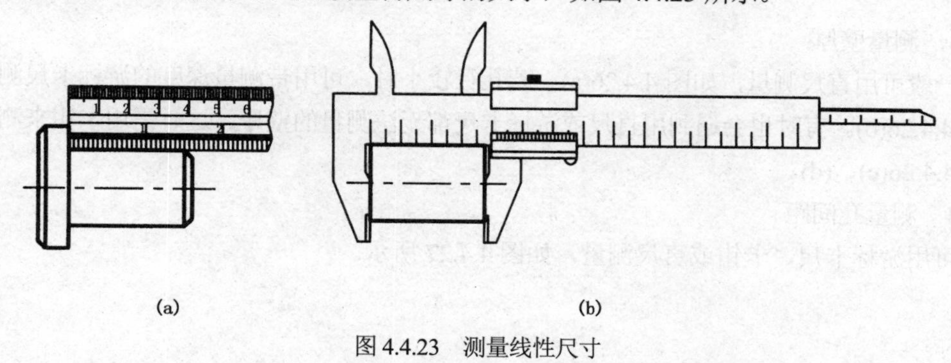

(a)　(b)

图 4.4.23　测量线性尺寸

2．测量直径尺寸

一般可用游标卡尺或千分尺，如图 4.4.24 所示。

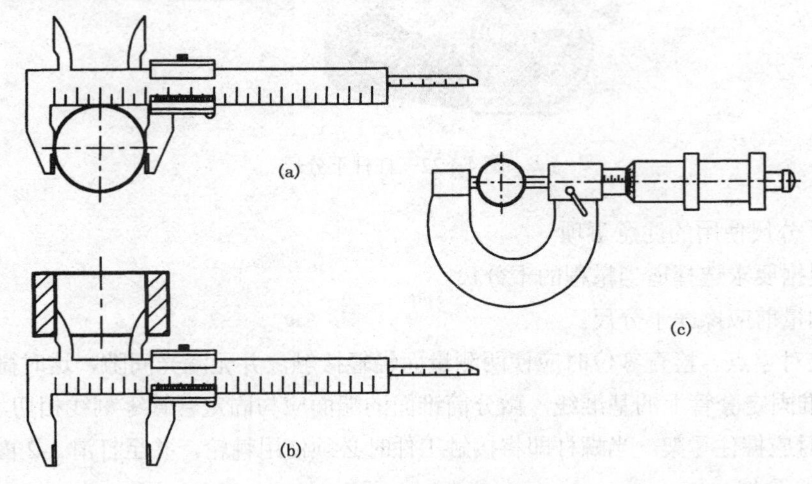

图 4.4.24　测量直径尺寸

在测量阶梯孔的直径时，会遇到外面孔小，里面孔大的情况，用游标卡尺就无法测量大孔的直径。这时，可用内卡钳测量，如图 4.4.25(a)所示。也可用特殊量具(内外同值卡)，如图 4.4.25(b)所示。

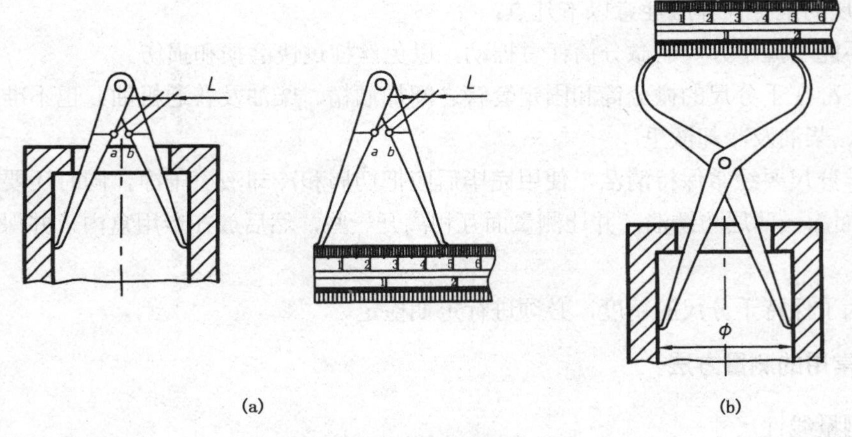

图 4.4.25　测量阶梯孔的直径

3．测量壁厚

一般可用直尺测量，如图 4.4.26(a)。若孔径较小时，可用带测量深度的游标卡尺测量，如图 4.4.26(b)。有时也会遇到用直尺或游标卡尺都无法测量的壁厚。这时需用卡钳来测量，如图 4.4.26(c)、(d)。

4．测量孔间距

可用游标卡尺、卡钳或直尺测量，如图 4.4.27 所示。

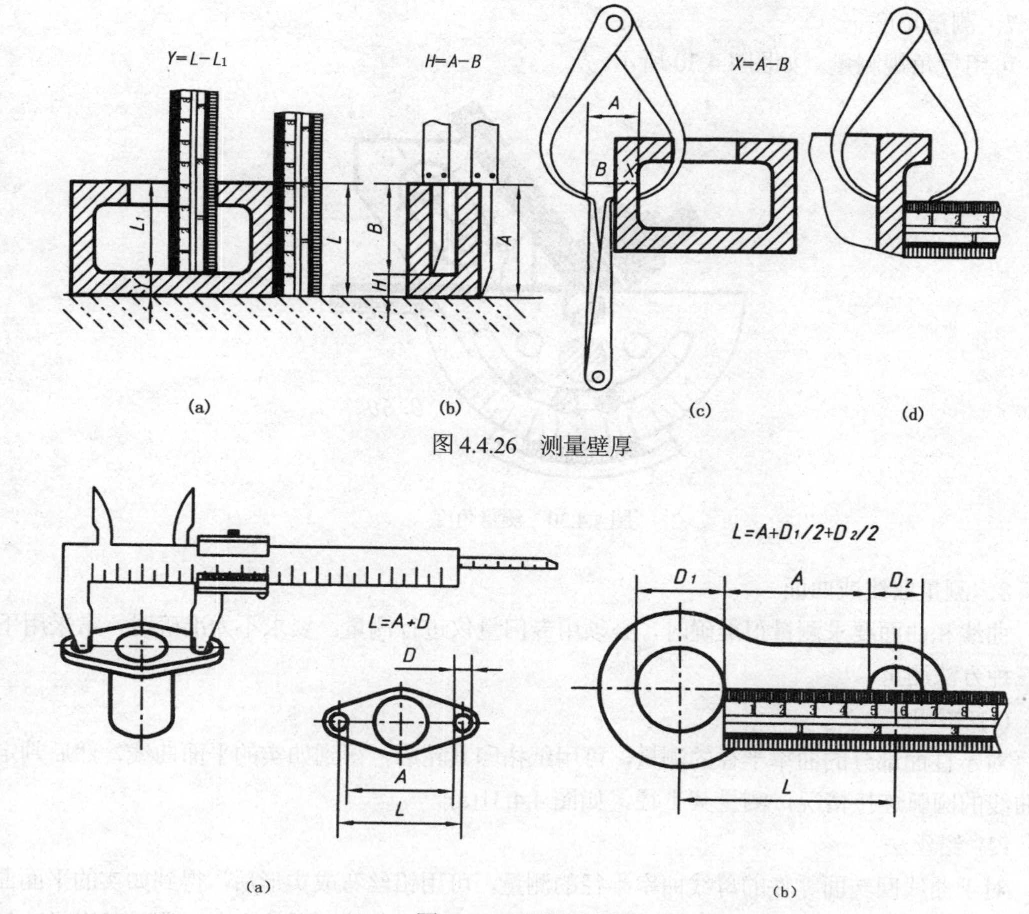

图 4.4.26　测量壁厚

图 4.4.27　测量孔间距

5．测量中心高

一般可用直尺、卡钳或游标卡尺测量，如图 4.4.28 所示。

6．测量圆角

一般用圆角规测量。每套圆角规有很多片，一半测量外圆角，一半测量内圆角，每片刻有圆角半径的大小。测量时，只要在圆角规中找到与被测部分完全吻合的一片，从该片上的数值可知圆角半径的大小，如图 4.4.29 所示。

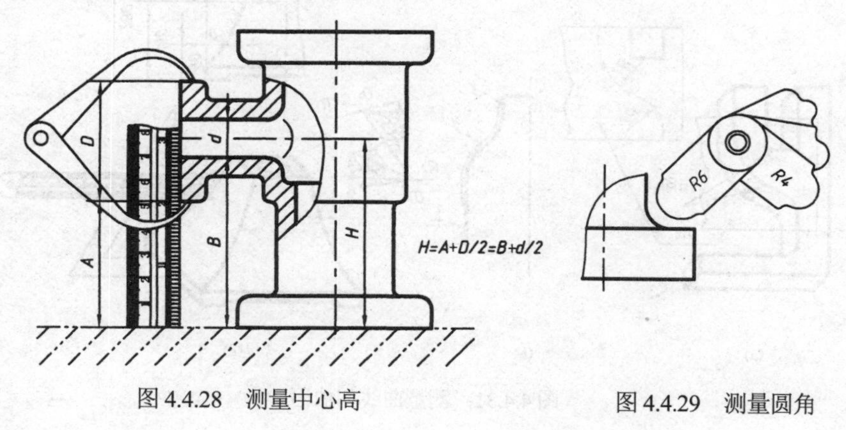

图 4.4.28　测量中心高

图 4.4.29　测量圆角

7．测量角度

可用量角规测量，如图 4.4.30 所示。

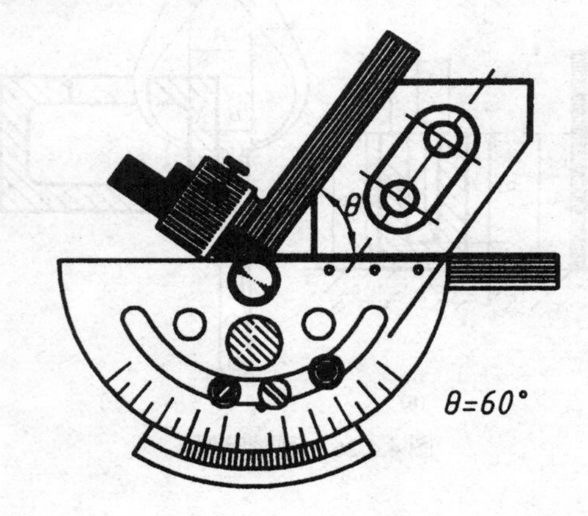

图 4.4.30　测量角度

8．测量曲线或曲面

曲线和曲面要求测量很准确时，必须用专门量仪进行测量。要求不太准确时，常采用下面三种方法测量：

(1) 拓印法

对于柱面部分的曲率半径的测量，可用纸拓印其轮廓，得到如实的平面曲线，然后判定该曲线的圆弧连接情况，测量其半径，如图 4.4.31(a)。

(2) 铅丝法

对于曲线回转面零件的母线曲率半径的测量，可用铅丝弯成实形后，得到如实的平面曲线，然后判定曲线的圆弧连接情况，然后用中垂线法求得各段圆弧的中心，测量其半径，如图 4.4.31(b)。

(3) 坐标法

一般的曲面可用直尺和三角板定出曲面上各点的坐标，在图上画出曲线，或求出曲率半径，如图 4.4.31(c)。

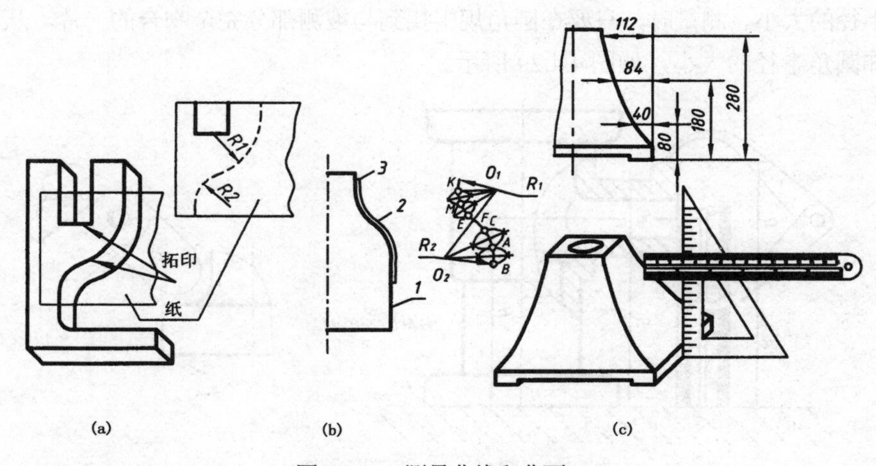

图 4.4.31　测量曲线和曲面

9．测量螺纹螺距

螺纹的螺距可用螺纹规或直尺测得。如图 4.4.32 中螺距 P=1.5。

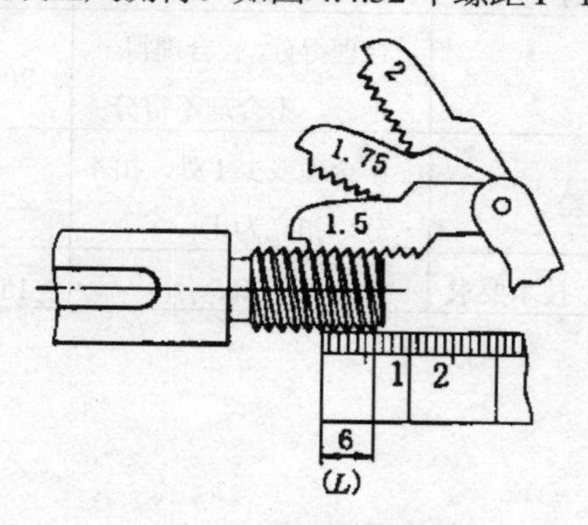

图 4.4.32　测量螺距

10．测量齿轮

对标准齿轮，其轮齿的模数可以先用游标卡尺测得 da，再计算得到模数 m=da/(z+2)，奇数齿的顶圆直径 da=2e+d。如图 4.4.33 所示。

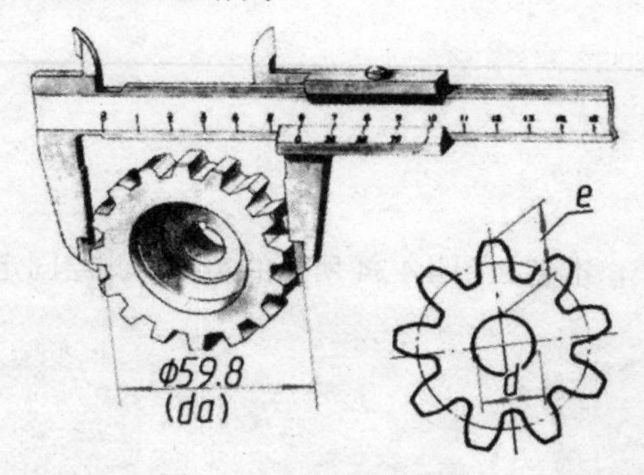

图 4.4.33　测量标准齿轮

【任务评价】

测绘轴承座零件，对相关知识点的掌握程度应做一定的评价，如表 4.4.2 所示。

表 4.4.2　测绘轴承座评价参考表

评价内容	评价细则	评价标准	分值	学生自评	老师评估
零件测量与手绘	纸质手绘草图稿	有得分，没有不得分	10		
	视图表达	合理得分，较合理得一半分，不合理不得分	14		
	尺寸标注	不合理或少 1 处，扣 2 分，扣完为止	16		

(续表)

评价内容	评价细则	评价标准	分值	学生自评	老师评估
零件图绘制	零件视图表达	合理得分，较合理得一半分，不合理不得分	20		
	尺寸标注及公差	不合理或少 1 处，扣 4 分，扣完为止	25		
	图幅、标题栏、技术要求	缺 1 处，扣 5 分	15		

学习体会：

【练一练】

根据所学的测绘知识，准备如图 4.4.34 所示的实物，测绘固定钳口零件。

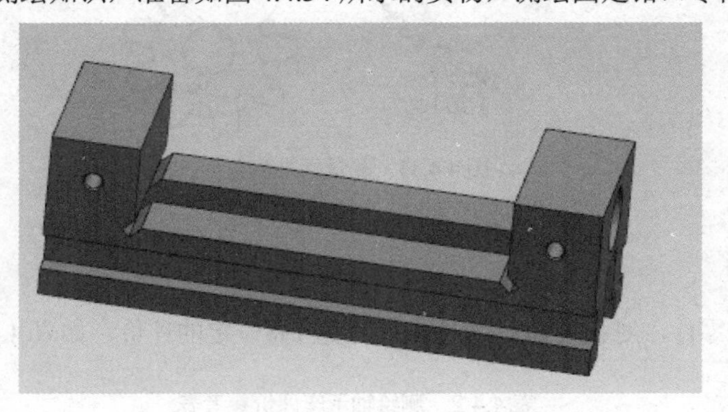

图 4.4.34　固定钳口

项目五　部件的测绘

项目描述(导读+分析)

部件测绘就是依据实际部件了解它的工作原理，分析部件结构特点和装配关系，画出它的装配示意图，根据装配示意图测量出各零件的尺寸并制定出技术要求。测绘时，首先要画出零部件草图，然后根据零件草图画出零件图和装配图，为设计机器、修配零件和准备配件创造条件。

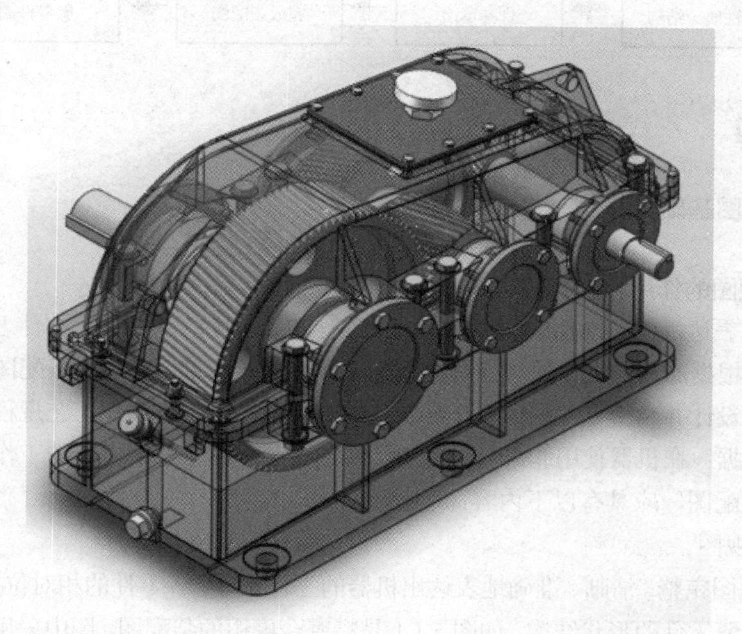

知识目标

- 掌握装配图的基础知识、部件测绘的基础知识。
- 掌握画装配图的步骤。
- 掌握标注序号、生成明细表工具命令的功用。
- 掌握标准件库、齿轮设计工具命令的功用。

能力目标

- 通过案例操作与练习，根据零件测量内容不同，会正确选用常用量具。
- 通过案例操作与练习，会绘制正确拆分平口钳、减速器的零件及绘制零件草图。
- 通过案例操作与练习，会绘制平口钳、减速器装配图。
- 通过案例操作与练习，会调用常用标准件、齿轮。

任务 5.1　测绘车加工技术技能竞赛组合件

【任务目标】

1．通过相关知识介绍，掌握装配图的基础知识、测绘部件及画装配图的基础知识。

2．通过案例操作与练习，能使用合适量具测量零件并手绘草图。

3．通过案例操作与练习，会用 CAD 软件绘制组合件装配图并绘制零件图。

【任务分析】

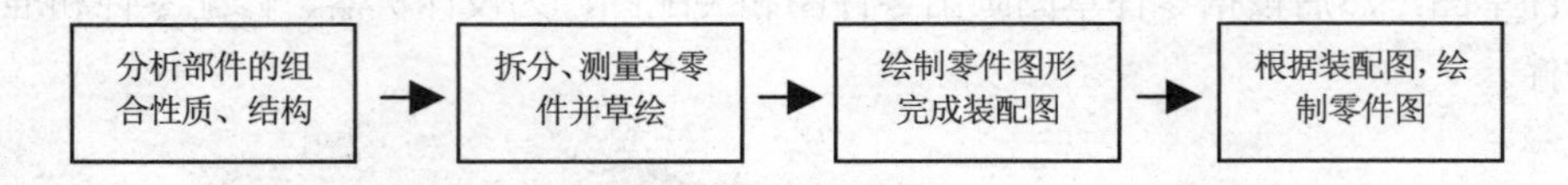

【相关知识】

一、装配图基础知识

(一) 装配图的作用和内容

装配图是表达机器或部件的图样。是机械设计和生产中的重要技术文件之一。在产品设计中，一般先根据产品的工作原理图画出装配草图，由装配草图整理成装配图，然后根据装配图进行零件设计并画出零件图；在产品制造中，装配图是制订装配工艺规程，进行装配和检验的技术依据；在机器使用和维修时，也需要通过装配图来了解机器的工作原理和构造。一张完整的装配图，应具有以下内容：

1．一组视图

用一组视图完整、清晰、准确地表达出机器的工作原理、各零件的相对位置及装配关系、连接方式和重要零件的形状结构。如图 5.1.1 是精密台虎钳的装配图，图中采用了三个基本视图，比较清楚完整地表示了台虎钳各零件间的装配关系。

2．必要的尺寸

装配图上要有表示机器或部件的规格、装配、检验和安装时所需要的一些尺寸。

3．技术要求

技术要求就是说明机器或部件的性能和装配、调整、试验等所必须满足的技术条件。

4．零件的序号、明细栏和标题栏

装配图中的零件编号、明细栏用于说明每个零件的名称、代号、数量和材料等。标题栏包括零部件名称、比例、绘图及审核人员的签名等。

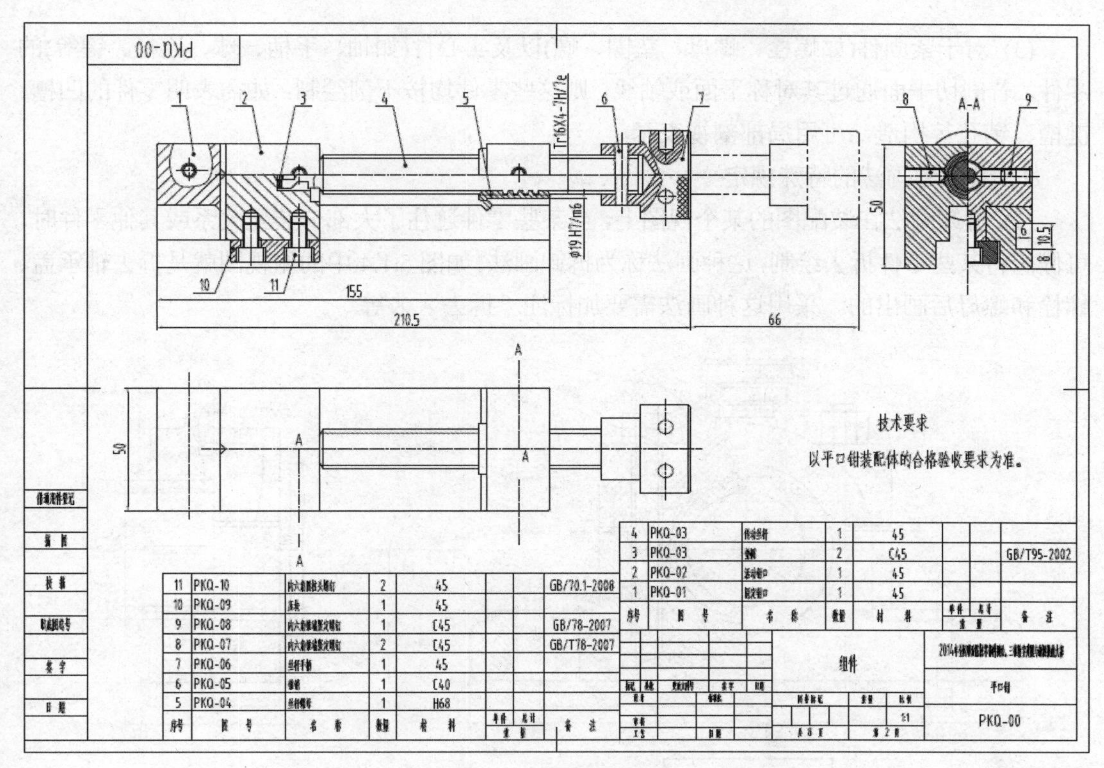

图 5.1.1　台虎钳装配图

(二) 装配图的视图表示法

部件和零件的表达，其共同点是都要表达出它们的内、外形结构。因此关于零件的各种表达方法(如视图、剖视、剖面等)和选用原则，对表达部件也都适用。但是，零件图所表达的是单个零件的结构形状，而装配图所表达的则是由若干零件所组成的部件的总体情况。因此在画装配图时可能出现零件之间互相遮挡的问题，也有的零件要求表示出它的运动范围等，因此，针对装配图的特点规定了一些特殊的表达方法和装配图的规定画法。

1．装配图的规定画法

(1) 两个相邻零件的接触表面和配合面，规定只画一条线，但当相邻两零件的基本尺寸不同时，即使间隙很小，也必须画出两条线，如图 5.1.2 中的垫片与螺帽、两盖板之间为接触面，螺栓与盖板孔为非接触面。

(2) 在各视图中，相邻两个或多个零件的剖面线应有区别，或者方向相反，或者方向一致但间隔不等，相互错开，但同一零件的剖面线方向与间隔必须一致，如图 5.1.3 所示。

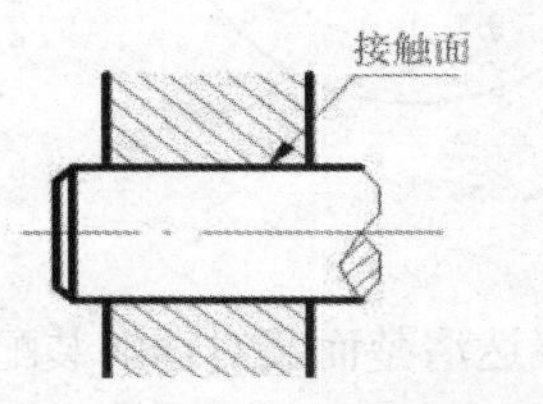

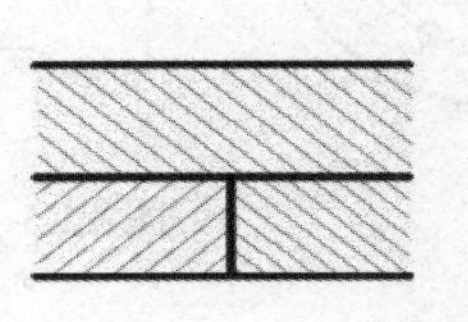

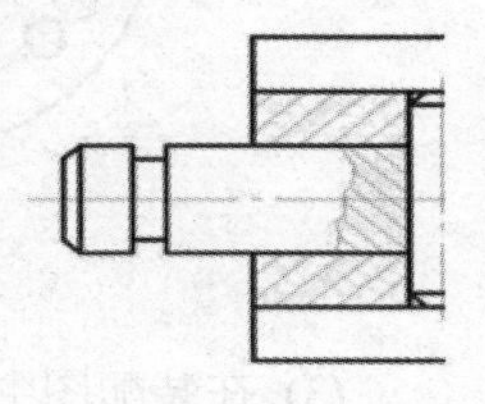

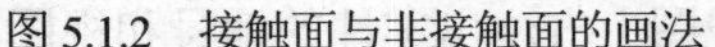
图 5.1.2　接触面与非接触面的画法

图 5.1.3　剖面线、不剖零件的画法

(3) 对于紧固件(如螺栓、螺母、垫圈、螺)以及实心件(如轴、手柄、球、连杆、键等)的零件，若剖切平面通过其对称平面或轴线，则这些零件均按不剖绘制；如需表明零件的凹槽、键槽、销孔等构造，可用局部剖视表示。

2．装配图画法的特殊规定

(1) 拆卸画法在装配图的某个视图上，当某些零件遮住了大部分装配关系或其他零件时，可假想将某些零件拆去绘制，这种画法称为拆卸画法。如图 5.1.4 中的俯视图就是拆去轴承盖、螺栓和螺母后画出的。采用这种画法需要加标注“拆去××等”。

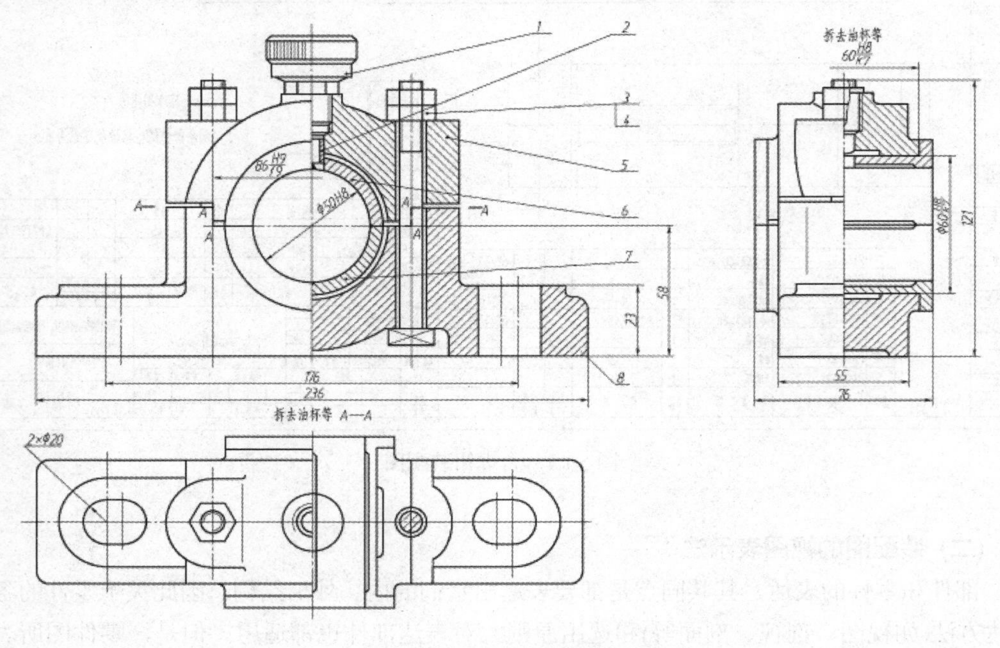

图 5.1.4　滑动轴承装配图

(2) 沿结合面剖切画法为了表达部件的内部结构，可假想沿着两个零件的结合面进行剖切。如图 5.1.5 中的 A-A 剖视图就是沿泵体和泵盖的结合面剖切后画出的。结合面上不画剖面线，但被剖切到的其他零件如泵轴、螺栓、销等，则应画出剖面线。

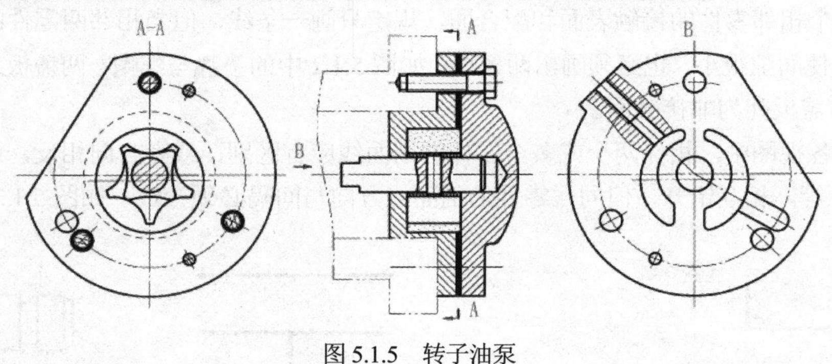

图 5.1.5　转子油泵

(3) 在装配图中单独表达某个零件。当某个零件的形状未表达清楚而又对理解装配关系有影响时，可另外单独画出该零件的视图或剖视图，并在视图上方注出零件的编号和视图名称，在相应的视图附近用箭头指明投影方向，图 5.1.5单独画出了泵盖的 B 向视图。

(4) 假想画法为表示部件或机器的作用、安装方法，可将其他相邻零件、部件的部分轮廓用细双点画线画出。当需要表示运动零件的运动范围或运动的极限位置时，可按其运动的一个极限位置绘制图形，再用细双点画线画出另一极限位置的图形，如图 5.1.6 所示。

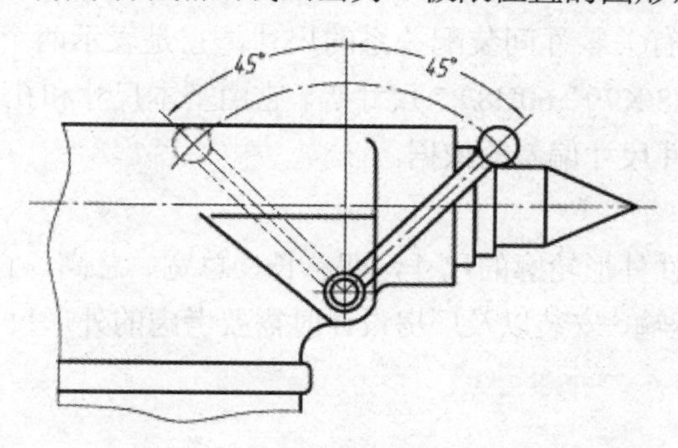

图 5.1.6　运动零件的极限位置

3. 装配图的简化画法

(1) 对于装配图中的螺栓连接等若干相同的零件组，在不影响理解的前提下，允许仅详细画出一处，其余则以点划线表示其中心位置。在装配图中，螺母和螺栓的头允许采用简化画法，如图 5.1.7 所示。

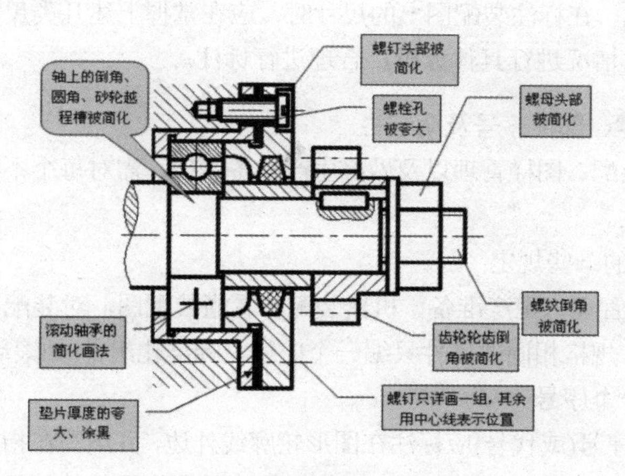

图 5.1.7　装配图的简化画法

(2) 在装配图中，表示滚动轴承时，允许按比例画法画出对称图形的一半，另一半只画出其轮廓，并用细实线画出轮廓的对角线，如图 5.1.7 所示。

(3) 在装配图中，对薄垫片等不易画出的零件可将其涂黑，如图 5.1.7 所示。

(4) 在装配图中，对零件的工艺结构，如圆角、倒角、退刀槽等允许不画，如图 5.1.7 所示。

(三) 装配图中的尺寸标注

装配图与零件图的作用不一样，因此对尺寸标注的要求也不同，装配图只需要标注与部件的规格、性能、装配、安装、运输、使用等有关的尺寸，可分为以下几类。

1．性能(规格)尺寸

表示机器或部件的性能、规格和特征的尺寸，它是设计、了解和选用机器的重要依据，如图 5.1.4 中轴瓦的孔径ϕ50H8。

2．装配尺寸

表示机器或部件上有关零件间装配关系的尺寸，它是表示两个零件之间配合性质的尺寸，如图 5.1.4 中的ϕ60H8/K79、60H8/k7 尺寸等。它由基本尺寸和孔与轴的公差带代号组成，是拆画零件图时确定零件尺寸偏差的依据。

3．外形尺寸

它是表示机器或部件外形轮廓的尺寸，即总长、总宽、总高。它反映了机器或部件所占空间的大小，是包装、运输、安装以及厂房设计时需要考虑的外形尺寸，如图 5.1.4 中的 236、121、76 为外形尺寸。

4．安装尺寸

表示将部件安装到机器上，或将机器安装到地基上，需要确定其安装位置的尺寸，如图 5.1.4 轴承座底板上的尺寸 2XΦ20 等。

5．其他重要尺寸

除以上四类尺寸外，在装配或使用中必须说明的尺寸，如运动零件的位移尺寸等。

应当指出，并不是每张装配图都必须标注上述各类尺寸，并且有时装配图上同一尺寸往往有几种含义。因此，在标注装配图上的尺寸时，应在掌握上述几类尺寸意义的基础上，根据机器或部件的具体情况进行具体分析，合理进行标注。

(四) 装配图的零、部件序号及明细栏

为便于看图、装配、图样管理以及做好生产准备工作，需对每个不同的零件或组件编写序号，并填写明细栏。

1．零部件编号的一些规定

(1) 为便于图纸管理、生产准备、机器装配和看懂装配图，对装配图上各零件、部件都要编注序号和代号，规格相同的零件只编一个序号，标准化组件(如滚动轴承、电动机等)可看成一个整体编注一个序号。

(2) 零件、部件序号(或代号)应标注在图形轮廓线外边，并填写在指引线一端的上方或圆圈内，指引线、横线或圆均用细实线画出。指引线应从所指零件的可见轮廓线内引出，并在末端画一小圆点，序号字体要比尺寸数字大一号或大两号，如图 5.1.8(a)、(b)、(c)，如所指部分内不宜画圆点时(很薄的零件或涂黑的剖面)，可在指引线的末端画出箭头，并指向该部分的轮廓，如 5.1.8(d)。

(3) 装配图中零件序号应与明细栏中的序号一致。

(4) 指引线相互不能相交，也不要过长，当通过有剖面线区域时，指引线尽量不与剖面线平行。必要时，指引线可画成折线，但只允许曲折一次。

(5) 对紧固件组或装配关系清楚的零件组，允许采用公共指引线，如图 5.1.9 所示。

(6) 为使指引线一端的横线或圆在全图上布置得均匀整齐，在画零件序号时，应先按一定位置画好横线和圆，然后与零件一一对应，画出指引线。

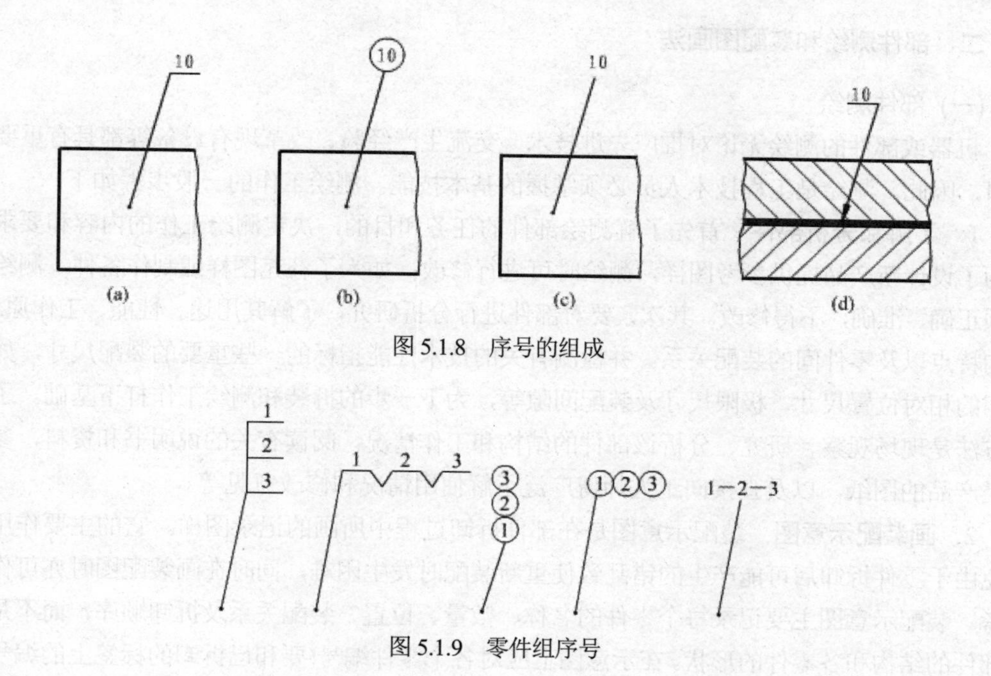

图 5.1.8　序号的组成

图 5.1.9　零件组序号

2．标题栏及明细栏

标题栏格式按 GB/T10609　1—1989 确定，明细栏则按 GB/T10609　2—1989 规定绘制，明细栏是机器或部件中所有零、部件的详细目录，栏内主要填写零件序号、代号、名称、材料、数量、重量及备注等内容，标准件的国标代号可写入备注栏。明细栏画在标题栏上方，外框为粗实线，内框为细实线(包括最上一条横线)，当位置不够时，也可在标题栏左方再画一排。明细栏中的零件序号应从下往上顺序填写，以便增加零件时，可以继续向上画格。有时，明细栏也可不画在装配图内，按 A4 幅面单独画出，作为装配图的续页，但在明细栏下方应配置与装配图完全一致的标题栏，如图 5.1.10 所示。

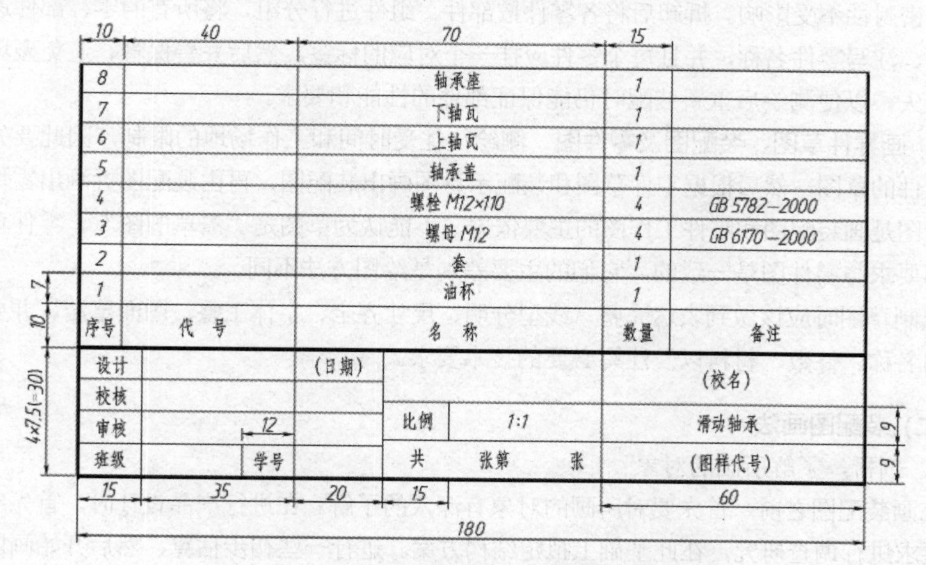

序号	代　号	名　称	数量	备注
8		轴承座	1	
7		下轴瓦	1	
6		上轴瓦	1	
5		轴承盖	1	
4		螺栓 M12×110	4	GB 5782—2000
3		螺母 M12	4	GB 6170—2000
2		套	1	
1		油杯	1	

设计		(日期)			(校名)
校核					
审核			比例	1:1	滑动轴承
班级		学号	共　张第　张		(图样代号)

图 5.1.10　装配图标题栏和明细栏格式

二、部件测绘和装配图画法

(一) 部件测绘

机器或部件的测绘无论对推广先进技术、交流生产经验、改革现有设备等都具有重要的作用，因此，测绘是工程技术人员必须掌握的基本技能。测绘工作的一般步骤如下：

1. **了解和分析部件**　首先了解测绘部件的任务和目的，决定测绘工作的内容和要求。如为了设计新产品提供参考图样，测绘时可进行修改；如为了补充图样或制作备件，测绘时必须正确、准确，不得修改。其次，要对部件进行分析研究，了解其用途、性能、工作原理、结构特点以及零件间的装配关系。并检测有关的技术性能指标的一些重要的装配尺寸，如零件间的相对位置尺寸，极限尺寸及装配间隙等，为下一步的拆装和测绘工作打下基础。了解的方法是现场观察、研究、分析该部件的结构和工作情况，阅读有关的说明书和资料，参考同类产品的图纸，以及直接向工人师傅广泛了解使用情况和修改意见等。

2. **画装配示意图**　装配示意图是在部件拆卸过程中所画的记录图样。它的主要作用是避免由于零件拆卸后可能产生的错乱致使重新装配时发生困难，同时在画装配图时亦可作为参考。装配示意图主要记录每个零件的名称、数量、位置、装配关系及拆卸顺序，而不是整个部件的结构和各零件的形状。在示意图上应对各个零件编号(要和已拆卸的标签上的编号一致)，还要确定标准件的规格尺寸和数量，并及时标注在示意图上。

装配示意图的画法没有严格的规定，一般用简单的图线，按国家标准《机械制图》规定的机构及组件的简图符号，并采用简化画法和习惯画法，画出零件的大致轮廓。画装配示意图时，一般可从主要零件入手，然后按装配顺序再把其他零件逐个画上。画图时可把部件看成是透明体，不受前后层次、可见与不可见的限制，两零件的接触面及配合面之间绘制时留空隙，尽可能把所有零件集中画在一个视图上，如确有必要，也可以补充在其他视图上。

3. **拆卸零件**　首先要研究拆卸顺序和方法，对不可拆的连接和过盈配合的零件尽量不拆。以免损坏零件。拆卸时要用相应的工具，保证顺利拆卸。应使原有零部件的完整性、精确度、密封性不受影响。拆卸后将各零件按部件、组件进行分组，将所有的零、部件进行编号登记、注写零件名称，并且每个零件应挂一个对应的标签，然后妥善保管、避免碰坏、生锈或丢失，以便测绘后重新装配时仍能保证部件的性能和要求。

4. **画零件草图、装配图及零件图**　测绘往往受时间和工作场地的限制，因此要先画出各个零件的草图，然后根据零件草图和装配示意图画出装配图，再由装配图拆画出零件图。零件草图是画装配图和零件工作图的主要依据，不能认为草图是“潦草的图”。零件草图的内容和要求与零件图是一致的，它们的主要差别是绘图方法不同。

绘制草图时应该做到表达完整、线型分明、尺寸齐全、字体工整，图面整洁、并要注明零件的名称、件数、材料以及注写必要的技术要求。

(二) 装配图画法

1. 剖析，了解所画的对象

在画装配图之前，首先要对所画的对象有深入的了解。在进行产品设计时，首先应根据设计要求进行调查研究，在此基础上拟定结构方案。进行一些初步估算，然后开始画图。在画图过程中，还要对各部分详细结构不断完善。因此，画图的过程也是设计的过程。

若基于现有的机器设备经过测绘画装配图，也要先搞清机器或部件的用途，工作原理、各零件的相对位置、装配关系和传动路线等。做到对所画对象结构等有全面的了解，然后才着手画图。

2．确定表达方案

在对机器或部件有了较清楚的了解后，可根据实际情况灵活选用装配图的各种表达方法，确定最佳的表达方案。其中包括选择主视图、确定视图数量和所采用的表达方法。

(1) **选择主视图**　主视图应能较多地表达出机器或部件的工作原理、零件间的主要装配关系、传动路线、连接方式及主要零件结构形状的特征，同时还要考虑部件的工作位置。一般在机器或部件中，将装配关系密切的一些零件称为装配干线。机器或部件一般都由一些主要或次要的装配干线组成。为了清楚地表达这些内部结构，一般通过主要装配干线的轴线剖开部件，画出剖视图作为装配图的主视图。

(2) **确定其他表达方法及视图数量**　主视图确定后，看是否把机器或部件的装配关系、连接方式、结构特点等都表达完整清楚了，若还有没表达清楚的地方，应考虑选择其他一些表达方法并增加视图的数量，以补充视图的不足。如果部件比较复杂，还可以同时考虑几种表达方案进行比较，最后确定一个比较好的表达方案。

3．画装配图的步骤

(1) 确定绘图比例、图幅，画图框

装配图的表达方案确定后，应根据部件的真实大小及其结构的复杂程度，确定合适的比例和图幅，画出图框、标题栏和明细栏。

(2) 合理布图，画出基准线

根据视图的数量及大小合理地布置各视图。布图时应同时考虑标题栏、明细栏、零件编号、标尺寸和技术要求等所需的位置，然后画出各视图的主要基准线。画出减速器三视图中的齿轮轴和被动轴装配干线的轴线和中心线；主、左视图中底面和俯视图中主要对称面的对称线。

(3) 绘制部件的主要结构部分

根据部件的具体结构，确定主要装配干线，然后在这条干线上先后画出起定位作用的基准件，再画其他零件。这样画图较准确，误差小，保证各零件间相互位置准确。基准件可根据具体机器或部件分析判断，当装配基准件不明显时，则先画主要零件。

画图时，可从主视图画起，几个视图相互配合一起画；也可先画出某一视图，然后逐次画其他视图，此时亦应注意各视图间要符合投影关系。画零件时，要注意零件间的装配关系，两相邻零件表面是否接触，是否为配合面，以及相互遮挡等问题，同时还要检查零件间有无干扰和互相碰撞，以便正确画出相应的投影。

在画每个视图时，还应考虑是从外向内画，还是从内向外画的问题，从外向内就是从机器或部件的机体出发，逐次向里画出各零件。而从内向外画就是从里面的主要装配干线出发，逐次向外扩展。通常在剖视图中，一般采用由里向外画的方法，画图时，这两种画法可根据不同结构灵活选用，常常将二者结合起来使用。

(4) 绘制部件的次要结构部分

主要结构和重要零件画完后，再逐步画出次要的结构部分。

(5) 标注尺寸、编写序号、填写明细栏、标题栏和技术要求。

(6) 检查校核、完成全图。

装配图的底稿画完后，除检查零件的主要结构外，还要特别注意视图上细节部分的投影是否有遗漏和错误，以便即时纠正。底稿检查完后可加深图线并画剖面代号，最后完成全图。

【任务实施】

一、任务描述

测绘 2014 年全国职业院校技能竞赛车加工技术赛项(中职组)组合件，如图 5.1.11 所示。

(a) 装配图

(b) 零件图

图 5.1.11　2014 年全国职业院校车加工技术赛项(中职组)-组合加工件

该组合件由四个零件组成：阶梯轴、排槽(和内锥套)、外锥体(和阶梯套)以及盘形基座。组装成形后如图 5.1.11(a)所示，其特点均属于回转类零件，测绘时对于量具的选用、尺寸精度、表面质量等的要求应考虑技能竞赛的特点，具体完成以下内容：

(一) 分析组合件的结构及装配关系，确定需要测量的手工量具。

(二) 根据组合件实物和测量工具，测量所拆卸的零件，并徒手绘制草图。

(三) 绘制装配图，要求：

1．视图应表达清楚组合件的结构和装配关系。

2．尺寸标注合理。

3．正确引出零件序号。

4．正确填写标题栏。

5．明细表填写完整。

(四) 绘制零件图，根据已完成的装配图和徒手草图，完成零件图的绘制，要求：

1．零件图视图选择合理、表达方案正确。

2．尺寸标注完整、正确、清晰，公差等几何精度完整、并正确标注。

3．图幅合适、标题栏填写正确、有技术要求等。

二、实施步骤

(一) 组合件的结构分析

1．阶梯轴

阶梯轴主要由阶梯外圆柱、外螺纹、滚花(网纹)以及矩形槽构成，测绘时可用普通游标卡尺、深度游标卡尺、外径千分尺、螺距规分别对相应的内容进行测量。

2．排槽、内锥套

排槽、内锥套主要由内(外)圆柱、排槽、偏心以及内锥体构成，测绘时可用普通游标卡尺、深度游标卡尺、外径千分尺、内测千分尺、万能角度尺分别对相应的内容进行测量。

3．外锥体、阶梯套

外锥体、薄壁套主要由内(外)圆柱、滚花(网纹)和外锥体构成，测绘时可用普通游标卡尺、深度游标卡尺、外径千分尺、内测千分尺、万能角度尺分别对相应的内容进行测量。

4．盘形基座

盘形基座主要由内(外)圆柱、内(外)短锥面、薄壁矩形槽和内沟槽构成，测绘时可用普通游标卡尺、深度游标卡尺、外径千分尺、内测千分尺、万能角度尺、壁厚千分尺、螺距规分别对相应的内容进行测量。

5．装配

四个零件依次组装后，其装配间隙可用塞尺测量，总长可用普通游标卡尺测量。

根据各零件的结构分析，所需测量零件的量具如表 5.1.1 所示。

表 5.1.1　测量组合件所需量具清单

序号	内容	参考规格(分度值)	测量内容	图示
1	带表游标卡尺	0～200(0.01 或 0.02)mm	外圆、内孔、槽径、槽宽、槽厚、总长	
2	深度游标卡尺	0～200(0.01 或 0.02)mm	各档长度	
3	外径千分尺	0～25(0.01)mm	各档外圆	
		25～50(0.01)mm		
		50～75(0.01)mm		
		75～100(0.01)mm		
4	壁厚千分尺	0～25(0.01)mm	盘形基座壁厚	

(续表)

序号	内容	参考规格(分度值)	测量内容	图示
5	内测千分尺	0～25(0.01)mm 25～50(0.01)mm 50～75(0.01)mm 75～100(0.01)mm	各档内孔	
6	螺距规	0.35～6mm(22 片)	内、外螺纹	
7	万能角度尺	0～320°(2')	锥体角度	
8	塞尺	0.01～1mm	组合间隙	

(二) 画零件草图并整理成零件图

零件草图一般是在生产现场目测大小、徒手绘制的。它是画装配图和零件图的原始资料，必须做到表达方案正确、尺寸完整、注有必要的技术条件等内容。

图 5.1.11(b)组合零件均属于回转类零件，形状规则，组合简单，故装配示意图在本任务中不做介绍。

1．根据实物测量绘制零件草图

(1) 阶梯轴

阶梯轴实物如图 5.1.12 所示，其结构为同轴回转体，故轴线水平放置，主视图投射方向垂直于轴线，阶梯轴草图如图 5.1.13 所示，通过普通游标卡尺、深度游标卡尺、外径千分尺、螺距规等量具进行测量，并将测量得出的尺寸进行标注。

图 5.1.12　阶梯轴实物

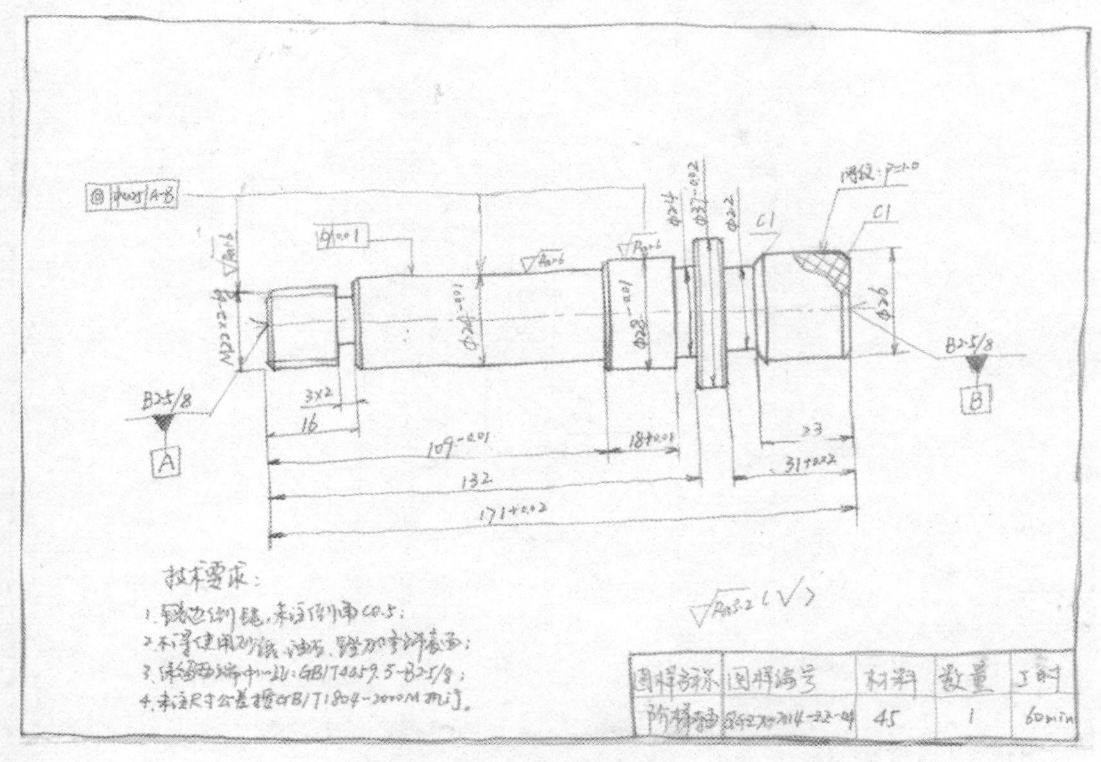

图 5.1.13　阶梯轴草图

(2) 排槽、内锥套

排槽、内锥套实物如图 5.1.14 所示，其结构为同轴回转体，故轴线水平放置，主视图投射方向垂直于轴线，阶梯轴草图如图 5.1.15 所示，通过普通游标卡尺、外径千分尺、内测千分尺等量具进行测量，并将测量得出的尺寸进行标注。

图 5.1.14　排槽、内锥套实物

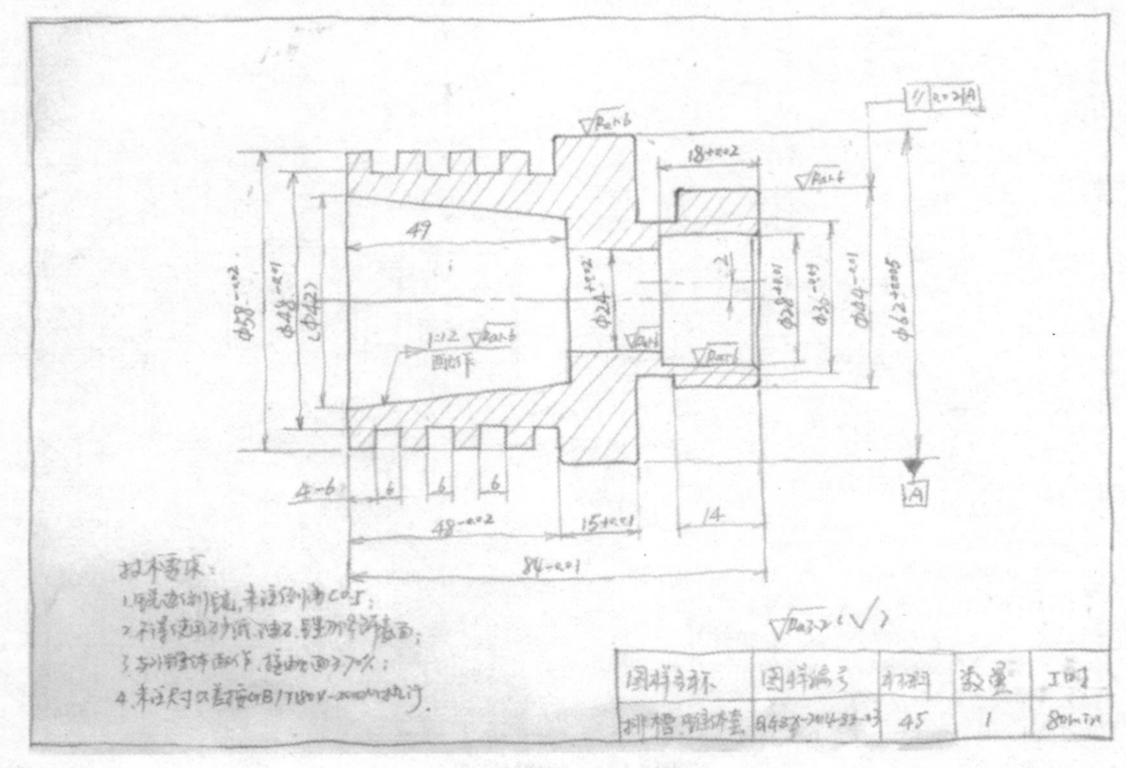

图 5.1.15　排槽、内锥套草图

(3) 外锥体、阶梯套

外锥体、阶梯套实物如图 5.1.16 所示，其结构为同轴回转体，故轴线水平放置，主视图投射方向垂直于轴线，阶梯轴草图如图 5.1.17 所示，通过普通游标卡尺、深度游标卡尺、外径千分尺、内测千分尺等量具进行测量，并将测量得出的尺寸进行标注。

图 5.1.16　外锥体、阶梯套实物

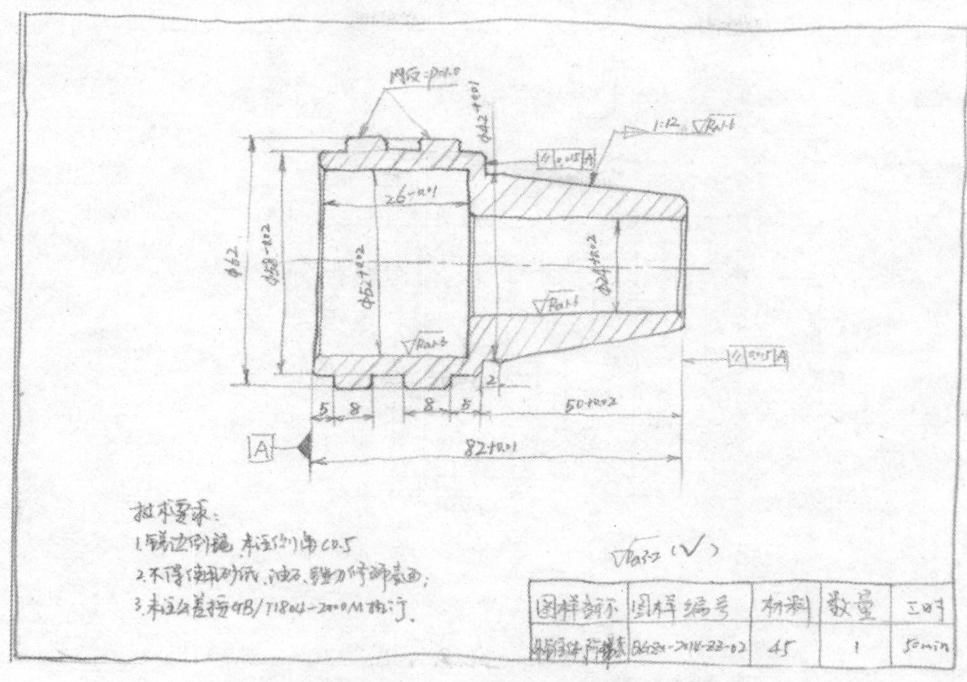

图 5.1.17　外锥体、阶梯套草图

(4) 盘形基座

盘形基座实物如图 5.1.18 所示，其结构为同轴回转体，故轴线水平放置，主视图投射方向垂直于轴线，阶梯轴草图如图 5.1.19 所示，通过普通游标卡尺、深度游标卡尺、外径千分尺、内测千分尺等量具进行测量，并将测量得出的尺寸进行标注。

2．根据草图，利用 CAD 拼画装配图

(1) 各零件图形的绘制

以阶梯轴为例，将图 5.1.13 阶梯轴草图，通过绘图软件绘制零件图形，其步骤如下：

① 确定比例、图幅：打开“中望机械 CAD 教育版”软件，输入“TF”，选择 A4 图框，标题栏选项选择“车加工技术”，完成图框和标题栏的设置。

② 通过绘图工具完成图形要素的绘制，如图 5.1.20 所示。

图 5.1.18　盘形基座实物

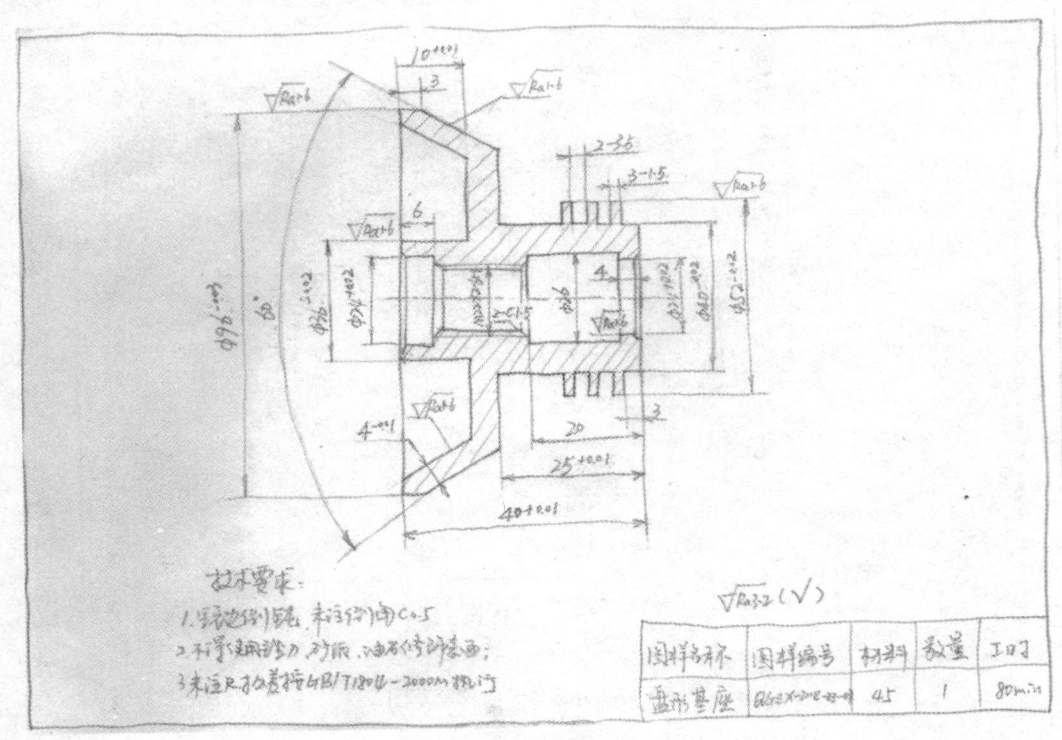

图 5.1.19　盘形基座草图

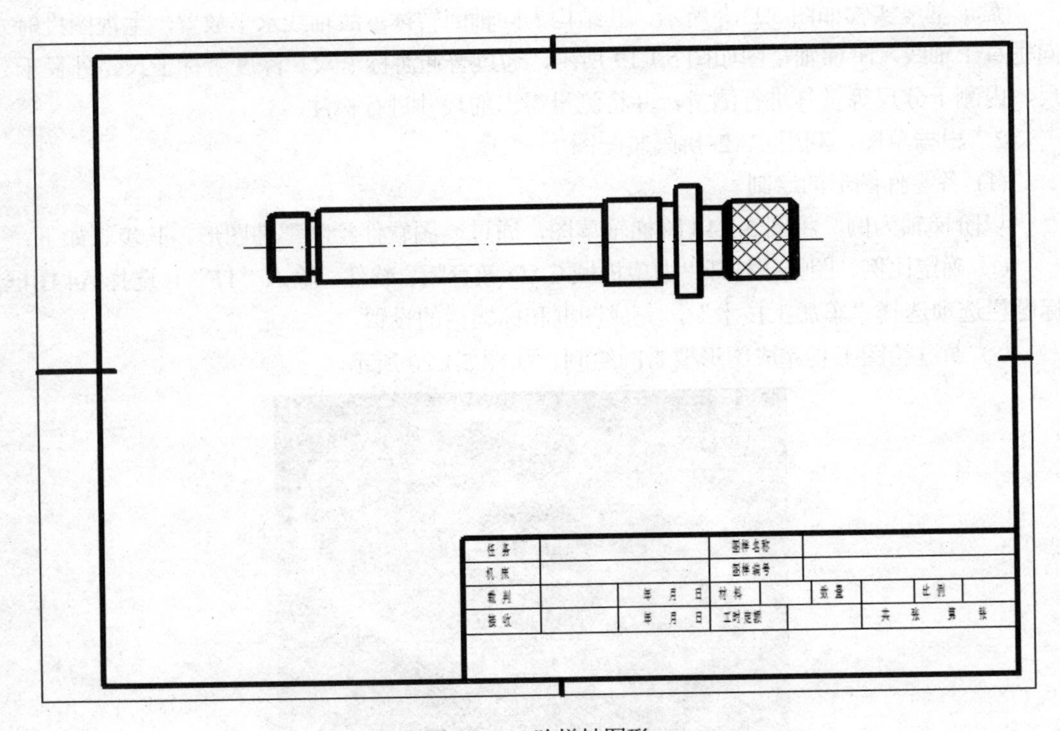

图 5.1.20　阶梯轴图形

③ 按阶梯轴绘图过程，完成其他三个图形的绘制，如图 5.1.21、图 5.1.22、图 5.1.23 所示。

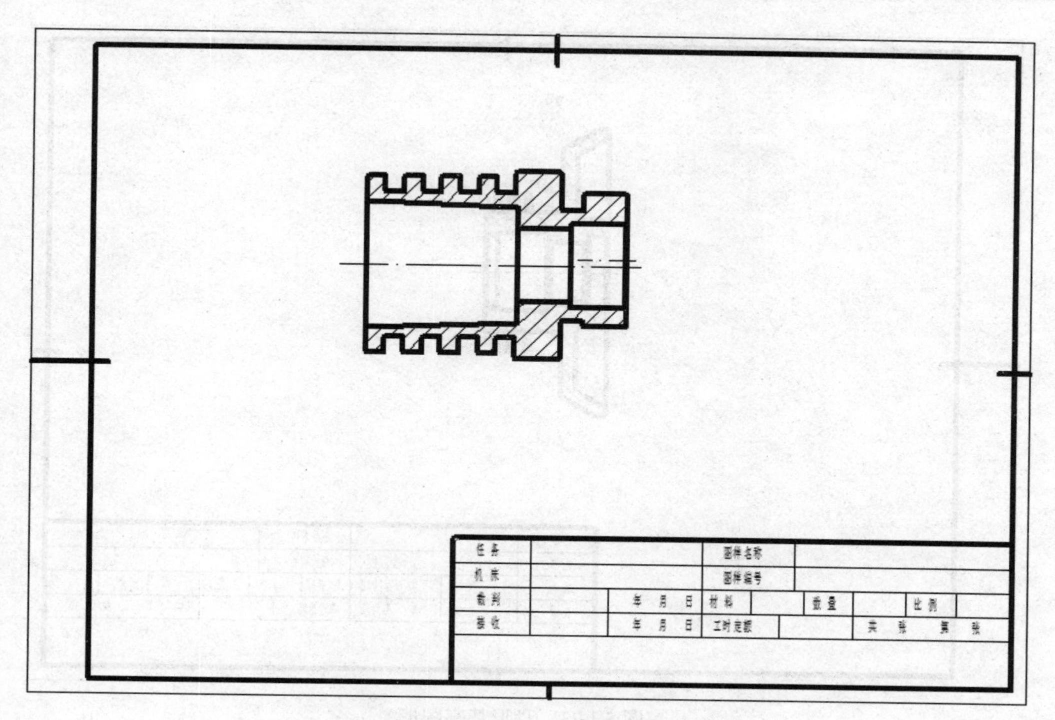

图 5.1.21 排槽、内锥套图形

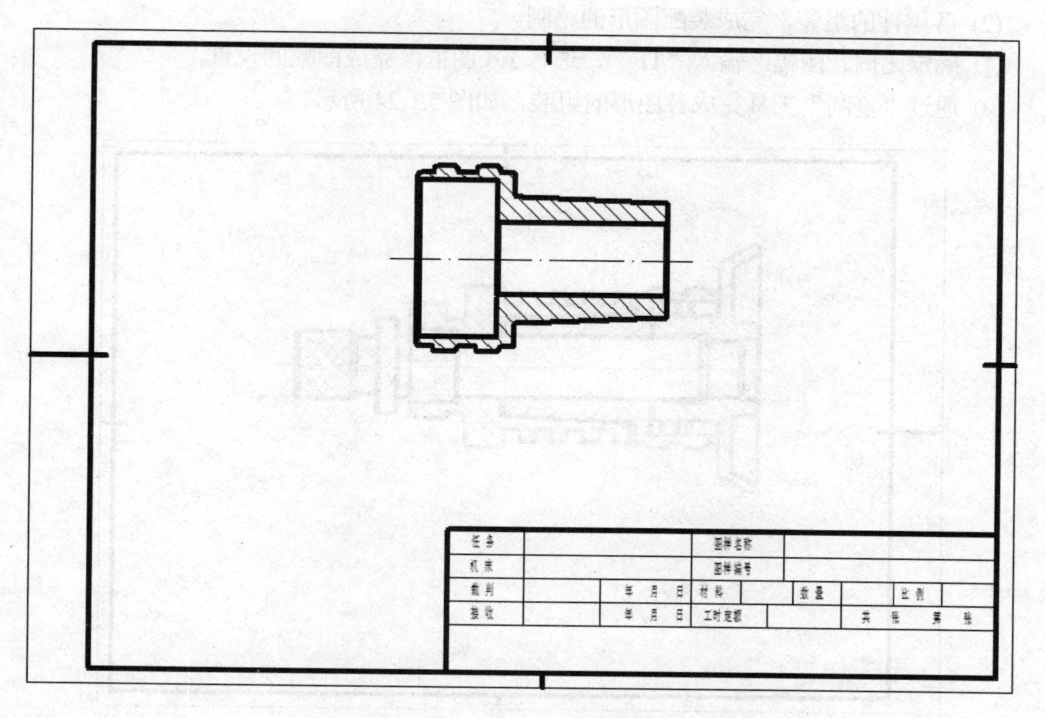

图 5.1.22 外锥体、阶梯套图形

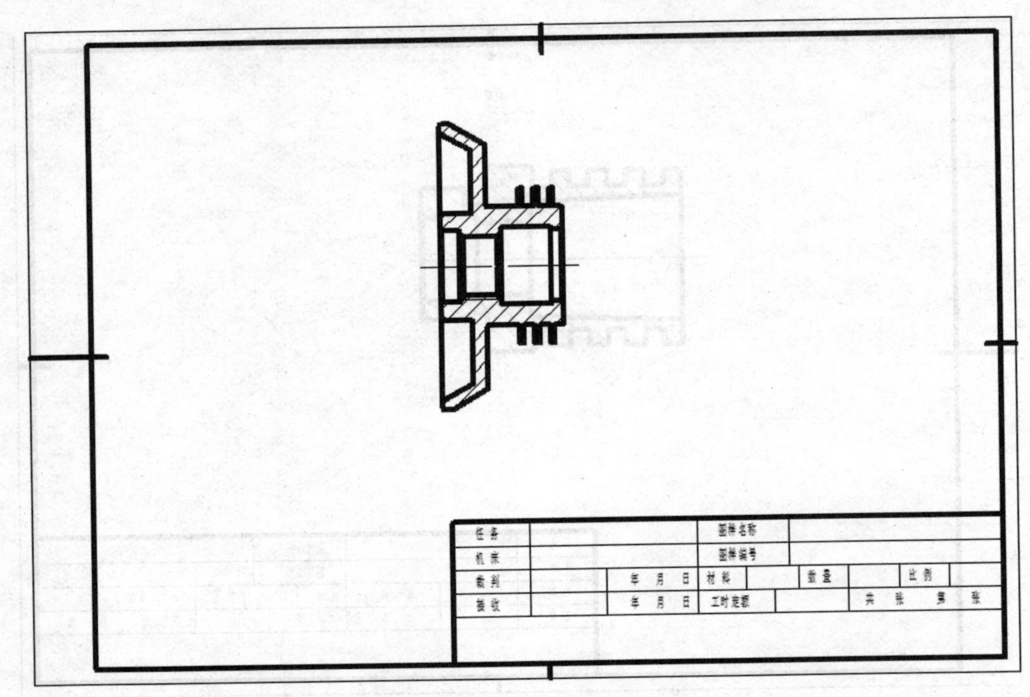

图 5.1.23　盘形基座图形

(2) 各零件的组装，完成装配图形的绘制。

① 确定比例、图幅：输入“TF”，选择 A4 图框，完成图幅的设置。

② 通过“复制”工具完成各图形的组装，如图 5.1.24 所示。

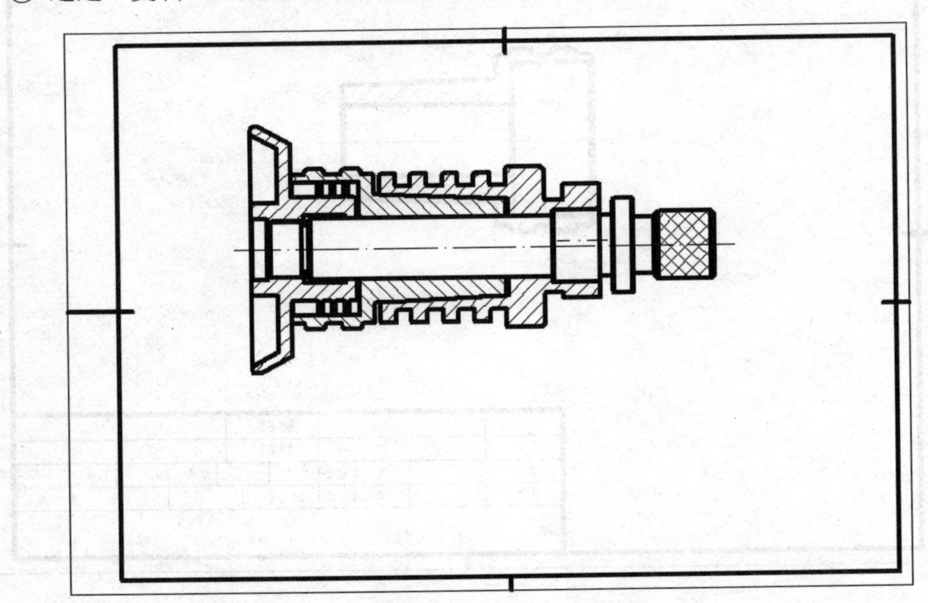

图 5.1.24　组合件装配图形

(3) 设计并绘制标题栏、明细栏以及完成标题栏、明细栏的填充。

(4) 根据车加工技术技能竞赛的特点，完成装配尺寸、位置公差的标注以及技术要求的注写。如图 5.1.25 所示。

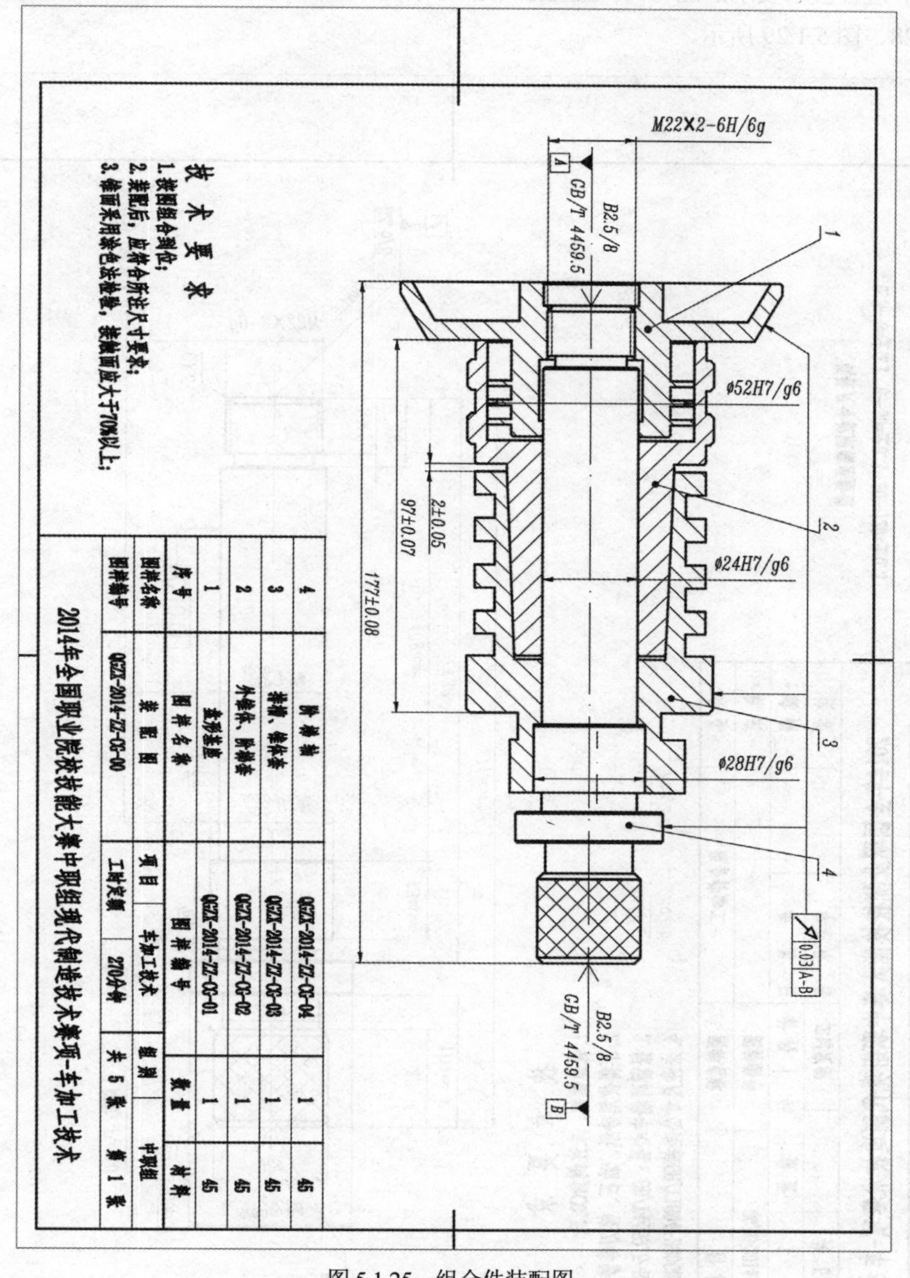

图 5.1.25　组合件装配图

3．根据草图和完成的装配图，绘制完整的零件图。

在图形绘制完成的基础下，完成以下内容：

(1) 尺寸标注：对于装配图中设计的装配尺寸，在画零件图中要与装配图中相对应，其他尺寸，可根据技能竞赛的特点，将部分径向尺寸精度等级设计在 IT6-IT8 范围内，长度尺寸精度等级设计在 IT7-IT10 范围内。

(2) 进行形位公差、表面粗糙度的标注。

(3) 进行技术要求的注写，标题栏的填充，分别完成零件图的绘制，如图 5.1.26、图 5.1.27、图 5.1.28、图 5.1.29 所示。

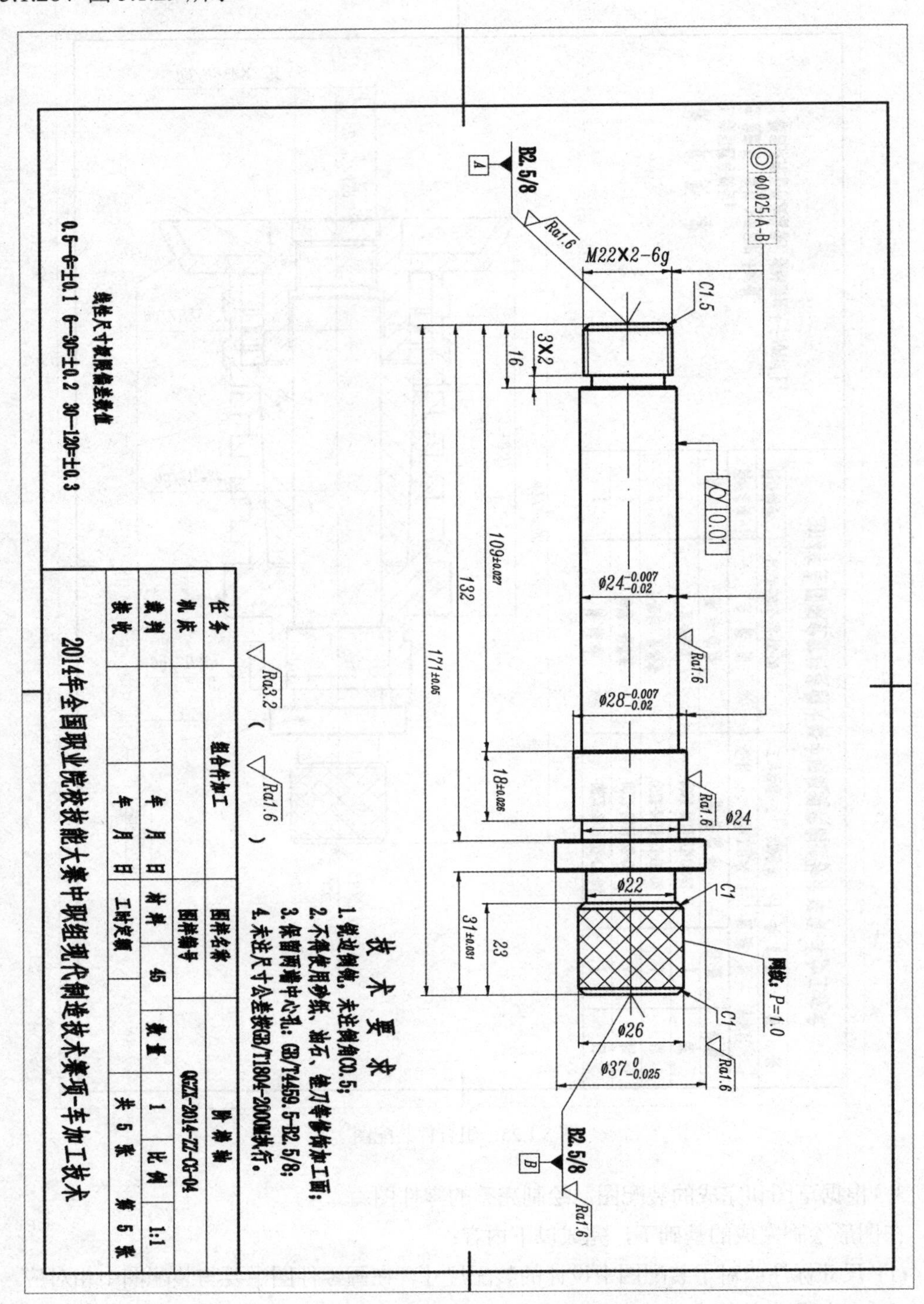

图 5.1.26 阶梯轴零件图

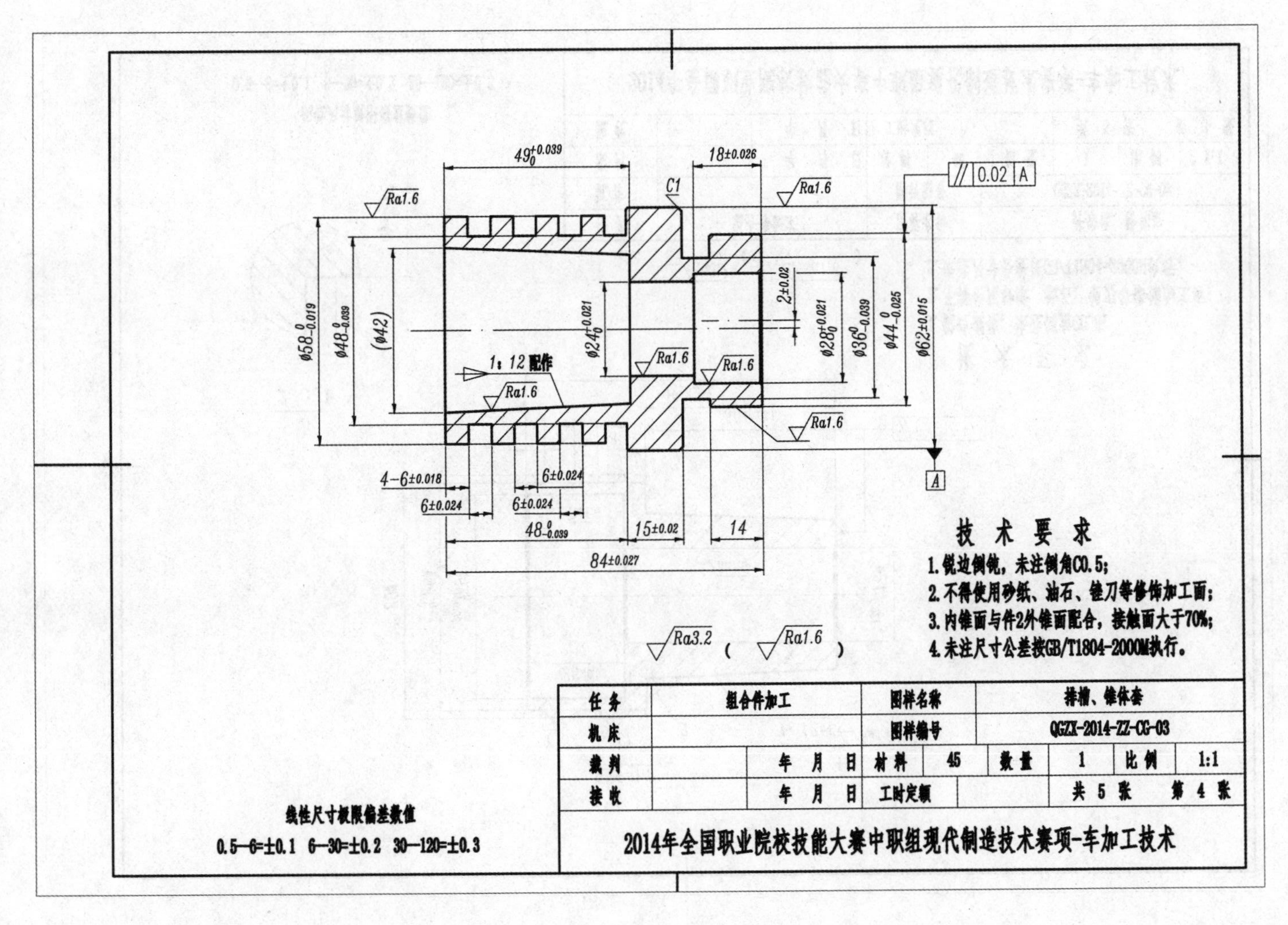

图 5.1.27　排槽、内锥套零件图

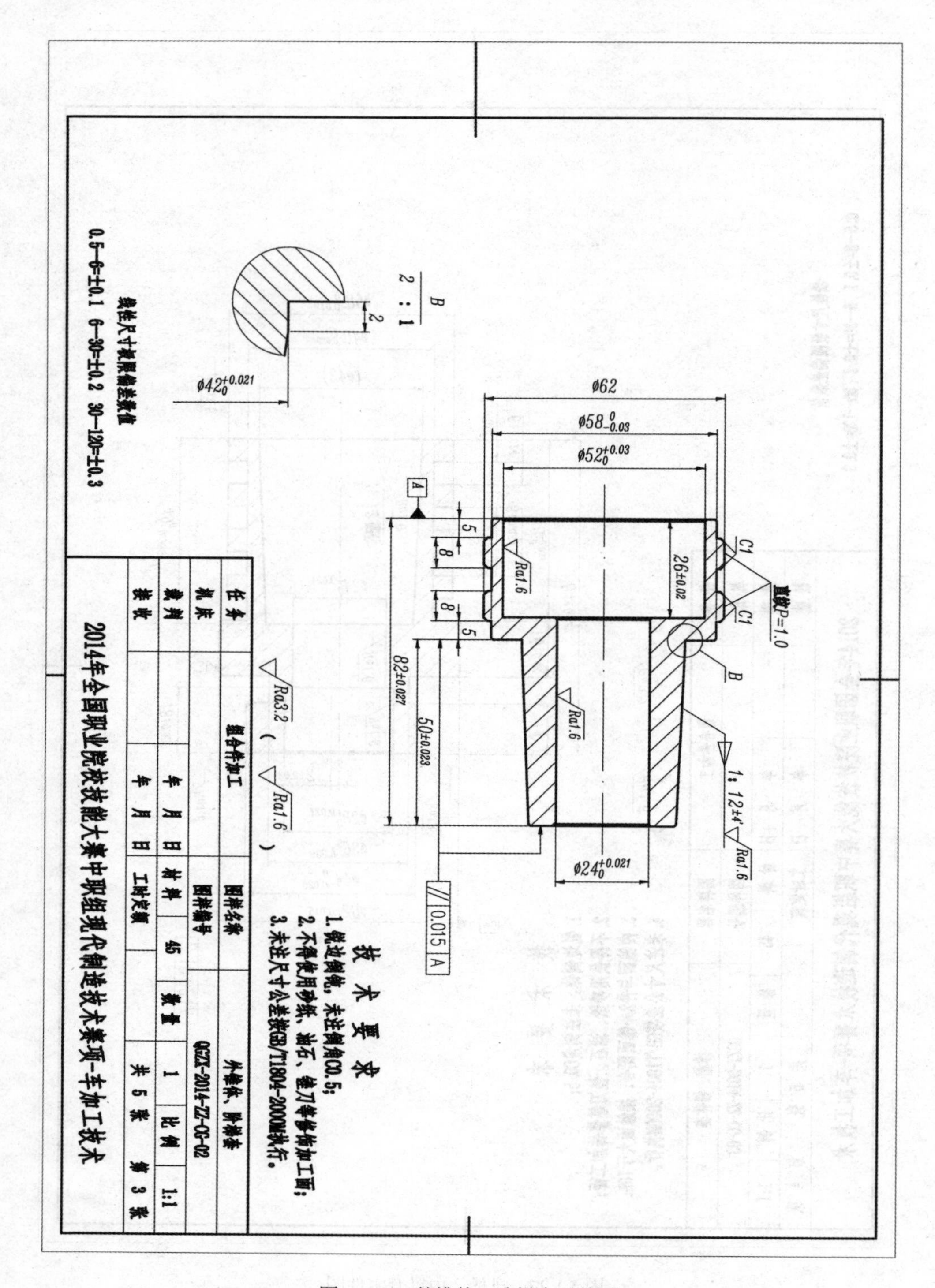

图 5.1.28　外锥体、阶梯套零件图

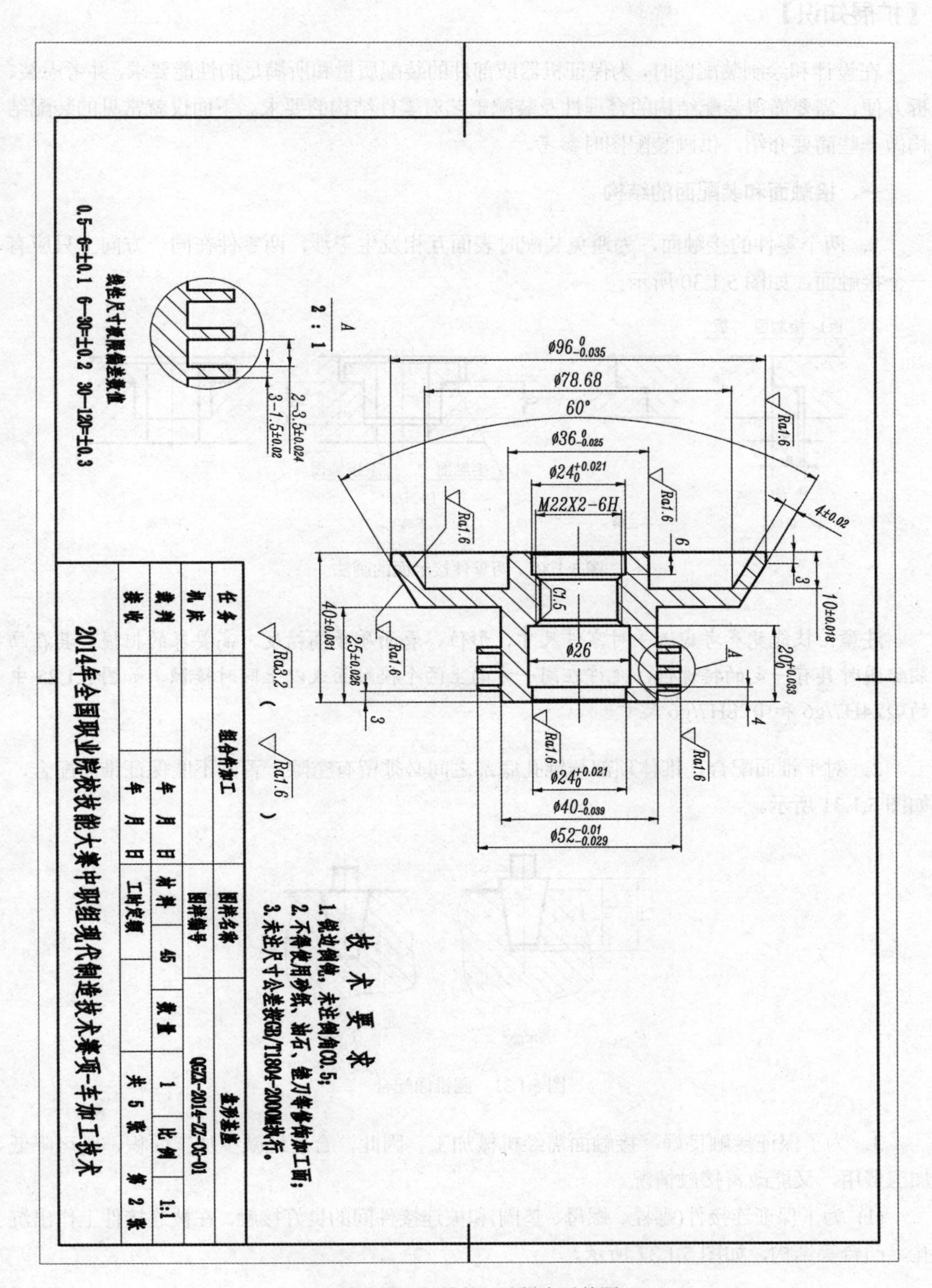

图 5.1.29　外锥体、阶梯套零件图

【扩展知识】

在设计和绘制装配图时，为保证机器或部件的装配质量和所满足的性能要求，并考虑装、拆方便，需要懂得装配结构的合理性及装配工艺对零件结构的要求。下面仅就常见的装配结构做一些简要介绍，供画装配图时参考。

一、接触面和装配面的结构

1．两个零件的接触面，为避免装配时表面互相发生干涉，两零件在同一方向上只应有一个接触面，如图 5.1.30 所示。

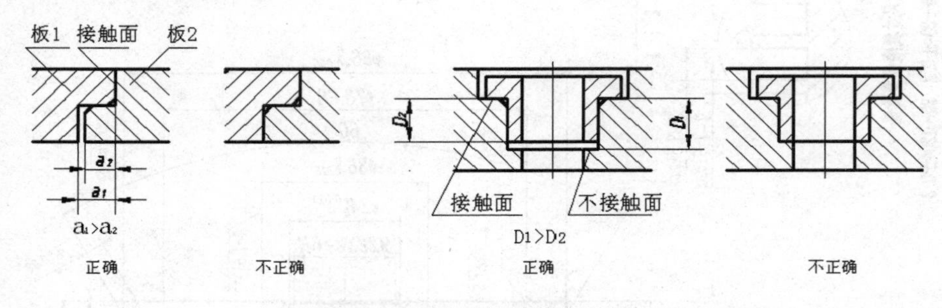

图 5.1.30　两零件接触面的画法

注意： 技能竞赛考虑选手对零件尺寸、形位、表面质量高精度、高要求的把握，其在画装配图时具有一定的特殊性，允许在同一方向上两个接触面或以上同时接触，如图 5.1.25 中的Φ24H7/g6 和Φ28H7/g6 尺寸。

2．对于锥面配合，锥体顶部与锥孔底部之间必须留有空隙，否则不能保证锥面配合，如图 5.1.31 所示。

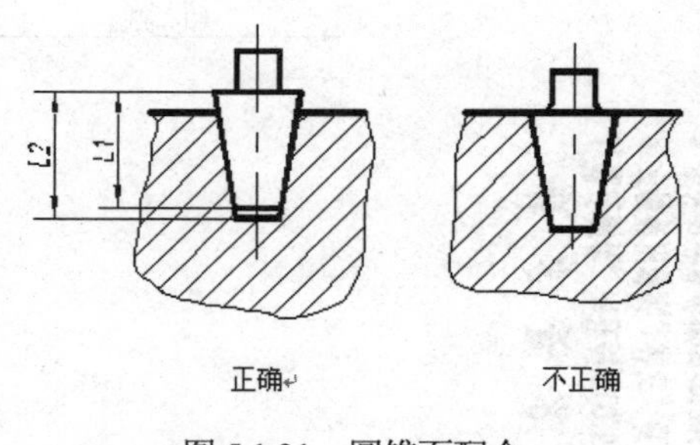

图 5.1.31　圆锥面配合

3．为了保证接触良好，接触面需经机械加工。因此，合理地减少加工面积，既可降低加工费用，又能改善接触情况。

(1) 为了保证连接件(螺栓、螺母、垫圈)和被连接件间的良好接触，在被连接件上作出沉孔、凸台等结构，如图 5.1.32 所示。

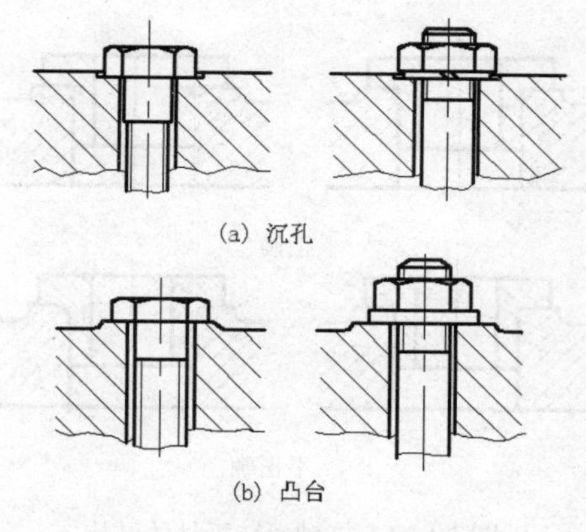

图 5.1.32　沉孔和凸台结构

(2) 图 5.1.33(a)、(b)表示轴承底座与下轴衬接触面的形状，为减少接触面，在两零件的接触面上加工一环形槽；在轴承底座的底部挖一凹槽。轴瓦凸肩处有越程槽是为了改善两个互相垂直表面的接触情况。

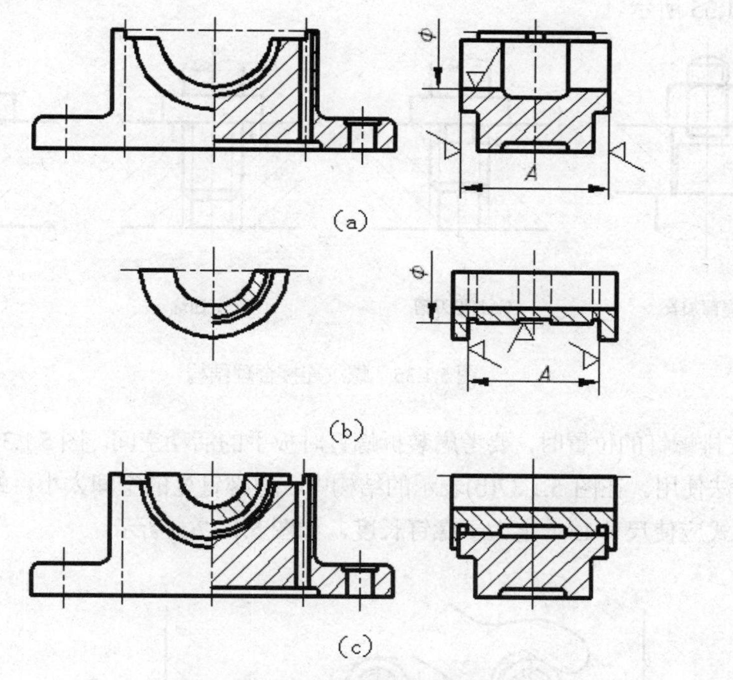

图 5.1.33　减少零件接触面的结构

(3) 零件两个方向的接触面在转折处要做成倒角、退刀槽或不同半径的圆角，以保证两零件接触良好，不应都做成尖角或相同半径的圆角，如图 5.1.34 所示。

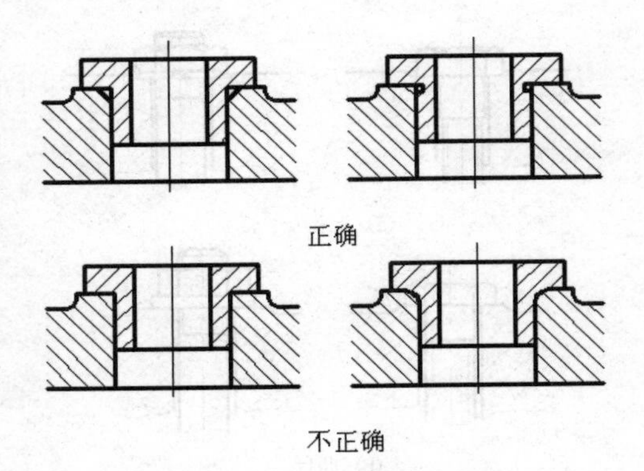

图 5.1.34　接触面转折处的结构

二、螺纹连接的结构

1. 为保证拧紧，要适当加长螺纹尾部，在螺杆上加工出退刀槽，在螺孔上绘制凹坑或倒角，如图 5.1.35 所示。

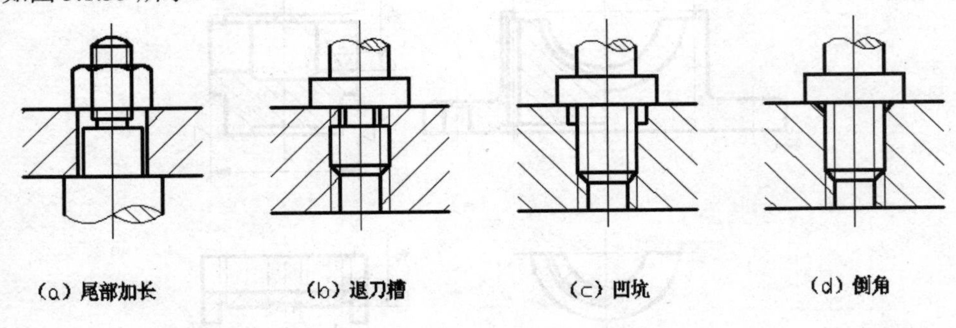

图 5.1.35　螺纹连接合理结构

2. 在安排螺钉的位置时，要考虑装拆螺钉时扳手的活动空间。图 5.1.36(b)上所留空间太小，扳手无法使用。在图 5.1.37(b)表示的结构中，放螺钉处的空间太小，螺钉无法装拆，正确的结构形式应使尺寸 L 一定大于螺钉长度，如图 5.1.37(a)所示。

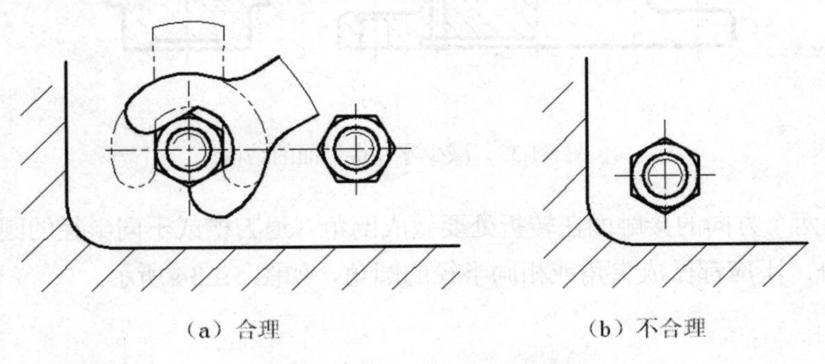

图 5.1.36　留出扳手活动空间

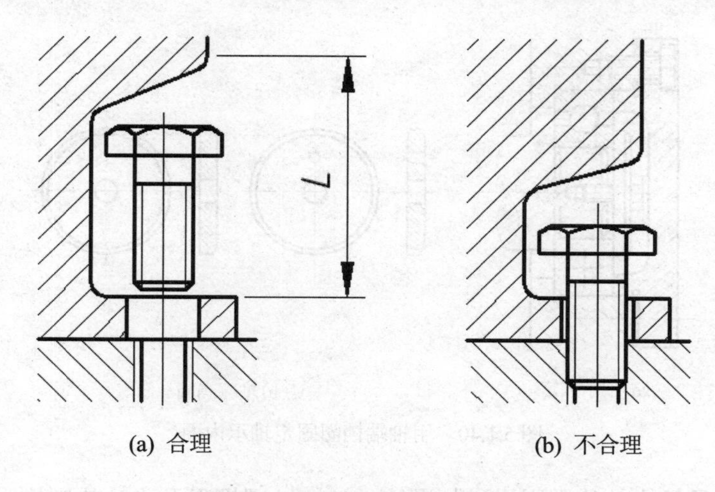

图 5.1.37 留出螺钉装拆空间

三、滚动轴承的固定、间隙调整及密封装置的结构

1. 滚动轴承的固定

为防止滚动轴承产生轴向窜动，须采用一定的结构来固定其内、外圈。常用的固定滚动轴承内、外圈的结构有：

(1) 用轴肩或孔肩固定，此时，轴肩或孔肩的高度需要小于轴承内圈或外圈的厚度，如图 5.1.38 所示。

(2) 用弹性挡圈固定，如图 5.1.39(a)。弹性挡圈为标准件，其尺寸和轴端环槽的尺寸均可根据轴颈的直径，从相关手册中查取，如图 5.1.39(b)所示。

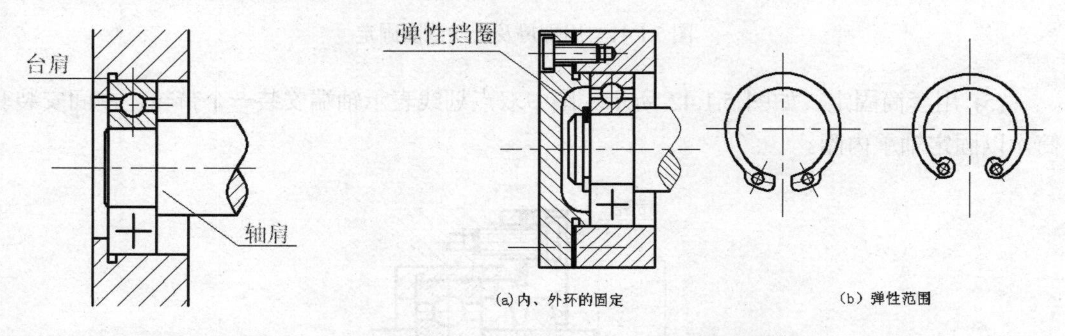

图 5.1.38 用轴肩固定轴承内、外圈　　图 5.1.39 用弹性圈固定轴承内、外圈

(3) 用轴端挡圈固定，如图 5.1.40(b)。轴端挡圈为标准件，为使挡圈能够压紧轴承内圈，轴颈的长度要小于轴承的宽度，否则挡圈起不到固定轴承的作用，如图 5.1.40(a)所示。

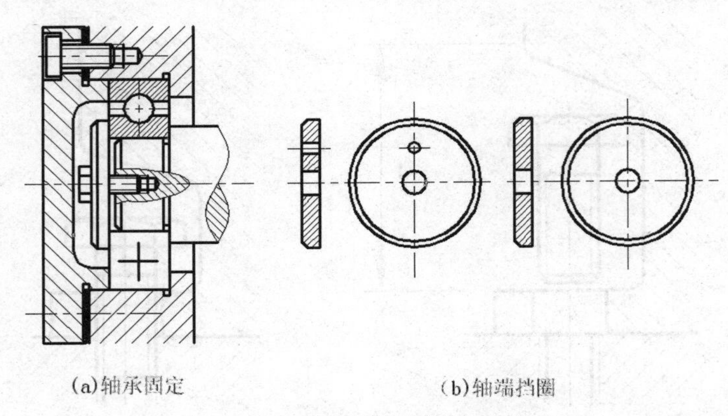

图 5.1.40　用轴端档圈固定轴承内圈

(4) 用圆螺母及止动垫圈固定，如图 5.1.41(a)。圆螺母及止动垫圈均为标准件，如图 5.1.41(b)、图 5.1.41(c)。

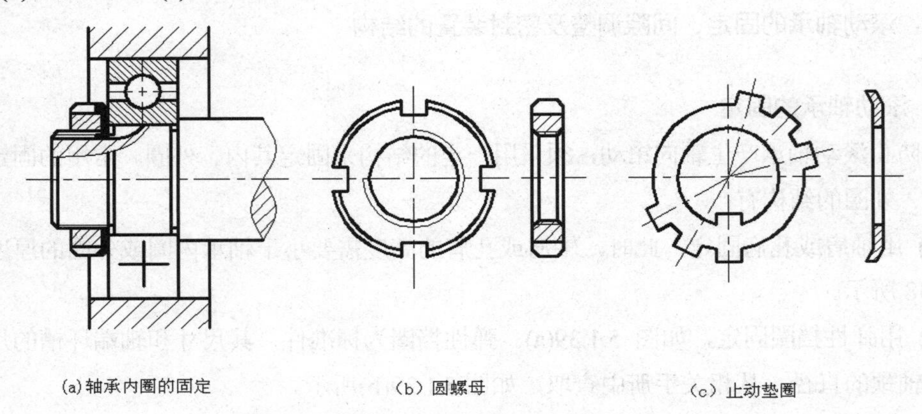

图 5.1.41　用螺母及止动垫圈固定

(5) 用套筒固定，如图 5.1.42 所示。图中双点划线表示轴端安装一个带轮，中间安装套筒，以固定轴承内圈。

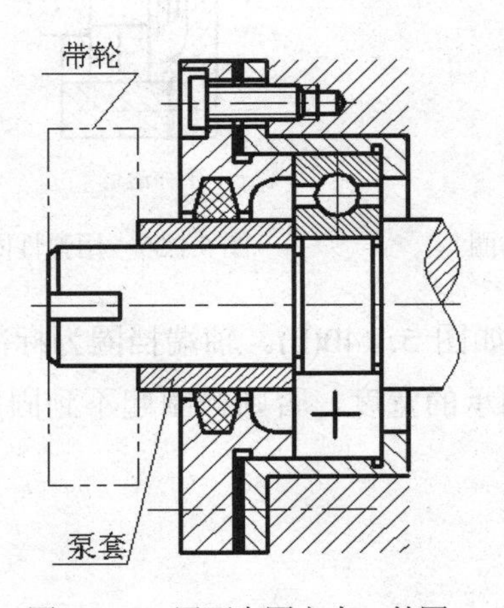

图 5.1.42　用泵套固定内、外圈

2．滚动轴承间隙的调整

由于轴在高速旋转时会引起发热、膨胀，因此在轴承和轴承盖的端面之间要留有少量间隙(一般为 0.2～0.3mm)，以防止轴承转动不灵活或卡住。滚动轴承工作时所需要的间隙可随时调整。常用的调整方法有：更换不同厚度的金属垫片，如图 5.1.43(a)所示；用螺钉调整止推盘，如图 5.1.43(b)所示。

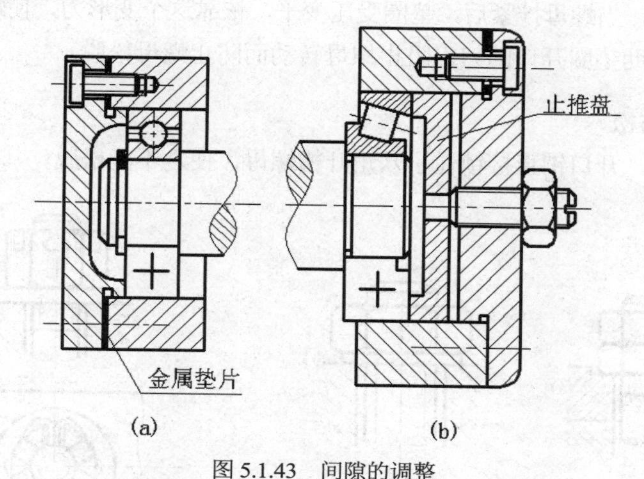

图 5.1.43 间隙的调整

3．滚动轴承的密封

滚动轴承需要进行密封，以防止润滑油外流和外部的水汽、灰尘等侵入。常用的密封方法如图 5.1.44 所示。常用的密封件，有的已经标准化，如皮碗和毡圈。有的密封件的某些局部结构已经标准化，如轴承的毡圈槽、油沟等，其尺寸可从有关手册中查取。

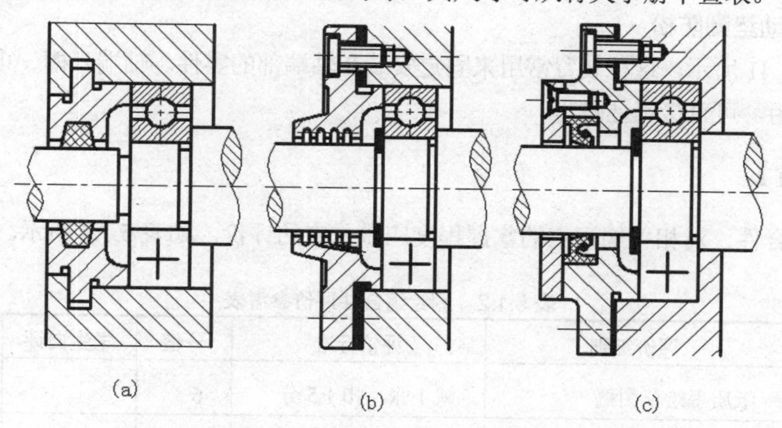

图 5.1.44 滚动轴承的密封

四、防松结构

机器运转时，由于受到振动或冲击，螺纹连接件可能发生松动，有时可能造成严重事故。因此，在某些机构中需要防松，图 5.1.45 表示了几种常用的防松结构。

1. 用双螺母锁紧

如图 5.1.45(a)，它依靠两螺母拧紧后产生的轴向力，使螺母、螺栓牙之间的摩擦力增大而防止螺母自动松脱。

2. 用弹簧垫圈锁紧

如图 5.1.45(b)，当螺母拧紧后，垫圈受压变平，依靠这个变形力，使螺母与螺栓牙之间摩擦力增大，并借助垫圈开口的刀刃阻止螺母转动而防止螺母松脱。

3. 用开口销防松

如图 5.1.45(c)，开口销直接锁住了六角开槽螺母，使之不能松脱。

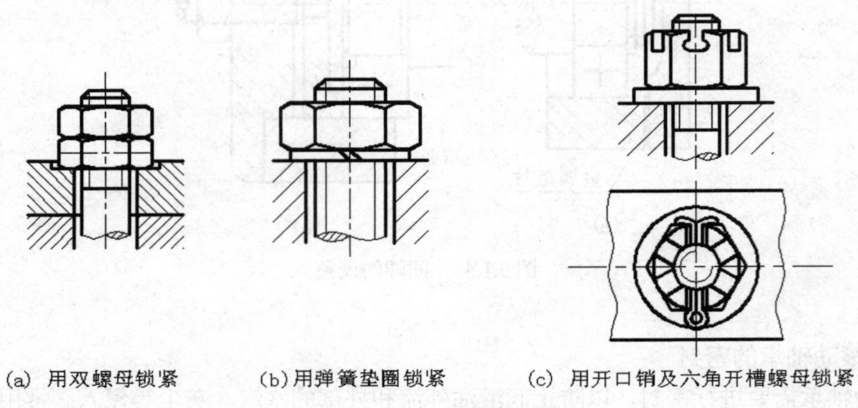

(a) 用双螺母锁紧　　(b) 用弹簧垫圈锁紧　　(c) 用开口销及六角开槽螺母锁紧

图 5.1.45　常用的放松结构

4. 用止动垫圈防松

如图 5.1.41 所示，这种装置常用来固定安装在轴端部的零件。轴端开槽、止动垫圈与圆螺母联合使用，可直接锁住螺母。

【任务评价】

测绘组合件，对相关知识点的掌握程度应做一定的评价，如表 5.1.2 所示。

表 5.1.2　测绘组合件评价参考表

评价内容	评价细则	评价标准	分值	学生自评	老师评估
零件测量与手绘	纸质手绘草图稿	缺 1 张，扣 1.5 分	6		
	视图表达	错 1 处扣 1.5 分	6		
	尺寸标注	不合理或少 1 处，扣 0.5 分，扣完为止	8		

(续表)

评价内容	评价细则	评价标准	分值	学生自评	老师评估
零件图绘制	零件视图表达	缺 1 个，扣 4 分；不合理 1 处，扣 1 分	16		
	尺寸标注及公差	不合理或少 1 处，扣 1 分，扣完为止	14		
	图幅、标题栏、技术要求	缺 1 处，扣 2 分	10		
装配图绘制	装配视图表达	不合理 1 处，扣 2 分，扣完为止	15		
	装配尺寸标注	不合理或缺 1 处，扣 2 分，扣完为止	10		
	图幅、标题栏、技术要求	不合理或缺 1 处，扣 2 分，扣完为止	15		

学习体会：

【练一练】

请根据所学的知识，绘制某届车加工技术(中职组)校际拉练赛组合件加工图，如图 5.1.46、图 5.1.47、图 5.1.48、图 5.1.49、图 5.1.50 所示。

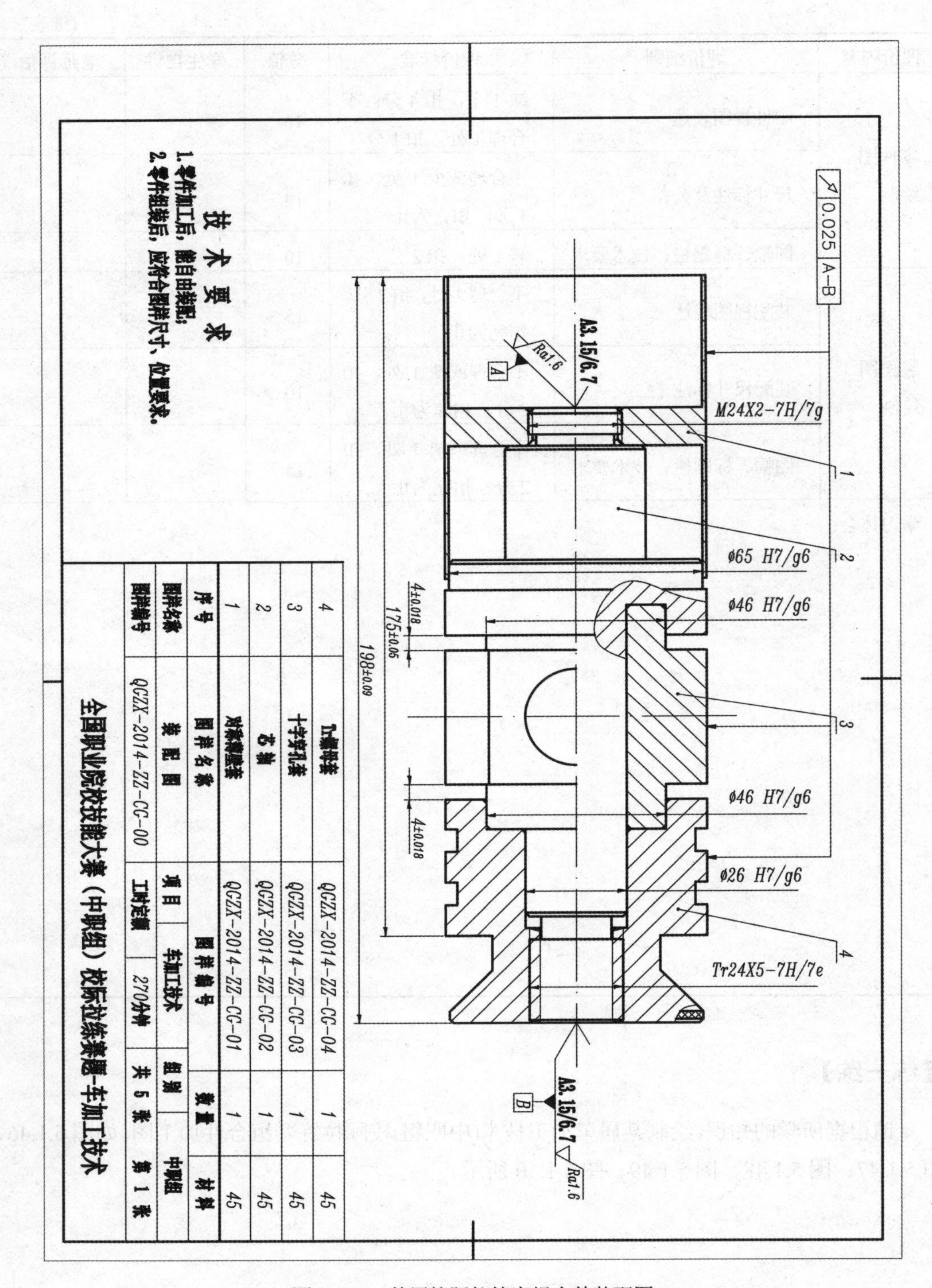

图 5.1.46　某届校际拉练赛组合件装配图

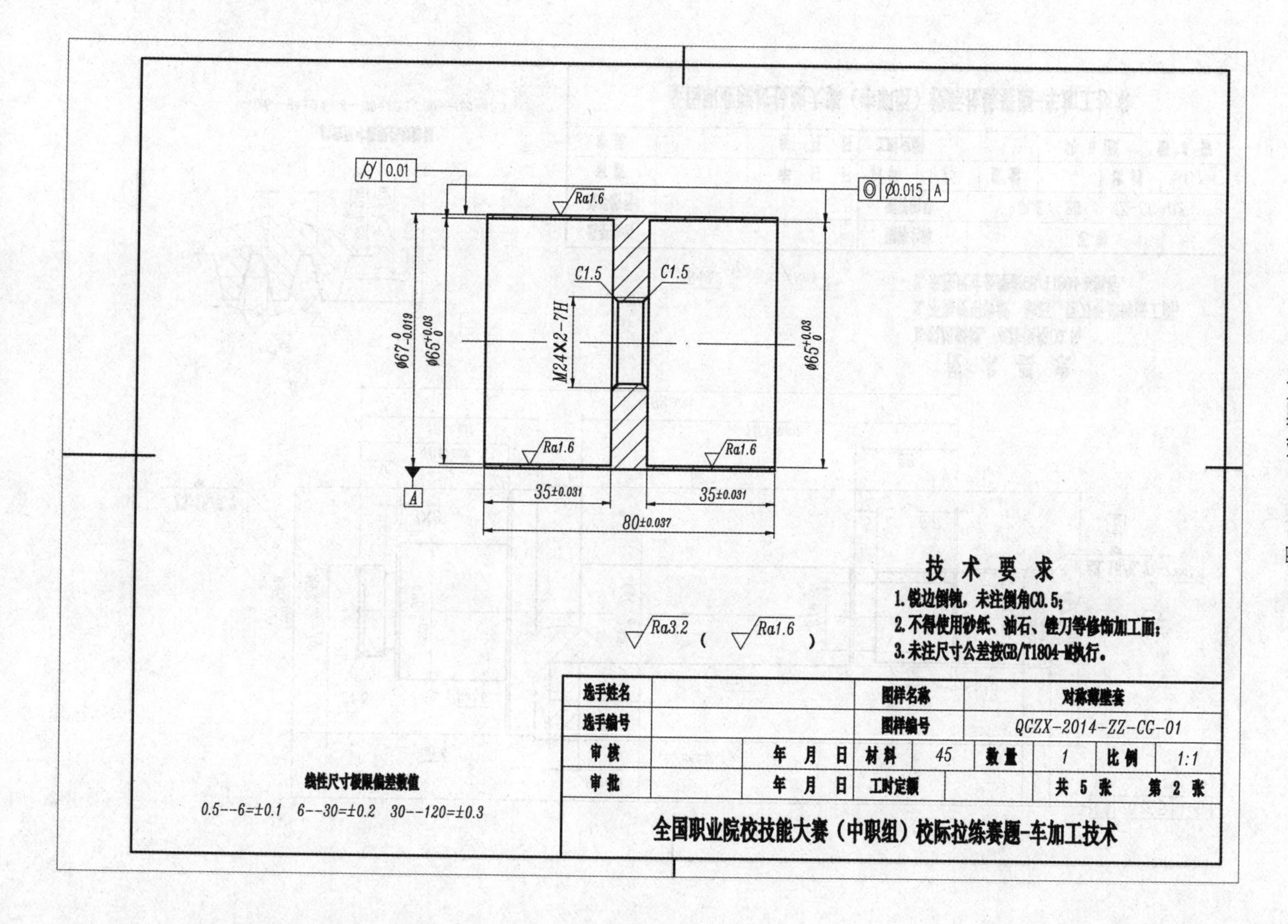

0.01
φ0.015 A
Ra1.6
C1.5
C1.5
φ67 0/-0.019
φ65 +0.03/0
M24×2-7H
φ65 +0.03/0
Ra1.6
Ra1.6
A
35±0.031
35±0.031
80±0.037
技术要求
1. 锐边倒钝，未注倒角C0.5;
2. 不得使用砂纸、油石、锉刀等修饰加工面;
3. 未注尺寸公差按GB/T1804-M执行。
Ra3.2 (Ra1.6)
线性尺寸极限偏差数值
0.5--6=±0.1　6--30=±0.2　30--120=±0.3
选手姓名
图样名称
对称薄壁套
选手编号
图样编号
QGZX-2014-ZZ-CG-01
审核
年 月 日
材料
45
数量
1
比例
1:1
审批
年 月 日
工时定额
共 5 张
第 2 张
全国职业院校技能大赛（中职组）校际拉练赛题-车加工技术

图 5.1.47　对称薄壁套

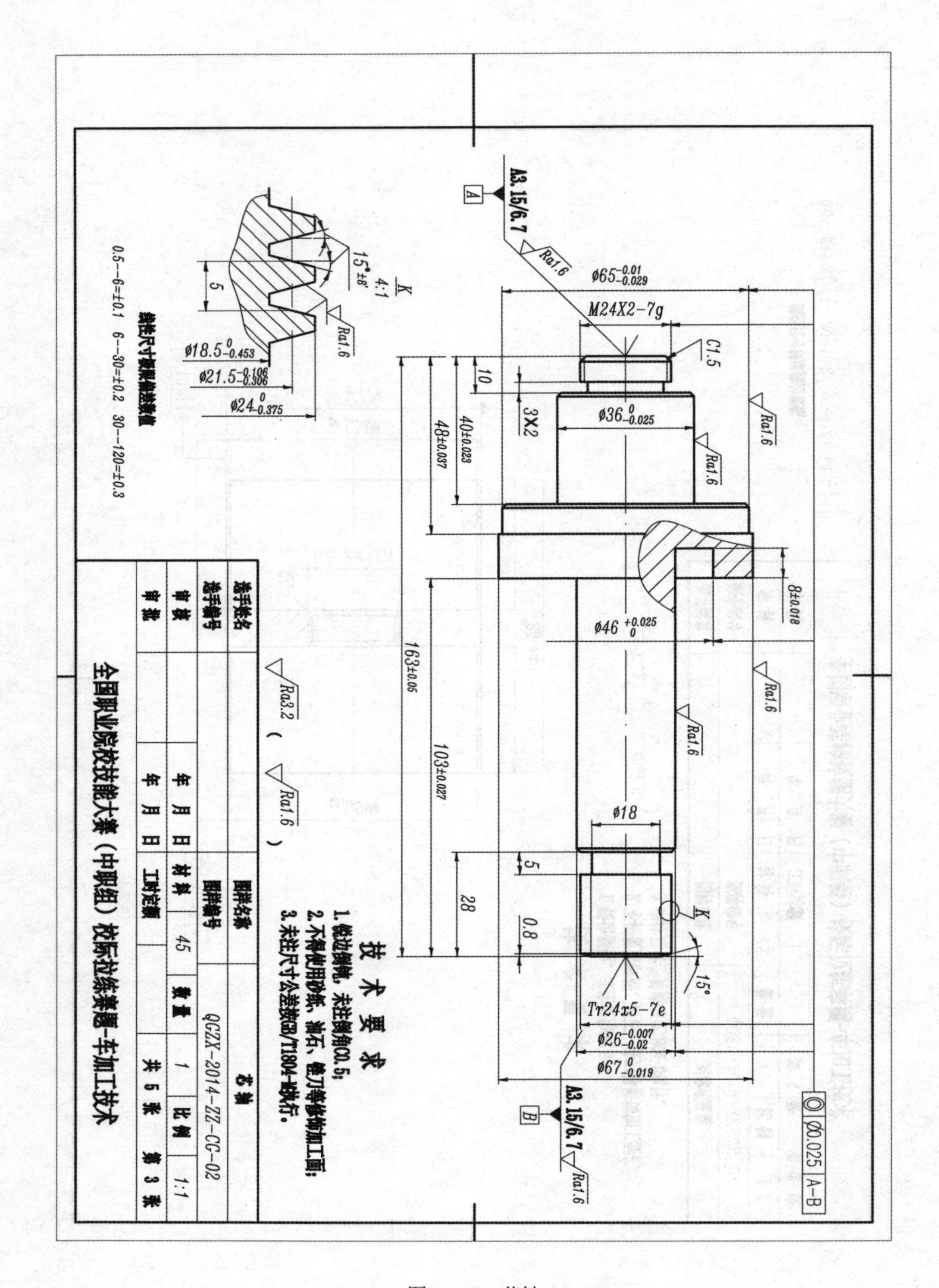
技术要求
1.锐边倒钝，未注倒角C0.5;
2.不得使用砂纸、油石、锉刀等修饰加工面;
3.未注尺寸公差按GB/T1804-m执行。
选手姓名
选手编号
审核
审批
年 月 日
图样名称
芯轴
图样编号
QCZX-2014-ZZ-CG-02
材料
45
数量
1
比例
1:1
工时定额
共 5 张
第 3 张
全国职业院校技能大赛（中职组）校际拉练赛题-车加工技术
M24X2-7g
Tr24x5-7e
C1.5
3X2
A3.15/6.7
Ra1.6
Ra3.2
K
4:1
15°
0.025 A-B

图 5.1.48　芯轴

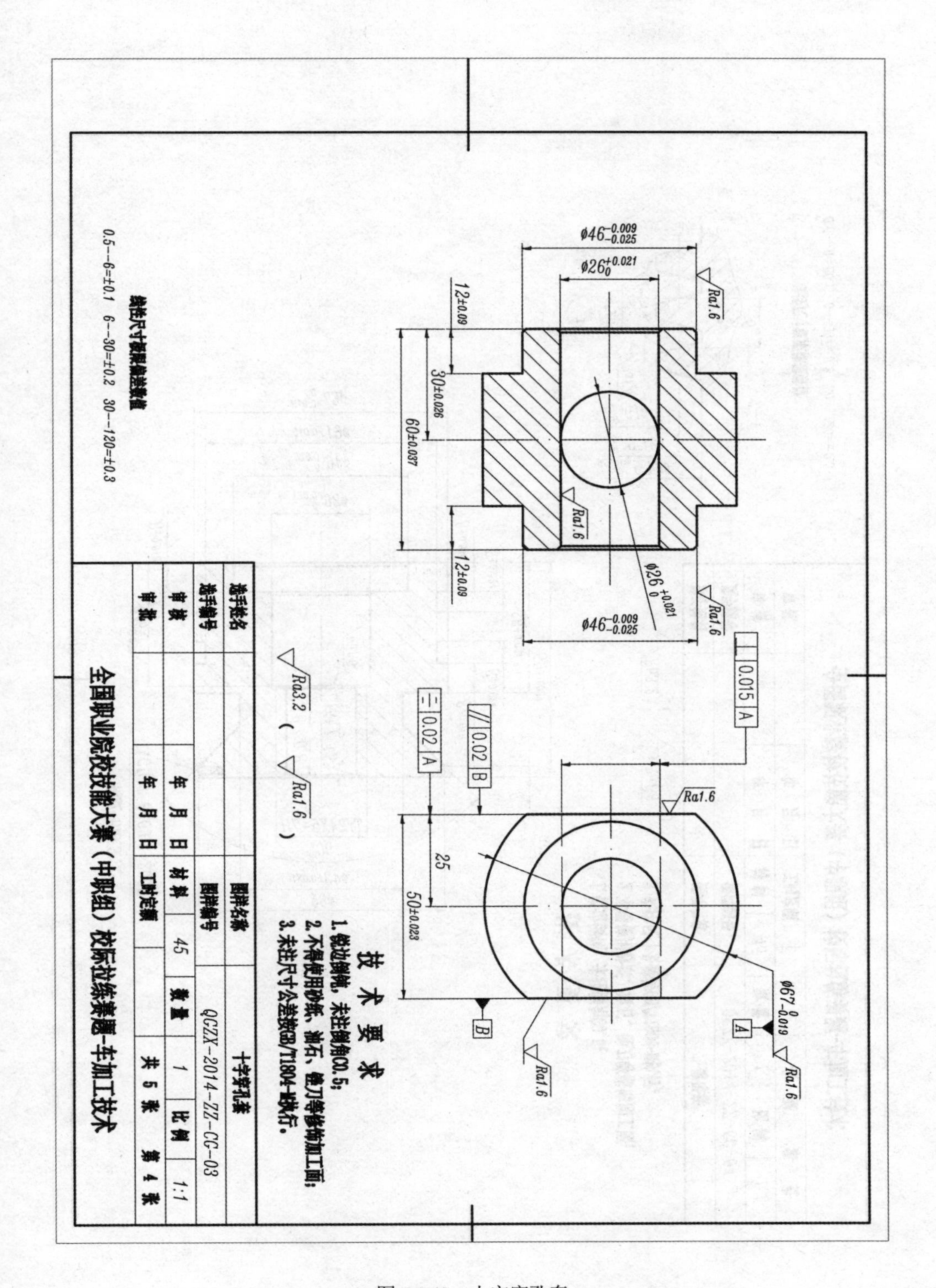

全国职业院校技能大赛（中职组）校际拉练赛题-车加工技术
选手姓名
选手编号
审核
审批
年　月　日
年　月　日
图样名称
十字穿孔套
图样编号
QGZX-2014-ZZ-CG-03
材料
45
数量
1
比例
1:1
工时定额
共 5 张
第 4 张
技 术 要 求
1. 锐边倒钝，未注倒角C0.5；
2. 不得使用砂纸、油石、锉刀等修饰加工面；
3. 未注尺寸公差按GB/T1804-m执行。
未注尺寸极限偏差值
0.5~6=±0.1　6~30=±0.2　30~120=±0.3
Ra3.2
Ra1.6
φ46
φ26
12±0.09
30±0.026
60±0.037
25
50±0.023
0.015
0.02
A
B

图 5.1.49　十字穿孔套

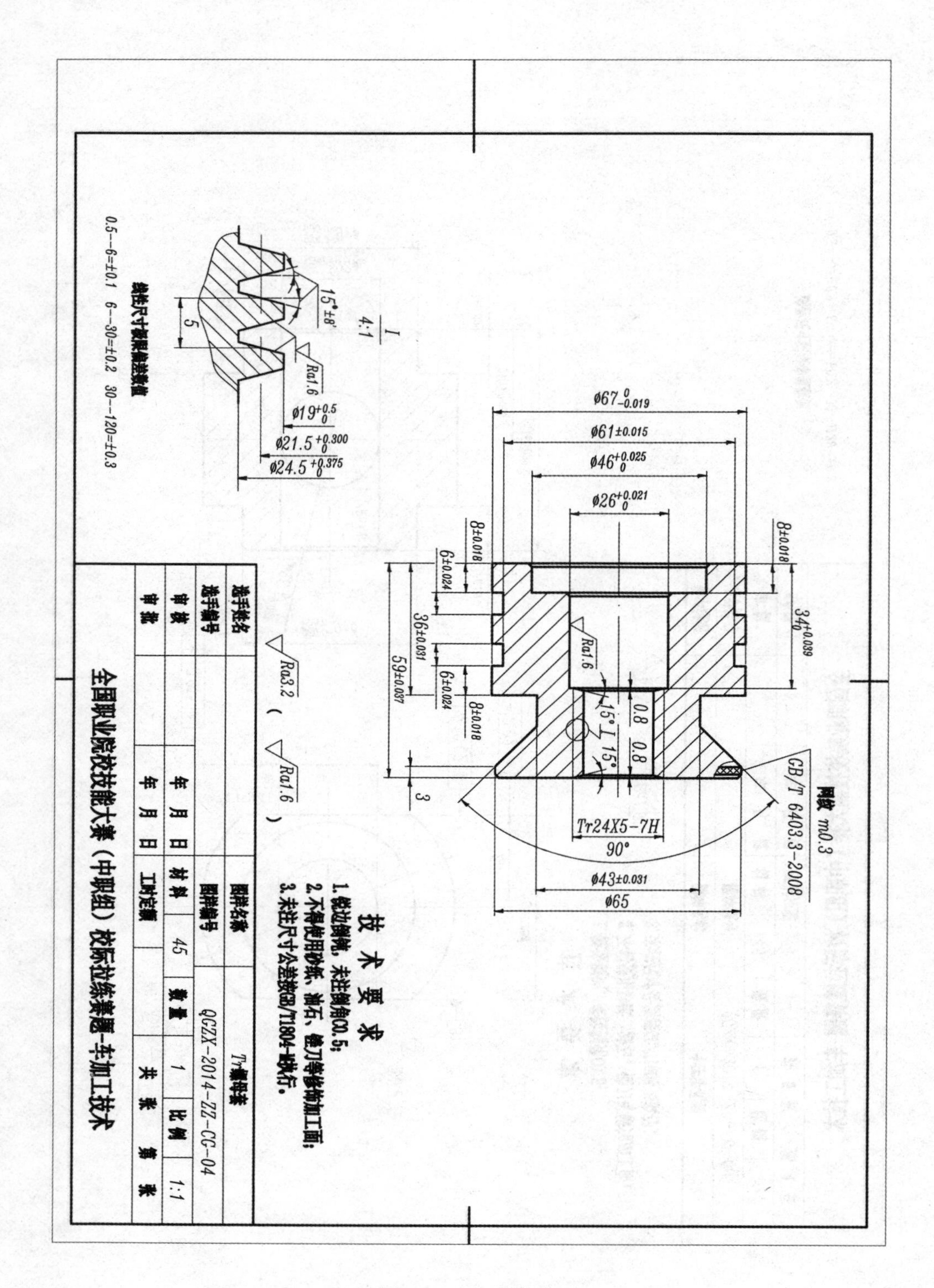
I
4:1
15°±8'
5
Ra1.6
线性尺寸未注偏差值
0.5~6=±0.1　6~30=±0.2　30~120=±0.3
网纹 m0.3
GB/T 6403.3-2008
Tr24X5-7H
90°
技术要求
1.锐边倒钝，未注倒角C0.5;
2.不得使用砂纸、油石、锉刀等修饰加工面;
3.未注尺寸公差按GB/T1804-m执行。
选手姓名
选手编号
审核
审批
年 月 日
图样名称
Tr螺纹套
图样编号
QCZX-2014-ZZ-CG-04
材料
45
数量
1
比例
1:1
工时定额
共 张
第 张
全国职业院校技能大赛（中职组）校际拉练赛题-车加工技术

图 5.1.50　Tr 螺纹套

任务 5.2　测绘精密平口钳

【任务目标】

1. 通过案例介绍和练习，会操作 CAD 软件中的序号标注、生成明细表、调用标准件(螺钉、垫圈)。

2. 通过案例操作与练习，会正确分析、拆装平口钳，并利用 CAD 软件正确绘制平口钳。

【任务分析】

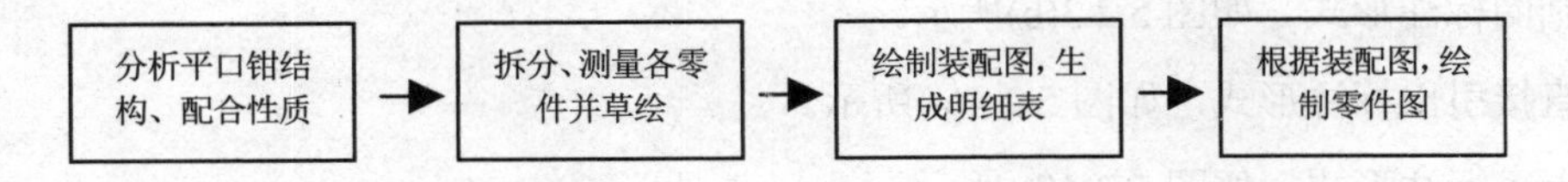

【相关知识】

一、序号/明细表介绍

中望机械 CAD 教育版为满足设计的需要，提供了丰富的标注序号、明细表生成及明细表处理功能。首创序号与明细表的双向关联，修改任一标注可自动修改另一标注，明细表自动生成。用户可根据“序号/明细表”中的功能对部件的序号进行标注、明细栏进行填充，这些功能位于中望机械 CAD 教育版下拉菜单的“序号明细表”项，如图 5.2.1 所示，用户也可以通过工具命令进行操作，如图 5.2.2 所示。

注意：序号(XH)和明细表(MX)的操作需要在图幅(TF)创建后才可以进行，明细表需要在序号标好之后才可以生成。

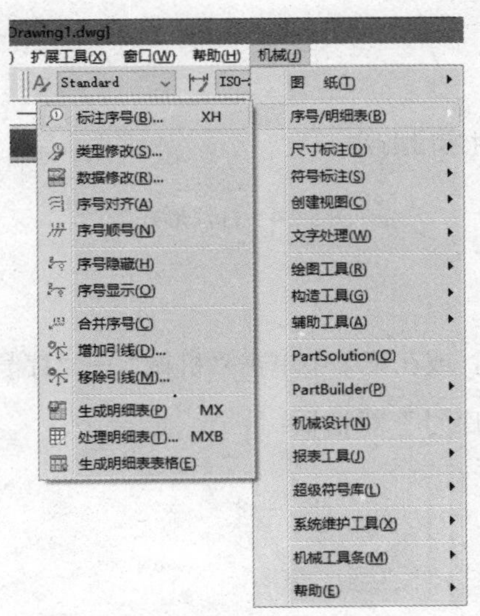

图 5.2.1　“序号/明细表”菜单

图 5.2.2　“序号/明细表”工具栏

(一) 标注序号

序号(XH)需要在图幅(TF)创建之后才可以进行。

1. 序号几种标注形式

中望机械 CAD 教育版设定了以下几种序号标注形式：

(1) 横线标注形式，如图 5.2.3(a)所示。

(2) 圆圈标注形式，如图 5.2.3(b)所示。

(3) 直接引出标注形式，如图 5.2.4(a)所示。

(4) 上下标注形式，如图 5.2.4(b)所示。

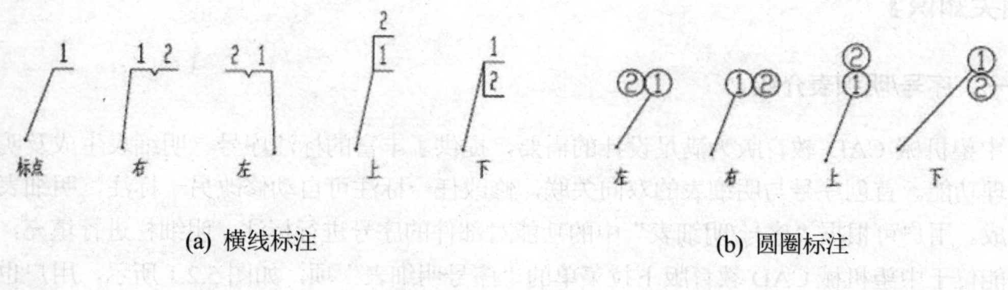

(a) 横线标注　　(b) 圆圈标注

图 5.2.3　标注形式 1

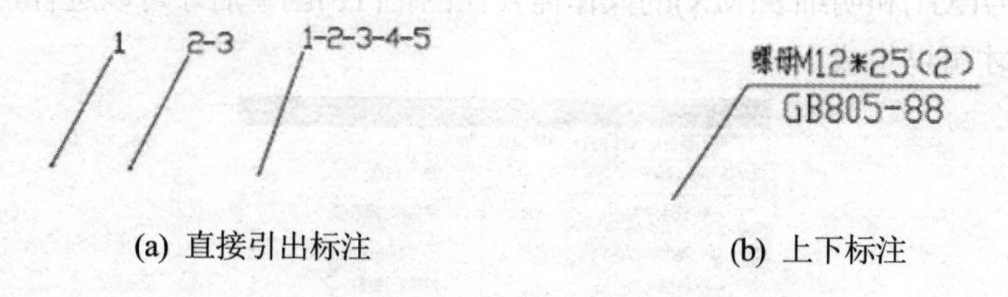

(a) 直接引出标注　　(b) 上下标注

图 5.2.4　标注形式 2

2. 标注序号操作流程

(1) 键盘：输入“XH”，或在菜单中单击“机械”→“序号/明细表”→“标注序号”，弹出图 5.2.5 所示的“引出序号”对话框；

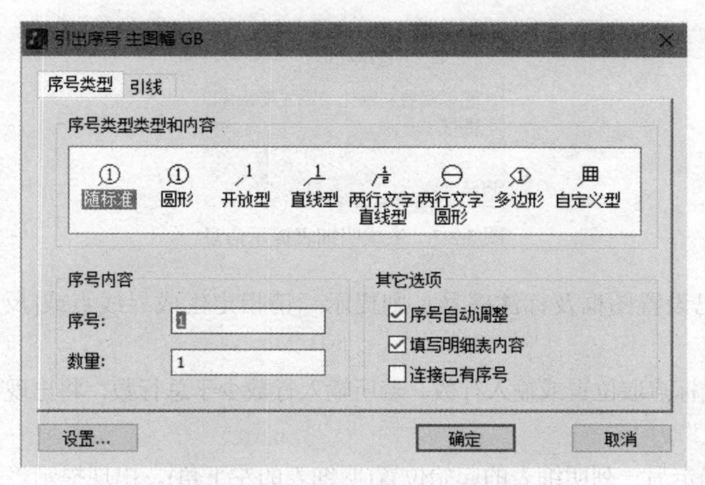

图 5.2.5　“引出序号”对话框

(2) 对话框内容注释

① 序号值：本次序号标注的值，系统会自动根据最近标注的序号值进行累加显示，用户可以在此修改为合适的序号标注值。

② 序号自动调整：当有重复序号标注时，自动调整其后的序号，相当于序号的自动插入。“序号自动调整”不选择时，则进行序号重复标注，相当于在不同视图对同一零件进行重复标注。

③ 填明细表内容：开关置“√”时，在序号标注结束时，出现“序号输入”窗口，如图 5.2.6 所示，此时可直接输入明细表内容。

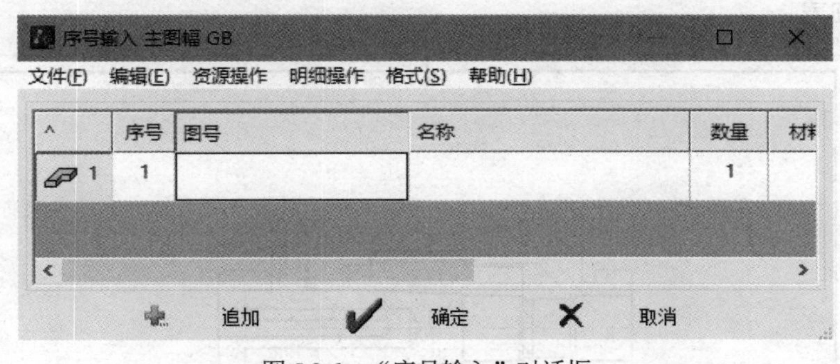

图 5.2.6　“序号输入”对话框

④ 连接已有序号：将此项打上“√”，进行序号连续标注，其序号插入位置由鼠标点取的位置和鼠标拖动牵引的方向确定。

(二) 生成明细表

注意：明细表(MX)需要在图幅(TF)和序号(XH)创建之后才可以进行。

自动生成明细表操作流程：

用键盘输入“MX”或在菜单中单击“机械”→“序号/明细表”→“生成明细表”。

若当前图尚未设置图框，则右下角出现如下警告框，如图 5.2.7 所示。

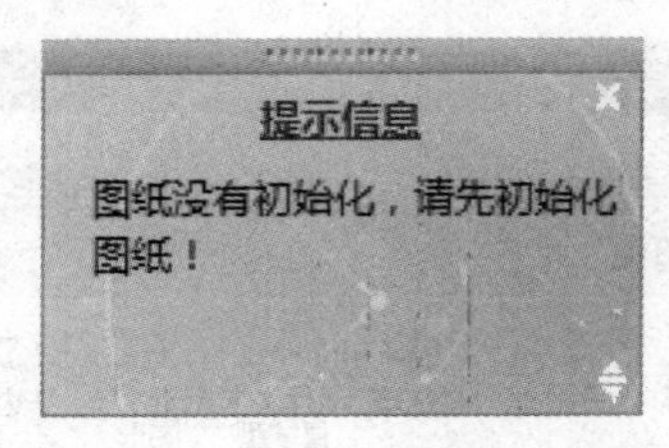

图 5.2.7　生成明细表提示信息

若当前图已设置图框及标注序号，则提示“请指定生成界线点或[反向(R)/生成行数(4)]<4>”。

这时，用鼠标点取位置或输入行数。若所输入行数少于总行数，将出现提示“请指定另一列的生成起点”。

输入一点确定另一列明细表的起始位置(明细表的左下角)。出现提示“是否生成新的明细表表头(Yes/No)<Y>？<Y>”。

输入 Y(或 N)，出现提示“请指定生成界线点或[反向(R)/生成行数(1)]<1>”，继续输入，直至将明细表全部生成。

结果将自动生成明细表，明细表项的生成默认从明细表表头的右上角开始，向上自动增加，如果你需要调整为表头在上，明细表项反向生成，可在生成明细表时输入“R”，即反向。

二、标注序号/生成明细表应用实例

图 5.2.8 为全国职业院校技能大赛(中职组)车加工技术赛项训练装配图，标注完成序号及自动生成明细表。

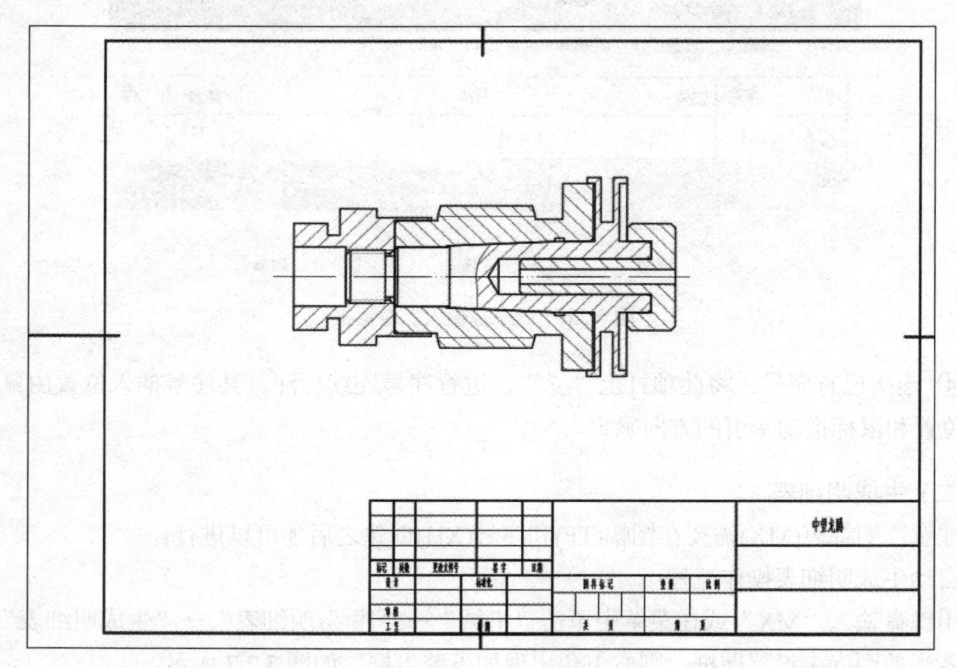

图 5.2.8　全国职业院校技能大赛(中职组)车加工技术赛项训练装配图

1. 标注序号具体操作步骤如下：

(1) 在键盘输入“XH”，回车，弹出图 5.2.5 所示的对话框。选择“直线型”；序号填入“1”，数量“1”；在“序号自动调整”、“填明细表内容”选项打“√”，单击“确定”按钮。

(2) 命令行出现提示“选择要附着的对象或引出点或[退出(X)]”，从左到右标注，单击第一个图的合适位置作为序号引出点，此时序号处于拖动状态。

(3) 命令行出现提示“下一点或[配置(C)/自动方向(A)/改变方向(R)/引线为多线段(P)/选择对齐序号(S)/无引线(N)]<配置(C)>”，单击合适的位置作为序号引号结束点。弹出图 5.2.6 所示的对话框，在图号、名称、数量等字段填写相关内容，单击“确定”按钮。

(4) 根据上述步骤，依次对其他三个图作序号标注，完成标注后，如图 5.2.9 所示。

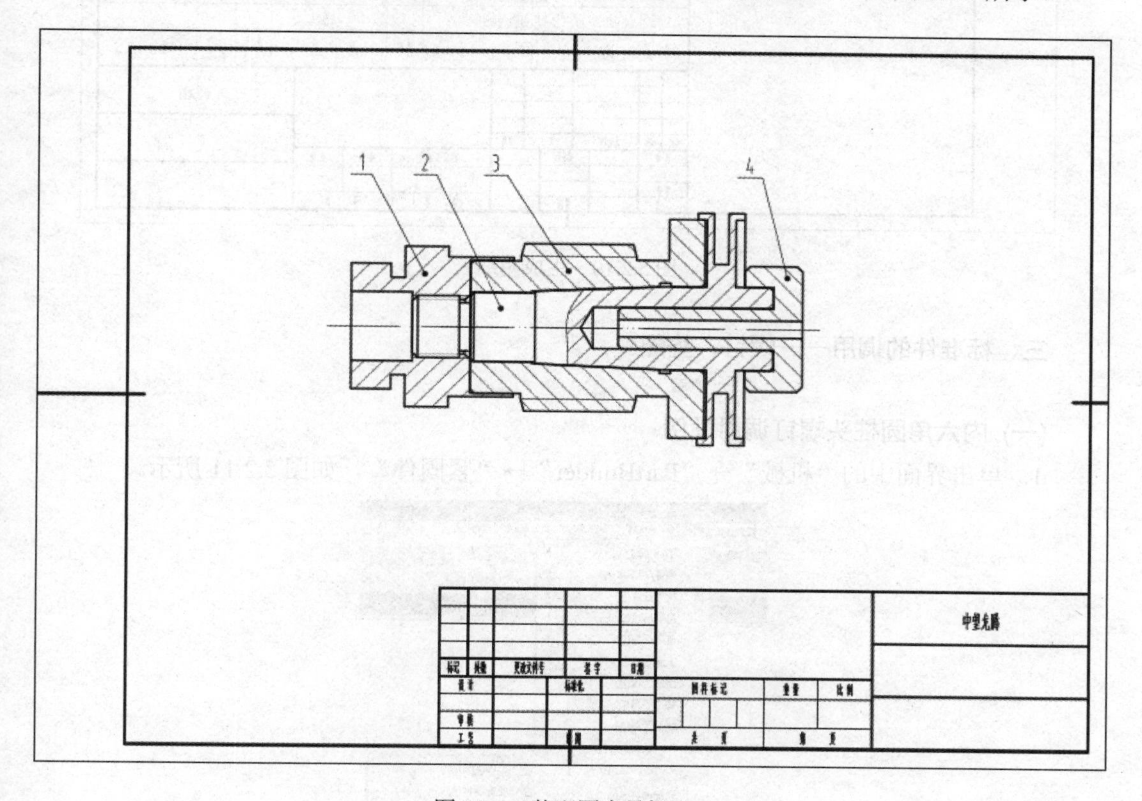

图 5.2.9　装配图序号标注

2. 生成明细表操作步骤如下：

(1) 在键盘输入“MX”，回车后提示“请指定生成界线点或[反向(R)/生成行数(4)]<4>”。

(2) 输入“4”，回车，生成明细表，如图 5.2.10 所示。

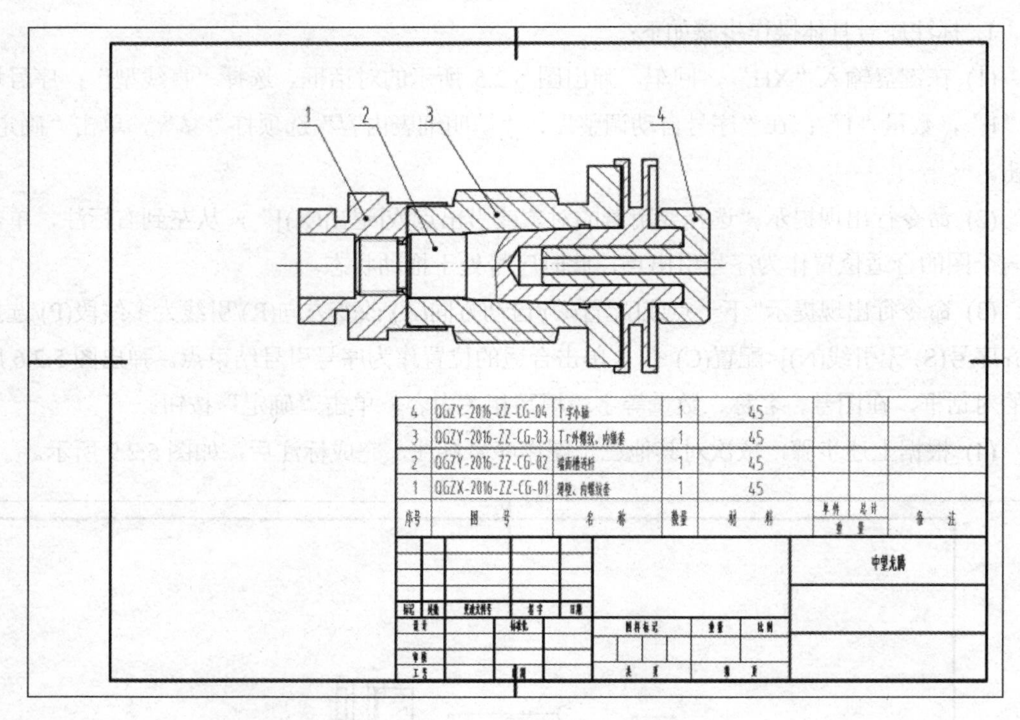

图 5.2.10　生成明细表

三、标准件的调用——螺钉、垫圈

(一) 内六角圆柱头螺钉调用举例

1．单击界面中的“机械”→“PartBuilder”→“紧固件”，如图 5.2.11 所示。

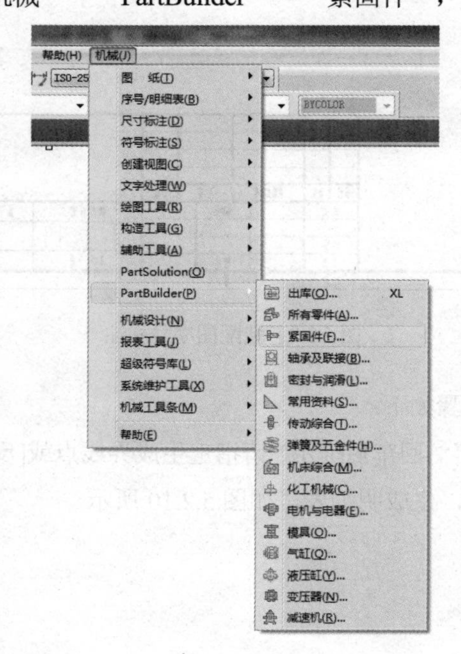

图 5.2.11　调用紧固件

2．单击“紧固件”选项，弹出“系列化零件设计开发系统”界面，选择“内六角圆柱头螺钉”，根据需求选择中间对应的原始参数数据及右边的选项框，如图 5.2.12 所示。

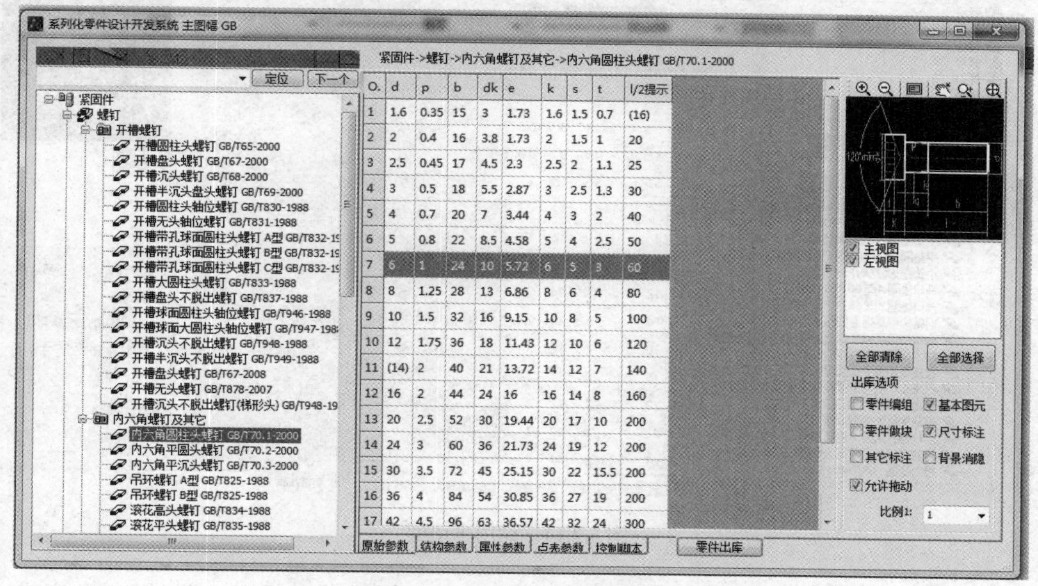

图 5.2.12　调用内六角圆柱头螺钉

3．单击“零件出库”，命令行提示“请指定目标位置”，单击图框中所要放置的位置；命令行提示“指定旋转角度或[参照 R]”，输入“0”，回车，完成内六角圆柱头螺钉的调用，如图 5.2.13 所示。

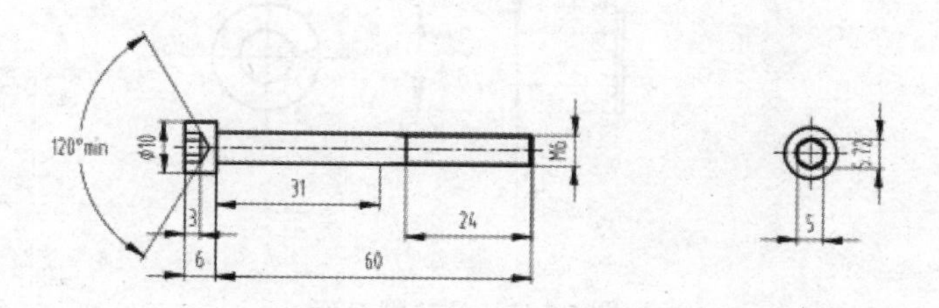

图 5.2.13　内六角圆柱头螺钉

注意：调用紧固件时，用户可根据不同需要在“原始参数”栏中进行调整，调出所需紧固件，“原始参数”中的各参数含义参考右上角标注样式。

(二)　“平垫圈”调用举例

1．选择界面中的“机械”→“PartBuilder”→“紧固件”，如图 5.2.11 所示。

2．单击“紧固件”选项，弹出“系列化零件设计开发系统”界面，选择垫圈中的“平垫圈 C 级 GB/T95-2002”，根据需要更改“原始参数”数据，并在右边的视图选项框中打“√”，以及勾选“标注尺寸”，如图 5.2.14 所示。

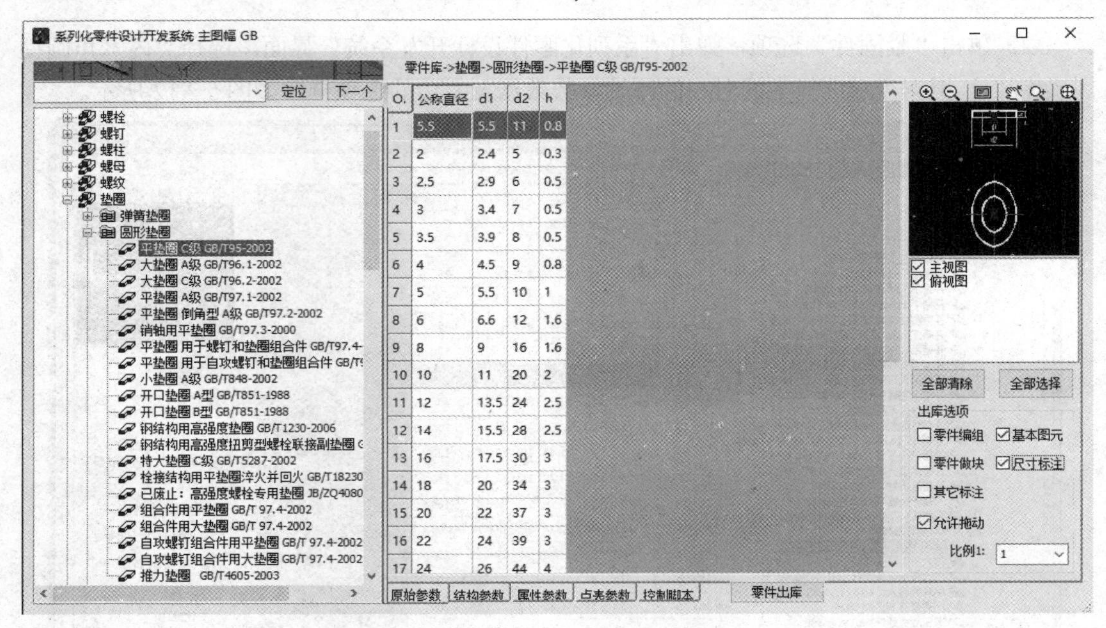

图 5.2.14　调用平垫圈

3．单击“零件出库”，单击图框中所要放置的位置；命令行提示“指定旋转角度或[参照 R]”，输入“90”，回车，完成平垫圈的调用，如图 5.2.15 所示。

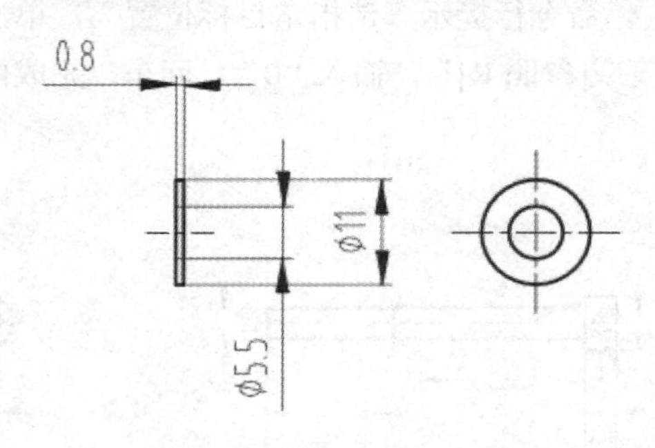

图 5.2.15　平垫圈 C 级

【任务实施】

一、任务描述

精密平口钳如图 5.2.16 所示，是用来夹持工件的通用夹具。装置在工作台上，用以夹稳加工工件，为机加工、机修车间必备工具。测绘精密平口钳，完成下列内容：

(一) 分析精密平口钳的工作原理及装配关系，画装配示意图。

(二) 根据精密平口钳实物和测量工具，测量所拆卸的零件，并徒手绘制草图。

(三) 绘制装配图，要求：

1. 视图应清楚表达平口钳的工作原理和装配关系；

2. 尺寸标注合理；

3. 正确引出零件序号、正确填写标题栏以及明细表填写完整。

(四) 根据装配图，拆画零件图。

根据已完成的装配图和徒手草图，完成零件图的绘制，要求：

1. 零件图视图选择合理、表达方案正确；

2. 尺寸标注完整、正确、清晰，公差等几何精度完整、并正确标注；

3. 图幅合适、标题栏填写正确、有技术要求等。

图 5.2.16　精密平口钳

二、实施步骤

(一) 分析和拆卸部件、画装配示意图

1. 精密平口钳的功用、性能、特点和工作原理

拆前，应了解分析精密平口钳的夹紧、放松和钳身回转的动作原理，钳口材料及钳口尺寸(钳口宽度、张开距离、钳口深度)特点等。

(1) 平口钳的功用、性能和特点

该精密平口钳是安装在某工作台上，用它的钳口来夹紧被加工零件。它由底座(包含固定钳身)、活动钳身、丝杠、螺母等不同零件组成。钳口宽 50mm，最大张开距离 66mm，钳口深 25mm，这三个数据表明了它所能夹持工件的基本外形尺寸。

(2) 平口钳的工作原理

从图 5.2.16 中可以看出，固定钳身与底座连为一体，底座的 T 形槽主要起到了导向的作用；螺母通过内六角锥端紧定螺钉固定在底座中；丝杆通过内六角锥端紧定螺钉与活动钳身连接在一起；活动钳身通过压块，用内六角圆柱头螺钉与底座连接在一起。当旋转丝杆时，丝杆便可带动活动钳身移动(合拢或张开)，从而夹紧或放松工件。

2. 分析零件间的装配关系和零件的结构形状

平口钳在拆卸中和拆卸后，要仔细观察零件间的装配关系和零件的结构形状，分析它们的配合性质，从而决定零件的尺寸精度；分析零件的结构特点，加工面与非加工面的区别，从而决定尺寸的合理标注；分析零件间的连接方式，注意画法上的正确性。

3. 拆卸部件

拆卸部件时应注意以下几点：

(1) 拆卸前应先测量一些必要的尺寸数据，如部件的外廓尺寸、运动件极限位置尺寸、某些零件间的相对位置尺寸等，以作为绘制装配图和校核尺寸的依据。

(2) 要周密制订拆卸顺序，划分部件的组成部分，合理选用工具和拆卸方法按一定顺序拆卸，严防乱敲打、硬撬拉，避免损伤零件。

(3) 对精度较高的配合部位或过盈配合，在不致影响画图和确定尺寸、技术要求的前提下，应尽量少拆或不拆，以免降低精度或损坏零件。

(4) 拆下的零件要分类、分组，并对零件进行编号、登记，列出零件明细表(注明零件序号、名称、类别、数量、材料，如系标准件应定标记并注明国标号)。

(5) 应记下拆卸顺序，以便以相反顺序正确复装。拆下的零件用后应按类有序放置，妥善保管，防止碰伤、变形、生锈或丢失。

(6) 拆卸中，要认真研究每个零件的作用、结构特点及零件间装配关系，正确判断配合性质、尺寸精度和加工要求，为画零件图、装配图创造前提条件。

4. 画装配示意图

装配示意图是以简单的线条和国标规定的简图符号，以示意方法表示每个零件的位置、装配关系和部件工作情况的记录性图样。对零件的表达通常不受前后层次的限制，尽可能将所有零件集中在一个视图上表达，如仅用一个视图难以表达清楚时，也可补画其他视图，图形画好后应将零件编号或写出零件名称，凡是标准件应定准标记。平口钳示意图如图 5.2.17 所示。

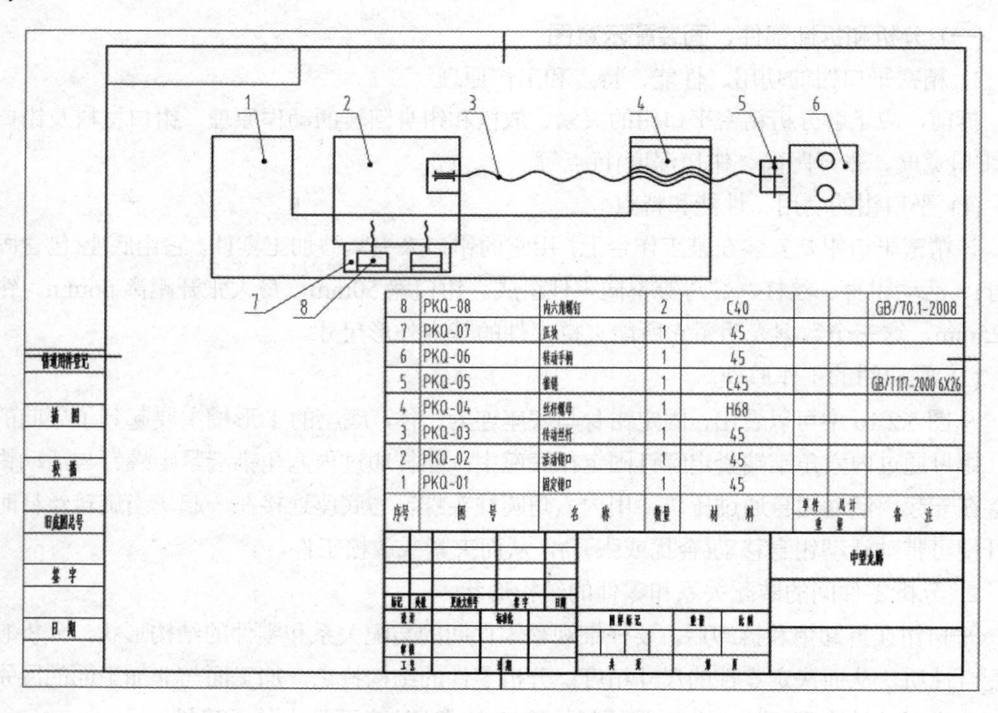

图 5.2.17　平口钳示意图

(二) 测量零件、绘制草图

1. 工具、量具的准备

拆卸、测量平口钳的工具、量具清单如表 5.2.1 所示。

表 5.2.1　拆卸、测量平口钳的工具、量具清单

序号	内容	参考规格、范围	内容	图示
1	一字起子	2、3、4mm	拆装锁紧螺钉	
2	内六角扳手	1-10mm	拆装内六角螺钉	
3	带表游标卡尺	0～200(0.01 或 0.02)mm	外圆、内孔、槽径、槽宽、槽厚、总长	
4	深度游标卡尺	0～200(0.01 或 0.02)mm	各档长度	
5	螺距规	P=1～10mm	外 Tr 螺纹	

2. 草图绘制

根据拆卸的零件，分别对固定钳口、活动钳口、丝杆、丝杆螺母等零件进行测量，并徒手绘制零件草图。

(1) 固定钳口(PKQ-01)：草图如图 5.2.18 所示，为平口钳的基础件，因与平口钳底座连与一体，形状与其他零件相比较为复杂。在视图布局上，根据固定钳口的结构特点以及安装特性，确定装配示意图放置位置为活动钳口的主视图，并通过剖视图、局部放大图的方式将视图表达完整。在尺寸公差、行位公差、表面质量标注以及技术要求上应重点分析固定钳口与其他零件的装配关系，活动钳口在固定钳口中的运动方式，固定钳口中各表面的加工方式等。如和丝杆螺母配合的Φ19mm 孔，可采用基孔制 IT7 级的尺寸公差标注；对工件的装夹面可标注平面度、垂直度以及热处理等要求；对运动的平面导轨在表面质量标注时，根据其该表面的特性和加工方式(磨削)，可标注为 Ra0.8。

(2) 活动钳口(PKQ-02)：草图如图 5.2.19 所示，其作用是与固定钳口配合完成工件的装夹，安装在固定钳口的导轨面上，其运动方式通过丝杆的推动完成工件的夹紧与松开。在视图布局上，根据装配示意图的放置位置确定为主视图，并通过向视图、局部放大图的方式完成视图的表达。在尺寸公差、行位公差、表面质量的标注以及技术要求注写上着重分析活动钳口与固定钳口、丝杆的配合性质、活动钳口的运动方式、各表面的加工方式等。如与装夹工件接触面的行状公差、表面质量及热处理的要求；两螺栓孔的中心距要求等。

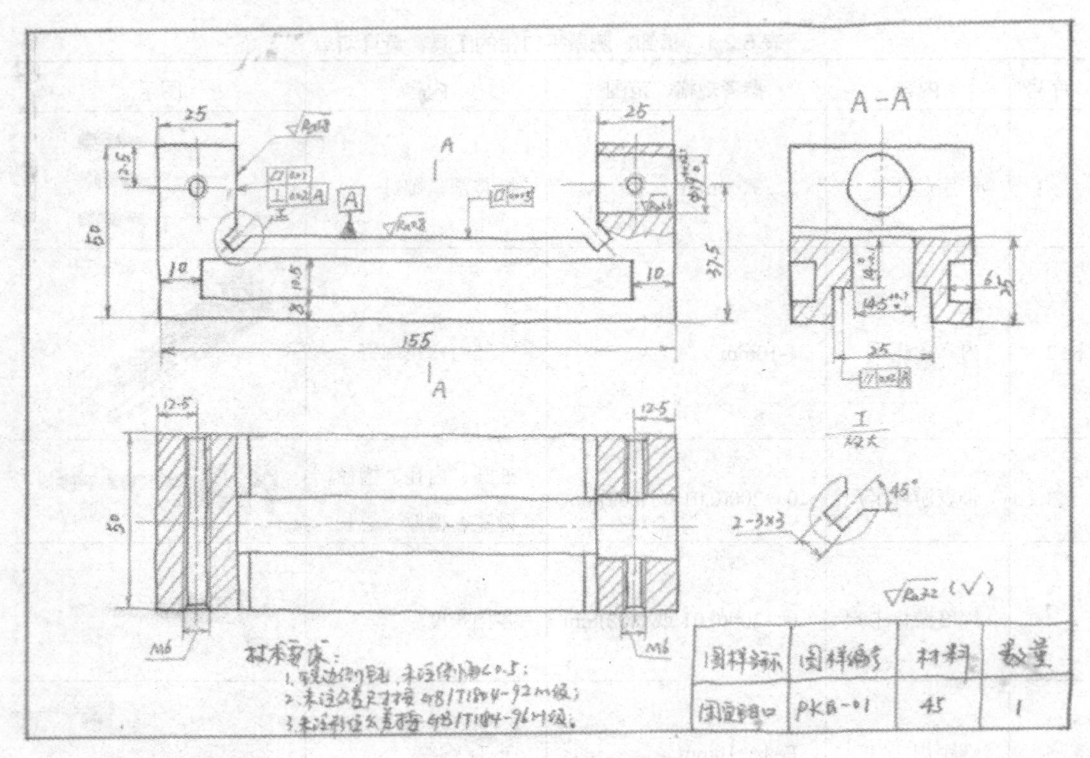

图 5.2.18　固定钳口

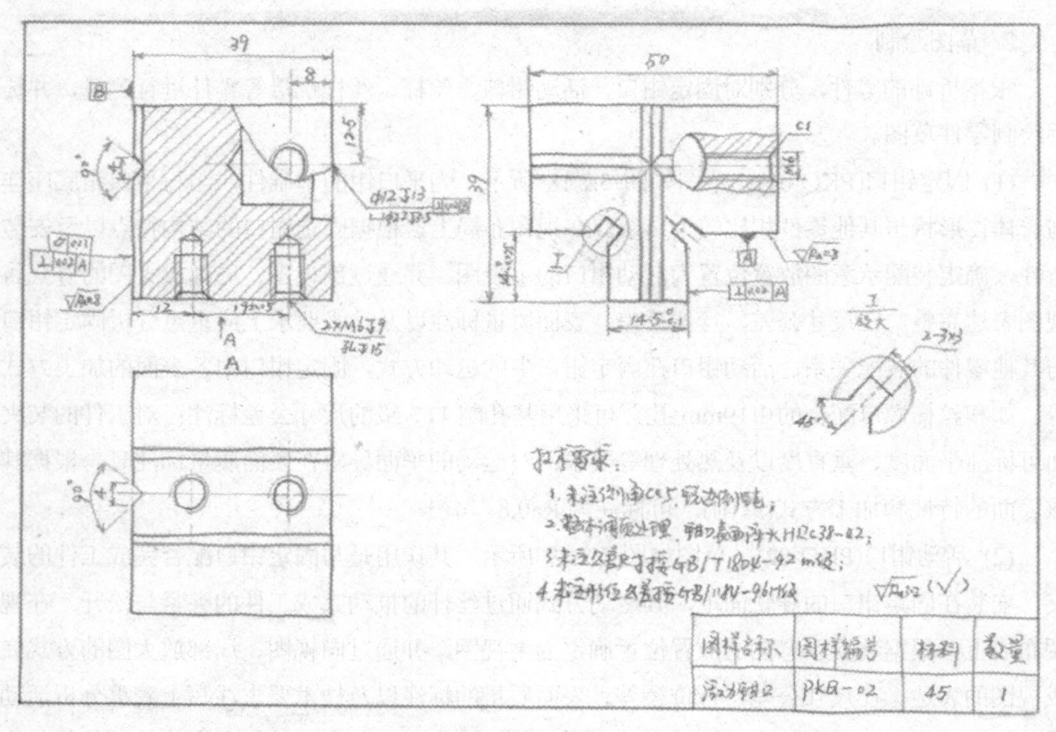

图 5.2.19　活动钳口

(3) 丝杆(PKQ-03)：草图如图 5.2.20 所示，与活动钳口通过内六角锥端紧定螺钉连接在一起，丝杆螺母固定在固定钳口中，当丝杆转动时推动活动钳口同时移动，完成工件的夹紧与松开。视图布局上，其结构为同轴回转体，轴线为水平放置，主视图投射方向垂直于轴线。在尺寸公差、行位公差、表面质量标注以及技术要求注写上着重分析丝杆的特点、丝杆与螺母之间配合要求以及轴类零件的加工方式。如在 Tr 传动螺纹可标注 Tr16X4-7e，其螺纹两侧的工作表面粗糙度值可标注 Ra1.6。

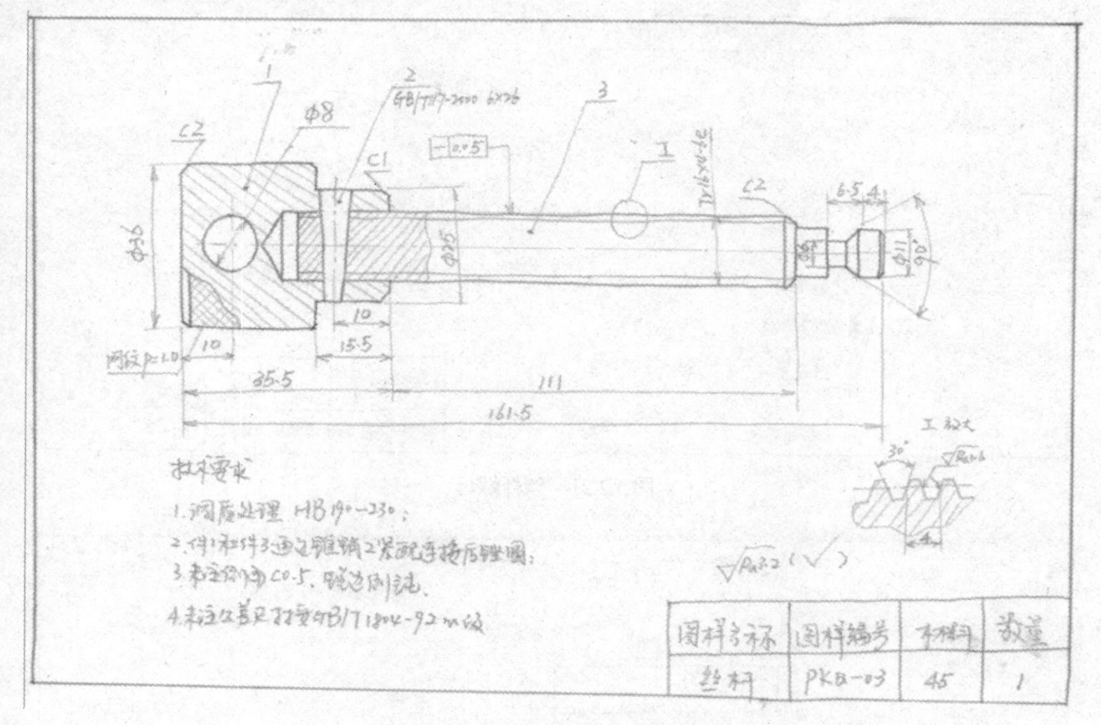

图 5.2.20　丝杆

(4) 丝杆螺母(PKQ-04)：草图如图 5.2.21 所示，通过内六角锥端紧定螺钉固定在固定钳口中，丝杆通过与螺母的旋合实现轴向移动。视图布局上，其结构为同轴回转体，轴线为水平放置，主视图投射方向垂直于轴线。在尺寸公差、行位公差、表面质量标注以及技术要求注写上着重分析螺母的特点、配合要求以及套类零件的加工方式。如 Tr 螺母可采用基孔制，标注 Tr16X4-7H，其螺纹两侧的工作表面粗糙度值可标注 Ra1.6。

(5) 压块(PKQ-07)：草图如图 5.2.22 所示，其作用主要是固定活动钳口在固定钳口中的槽底底面位置，确保活动钳口在夹紧工件时的稳定性。视图布局上，因压块结构比较简单，根据装配示意图的放置位置选为主视图，通过主、俯视图完成视图的表达。在尺寸公差、形状公差、表面质量以及技术要求注写上要注意两孔之间的中心距，与活动钳口配合面的表面质量等。

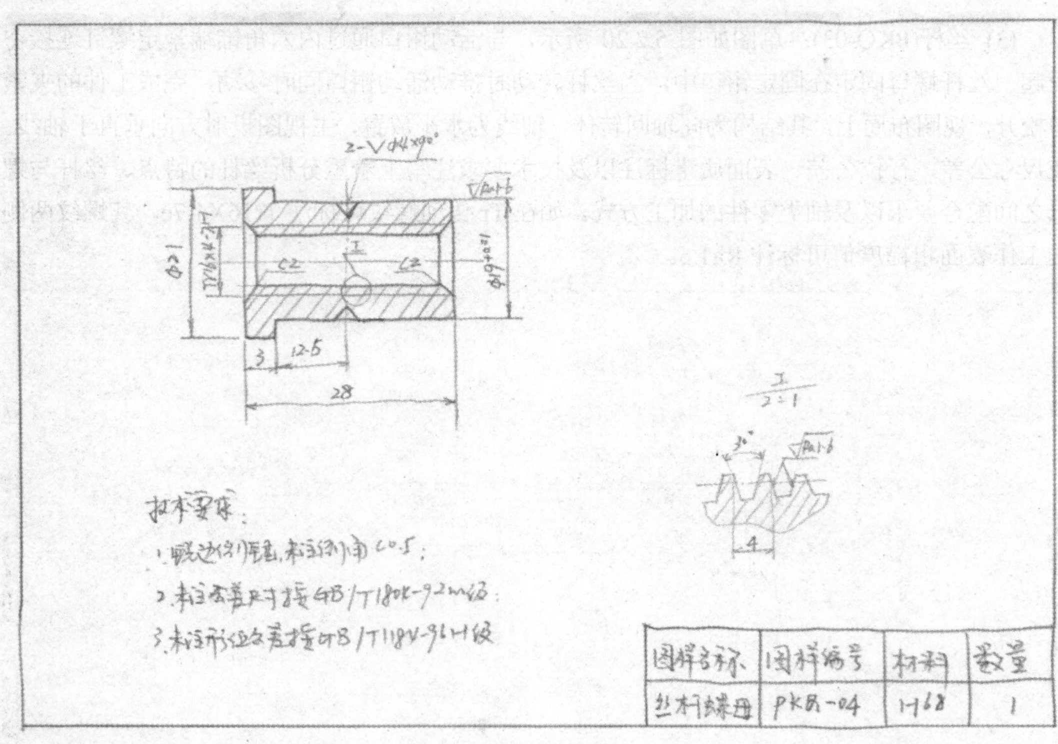

图 5.2.21　丝杆螺母

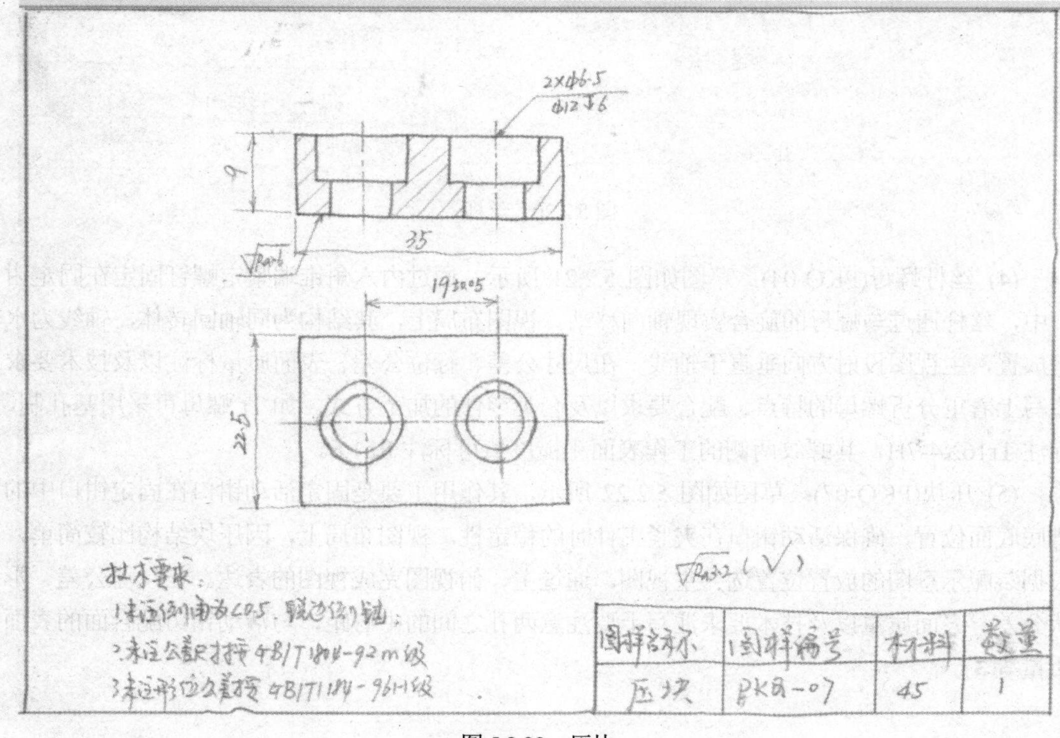

图 5.2.22　压块

(三) 绘制平口钳装配图

1．拟定表达方案

拟定表达方案的原则是能正确、完整、清晰和简便地表达平口钳的工作原理、零件间的装配关系和零件的主要结构形状。其中应注意：主视图的投射方向、安放位置应与部件的工作位置(或安装位置)相一致。主视图或与其他视图联系起来，要最能明显反映部件的上述表达原则与目的。

如图 5.2.23 所示的平口钳表达方案：主视图按钳口工作位置放置，通过丝杠轴线取局部剖视，较多地反映了零件间的相对位置和装配关系。其他视图补充表达主视图尚未表达而又必须表达的内容，采用了俯、左两视图各有侧重，俯视图用来表达固定钳口、活动钳口等零件的外部结构形状和相对位置；左视图采用了半剖视，一半表达活动钳口与丝杆之间、活动钳口与压块之间的装配关系，一半表达固定钳口与丝杆螺母间的装配关系。

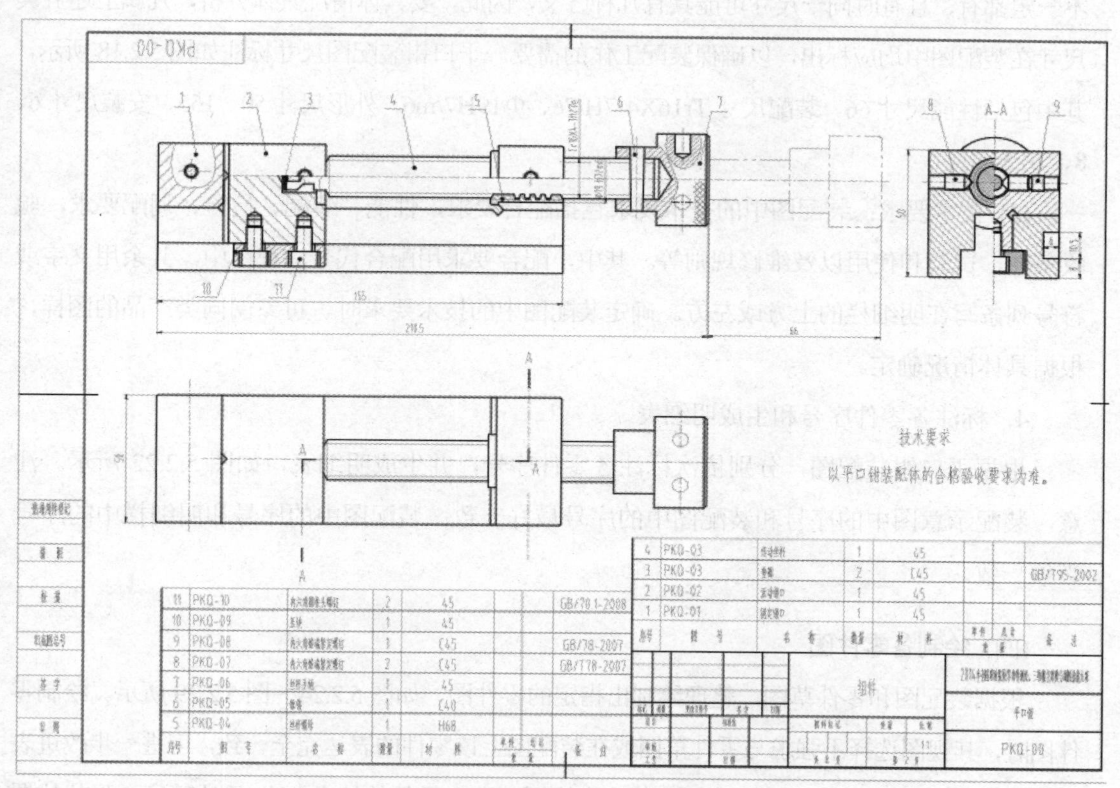

图 5.2.23　平口钳装配图

上述表达方案所用的一组图形，即三个基本视图、部分局部视图，能较好地反映了精密平口钳的工作原理、零件间的装配关系及零件的主要结构形状。

2．画平口钳装配图的步骤

画平口钳装配图，根据拟定表达方案，可先画固定钳口，接着画活动钳口和丝杠；再画丝杆螺母、压块和其他零件；最后画基本视图之外的其他视图和各图中的结构细节。画某个零件或相邻零件时，要几个视图联系起来画，以对正投影关系和正确反映装配关系。

3．标注装配图中的尺寸和技术要求

(1) 尺寸：装配图中需要标注五类尺寸，即性能尺寸(规格尺寸)、装配尺寸(配合尺寸和相对位置尺寸)、安装尺寸、外形尺寸以及其他重要尺寸。这五类尺寸在某一具体部件装配图中不一定都有，且有时同一尺寸可能具有几种含义，因此，要具体情况具体分析，凡属上述五类尺寸在装配图中均应标出，以确保装配工作的需要。平口钳装配图尺寸标注如图 5.2.18 所示，其中包括性能尺寸 66，装配尺寸 Tr16X4-7H/7e、Φ19H7/m6，外形尺寸 50、155，安装尺寸 6、8、10.5。

(2) 技术要求：装配图中的技术要求包括配合要求，性能、装配、检验、调配要求，验收条件，试验和使用以及维修规则等。其中，配合要求用配合代号注在图中，其余用文字或符号列条写在明细栏的上方或左方。确定装配图中的技术要求时，可参阅同类产品的图样，根据具体情况确定。

4．标注各零件序号和生成明细表

根据平口钳装配图，分别依次标注各零件序号，并生成明细表，如图 5.2.22 所示。注意，装配示意图中的序号和装配图中的序号最好一致；装配图中的序号和明细栏中的序号必须一致。

(四) 绘制各零件图

根据装配图和零件草图，整理绘制出指定的零件图，如图 5.2.24～图 5.2.29 所示。绘制零件图时，其视图选择不强求与零件草图或在装配图上该零件的表达完全一致，可进一步改进表达方案，同时应注意配合尺寸或相关尺寸应协调一致。零件的技术要求(尺寸精度、形状位置精度、表面粗糙度、热处理等)，可查阅相关资料及同类(或相近)产品图样后确定，其标注形式应规范。

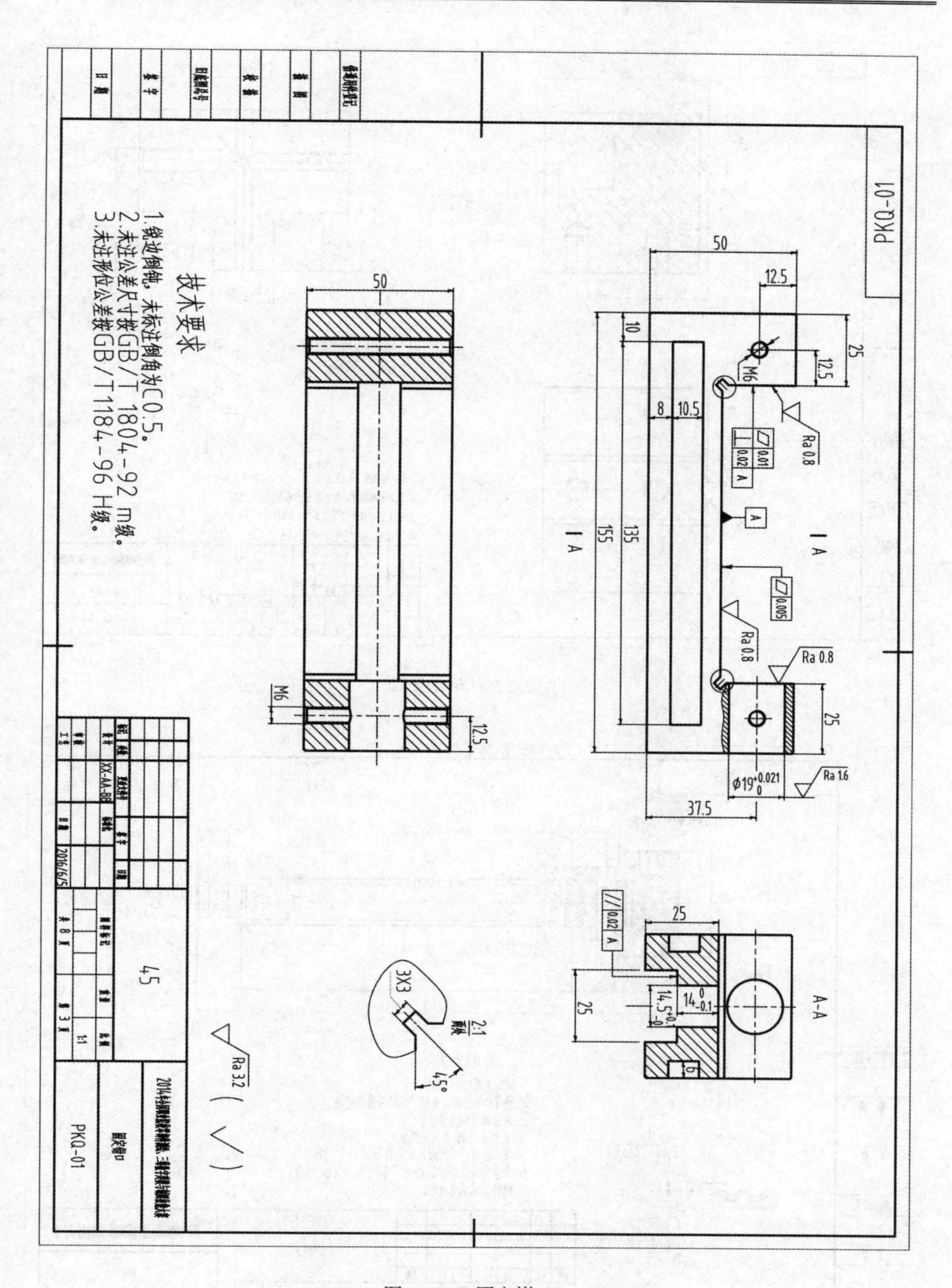
技术要求
1.锐边倒钝，未标注倒角为C0.5。
2.未注公差尺寸按GB/T 1804-92 m级。
3.未注形位公差按GB/T1184-96 H级。
PKQ-01
A-A
45
固定钳口
2016/6/25
XX-AA-BB
Ra 3.2
Ra 0.8
Ra 1.6
M6
3X3
2:1
45°

图 5.2.24 固定钳口

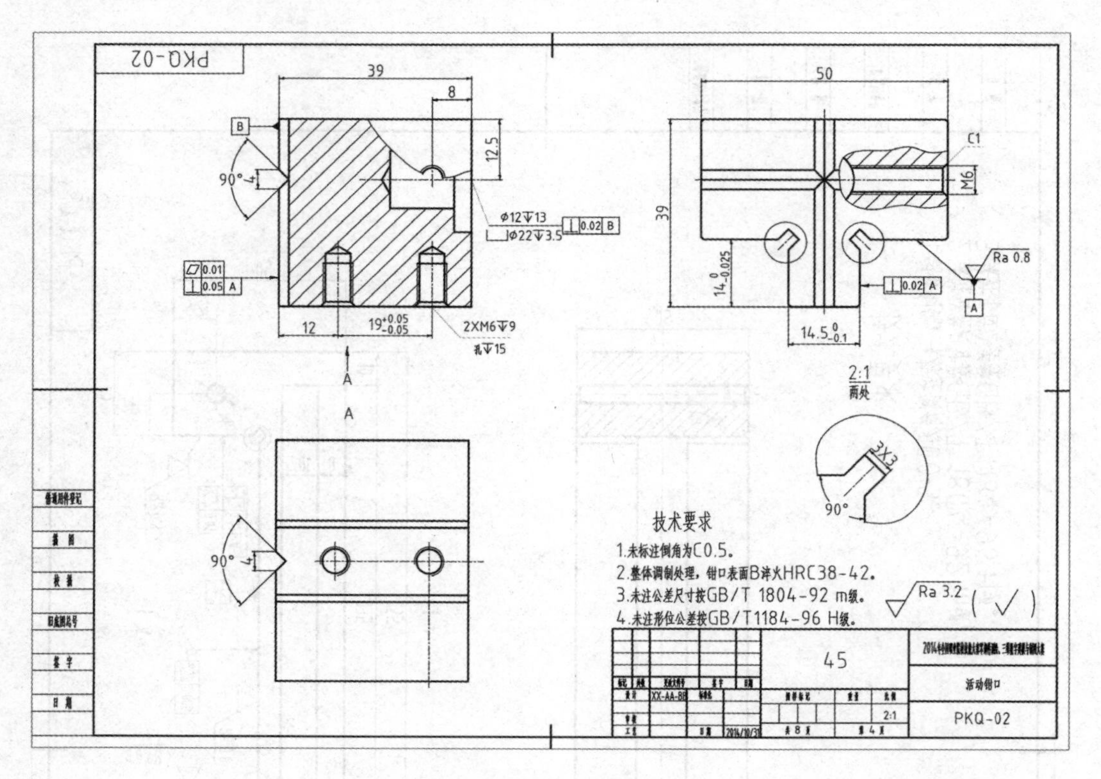

图 5.2.25　活动钳口

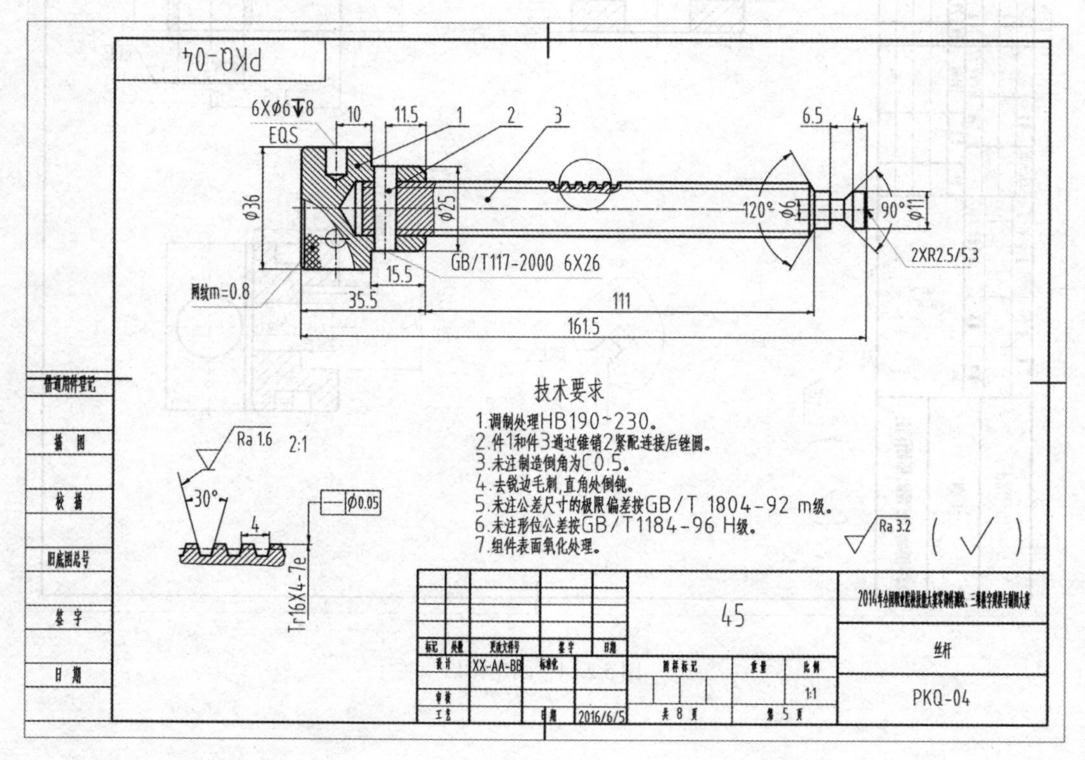

图 5.2.26　丝杆

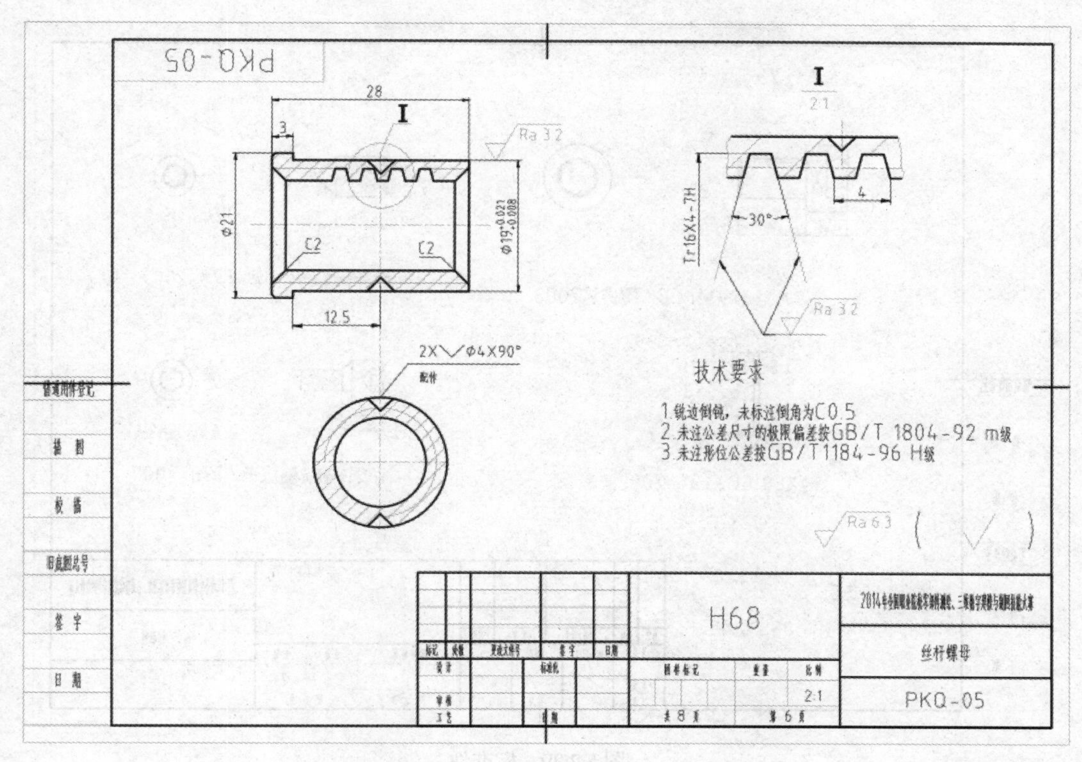

图 5.2.27　丝杆螺母

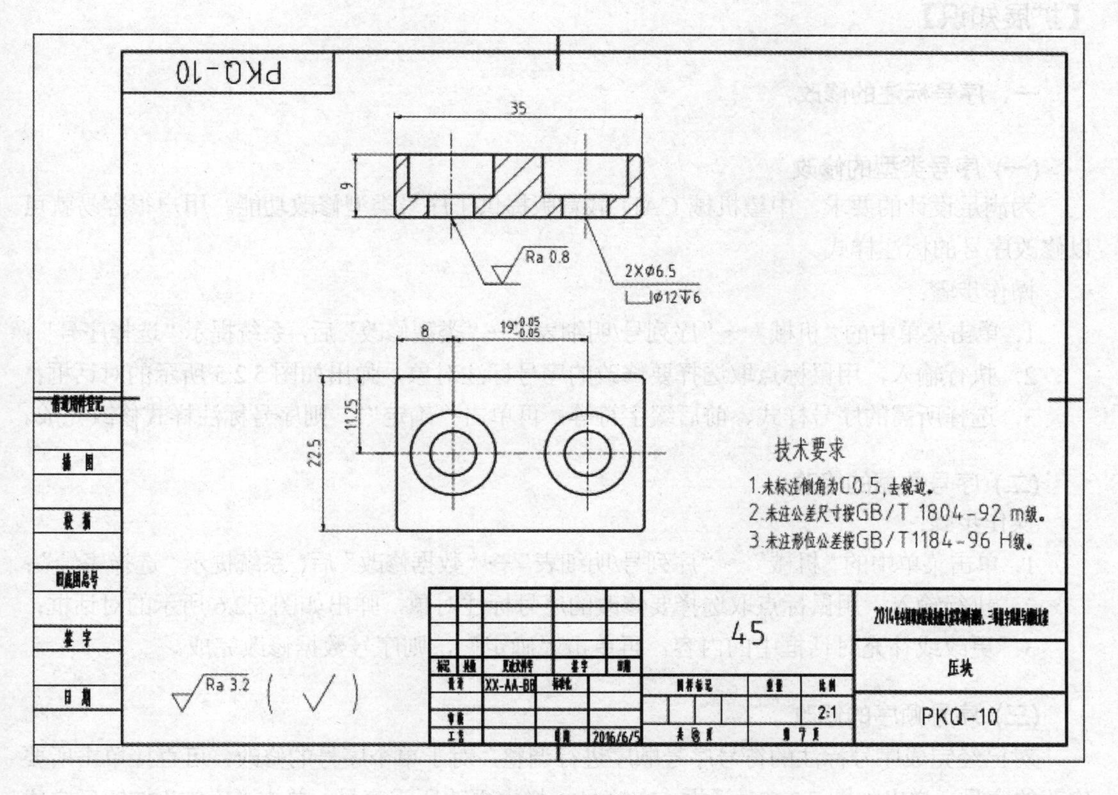

图 5.2.28　压块

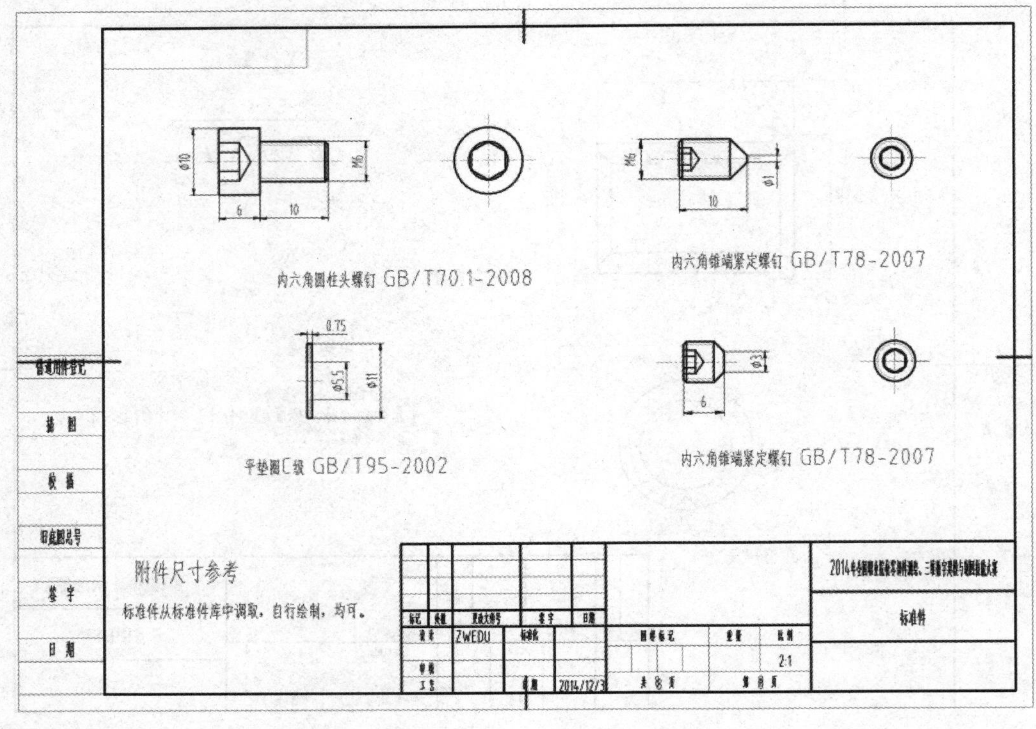

图 5.2.29　标准件

【扩展知识】

一、序号标注的修改

(一) 序号类型的修改

为满足设计的要求，中望机械 CAD 教育版提供了序号类型修改功能。用户很容易就可以修改序号的标注样式。

操作步骤：

1．单击菜单中的“机械”→“序列号/明细表”→“类型修改”后，系统提示“选择序号”；

2．执行输入，用鼠标点取选择要修改的序号标注对象，弹出如图 5.2.5 所示的对话框；

3．选择所需的序号样式、前后缀字符等，再单击“确定”，则序号标注样式修改完成。

(二) 序号数据的修改

操作步骤：

1．单击菜单中的“机械”→“序列号/明细表”→“数据修改”后，系统提示“选择序号”；

2．执行输入，用鼠标点取选择要修改的序号标注对象，弹出如图 5.2.6 所示的对话框；

3．更改或补充对话框中的内容，再单击“确定”，则序号数据修改完成。

(三) 序号顺序的修改

对已经完成序号标注的符号序号顺序进行调整，对于单个序号的修改，可直接单击所要修改的序号，弹出如图 5.2.6 对话框，在序号一栏中更改所需序号，单击“确定”按钮后完成单一序号的修改。而对于多个序号的调整，其操作步骤如下：

1．单击菜单中的“机械”→“序列号/明细表”→“序号顺序”后，系统提示“起始序号<1>”；

2．执行输入，输入起始序号，如“8”，按回车；出现提示“序号增量<1>”；

3．输入“1”，即后面的序号依次增“1”，按回车；若输入“2”，后面的序号依次增“2”，系统提示“选择序号”；

4．用鼠标选取要调整顺序的各个序号，即完成多个序号的调整。

(四) 序号的隐藏与显示

在技术人员进行实际的绘图时，有时为了进行明细表的集中绘制和审核、保留明细表信息的需要，需要暂时隐藏绘制的序号。其操作步骤如下：

1．单击菜单中的“机械”→“序列号/明细表”→“序号隐藏”后，系统提示“请选择隐藏序号”；

2．执行输入，用鼠标选择要隐藏的序号标注对象，回车，完成序号的隐藏。

3．确定序号的显示。单击菜单中的“机械”→“序列号/明细表”→“序号显示”后，隐藏的序号显示在界面中。

(五) 序号的合并

对已经完成序号标注的符号，如图5.2.30(a)所示，进行合并操作，具体步骤如下：

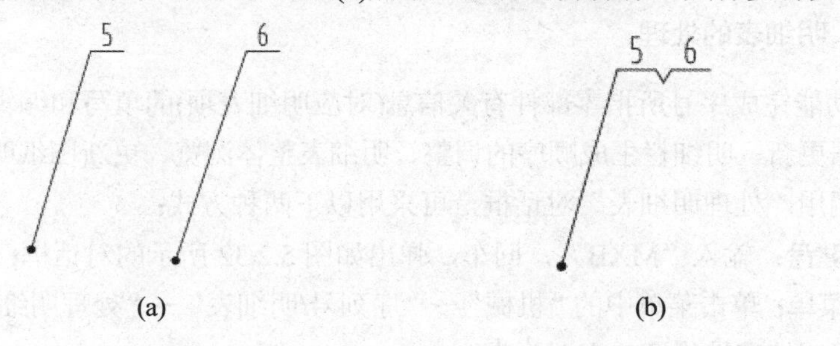

图5.2.30　序号合并

1．单击菜单中的“机械”→“序列号/明细表”→“序号顺序”后，系统提示“选择序号”；

2．执行输入，用鼠标选取欲合并的序号，回车，系统提示“选择排列方式[重新排列(N)]<添加到已有序号>”；

3．输入“N”，回车，系统提示“选择排列序号[按选择顺序(S)/按升序(A)/按降序(D)]<按选择顺序(S)>”；

4．输入回车，系统提示“选择要附着的对象或引出点或[退出(X)]”；

5．选择工程图中要附着符号的对象，引出至合适位置并单击，系统提示“拾取方向”；

6．单击所要表示的方向，完成“5、6”序号的合并，如图5.2.30(b)所示。

(六) 引线的增加与移除

1．引线的增加：

对已经完成序号标注的符号增加引线，使零件的序号标注更详细，如图5.2.31(a)所示，其中一个内六角圆柱头螺钉已经完成序号标注，将对另一个进行引线的增加，其操作步骤如下：

(1) 单击菜单中的“机械”→“序列号/明细表”→“增加引线”后，系统提示“选择序号”；

(2) 输入或单击欲增加引线的序号；系统提示“选择要附着的对象或引出点或[退出(X)]”；

(3) 选择工程图中要附着符号的对象，系统提示“下一点”；

(4) 鼠标选取引线下一点，完成操作，如图 5.2.31(b)所示。

2．引线的删除：

(1) 单击菜单中的“机械”→“序列号/明细表”→“移除引线”后，系统提示“选择引线”；

(2) 单击所要移除的引线，引线被移除。

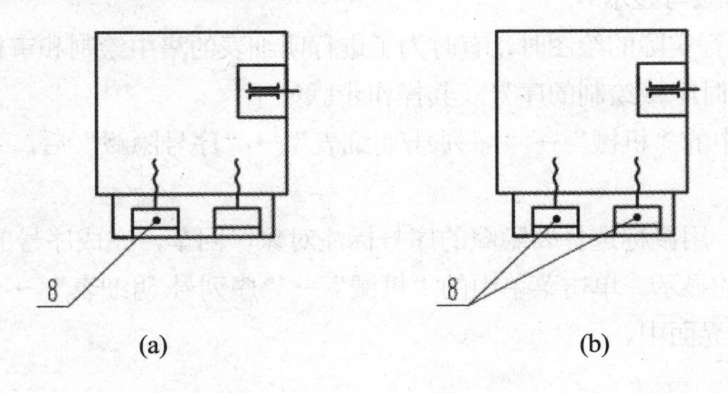

图 5.2.31　增加引线

二、明细表的处理

此功能完成序号所指零部件有关信息(对应明细表项)的填写和编辑工作，同时可完成明细表数据更新、明细栏生成顺序的调整、明细表整体浏览、更新图纸明细表、生成明细表等操作，调用“处理明细表”对话框，可采用以下两种方式：

1. **键盘**：输入“MXB”，回车，弹出如图 5.2.32 所示的对话框；

2. **菜单**：单击菜单中的“机械”→“序列号/明细表”→“处理明细表”，弹出如图 5.2.32 所示的“明细表编辑窗口”对话框；

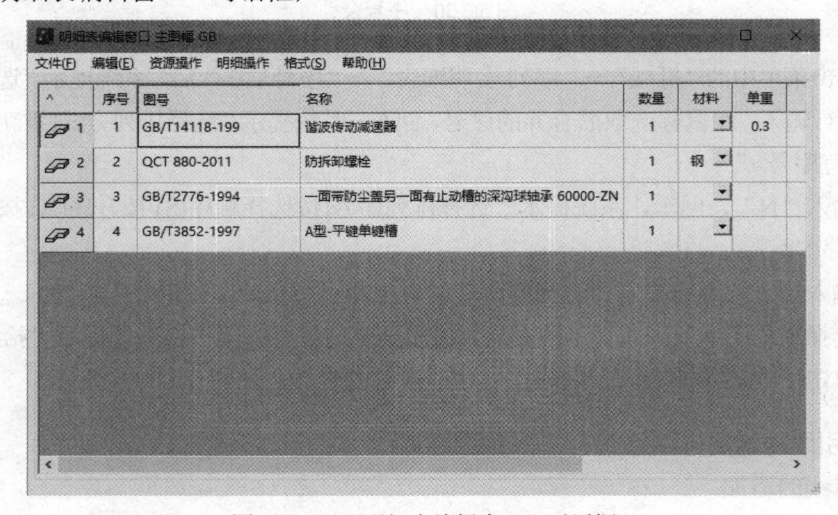

^	序号	图号	名称	数量	材料	单重
1	1	GB/T14118-199	谐波传动减速器	1		0.3
2	2	QCT 880-2011	防拆卸螺栓	1	钢	
3	3	GB/T2776-1994	一面带防尘盖另一面有止动槽的深沟球轴承 60000-ZN	1		
4	4	GB/T3852-1997	A型-平键单键槽	1		

图 5.2.32　“明细表编辑窗口”对话框

编辑明细表各数据项：可以直接修改包括序号段的各项数据，也可调用各种资源进行自动的查找调用。用户也可通过剪切、复制、粘贴及查找替换进行数据的修改编辑。

需要注意以下事项：

(1) 数据项的选择方式支持 Tab 键及键盘的方向键，并且支持按住 Shift 键的同时单击鼠标的连选方式，及按住 Ctrl 键的同时单击鼠标的跳选方式。

(2) 数据项的选择状态有两种：选中状态和编辑状态。要将选中状态切换为编辑状态，可以用鼠标单击，还可用 F2 键及空格键。另外编辑状态切换为选中状态可用 ESC 键；

(3) 根据鼠标所在明细表编辑窗口的行标、列标等不同位置，单击鼠标右键将有不同的菜单出现，如图 5.2.33 所示。

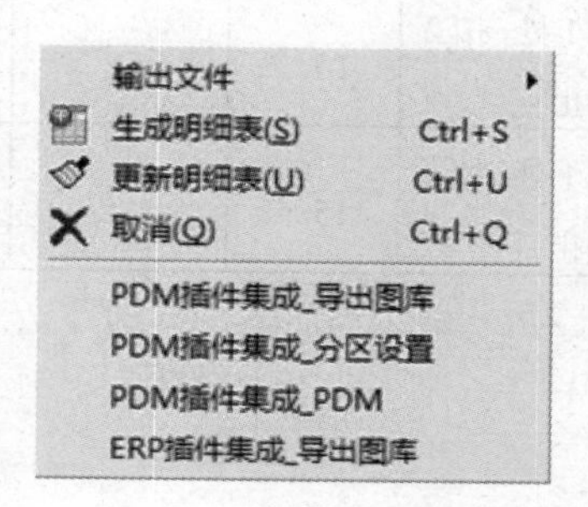

a. 空白处

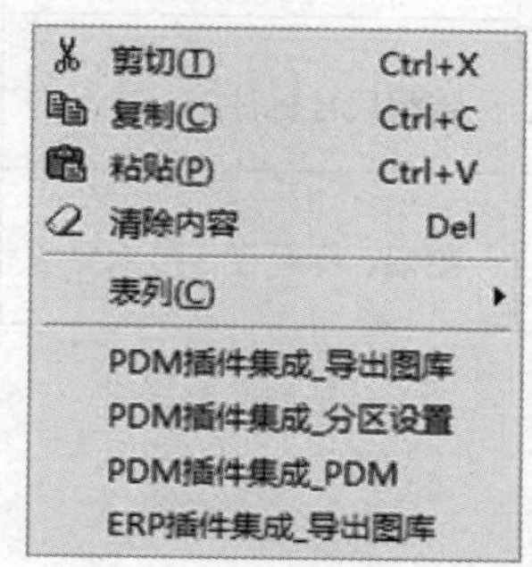

b. 列标上

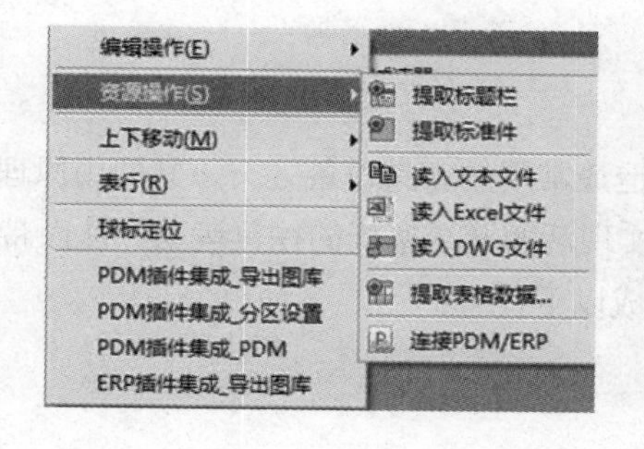

c. 行标上

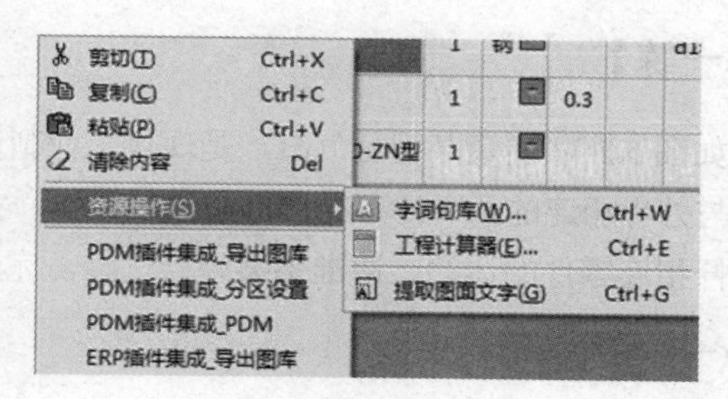

d. 表格区域中

图 5.2.33　在明细表编辑窗口右击不同位置显示的菜单

【任务评价】

测绘平口钳，对相关知识点的掌握程度应做一定的评价，如表 5.2.2 所示。

表 5.2.2　测绘平口钳评价参考表

评价内容	评价细则	评价标准	分值	学生自评	老师评估
零件测量与手绘	纸质手绘草图稿	缺 1 张，扣 1.5 分	6		
	视图表达	错 1 处扣 1.5 分	6		
	尺寸标注	不合理或少 1 处，扣 0.5 分，扣完为止	8		

(续表)

评价内容	评价细则	评价标准	分值	学生自评	老师评估
零件图绘制	零件视图表达	缺 1 个，扣 4 分；不合理 1 处，扣 1 分	16		
	尺寸标注及公差	不合理或少 1 处，扣 1 分，扣完为止	14		
	图幅、标题栏、技术要求	缺 1 处，扣 2 分	10		
装配图绘制	装配视图表达	不合理 1 处，扣 2 分，扣完为止	15		
	装配尺寸标注	不合理或缺 1 处，扣 2 分，扣完为止	10		
	图幅、标题栏、技术要求	不合理或缺 1 处，扣 2 分，扣完为止	15		
学习体会：					

【练一练】

如图 5.2.34 所示某型号气缸，是现代工业制造最常用的工具设备之一，其使用原理为：通过与外界相连的两个注口的排气与吸气动作，实现活塞及活塞杆的往复运动，从而带动与活塞杆相连零件的运动。请准备某型号气缸，完成以下任务：

(一) 零件测量与手绘

根据所给零件和测量工具，测绘气缸组件的各个零件，并徒手绘制草图。

(二) 绘制装配图

1. 视图应表达清楚气缸的工作原理和装配关系。
2. 标注尺寸合理。
3. 正确填写标题栏，正确引出零件序号和生成明细表。

(三) 绘制零件图

根据已完成的徒手草图，绘制气缸部件的零件图。

1. 零件图视图选择合理、表达方案正确。
2. 尺寸标注完整、正确、清晰，公差等几何精度完整、并正确标注。
3. 图幅合适、标题栏填写正确、有技术要求等。

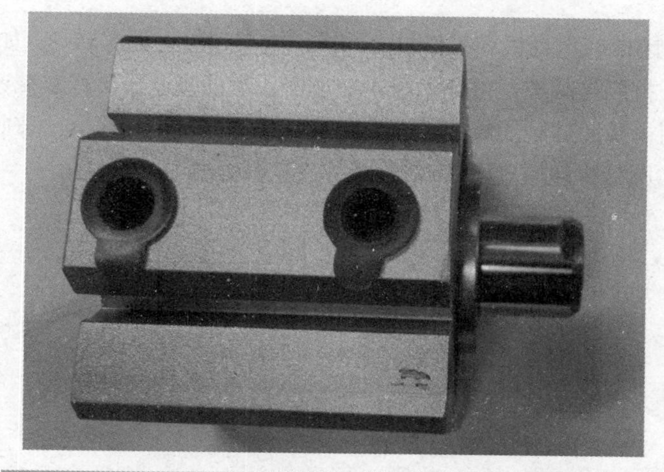

图 5.2.34　某型号气缸

任务 5.3　测绘小型减速器

【任务目标】

1. 通过案例介绍和练习，会调用中望机械 CAD 教育版软件中的标准件(轴承、密封圈、平键)。

2. 通过案例操作与练习，会正确分析、拆装减速器，并利用中望机械 CAD 教育版正确绘制减速器。

【任务分析】

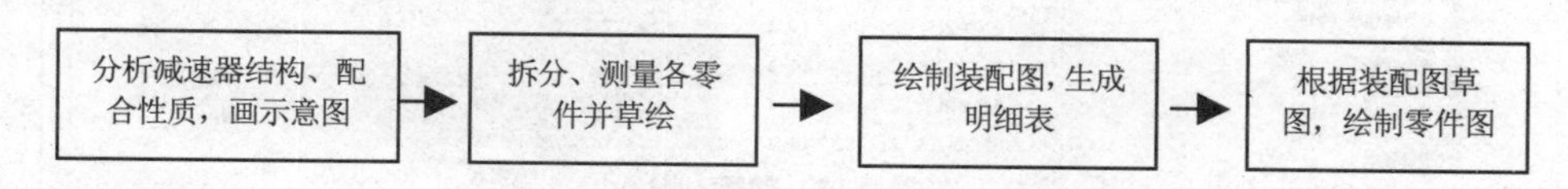

【相关知识】

一、减速器简介

减速器是一种常用的减速装置。由于电动机的转速很高，而工作机的转速要求有时大大低于电机的转速，因此在电动机和工作机之间需加上减速器以调整转速，如图 5.3.1 所示。减速器的种类很多，按照传动类型可分为齿轮减速器、蜗杆减速器、行星减速器以及由它们组合起来的减速器组；按照传动的级数可分为单极减速器和多级减速器；按照齿轮形状可分为圆柱齿轮减速器、圆锥齿轮减速器和圆锥-圆柱齿轮减速器。

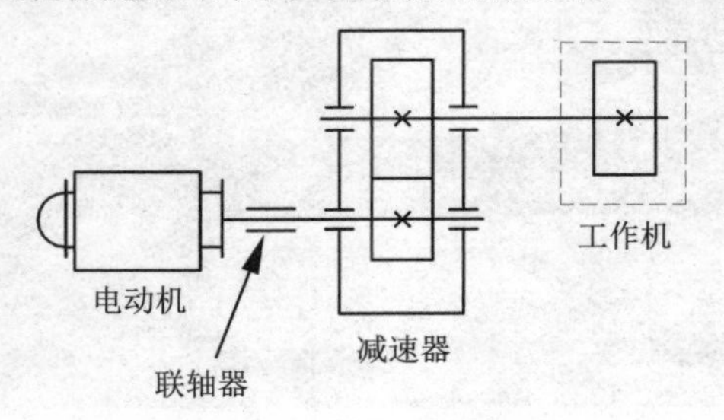

图 5.3.1　一级齿轮减速器的应用

二、标准件调用——轴承、密封圈、平键

(一) 深沟球轴承调用举例

1．单击界面中的“机械”→“PartBuilder”→“轴承及联接”，弹出“轴承及联接”对话框。

2．单击轴承下拉菜单，根据用户需求可选择不同系列的轴承，如选择“两面带密封圈(接触式)深沟球轴承 60000-2LS 型 GB/T276-1994”，并在参数栏里选择合适的参数，如选择“79”栏 6201-2LS 轴承代号，并根据需要在右边的选项框中打“√”，如图 5.3.2 所示。

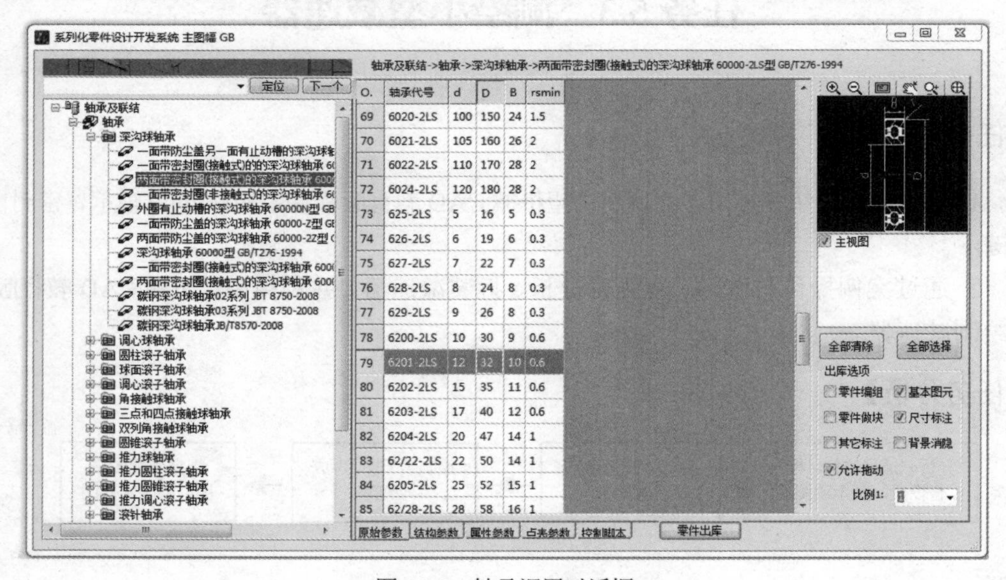

图 5.3.2　轴承调用对话框

3．单击“零件出库”按钮，单击图框中所要放置的位置；命令行提示“指定旋转角度或[参照 R]”，输入“0”，回车，完成 6201-2LS 深沟球轴承的调用，如图 5.3.3 所示。

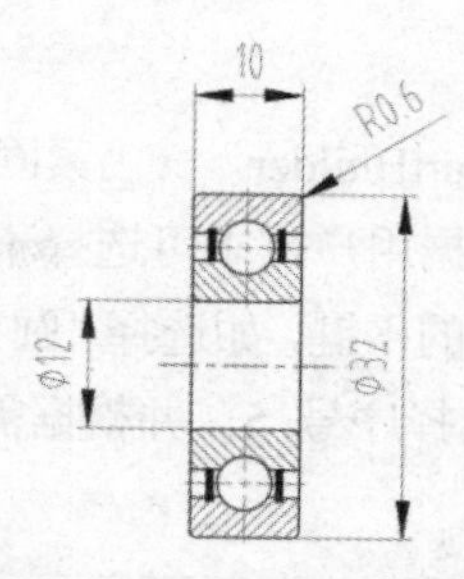

图 5.3.3　6201-2LS 深沟球轴承

(二) 密封圈调用举例

1．单击界面中的“机械”→“PartBuilder”→“密封与润滑”，弹出“密封件调用”对话框。

2．单击密封圈下拉菜单，根据用户需求可选择不同种类的密封圈，如选择“油封皮圈”，并在参数栏里选择合适的参数，如选择序号 8，并根据需要在右边的选项框中打“√”，如图 5.3.4 所示。

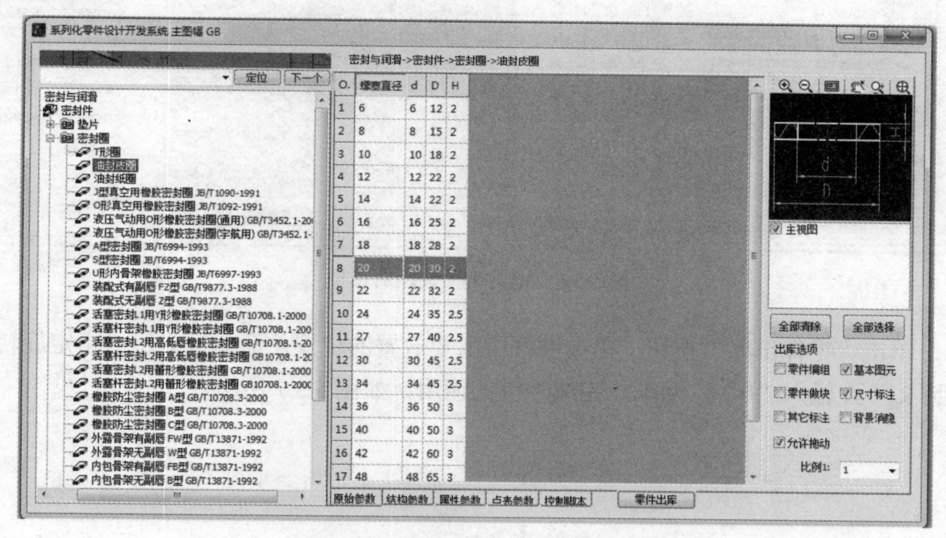

图 5.3.4　密封与润滑调用对话框

3．单击“零件出库”按钮，单击图框中所要放置的位置；命令行提示“指定旋转角度或[参照 R]”，输入“90”，回车，完成油封皮圈的调用，如图 5.3.5 所示。

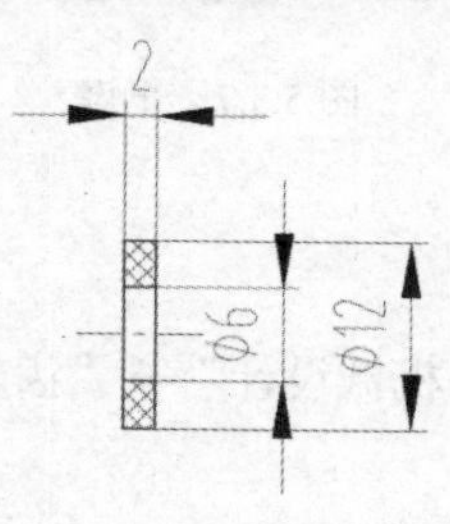

图 5.3.5　油封皮圈

(三) 平键调用举例

1．单击界面中的“机械”→“PartBuilder”→“紧固件”，弹出“紧固件调用”对话框。

2．单击键与键槽下拉菜单，根据用户需求可选择不同种类的键，如选择“平键”，则单击平键下拉菜单，可选择不同类型的平键，如选择“圆头普通平键 A 型 GB/T1096-2003”，并在参数栏里选择合适的参数，如选择序号 5，并根据需要在右边的选项框中打“√”，如图 5.3.6 所示。

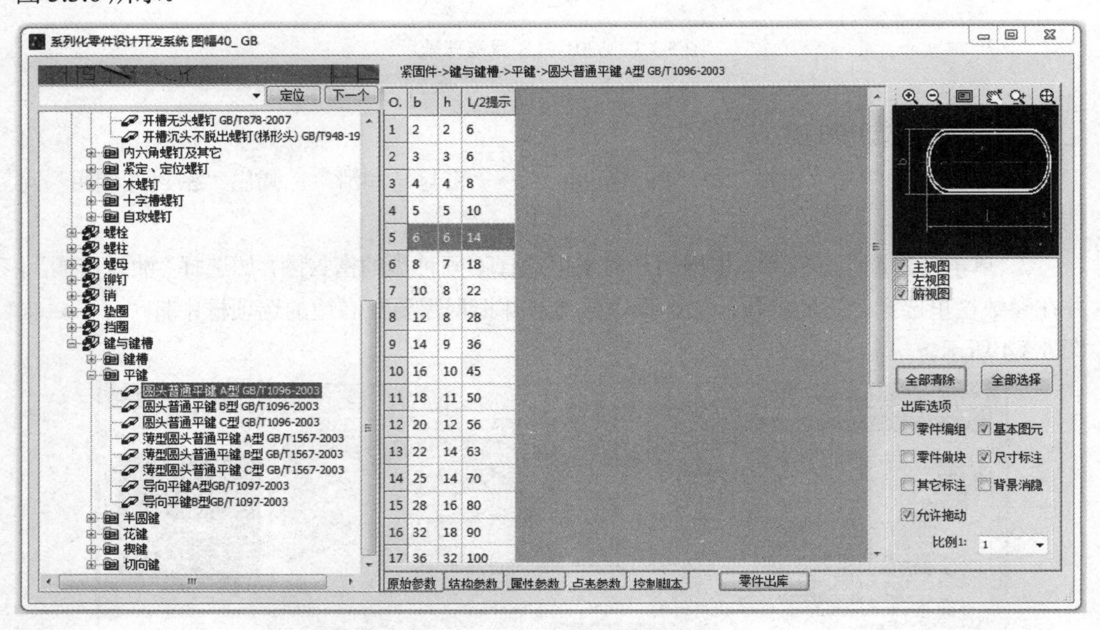

图 5.3.6　键与键槽调用对话框

3．单击“零件出库”按钮，单击图框中所要放置的位置；命令行提示“指定旋转角度或[参照 R]”，输入“0”，回车，完成平键的调用，如图 5.3.7 所示。

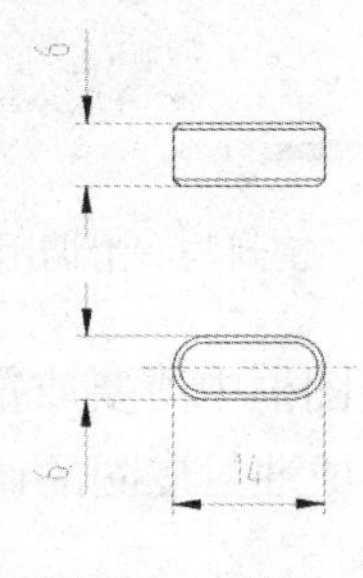

图 5.3.7　平键

三、齿轮的调用

1．单击界面中的“机械”→“机械设计”→“齿轮设计”，弹出“选择齿轮类型”对话框，如图 5.3.8 所示。

2．单击所需要的齿轮类型(如选择最后一种类型)，弹出“齿轮设计”对话框，如图 5.3.9 所示。

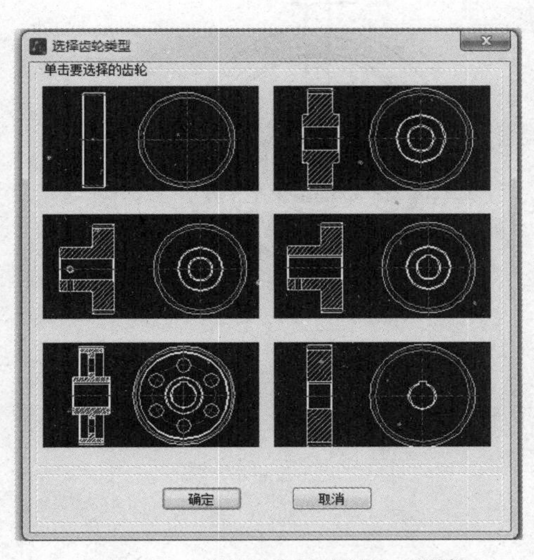

图 5.3.8　“选择齿轮类型”对话框

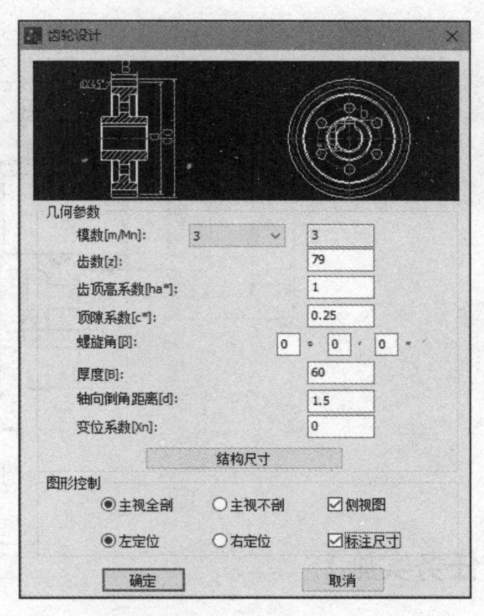

图 5.3.9　“齿轮设计”对话框

3．填写相应的齿轮参数值，并单击结构尺寸，弹出结构尺寸对话框，如图 5.3.10 所示，在对话框内输入相应的结构尺寸内容值，单击“确定”按钮，并在图形控制中将侧视图和标注尺寸打上“√”。

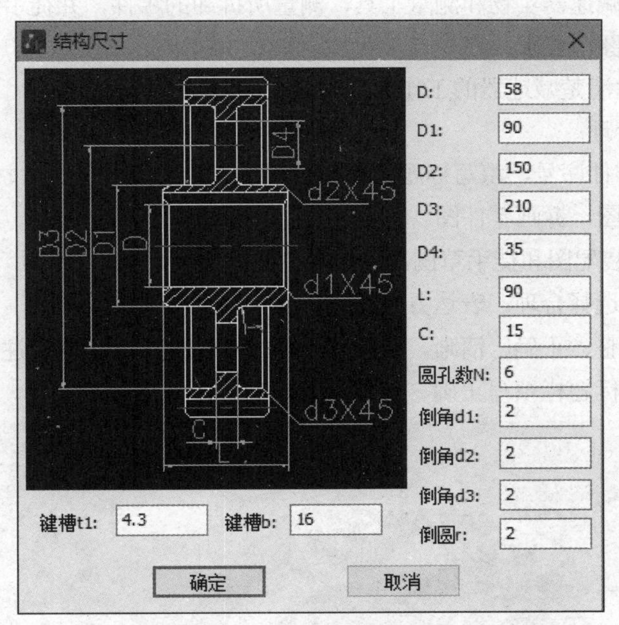

图 5.3.10　结构尺寸对话框

4. 单击“确定”按钮，命令行提示“请输入剖面线的角度”，输入“45”，回车，系统提示“输入剖面线的间距”，输入“3”，回车，单击图框中放置的位置，完成齿轮的绘制，如图 5.3.11 所示。

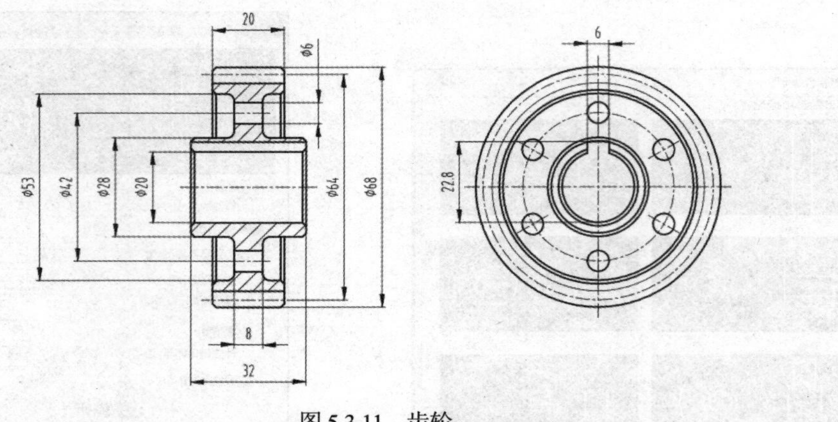

图 5.3.11　齿轮

【任务实施】

一、任务描述

测绘小型减速器如图 5.3.12 所示，完成下列内容：

(一) 分析小型减速器的工作原理及装配关系，画装配示意图。

(二) 根据小型减速器实物和测量工具，测量所拆卸的零件，并徒手绘制草图。

(三) 绘制装配图，要求：

1．视图应表达清楚减速器的工作原理和装配关系；

2．尺寸标注合理；

3．正确引出零件序号，填写标题栏和生成明细表。

(四) 根据装配图，拆画零件图。

根据已完成的装配图和徒手草图，完成零件图的绘制，要求：

1. 零件图视图选择合理、表达方案正确；

2. 尺寸标注完整、正确、清晰，公差等几何精度完整、并正确标注；

3. 图幅合适、标题栏填写正确、有技术要求等。

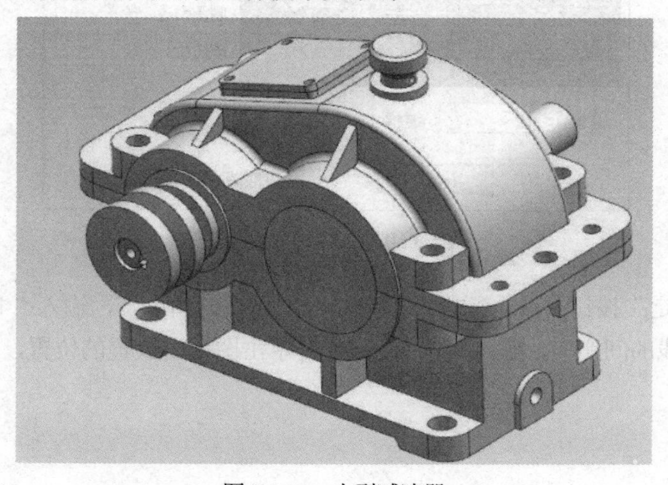

图 5.3.12　小型减速器

二、实施步骤

(一) 分析和拆卸部件、画装配示意图

1．减速器的工作原理

如图 5.3.12 所示为一级齿轮减速器，电动机通过联轴器或皮带轮与小齿轮轴连接在一起；而大齿轮通过键装在输出轴上，输出轴可与工作机通过平键的方式连接在一起，当电动机转动时，通过联轴器或皮带轮带动小齿轮旋转，箱体内小齿轮与大齿轮啮合，带动大齿轮轴的输出，将动力从一轴传递到另一轴，以达到在大齿轮轴上减速之目的。

2．绘制装配示意图

减速器由于零件较多，被拆开后为便于装配复原，在拆卸过程中应尽量做好记录并绘制装配示意图，装配示意图可在拆卸前画出初稿，然后边拆卸边补充完善，最后画出完整的装配示意图，如图 5.3.13 所示。

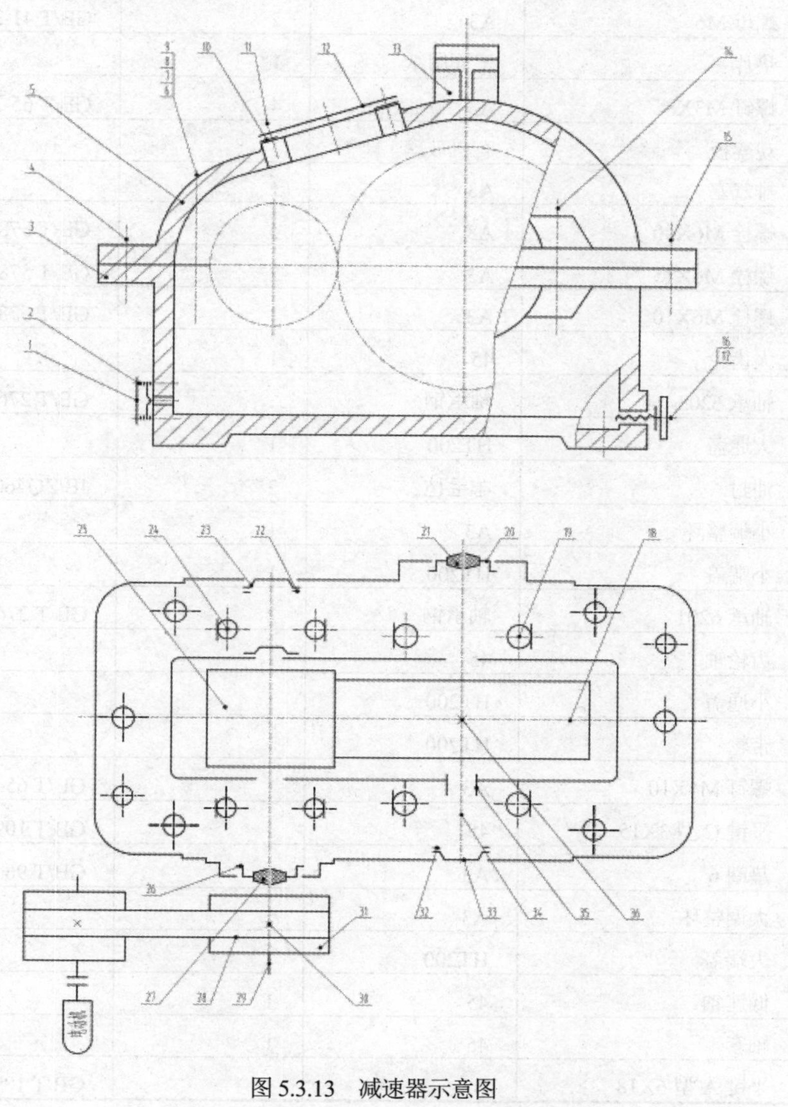

图 5.3.13　减速器示意图

减速器各零件明细如表 5.3.1 所示。

表 5.3.1　减速器零件明细表

序号	名称	材料	数量	备注
1	油位观察窗	有机玻璃	1	
2	螺钉 M3X8	A3	3	GB/T68-2000
3	箱座	HT200	1	
4	圆锥销	45	2	GB/T 117-2000
5	箱盖	HT200	1	
6	螺栓 M6X20	A3	2	GB/T5782-2000
7/17	平垫圈 D=6	A3	2	GB/T 97.1-2000
8	弹簧垫圈	65Mn	2	GB/T 93-1987
9	螺母 M6	A3	2	GB/T 41-2000
10	垫片	工业用纸	1	
11	螺钉 M3X8	A3	4	GB/T 65-2000
12	观察板	有机玻璃	1	
13	排气塞	A3	1	
14	螺栓 M6X40	A3	4	GB/T 5782-2000
15	螺栓 M6X15	A3	2	GB/T 5782-2000
16	螺栓 M6X10	A3	1	GB/T 5782-2000
18	大齿轮	45	1	
19	轴承 6203	轴承钢		GB/T 276-1994
20	大通盖	HT200	1	
21/27	油封	羊毛毡	2	JB/ZQ4606-86
22	小调整环	A3	1	
23	小端盖	HT200	1	
24	轴承 6201	轴承钢	2	GB/T 276-1994
25	齿轮轴	45	1	
26	小通盖	HT200	1	
28	带轮	HT200	1	
29	螺钉 M4X10	A3	1	GB/T 65-2000
30	平键 C 型 3X15	45	1	GB/T 1096-2003
31	垫圈 6	A3	1	GB/T 96.1-2002
32	大调整环	A3	1	
33	大端盖	HT200	1	
34	低速轴	45	1	
35	轴套	45	1	
36	平键 A 型 6X18	A3	1	GB/T 1096-2003

3．减速器各零件的主要结构和作用

(1) 箱体

箱体是包容齿轮和支承轴承用的。为便于轴系零件的安装和拆卸，箱体制成水平剖开式，沿两轴线平面分为箱座 3 和箱盖 5，两者之间采用螺栓连接，以便于拆装。为了保证箱体上轴承孔和端盖孔的正确位置，两零件上的孔是合在一起加工的；因此，在箱座与箱盖左右两边的凸缘处分别采用两圆锥销 4 定位，销孔钻成通孔，便于拨销。为了保证箱体具有足够的刚度，箱体的左右两边各有两个成钩状的加强筋，同时也便于起吊运输用。

箱座下部为油池，油池内装有润滑油，供齿轮润滑用。齿轮和轴承采用飞溅润滑方式，油面高度通过油位观察窗 1 进行观察(一般油面超过大齿轮的一个齿高)。为防止箱座或箱盖的结合面渗漏油，有时在箱座顶面四周铣有回油槽，装配时在箱体结合面上涂有密封胶。设计通气塞 13 是为了排放箱体内的膨胀气体。通过观察板 12 后可观察齿轮磨损及工作情况，放油螺塞 16 用于清洗放油，其螺孔应低于油池底面，以便放尽油泥。箱体前后对称，其上安置两啮合齿轮。轴承和端盖对称分布在齿轮的两侧。

为保证减速器平稳地安装在基础面上，尽量减少箱体底座平面的机加工面积，箱体底面一般制成凹槽。箱盖顶部设有加油盖和透气孔，及为装产品铭牌预留的 4 个小孔。

(2) 齿轮、轴及轴承组合

减速器有两条轴系即两条主要装配干线，两轴分别由一对滚动轴承 6203 和 6201 支承在箱座上，采用过渡配合，这样能保证有较好的同轴度，从而保证齿轮啮合的稳定性。

如果齿轮直径和轴的直径相差不大，可将齿轮和高速旋转的轴制成一体，通称为齿轮轴，如该减速器中的小齿轮 25 即是齿轮轴；对于大齿轮，由于其直径与低速轴直径相差较大，一般分为两个零件，且它们之间采用平键连接，如该减速器中的轴 34 和大齿轮 18 之间用键 36 连接起来。

轴上零件利用轴肩、轴套和轴承盖作轴向固定，两轴均采用了深沟球轴承，主要承受径向载荷和不大的轴向载荷。轴承安装时的轴向间隙由大、小调整环 32 和 22 调整，装配时只需要修磨两轴上的调整环厚度，即可使轴向间隙达到设计要求。

使用滚动轴承时，必须对轴承加以润滑。轴承润滑的目的，其一是在于降低轴承中的摩擦阻力，减缓轴承的磨损；其二是起散热、减震、防锈及减少轴承中接触应力的作用。

该减速器采用溅油润滑方式，即利用齿轮旋转时溅起的稀油进行润滑。在箱座油池中的润滑油被旋转的齿轮飞溅到箱盖的内壁上，流到分箱面坡口后，由于箱座凸缘边上开有一圈沟槽直接与轴承相通，可将油引到轴承孔内供轴承润滑。为防止轴承中的润滑油外流，防止外部的灰尘和水分进入轴承内，在端盖和外伸轴之间必须装有密封件。

(3) 其他零件

为保证减速器的正常工作，要考虑减速器的润滑(注油、排油和检查油面高度)、密封、降温、加工及拆装检修时箱座与箱盖的精确定位吊装等辅助零件。

① 大、小端盖 33 和 23：用于固定轴系部件的轴向位置并承受轴向载荷，同时也起密封作用。

② 大、小通盖 20 和 26：中间通过轴颈，为防止漏油，中间开有槽，内放油封 21/27 起

密封作用。

4 个端盖 20、26、33、23 分别嵌入箱体内，从而确定了轴和轴上零件的轴向位置。

③ 大、小调整环 32 和 22：两个调整环使轴上各个零件排列紧密，消除由累积误差引起的轴向间隙，但一定要注意，调整环必须装在大、小端盖一端。

④ 定位销 4：用来固定和保证箱座和箱盖的相对位置。

⑤ 观察孔：用来检查齿轮啮合情况，并向箱内注入润滑油。

⑥ 透气塞 13：减速器工作时箱体内温度升高，气体膨胀，压力增大。为使箱体内膨胀的空气能够自由排除，以保证箱体内外压力平衡，不致使润滑油沿箱座、箱盖结合面或轴上密封件等其他缝隙泄漏，通常在箱体顶部装设通气塞，随时放出箱内油的挥发气体和水蒸气等。

(二) 拆卸及测量零件，手绘草图

1．拟定减速器的拆卸与装配顺序

箱座与箱盖通过 6 个螺栓连接，拆下 6 个螺母，拧出螺栓即可将箱盖顶起拿掉，对于两轴系上的零件，整个取下该轴系，即可逐一拆下各零件。其他各部分拆卸比较简单，不再赘述。装配时，一般要倒转过来，后拆的零件先装，先拆的零件后装。

拆卸零件时注意不要用硬东西乱敲，以防敲毛、敲坏零件，影响装配复原。对于不可拆的零件(如过渡配合或过盈配合的零件)不要轻易拆下。拆下的零件应妥善保管，依序同方向放置，以免丢失或给装配增添困难。

2．工具、量具的准备

拆卸、测量平口钳的工具、量具清单如表 5.3.2 所示。

表 5.3.2　拆卸、测量减速器的工具、量具清单

序号	内容	参考规格、范围	内容	图示
1	梅花、一字起子	3-8mm	拆装锁紧螺钉	
2	开口固定扳手	6-30	拆装螺栓	
3	紫铜棒	Φ20X150 Φ35X150	拆装各零件	
4	A3 拆卸轴套	与所拆两轴系配套	拆装两轴系零件	
5	锤子	橡胶锤 羊角锤	拆装各零件	

(续表)

序号	内容	参考规格、范围	内容	图示
6	带表游标卡尺	0～200(0.01 或 0.02)mm	外圆、内孔、槽径、槽宽、槽厚、总长	
7	深度游标卡尺	0～200(0.01 或 0.02)mm	各档长度	
8	螺距规	0.35～6mm(22 片)	内、外螺纹	
9	万能角度尺	0～320°(2')	锥体角度	
10	R 规	R1-6.5 R25-50	圆弧	

3．绘制零件草图

根据拆卸的零件，分别对箱座、箱盖、齿轮轴、齿轮、端盖等零件进行测量，并徒手绘制零件草图。

(1) 箱座：减速器箱座的基本结构如图 5.3.14 所示，结构较为复杂，材料为 HT200，由于机座内外形都需要表达，且外形较内形复杂，主视图不符合半剖的条件，为了表达孔槽的结构，故考虑选择局部剖；俯视图前后虽然基本对称，但采用半剖后表达的内容不多，且机座螺栓孔的凸台等仍未表达清楚。综合比较，采用视图表达。左视图表达可考虑采用两个平行的平面剖切的阶梯剖视图来表达。机座的零件草图如图 5.3.15 所示。

图 5.3.14　减速器箱座结构

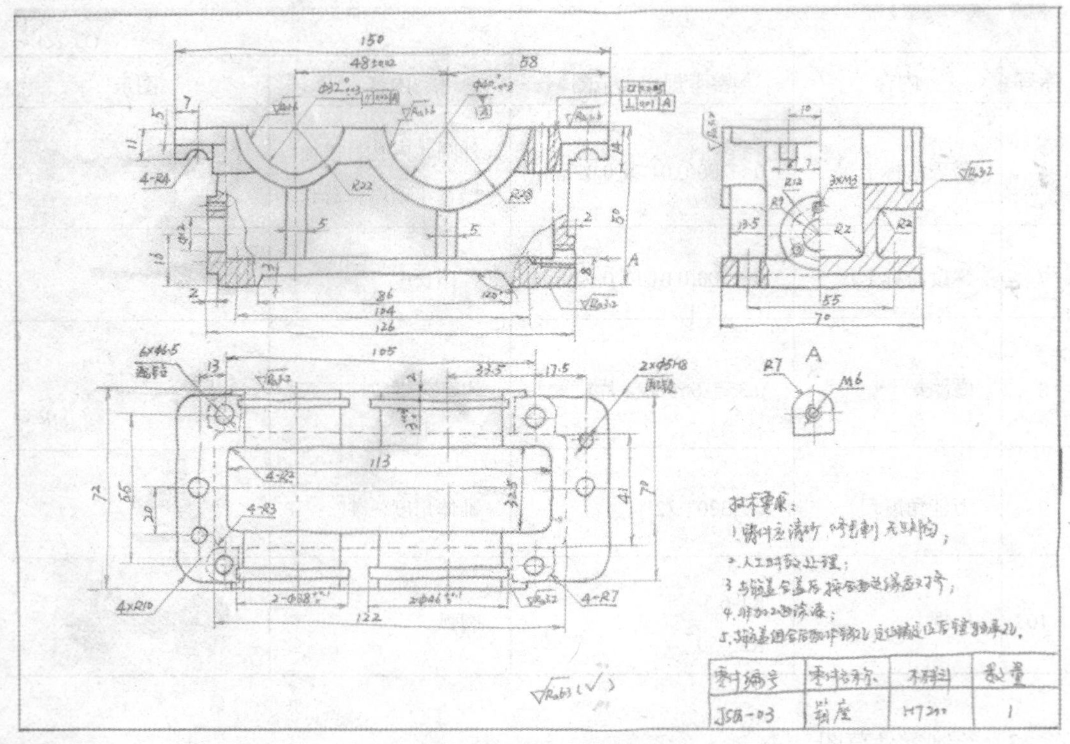

图 5.3.15　减速器箱座草图

(2) 箱盖：箱盖的基本结构如图 5.3.16 所示，它的结构比较复杂，材料为铸件，为了更清晰地表达机盖的结构，要选择表达物体信息量最多的方向作为主视图的投射方向。主视图需要表达零件的外形及多处内形结构(如孔槽结构)，故考虑选择局部剖视的方法表达；俯视图主要表达外形；左视图既可考虑采用半剖视图表达，也可考虑采用两个平行的平面剖切的阶梯剖视图来表达。

图 5.3.16　减速器箱盖结构

箱盖的尺寸标注比较复杂，要按形体分析法标注，以底面前后对称面和大轴孔的轴线为主要尺寸基准，标注尺寸时要逐个按形体进行标注，不可混乱。先标注定形尺寸，后标注定位尺寸；先标注大的基本形体，再标注局部细节。

箱盖的零件草图如图 5.3.17 所示。

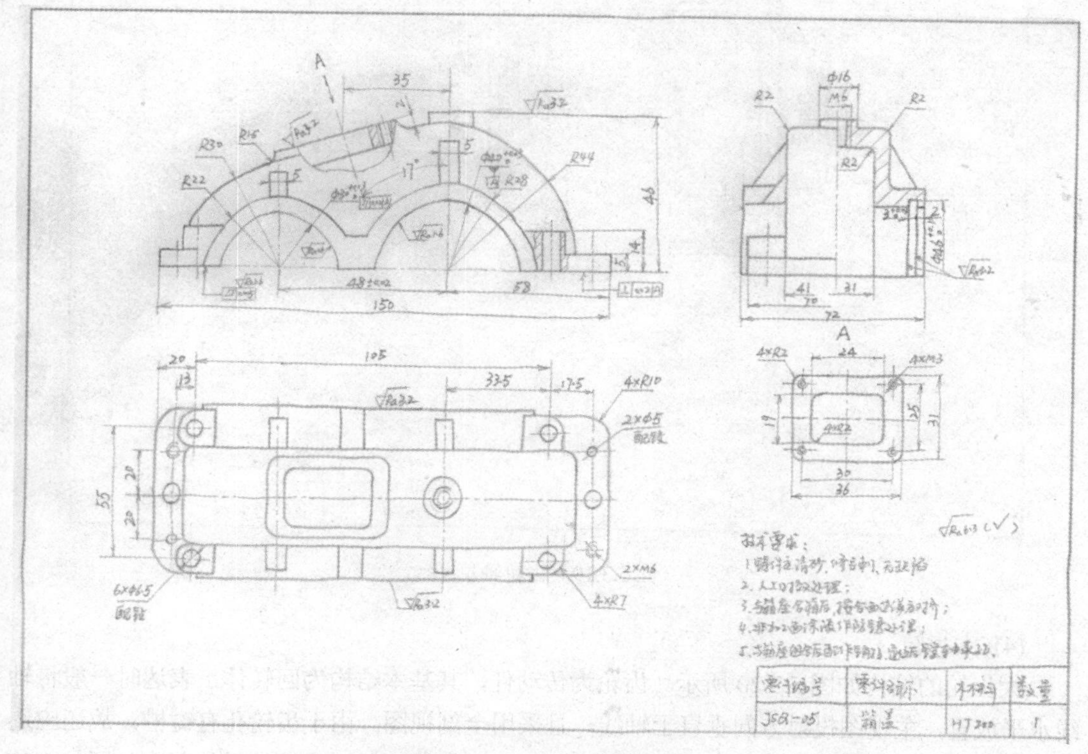

图 5.3.17　减速器箱盖草图

(3) 齿轮轴

齿轮轴的结构如图 5.3.18 所示。齿轮轴的基本结构为同轴回转体，故轴线水平放置， 主视图投射方向垂直于轴线。键槽朝前，并采用移出断面图 A-A 表达键槽形状。齿轮轴的零件草图如图 5.3.19 所示。

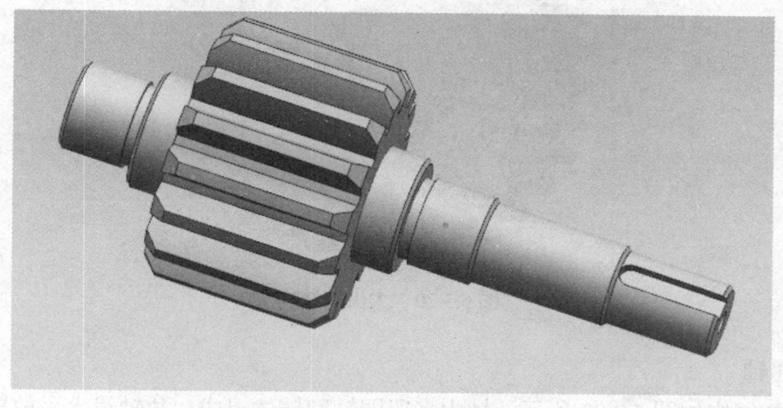

图 5.3.18　齿轮轴结构

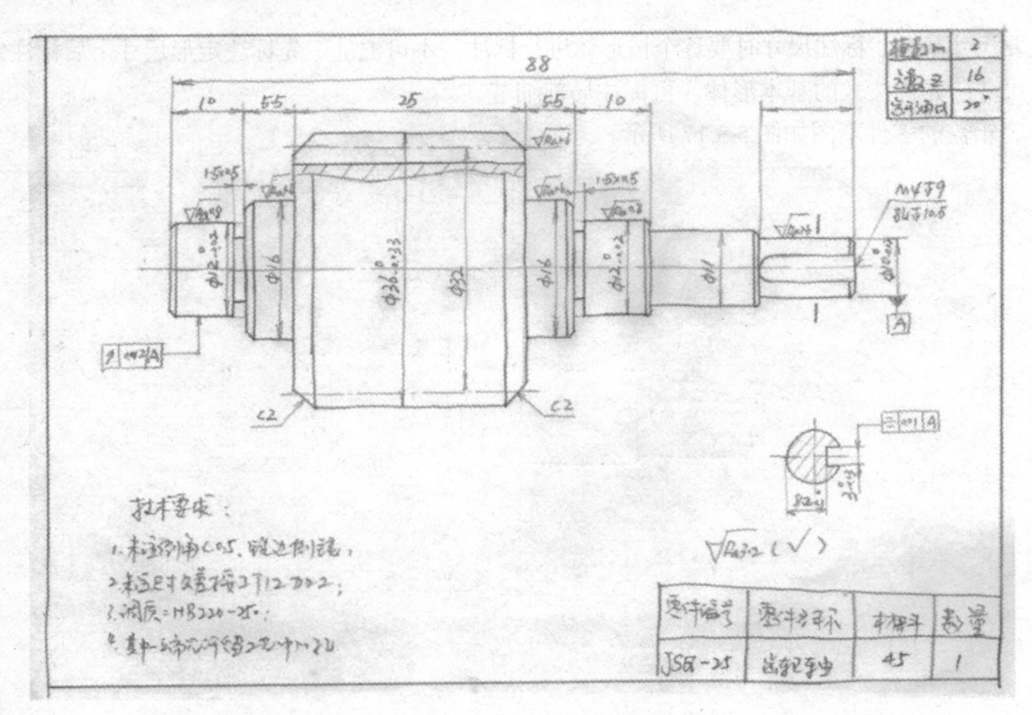

图 5.3.19　齿轮轴草图

(4) 大齿轮

大齿轮的结构如图 5.3.20 所示。齿轮为传动件，其基本结构为回转体，表达时一般将轴线水平放置，主视图投射方向垂直于轴线，且采用全剖视图。由于齿轮孔有键槽，故还应选择左视图。由于该齿轮轮辐结构简单，左视图可采用简化画法。齿轮的零件草图如图 5.3.21 所示。

图 5.3.20　大齿轮结构

(5) 低速轴

低速轴的结构如图 5.3.22 所示。轴由多段同轴回转体组成，故轴线水平放置，主视图投射方向垂直于轴线。键槽朝前，以便在主视图上表达其形状。在键槽处选择断面图来表达键槽深度和端面形状。低速轴的零件草图如图 5.3.23 所示。

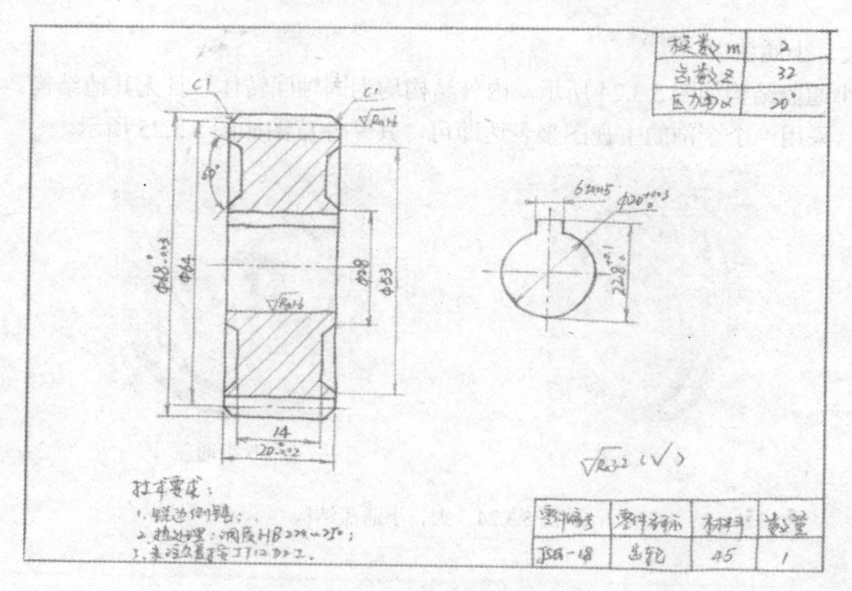

图 5.3.21 大齿轮草图

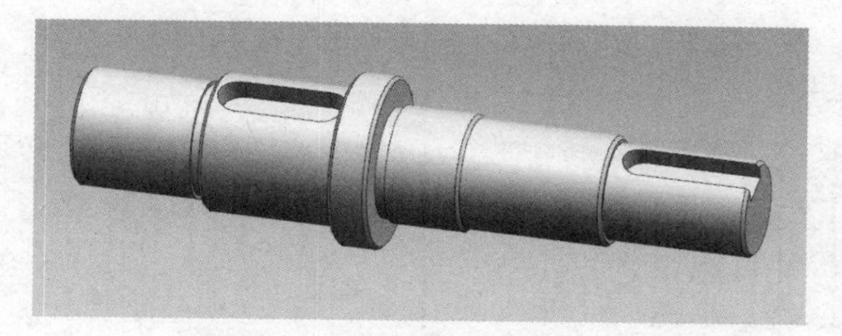

图 5.3.22 低速轴结构

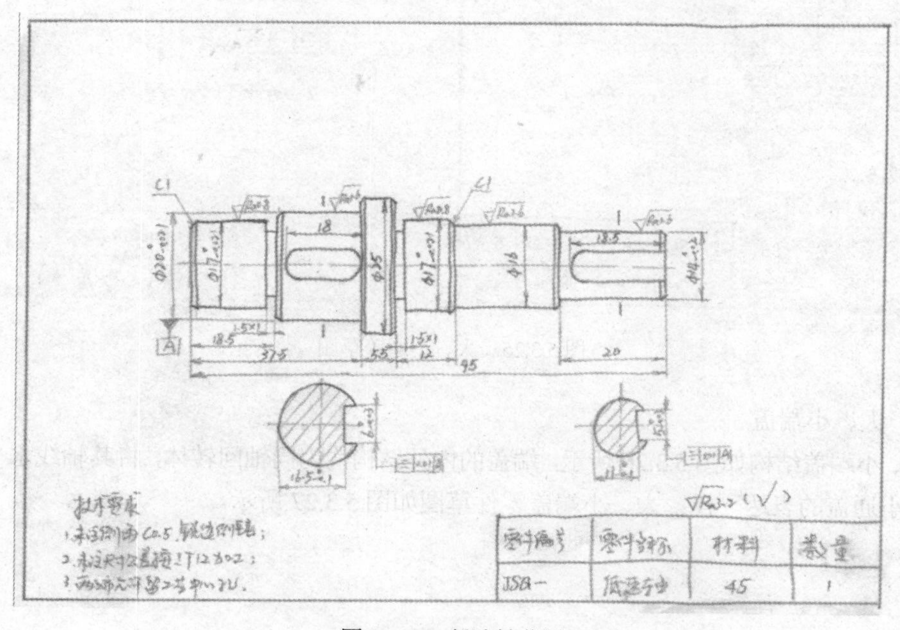

图 5.3.23 低速轴草图

(6) 大、小通盖

大、小通盖结构如图 5.3.24 所示，内外结构均为同轴回转体，且无其他结构。将其轴线水平放置，采用一个全剖的主视图来表达即可，其零件草图如图 5.3.25 所示。

a 大通盖

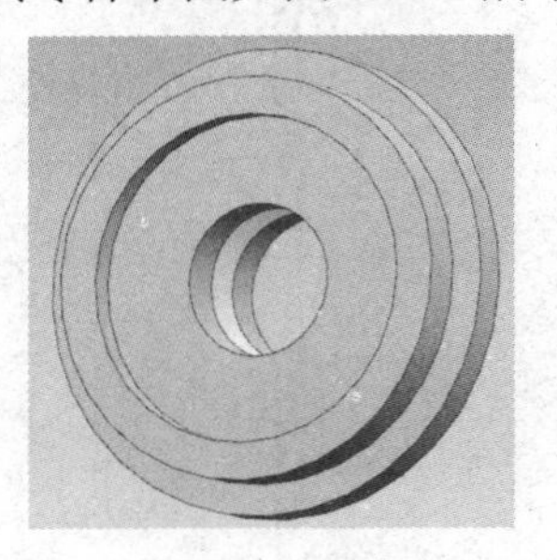

b 小通盖

图 5.3.24　大、小通盖结构

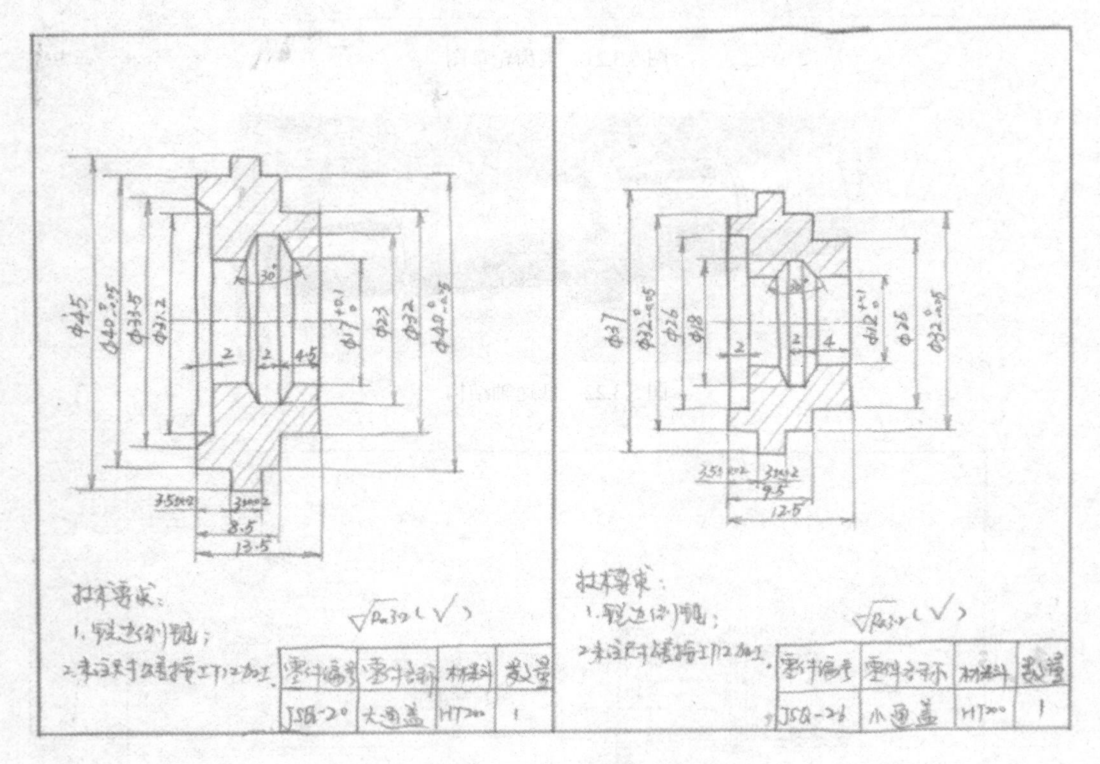

图 5.3.25　大、小通盖草图

(7) 大、小端盖

大、小端盖结构如图 5.3.26 所示，端盖的内外结构均为同轴回转体，将其轴线水平放置，与大、小通盖的表达一样。大、小端盖零件草图如图 5.3.27 所示。

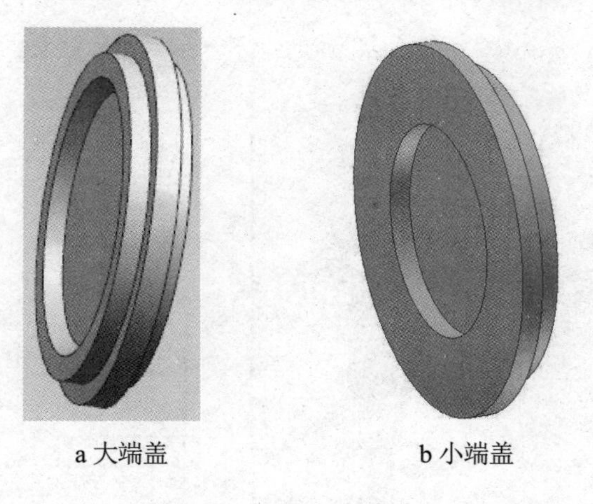

a 大端盖　　　　　　　　　　　　b 小端盖

图 5.3.26　大、小端盖结构

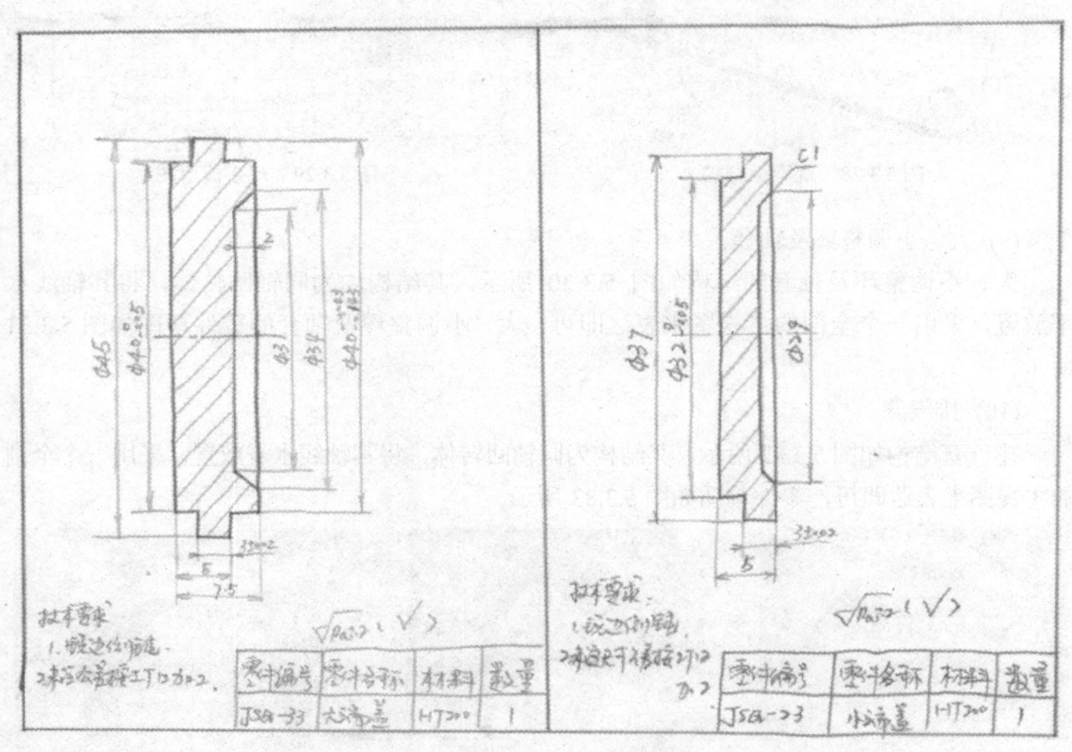

图 5.3.27　大、小端盖草图

(8) 观察板

观察板的结构如图 5.3.28 所示，其结构较为简单，将观察的方向作为主视图的投射方向，并采用两个平行的平面剖切的阶梯剖视图来完整表达，零件草图布局如图 5.3.29 所示。

图 5.3.28　观察板结构

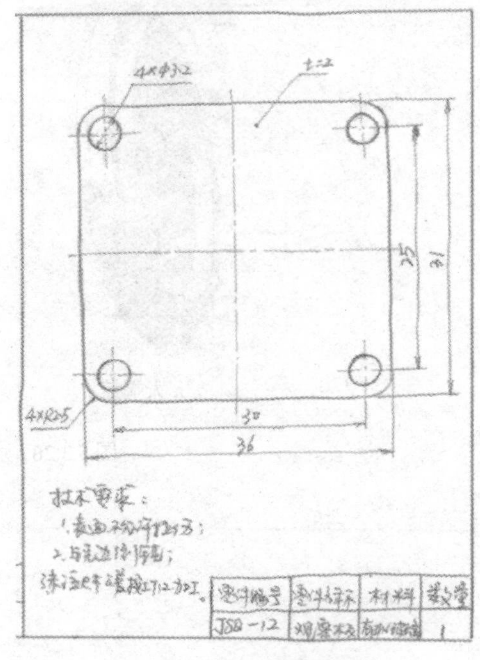

图 5.3.29　观察板草图

(9) 大、小调整环及轴套

大、小调整环及轴套的结构如图 5.3.30 所示，其结构均为同轴回转体，将其轴线水平放置，采用一个全剖的主视图来表达即可，大、小调整环及轴套的零件草图如图 5.3.31 所示。

(10) 排气塞

排气塞结构如图 5.3.32 所示，其结构为同轴回转体，将其轴线水平放置，采用一个全剖的主视图来表达即可，零件草图如图 5.3.33 所示。

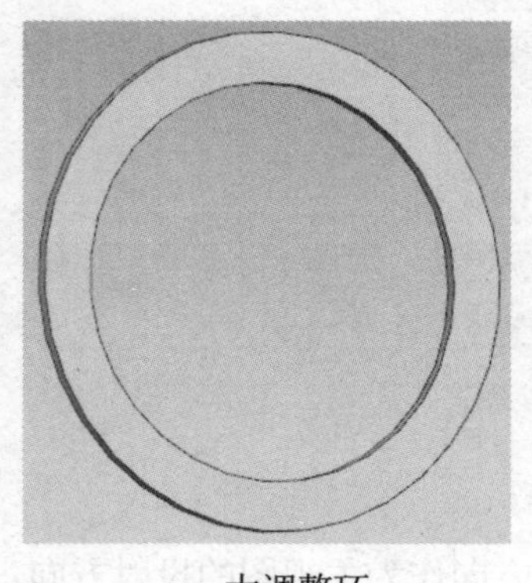

a 大调整环

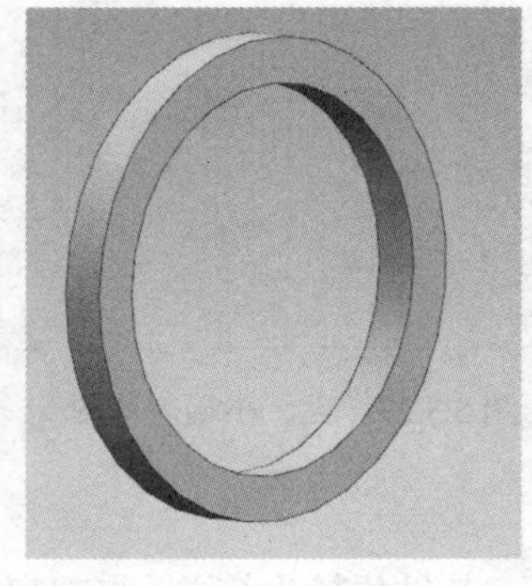

b 小调整环

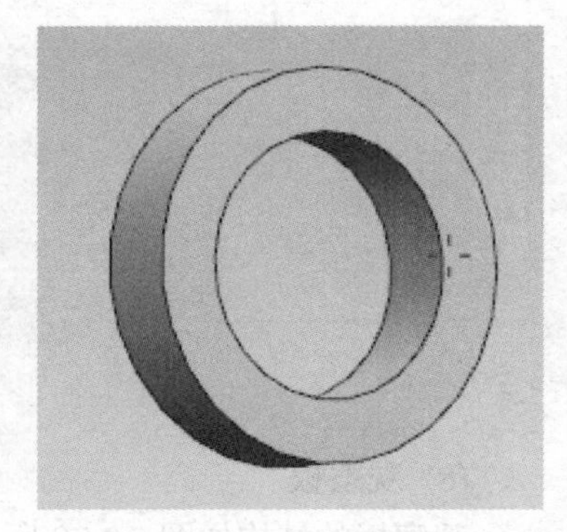

c 轴套

图 5.3.30　大、小调整环及轴套结构

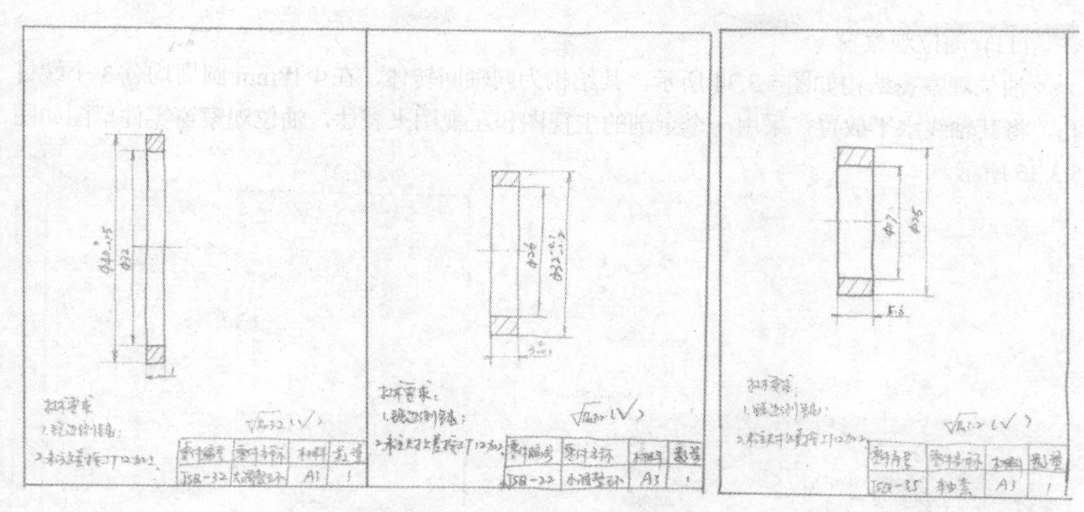

图 5.3.31　大、小调整环及轴套草图

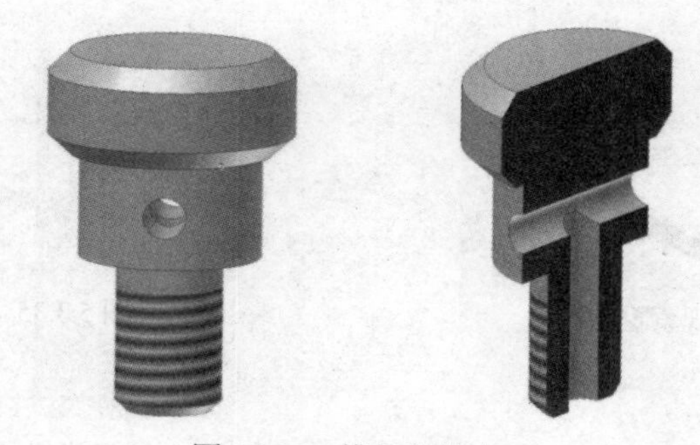

图 5.3.32　排气塞结构

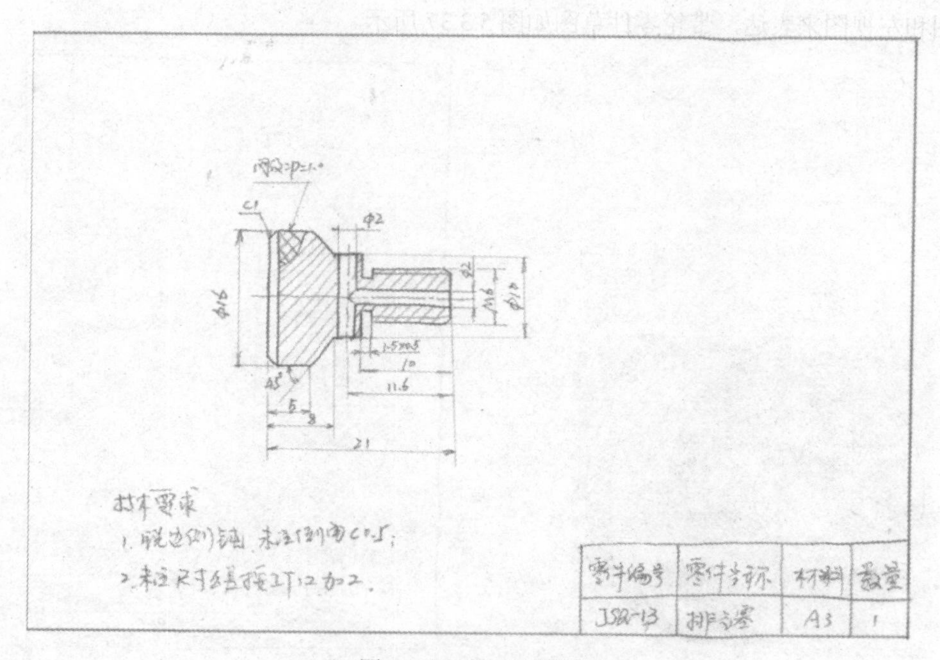

图 5.3.33　排气塞草图

(11) 油位观察窗

油位观察窗结构如图 5.3.34 所示，其结构为同轴回转体，在 Φ18mm 圆周均分 3 个螺钉孔，将其轴线水平放置，采用一个全剖的主视图和左视图来表达，油位观察窗零件草图如图 5.3.35 所示。

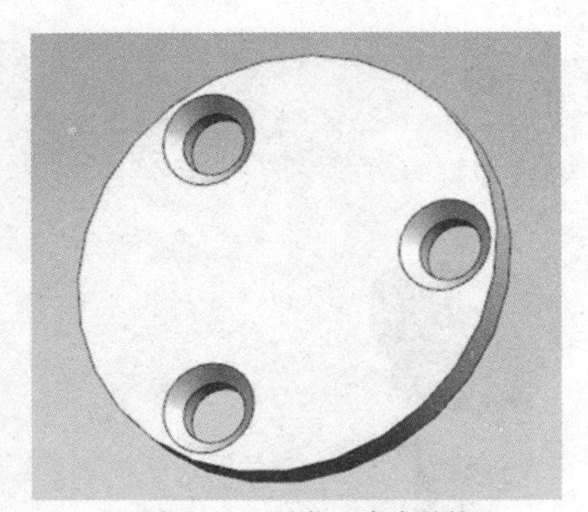

图 5.3.34　油位观察窗结构

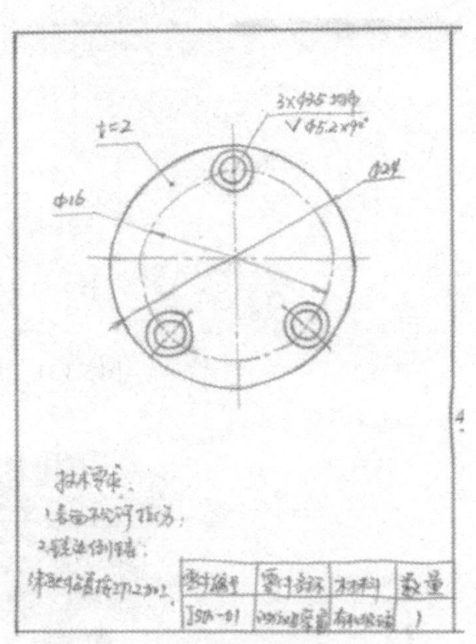

图 5.3.35　油位观察窗草图

(12) 带轮

带轮结构如图 5.3.36 所示，其结构为同轴回转体，将其轴线水平放置，采用一个全剖的主视图和左视图来表达，带轮零件草图如图 5.3.37 所示。

图 5.3.36　带轮结构

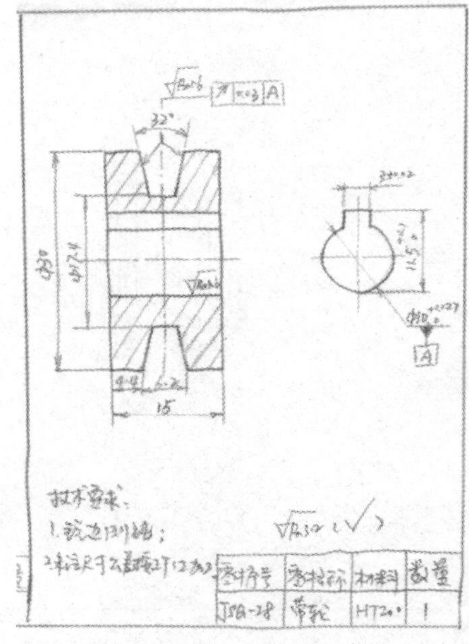

图 5.3.37　带轮草图

(三) 绘制减速器装配图

1．确定表达方案

减速器的表达方案，如图 5.3.38 所示，A 的朝向作为主视图投影方向，即与示意图表达的位置方向吻合，主视图主要表达箱体、通气塞、螺塞及观油孔等零部件的装配方式与装配关系。在俯视图中表达两齿轮的啮合关系、沿两轴轴向零部件的装配关系及两轴系与箱体的装配关系。因此，在俯视图中可将箱盖及其上零件拆去，以便能清晰表达上述结构。左视图只需要表达外形即可。

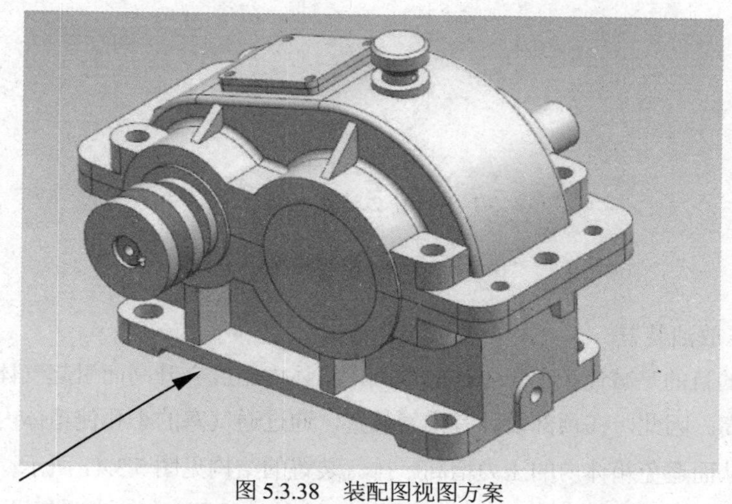

图 5.3.38 装配图视图方案

2．相关结构及装配关系

在画减速器装配图之前，应搞清其部件上各个结构及零件的装配关系，下面介绍该减速器的相关结构：

(1) 轴系结构

由于采用直齿圆柱齿轮，不受轴向力，因此两轴均由深沟球轴承支承。轴向位置由两端盖确定，而端盖嵌入箱体上对应槽中，两槽对应轴上共有 7 个零件，如图 5.3.39 所示，其尺寸等于各零件尺寸之和。为避免积累误差过大，保证装配要求，轴上装有一个调整环，装配时选配使其轴向总间隙达到一定要求。

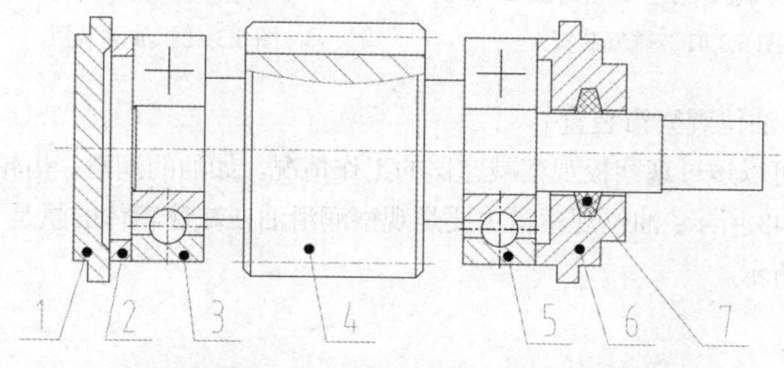

1-小端盖 2-调整环 3、5-轴承 4-齿轮轴 6-小通盖 7-油封

图 5.3.39 轴系结构

(2) 油封装置

轴从透盖孔中伸出，该孔与轴之间留有一定间隙；为防止油向外渗漏和异物进入箱体内，端盖内装有毛毡密封圈，此圈紧紧套在轴上，其装配关系如图 5.3.40 所示。

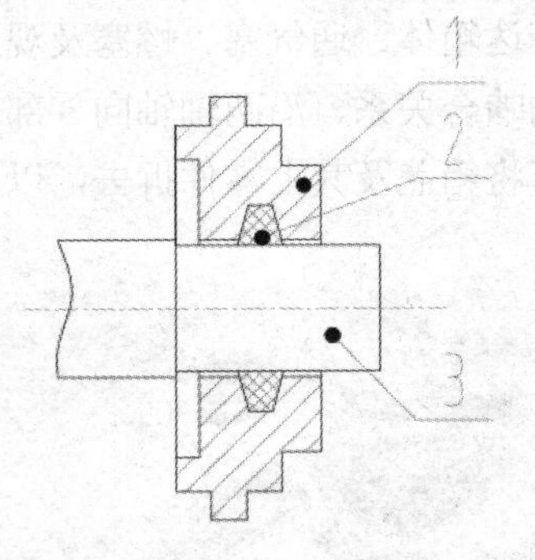

1-小通盖 2-油封 3-轴

图 5.3.40　密封装置

(3) 排气、放油装置

排气装置的目的是减速箱由于工作的原因，箱体内温度会升高而引起气体热膨胀，导致箱体内压力增高。因此，在顶部设计有排气装置，通过通气塞的小孔使箱体内的膨胀气体能够及时排出，从而避免箱体内的压力增高。排气装置的结构见图 5.3.41 所示；放油装置的目的是减速器工作一定时间后定期需要更换润滑油，为放油方便，在箱座底部设计了放油装置，结构如图 5.3.42 所示。

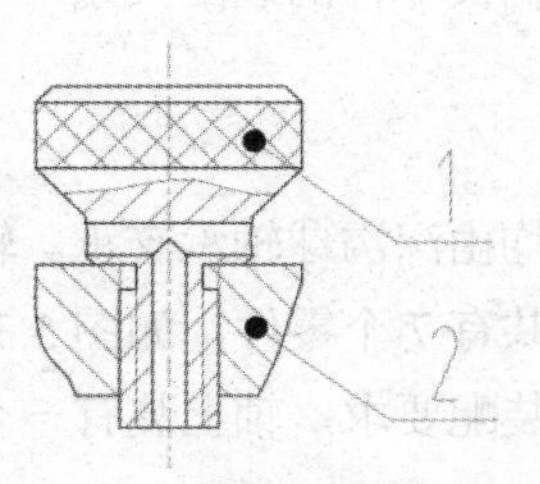

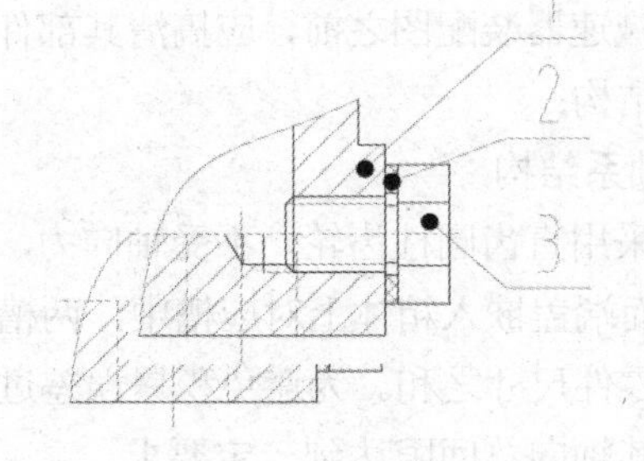

1-排气塞 2-箱盖 1-箱座 2-密封圈 3-螺塞

图 5.3.41　排气装置　　　　图 5.3.42　放油装置

(4) 观察窗、油位观察窗装置

观察窗装置可以透过观察板观察减速器的工作情况，如油的润滑、齿轮的啮合等是否正确，结构如图 5.3.43 所示；油位观察窗主要是观察润滑油在减速箱体的量是否符合润滑要求，结构如图 5.3.44 所示。

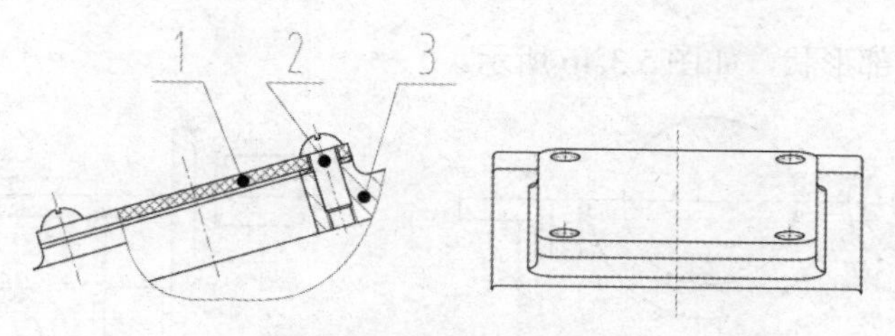

1-观察板 2-螺钉 3-箱盖

图 5.3.43　油位观察窗

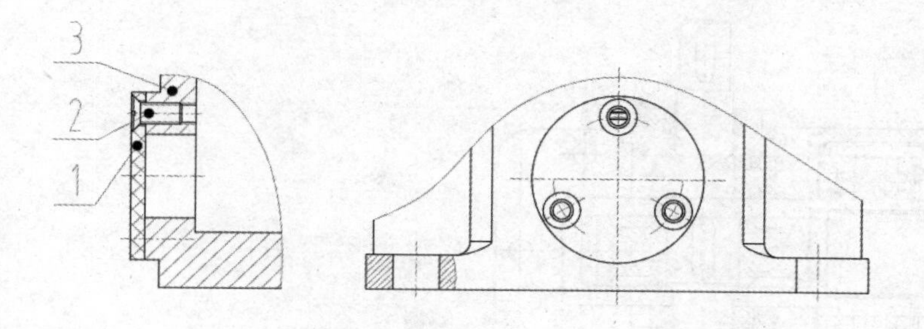

1-油位观察窗 2-螺钉 3-箱座

图 5.3.44　油位观察窗

3. 画减速器装配图的步骤

(1) 根据确定的表达方案，选择 A2 图幅。

(2) 画两轮系的主干轴线，完成箱座的绘制，如图 5.3.45 所示。

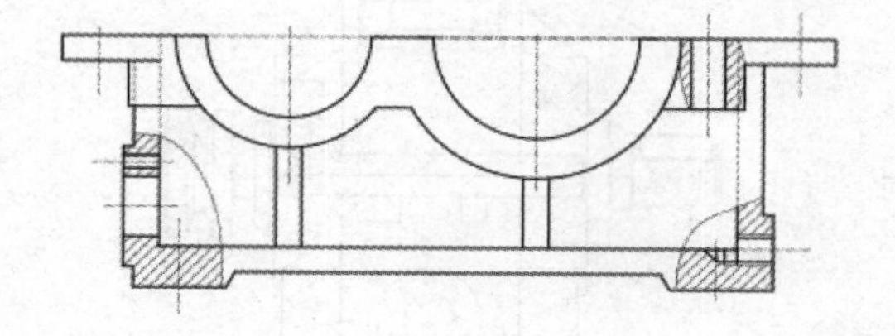

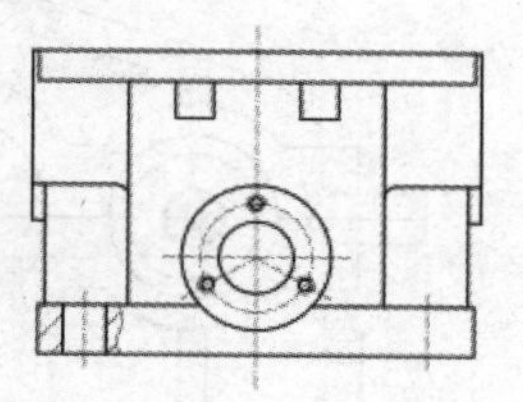

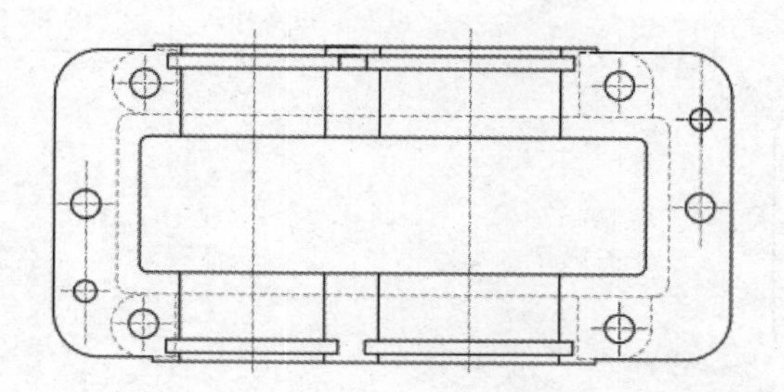

图 5.3.45　绘制减速器装配图步骤 1

(3) 画两轴系各零件的装配并放置于箱座上，左视图因只表达外观形状，故在左视图可以不表达减速器内部形状，如图 5.3.46 所示。

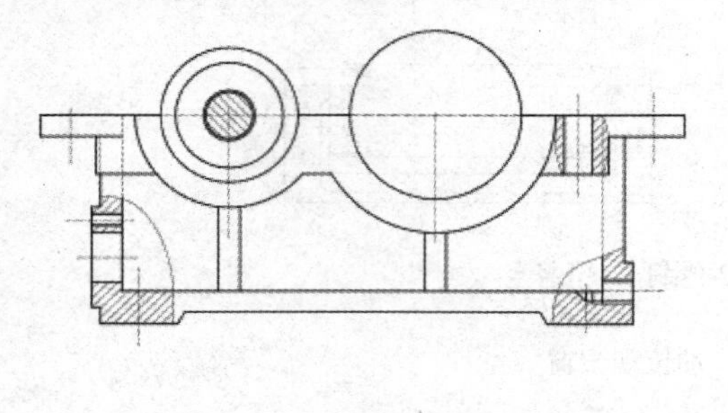

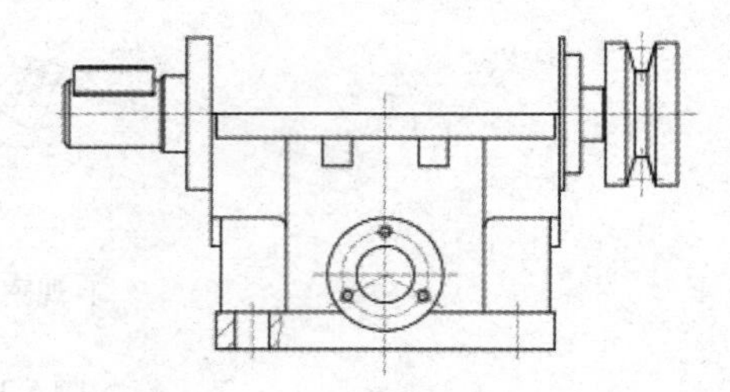

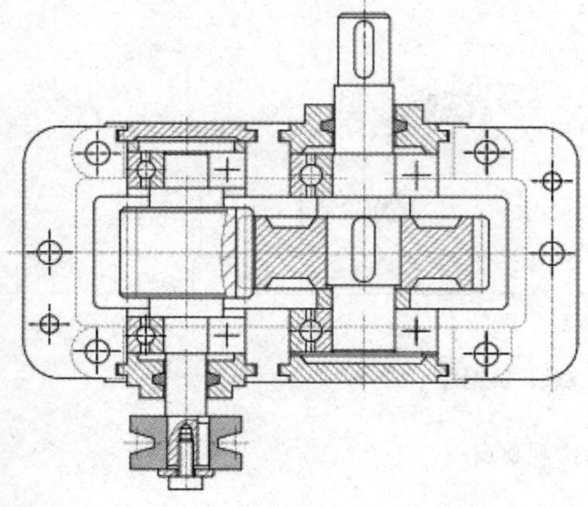

图 5.3.46　绘制减速器装配图步骤 2

(4) 画箱盖，完成减速器装配图的基本框架，如图 5.3.47 所示。

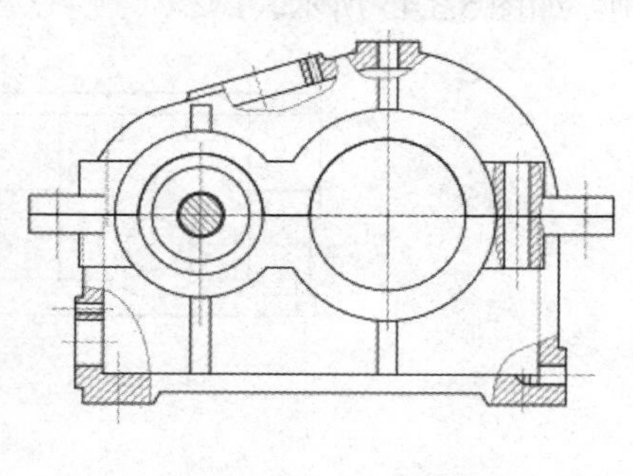

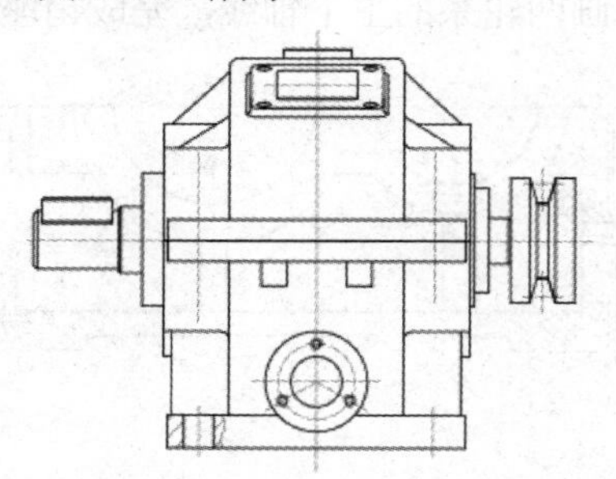

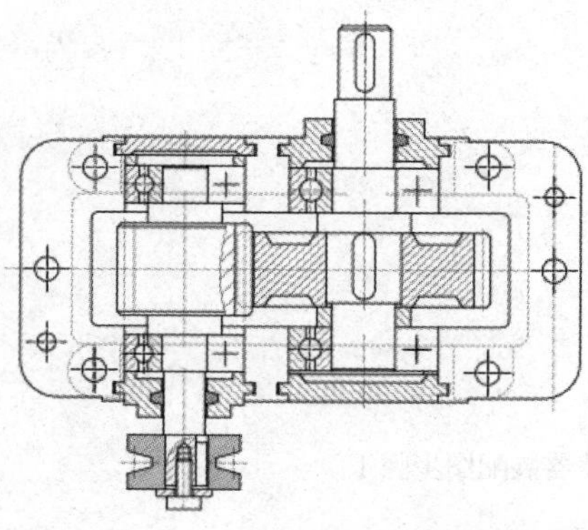

图 5.3.47　绘制减速器装配图步骤 3

(5) 绘制其他零件的装配关系，并处理装配图细节，如排气装置、观察窗装置、箱体螺栓的连接等，如图 5.3.48 所示。

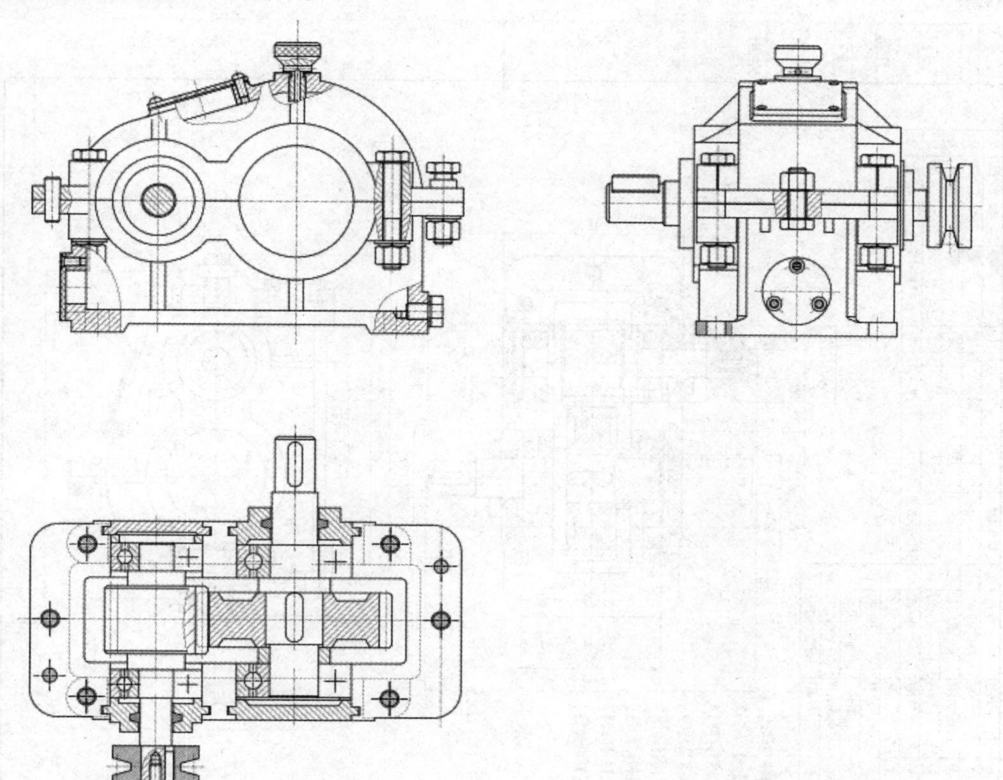

图 5.3.48　绘制减速器装配图步骤 4

(6) 标注装配图的必要尺寸，并注写技术要求：

① **规格性能尺寸**　两轴线中心距：48±0.05mm；中心高：47±0.05mm。

② **装配尺寸**　滚动轴承、齿轮与轴的配合尺寸及公差代号，端盖与箱体孔的配合尺寸及公差代号。如滚动轴承内圈与轴的配合，只标注轴的尺寸 Φ12 k6、Φ17 k7；滚动轴承外圈与孔的配合：只标注孔的尺寸 Φ32 M7、Φ40M7；齿轮与轴的配合尺寸 Φ20H7/k6；两圆锥销的定位中心距 136mm。

③ **总体尺寸**　减速器的总长、总宽和总高，如长 150mm、宽 70mm、高 104mm。

④ **安装尺寸**　机座上安装孔的孔距尺寸，如孔距 104mm、56mm、20mm、20.5mm。

⑤ **技术要求**　应注明装配漏油、减速器工作要求、齿轮啮合等相关情况。

(7) 标注序号和生成明细表并填写标题栏，最后完成装配图的绘制，如图 5.3.49 所示。

(四) 绘制减速器零件图

根据装配图和零件草图，整理绘制出指定的零件图，如图 5.3.50～图 5.2.59 所示。绘制零件图时，其视图布局不强求与零件草图或在装配图上该零件的表达完全一致，可进一步改进表达方案，以及尺寸精度、形位公差和表面粗糙度的标注，应注意减速器工作特性、各零件的作用、各零件间的关联度以及各零件的加工方式等；装配图中配合尺寸或相关尺寸要与零件图的尺寸协调一致。零件的技术要求可查阅相关资料及同类或相近产品图样后确定。

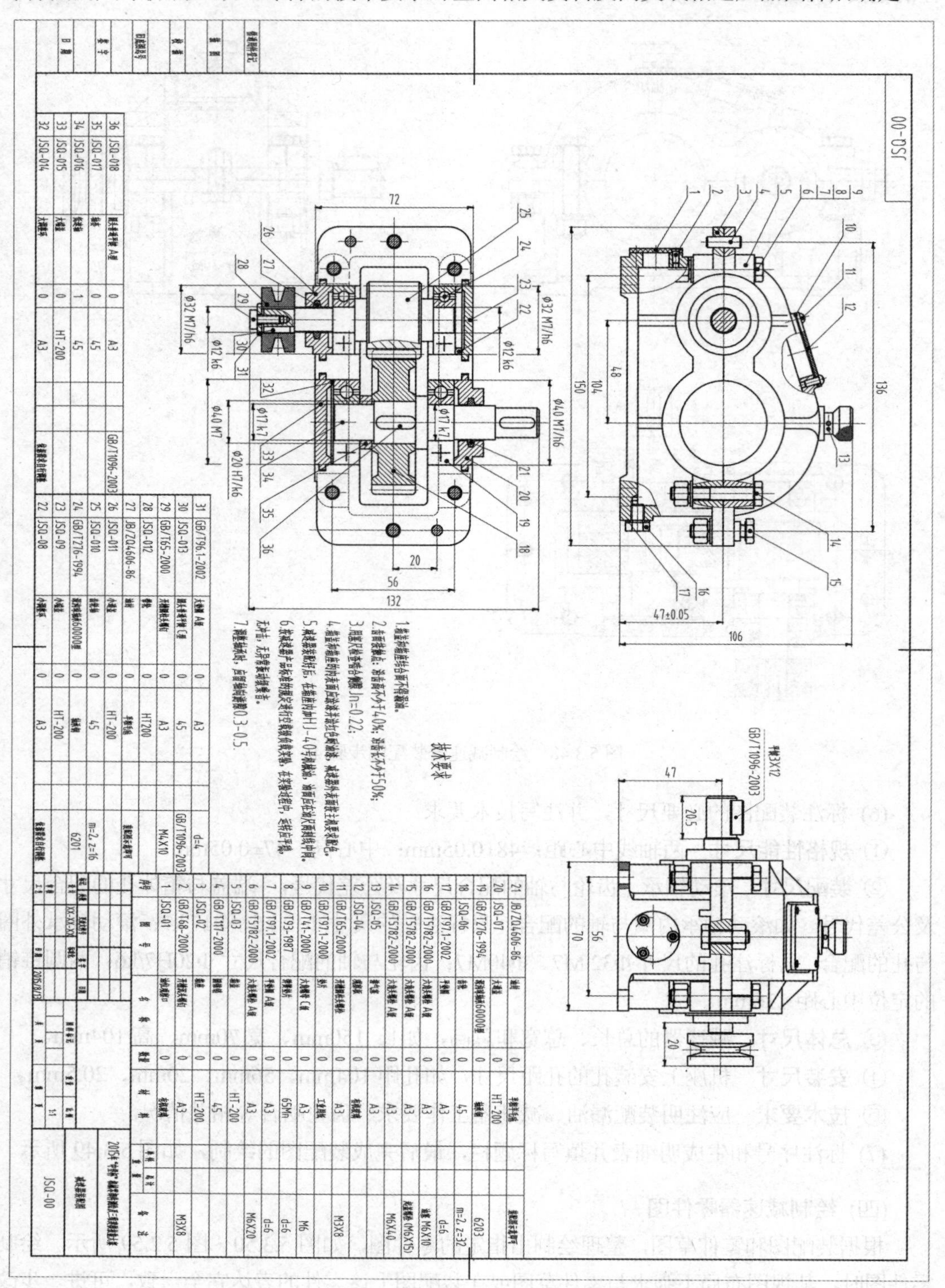

图 5.3.49　绘制减速器装配图步骤 5

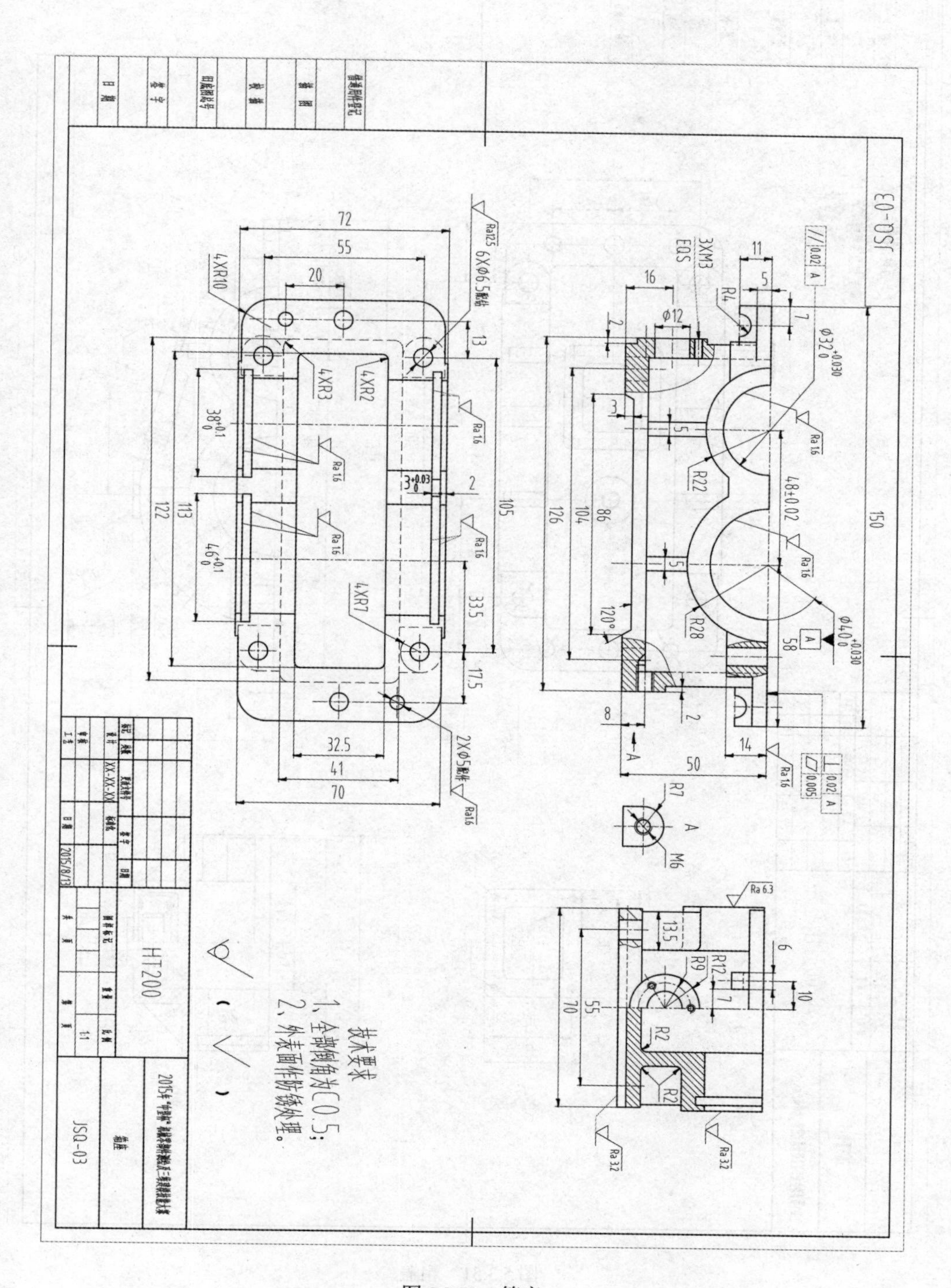

图 5.3.50 箱座

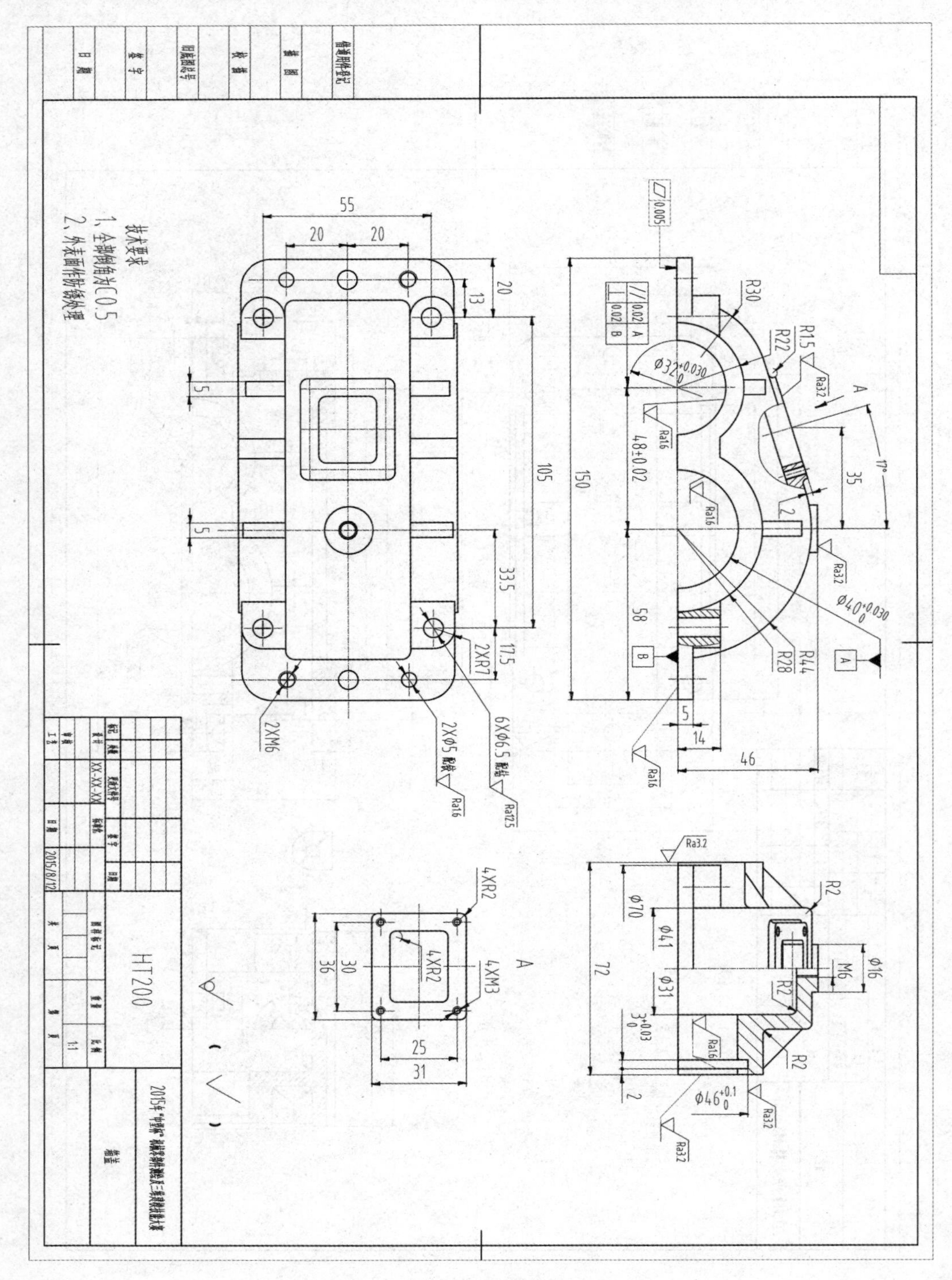

图 5.3.51　箱盖

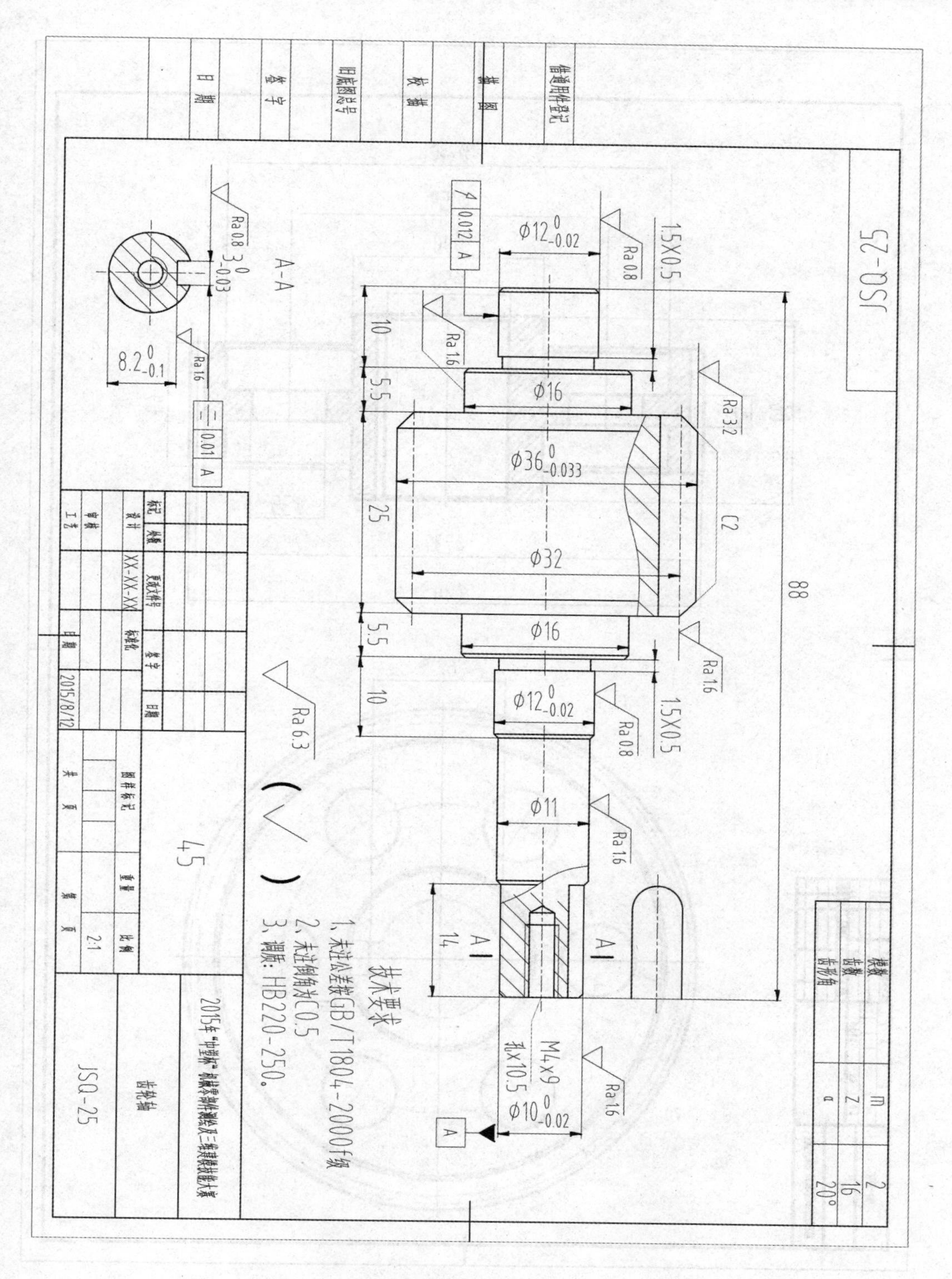

图 5.3.52　齿轮轴

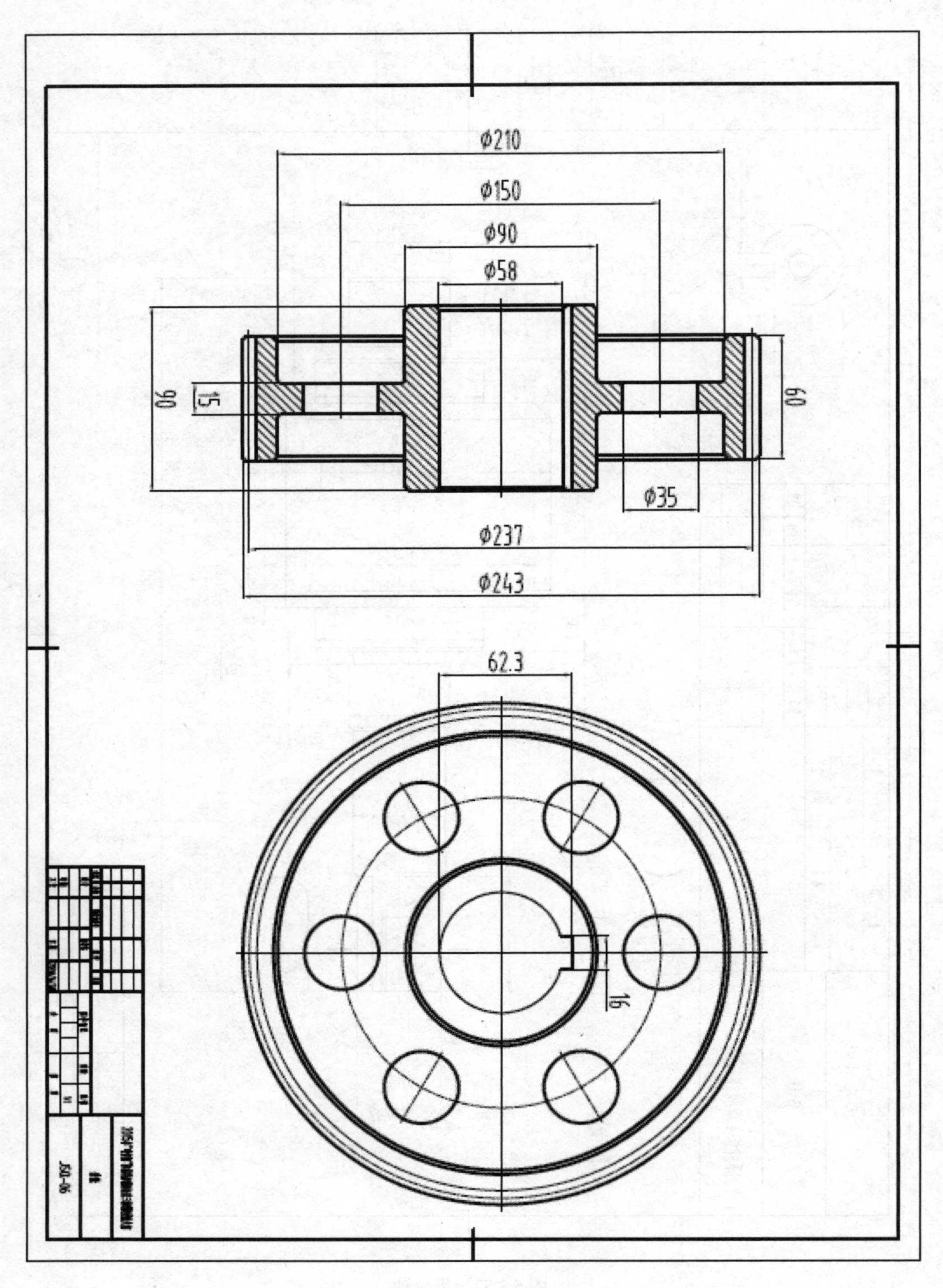

图 5.3.53　齿轮

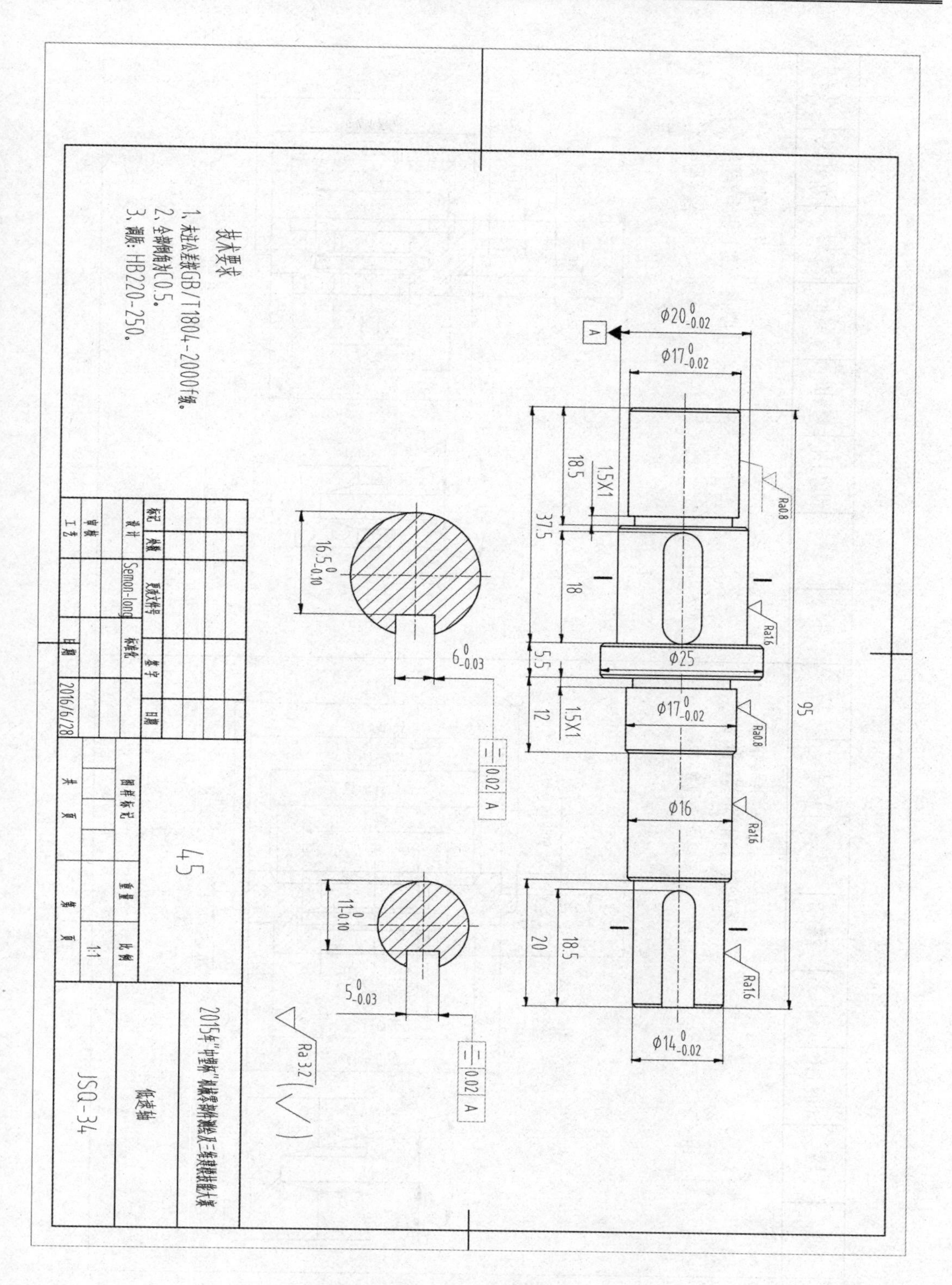
技术要求
1. 未注公差按GB/T1804-2000f级。
2. 全部倒角C0.5。
3. 调质：HB220-250。
Ø20 0 -0.02
Ø17 0 -0.02
Ø25
Ø16
Ø14 0 -0.02
16.5 0 -0.10
11 0 -0.10
6 0 -0.03
5 0 -0.03
18.5
37.5
18
5.5
12
1.5X1
20
95
Ra0.8
Ra1.6
Ra3.2
0.02 A
A
45
1:1
Semon-long
2016/6/28
低速轴
JSQ-34

图 5.3.54　低速轴

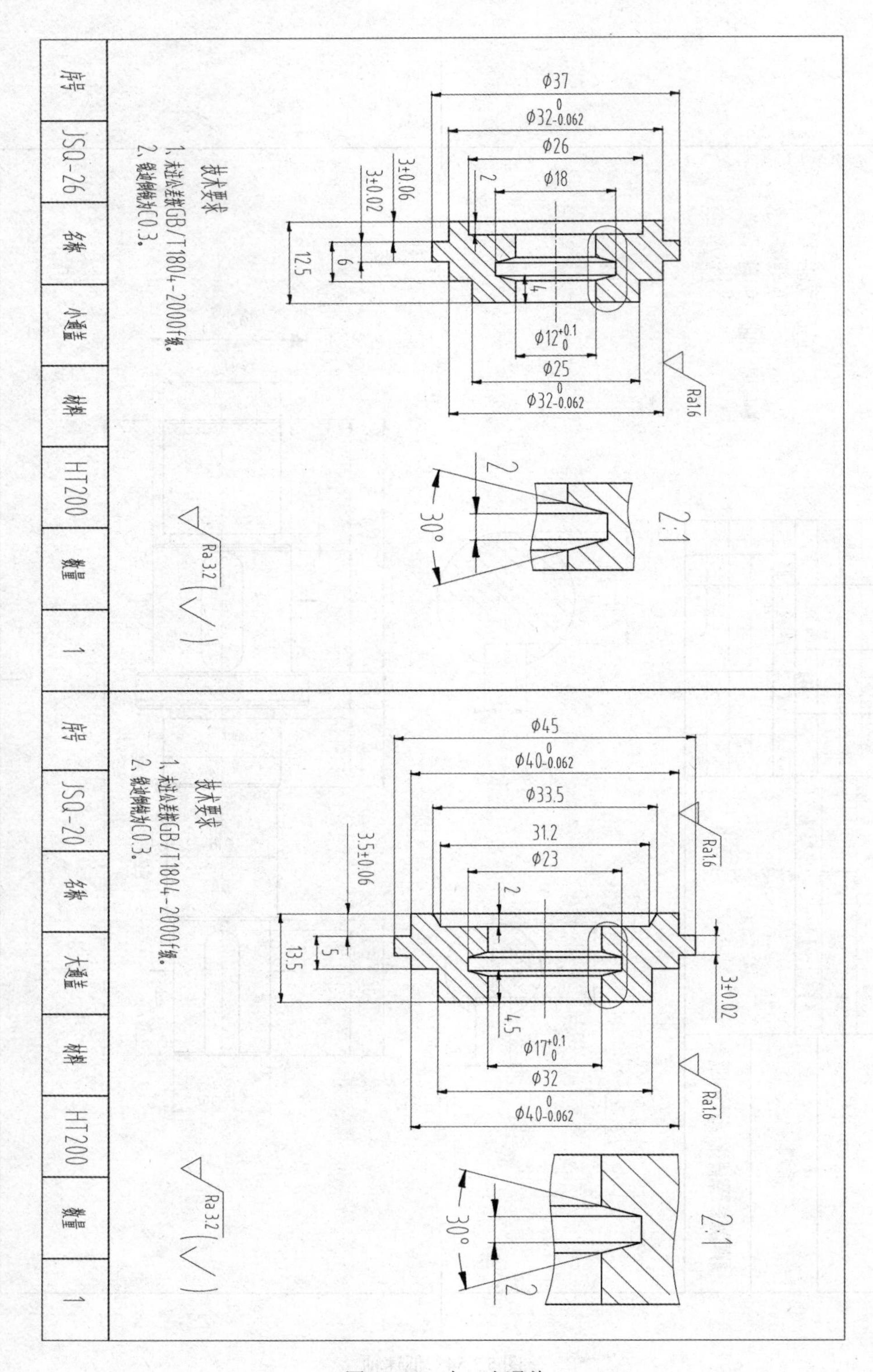
技术要求
1. 未注公差按GB/T1804-2000f级。
2. 锐边倒钝C0.3。
序号
JSQ-26
名称
小通盖
材料
HT200
数量
1
φ37
φ32-0.062
φ26
φ18
3±0.06
3±0.02
2
12.5
6
4
φ12+0.1
φ25
Ra1.6
Ra 3.2
2:1
30°
技术要求
1. 未注公差按GB/T1804-2000f级。
2. 锐边倒钝C0.3。
序号
JSQ-20
名称
大通盖
材料
HT200
数量
1
φ45
φ40-0.062
φ33.5
31.2
φ23
3.5±0.06
13.5
5
4.5
3±0.02
φ17+0.1
φ32
Ra1.6
Ra 3.2
2:1
30°

图 5.3.55　大、小通盖

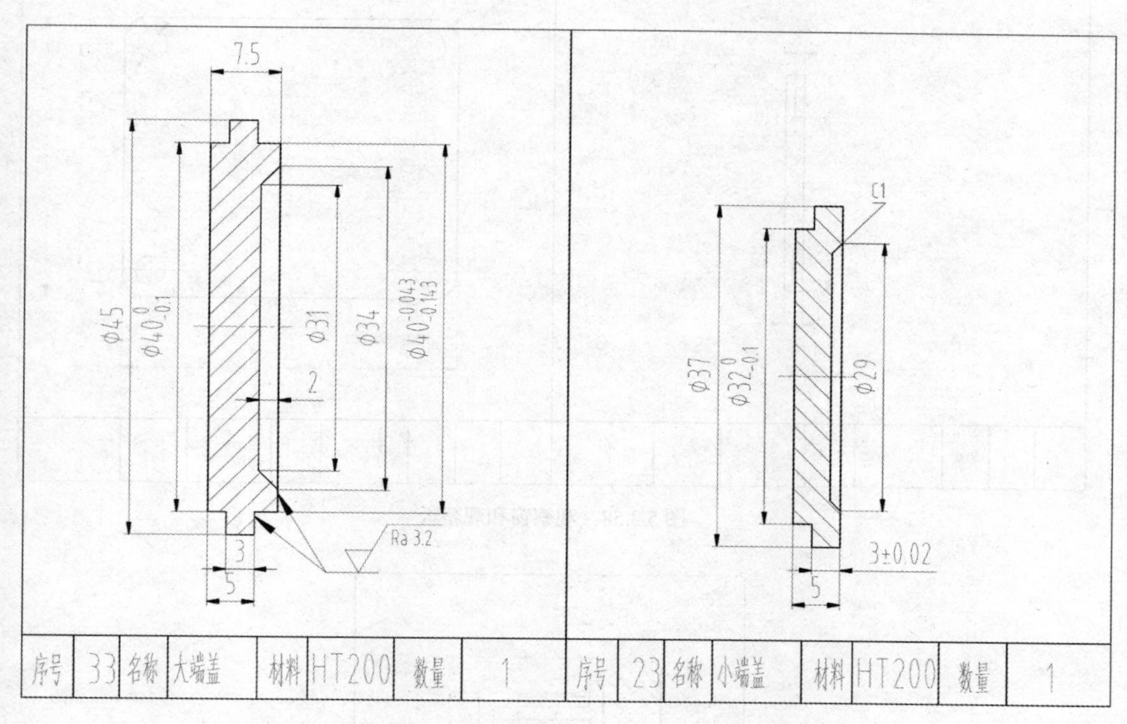

图 5.3.56　大、小端盖

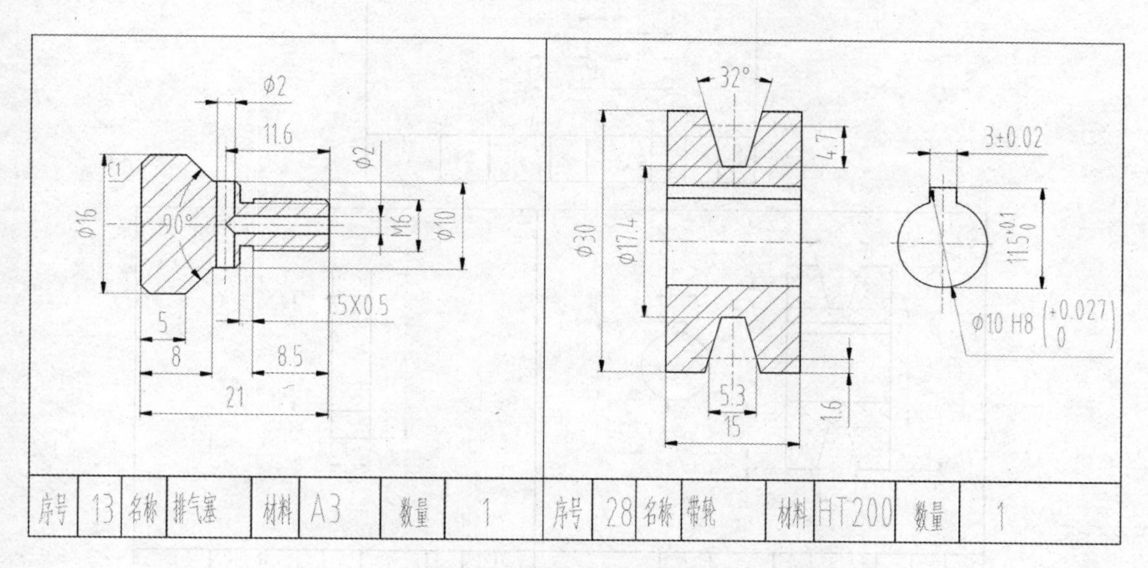

图 5.3.57　排气塞、皮带轮

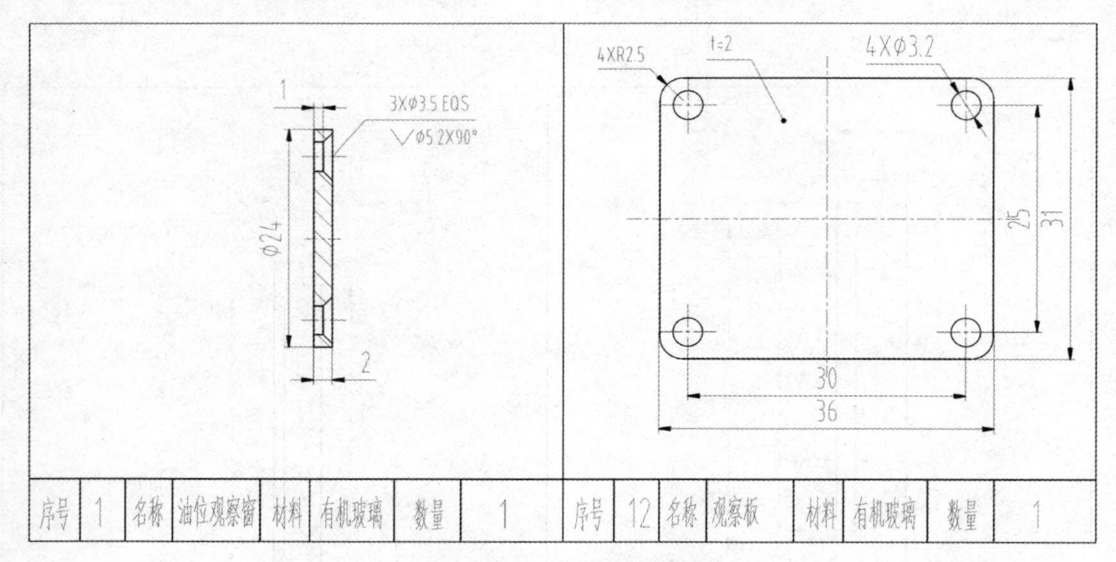

图 5.3.58　观察窗和观察板

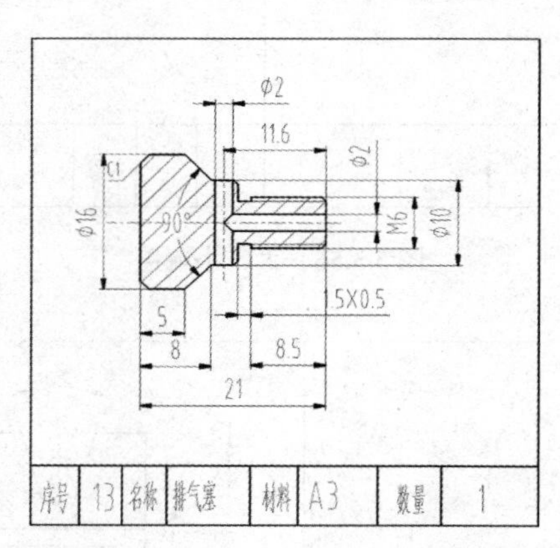

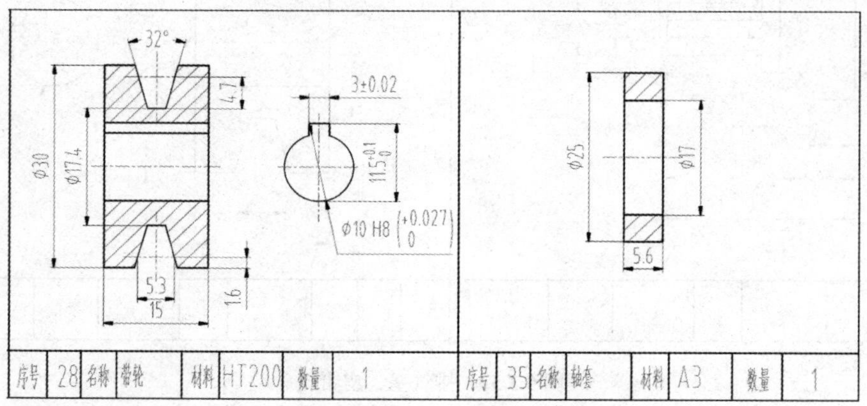

图 5.3.59　大、小调整环及轴套

【任务评价】

测绘减速器，对相关知识点的掌握程度应做一定的评价，如表 5.3.3 所示。

表 5.3.3　测绘减速器评价参考表

评价内容	评价细则	评价标准	分值	学生自评	老师评估
零件测量与手绘	纸质手绘草图稿	缺 1 张，扣 1.5 分	6		
	视图表达	错 1 处扣 1.5 分	6		
	尺寸标注	不合理或少 1 处，扣 0.5 分，扣完为止	8		
零件图绘制	零件视图表达	缺 1 个，扣 4 分；不合理 1 处，扣 1 分	16		
	尺寸标注及公差	不合理或少 1 处，扣 1 分，扣完为止	14		
	图幅、标题栏、技术要求	缺 1 处，扣 2 分	10		
装配图绘制	装配视图表达	不合理 1 处，扣 2 分，扣完为止	15		
	装配尺寸标注	不合理或缺 1 处，扣 2 分，扣完为止	10		
	图幅、标题栏、技术要求	不合理或缺 1 处，扣 2 分，扣完为止	15		

学习体会：

【练一练】

如图 5.3.60 所示某型号精密齿轮泵，是现代工业制造最常用的工具设备之一，请准备某精密齿轮泵、拆卸工具及量具，完成以下任务：

(一) 零件测量与手绘

根据所给部件和测量工具，测绘齿轮泵组件的各个零件，绘制装配示意图并绘制草图。

(二) 绘制装配图

1. 视图应表达清楚齿轮泵的工作原理和装配关系。
2. 标注尺寸合理。
3. 正确填写标题栏，正确引出零件序号和生成明细表。

(三) 绘制零件图

根据已完成的装配图和零件草图，绘制气缸部件的零件图。

1. 零件图视图选择合理、表达方案正确。
2. 尺寸标注完整、正确、清晰，公差等几何精度完整、并正确标注。

3. 图幅合适、标题栏填写正确、有技术要求等。

图 5.3.60　某型号齿轮泵

项目六　图形的输出

项目描述(导读+分析)

在日常设计、生产中，绘图工程人员常常会将 dwg 文档转换成 PDF 文档，或将图形打印成纸质图纸。中望机械 CAD 教育版提供了非常便捷的图形输出窗口，以便有效地输出图形。

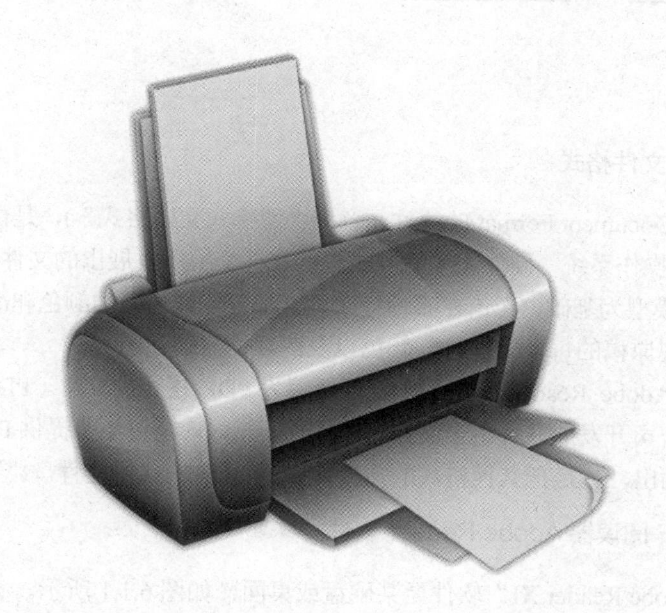

知识目标

- 掌握 PDF 格式的基本知识。
- 掌握安装打印机的操作步骤。

能力目标

- 通过案例操作与练习，会将 XXX.dwg 文件转换成 XXX.pdf 文件并保存。
- 通过案例操作与练习，会打印零件图。

任务 6.1　输出低速轴 PDF 文件

【任务目标】

1. 通过案例介绍和练习，能在打印对话框中正确设置打印选项。
2. 通过案例操作与练习，会将 XXX.dwg 文件转换成 XXX.pdf 文件并保存。

【任务分析】

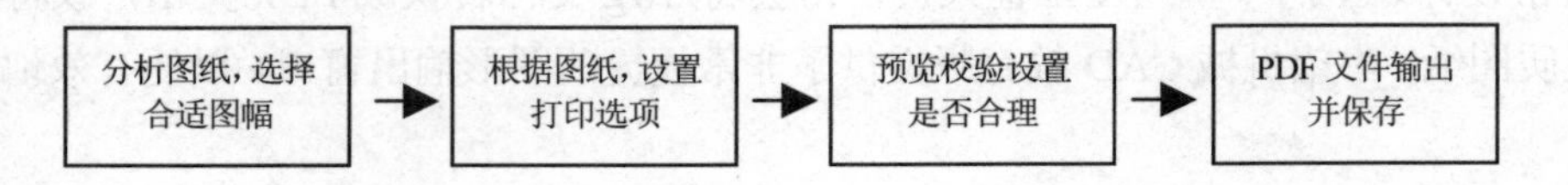

【相关知识】

一、“PDF”文件格式

PDF(Portable Document Format 的简称，意为“便携式文档格式”)，是由 Adobe Systems 用于与应用程序、操作系统、硬件无关的方式进行文件交换所发展出的文件格式。PDF 文件以 PostScript 语言模型为基础，无论在哪种打印机上都可保证精确的颜色和准确的打印效果，即 PDF 会忠实再现原稿的每一个字符、颜色以及图像。

PDF 阅读器 Adobe Reader 专门用于打开后缀为.PDF 格式的文件。PDF 阅读器(Adobe Reader)是 Adobe 公司开发的一种电子文档阅读软件，Adobe 公司免费提供 PDF 阅读器下载。

PDF 文件的输出，就是把其他格式的文件转换为 PDF 格式的文件。

二、安装 PDF 阅读器 Adobe Reader 软件

1．下载“Adobe Reader XI”软件至某硬盘或桌面，如图 6.1.1 所示。

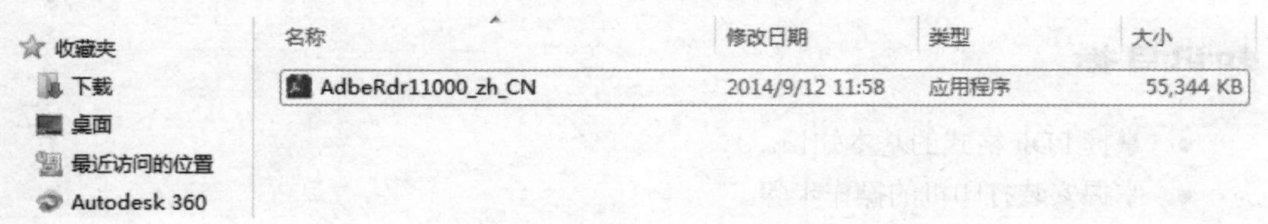

图 6.1.1　“Adobe Reader XI”安装软件

2．安装 Adobe Reader XI 软件，通过提示步骤，完成 Adobe Reader XI 的安装，并在桌面上创建“Adobe Reader XI”图标，如图 6.1.2 所示。

3．运行 Adobe Reader XI 软件，可单击查看帮助信息，了解放大缩小、旋转等操作，如图 6.1.3 所示。

图 6.1.2　"Adobe Reader XI" 图标

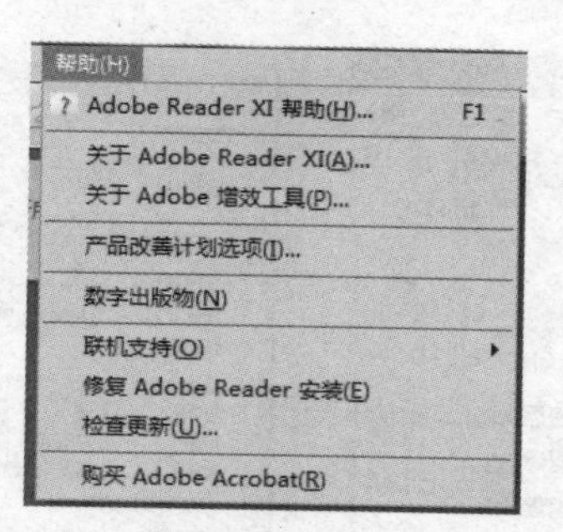

图 6.1.3　"Adobe Reader XI" 帮助选项

【任务实施】

一、任务描述

如图 6.1.4 所示，为减速器的低速轴，文件为低速轴.dwg 格式，要求将其转换成 PDF 文件格式(即 PDF 文件输出)。

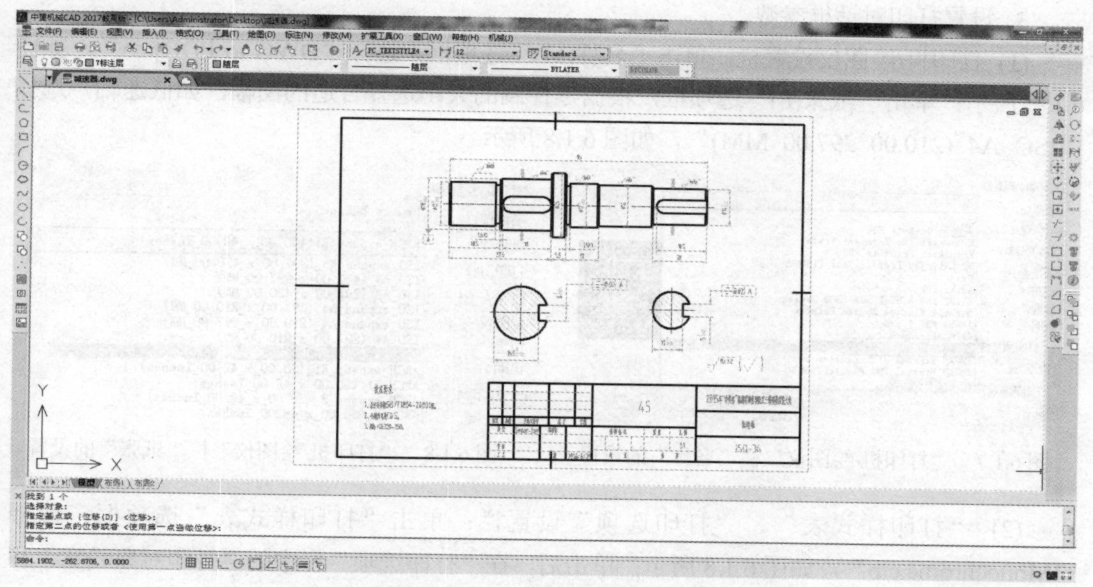

图 6.1.4　低速轴.dwg 文件

二、实施步骤

1．用中望机械 CAD 教育版软件在文档中打开低速轴.dwg 文件，打开后如图 6.1.4 所示。

2．单击菜单中的"文件"→"打印"按钮或用快捷键"Ctrl+P"，如图 6.1.5 所示。弹出"打印"对话框，如图 6.1.6 所示。

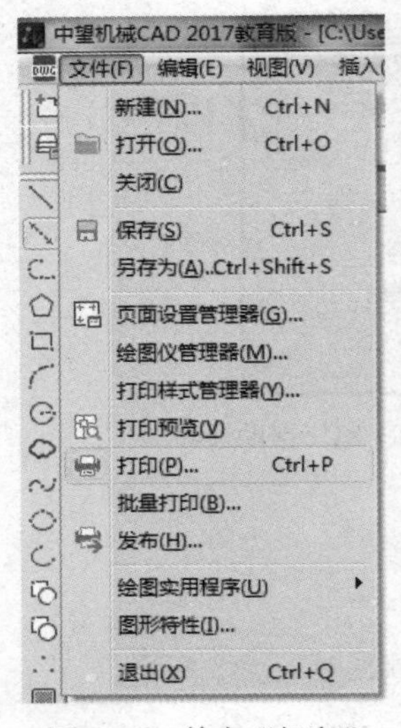

图 6.1.5　单击“打印”

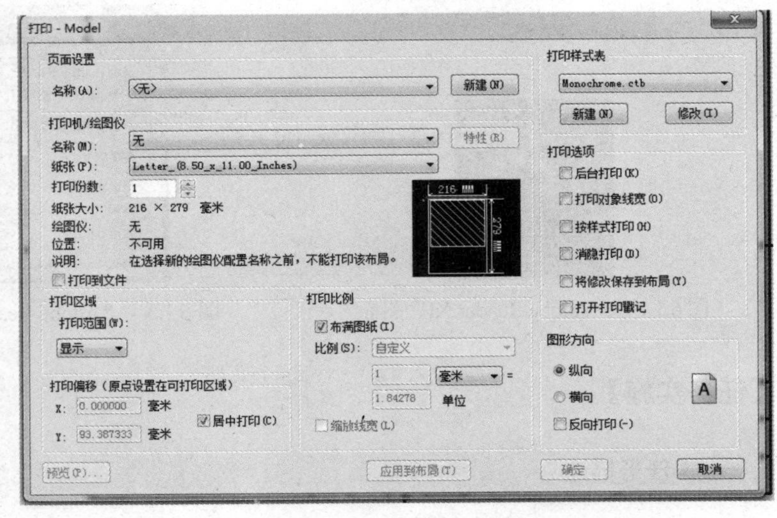

图 6.1.6　“打印”对话框

3. 设置打印对话框参数。

(1) 打印机/绘图仪设置栏：单击“名称(M)”选项框，选择“DWG to PDF.pc5”，如图 6.1.7 所示；单击“纸张(P)”选项框，根据零件图的大小选择合适的图幅，如低速轴，选择“ISO_A4_(210.00*297.00_MM)”，如图 6.1.8 所示。

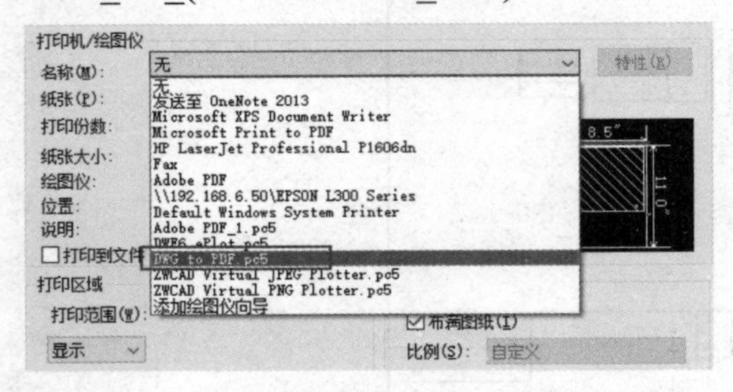

图 6.1.7　“打印机/绘图仪”栏“名称”的设置

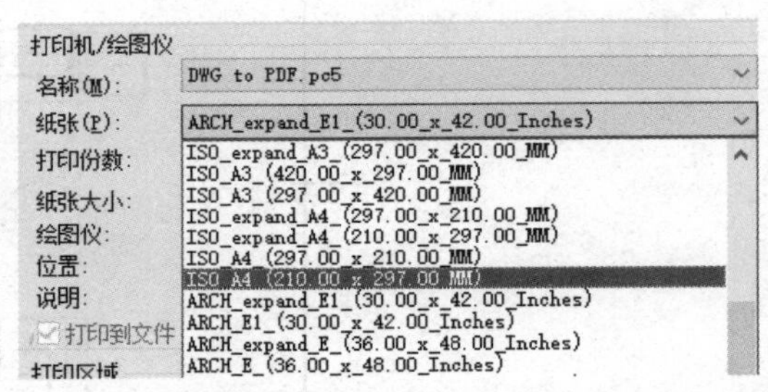

图 6.1.8　“打印机/绘图仪”栏“纸张”的设置

(2) “打印样式表”、“打印选项”设置栏：单击“打印样式表”选项框，选择“Monochrome.ctb”，如图 6.1.8 所示；单击后，在“打印选项”栏中的“打印对象线宽”和“按样式打印”会自动打上“√”，如图 6.1.9 所示。

(3) “打印偏移”、“打印比例”、“图形方向”设置栏：在“打印偏移”设置栏中的“居中打印(C)”选上“√”，在“打印比例”设置栏中的“布满图纸(I)”选上“√”；“图形方向”设置栏应根据零件图图幅设置的不同选择不同的图形方向，如低速轴图纸为横向，在图形方向设置栏中应单击“横向”选项。打印偏移、打印比例、图形方向设置完毕后，如图 6.1.10 所示。

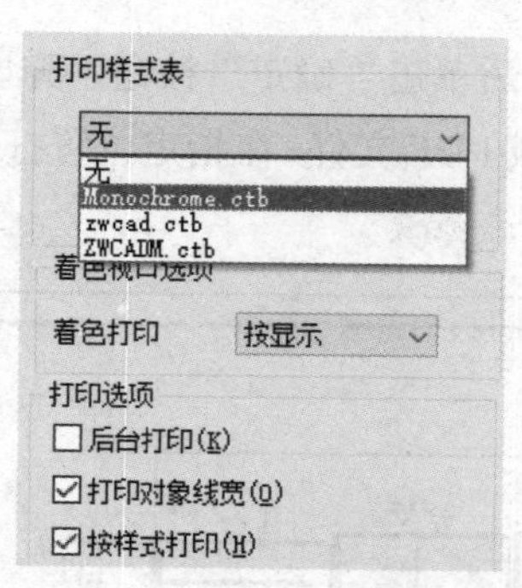

图 6.1.8　“打印样式表”栏的设置

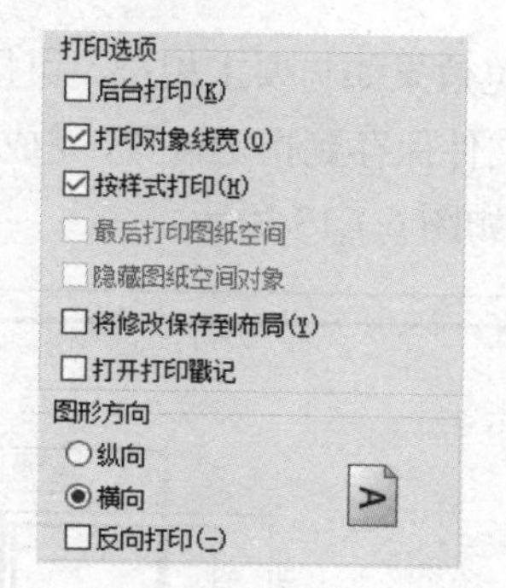

图 6.1.9　“打印选项”栏的设置

(4) “打印区域”设置栏：单击“打印区域”设置栏的“打印范围(W)”选项框，单击“窗口”，如图 6.1.11 所示。命令行提示“指定窗口第一点”。

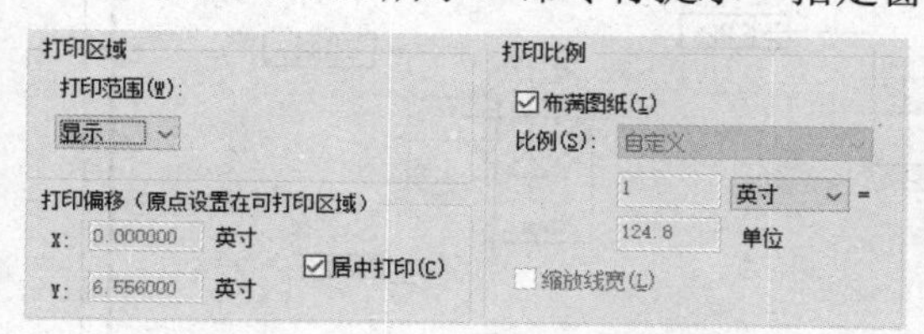

图 6.1.10　打印偏移、比例及图形方向栏的设置

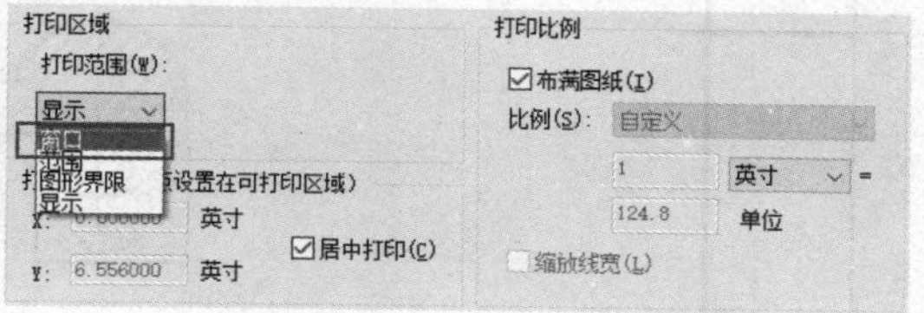

图 6.1.11　打印区域栏的设置

(5) 单击所要打印图纸的左上角；命令行提示“指定窗口第二点”，单击打印图纸的右下角。单击“预览(P)...”按钮，会显示设置后的打印效果，如图 6.1.12 所示。

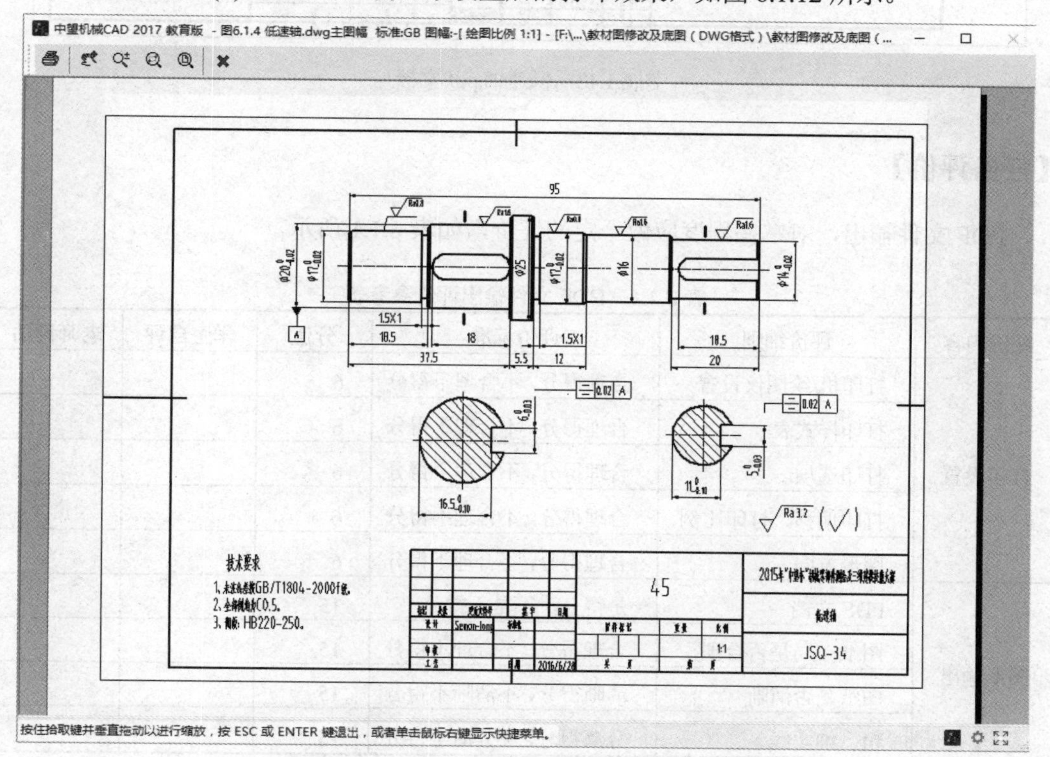

图 6.1.12　单击“预览”效果图

(6) 预览效果如与要求相符，可按 ESC 退出预览后单击“确定”按钮，弹出“另存为”对话框，将文件保存到指定位置，完成 dwg 文件转换成 PDF 文件。在指定位置打开低速轴.pdf 文件，效果如图 6.1.13 所示。

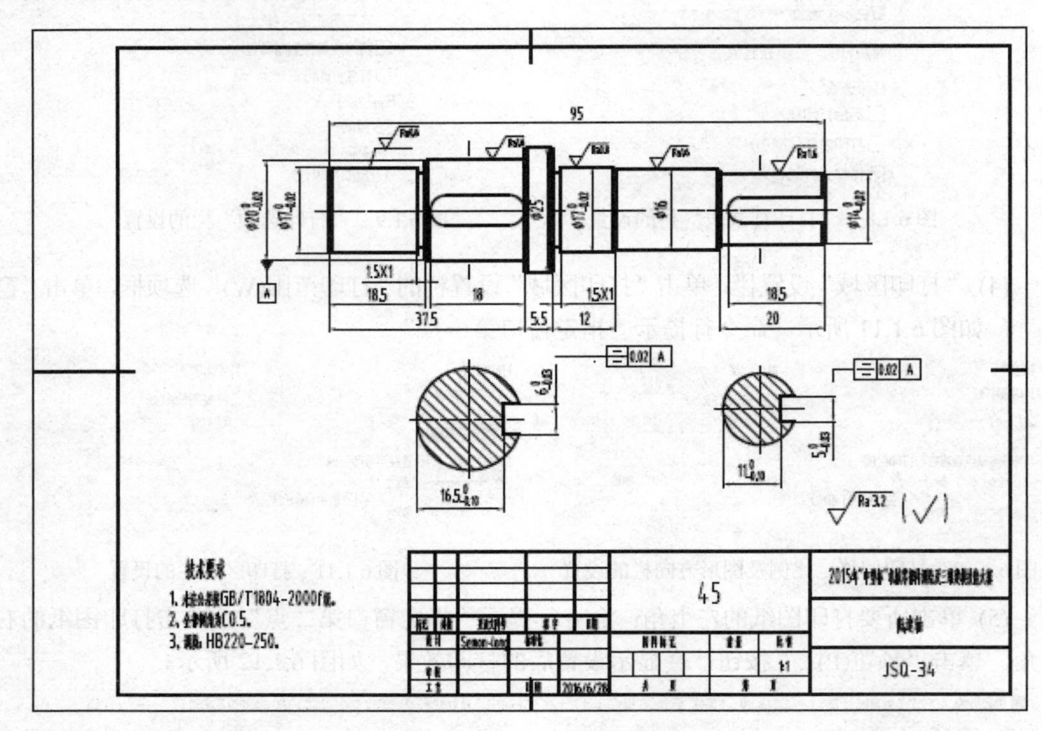

图 6.1.13　低速轴.pdf 文档

【任务评价】

PDF 文件输出，对掌握程度应做一定的评价，如表 6.1.1 所示。

表 6.1.1　PDF 文件输出评价参考表

评价内容	评价细则	评价标准	分值	学生自评	老师评估
打印设置	打印机/绘图仪设置	合理得分，不合理不得分	6		
	打印样式表	合理得分，不合理不得分	6		
	打印选项	合理得分，不合理不得分	6		
	打印偏移、打印比例	合理得分，不合理不得分	6		
	图形方向	合理得分，不合理不得分	6		
图形输出	PDF 文档	是得分，不是不得分	15		
	图纸布局是否合理	合理得分，不合理不得分	15		
	图纸是否清晰	清晰得分，不清晰不得分	15		
	粗、细实线	分清得分，不分清不得分	15		

(续表)

评价内容	评价细则	评价标准	分值	学生自评	老师评估
存档	存入指定位置	是得分，不是不得分	5		
	存档名称	正确得分，不正确不得分	5		

学习体会：

【练一练】

如图 6.1.14 所示，为减速器齿轮轴，请将齿轮轴.dwg 文件转换成齿轮轴.pdf 文件，并保存在 D 盘目录下的齿轮轴文件夹内。

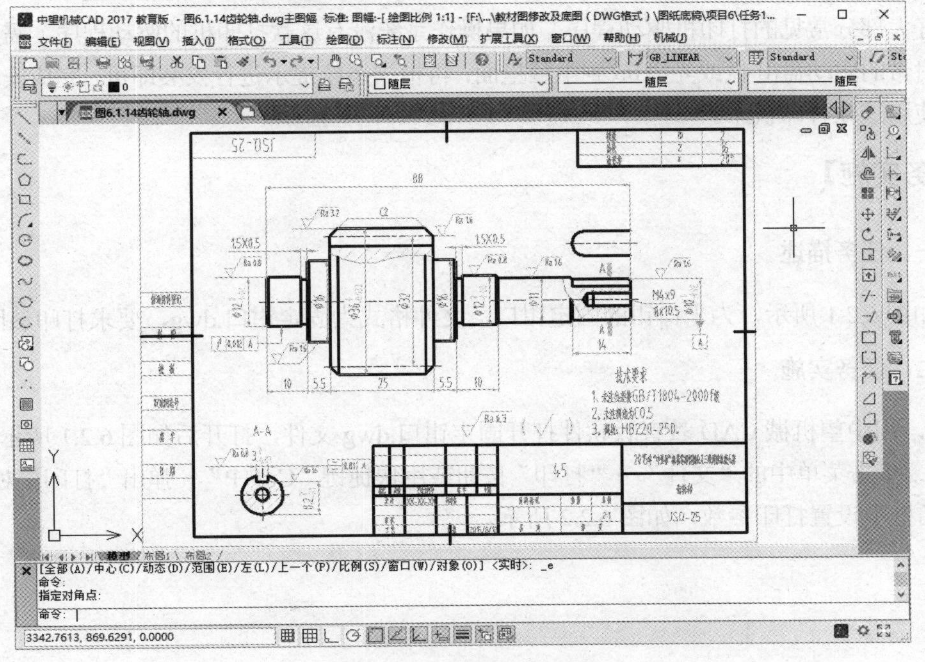

图 6.1.14　齿轮轴.dwg 文件

任务 6.2　打印固定钳口零件图

【任务目标】

1. 通过案例介绍和练习，会安装打印机。
2. 通过案例操作与练习，会打印零件图。

【任务分析】

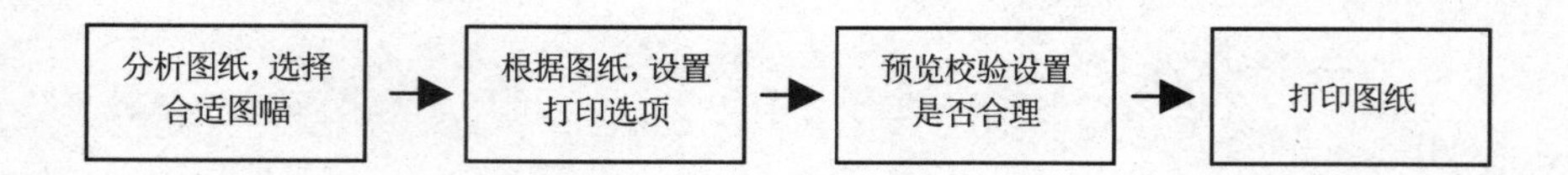

【相关知识】

安装打印机步骤

1. 打印机与电脑的连接： 如果是安装 USB 接口的打印机，安装时在不关闭电脑主机和打印机的情况下，直接把打印机的 USB 连线一头接打印机，另一头连接到电脑的 USB 接口就可以了。

2. 安装打印机的驱动程序

按照上面的步骤把打印机跟电脑连接好之后，系统会提示发现一台打印机，系统要安装打印机的驱动程序才可以使用打印机。操作系统自己带有许多打印机的驱动程序，可以自动安装好大部分常见的打印机驱动程序。如果操作系统没有这款打印机的驱动程序，需要把打印机附带的驱动盘(U 盘或光盘)放到电脑里面，再根据系统提示进行安装即可，完成安装后就可以使用该款打印机了。

【任务实施】

一、任务描述

如图 6.2.1 所示，为平口钳的固定钳口，文件格式为固定钳口.dwg，要求打印该图纸。

二、任务实施

1. 用中望机械 CAD 教育版软件打开固定钳口.dwg 文件，打开后如图 6.2.1 所示。

2. 单击菜单中的“文件”→“打印”按钮或用快捷键“Ctrl+P”，弹出“打印”对话框，在对话框中设置打印参数，如图 6.2.2 所示。

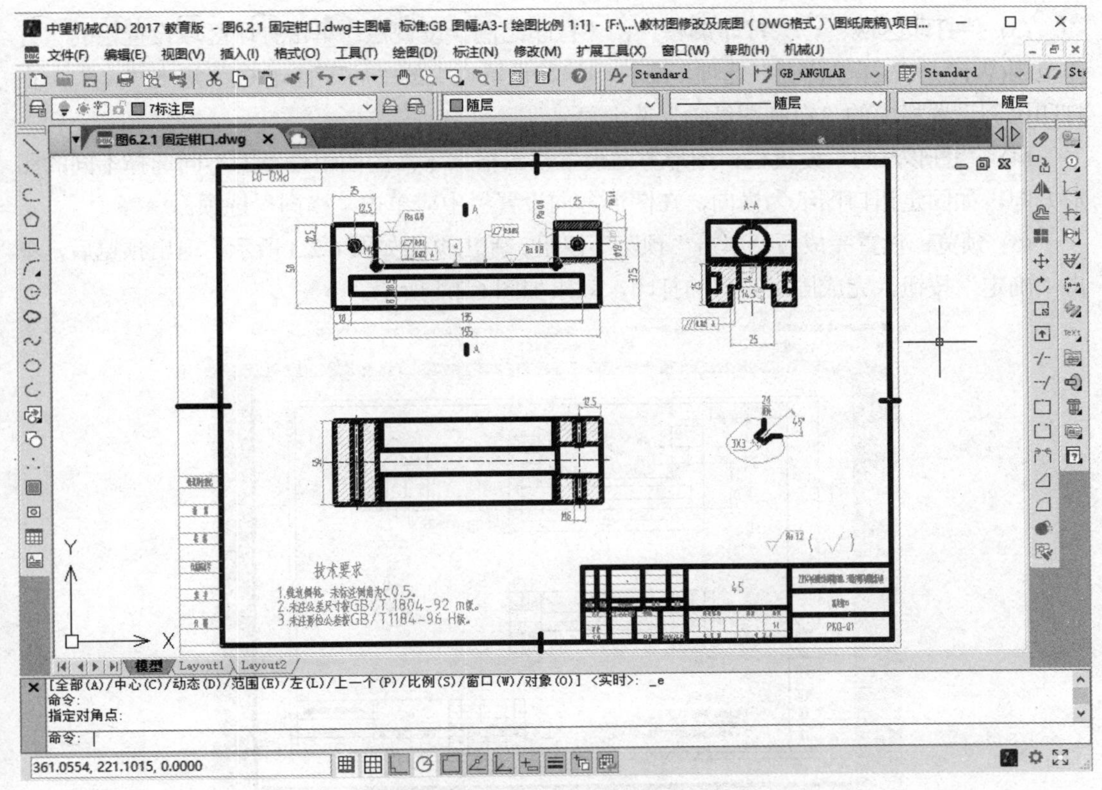

图 6.2.1　固定钳口.dwg 文件

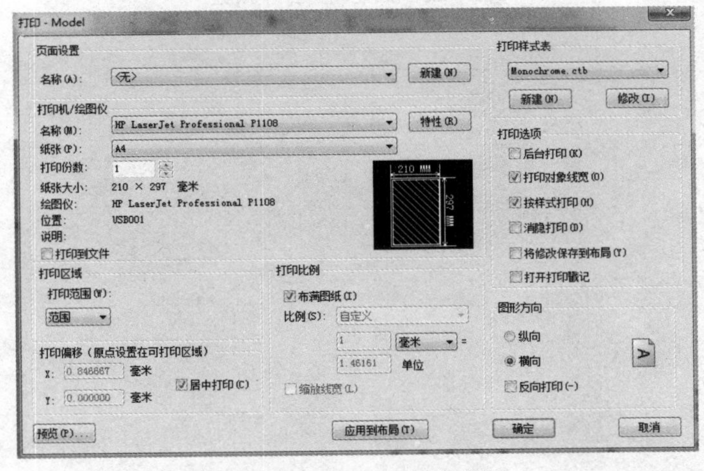

图 6.2.2　“打印”对话框设置

(1) **“打印机/绘图仪”设置栏**：如打印机的型号为“HP LaserJet Professional P1108”与计算机连接，在“名称(M)”栏处选择“HP LaserJet Professional P1108”打印机，在“纸张(P)”处选择合适纸张，如“A4”。

(2) **“打印样式表”、“打印选项”设置栏**：单击“打印样式表”选项框，选择“Monochrome.ctb”，在“打印选项”栏中的“打印对象线宽”和“按样式打印”会自动打上“√”。

(3) **“打印区域”、“打印偏移”、“打印比例”设置栏**：单击打印区域设置栏的“打印范围(W)”，选择“范围”选项，在打印偏移设置栏中的“居中打印(C)”选上“√”，在打印比例设置栏中的“布满图纸(I)”选上“√”。

(4) **“图形方向”设置栏**：图形方向设置栏应根据零件图图幅设置的不同选择不同的图形方向，如固定钳口图纸为横向，在图形方向设置栏中应单击“横向”选项。

(5) **预览**：设置完成后，单击“预览”按钮，弹出页面如图 6.2.3 所示；退出预览后，单击“确定”按钮，完成固定钳口的打印，效果如图 6.2.4 所示。

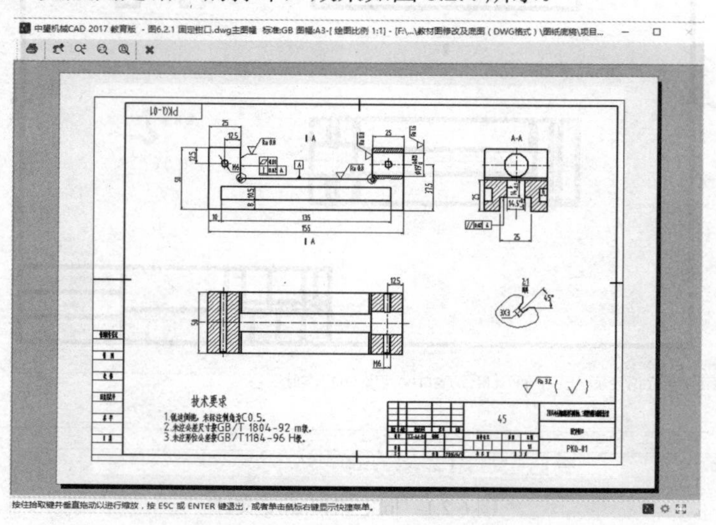

图 6.2.3　固定钳口打印预览

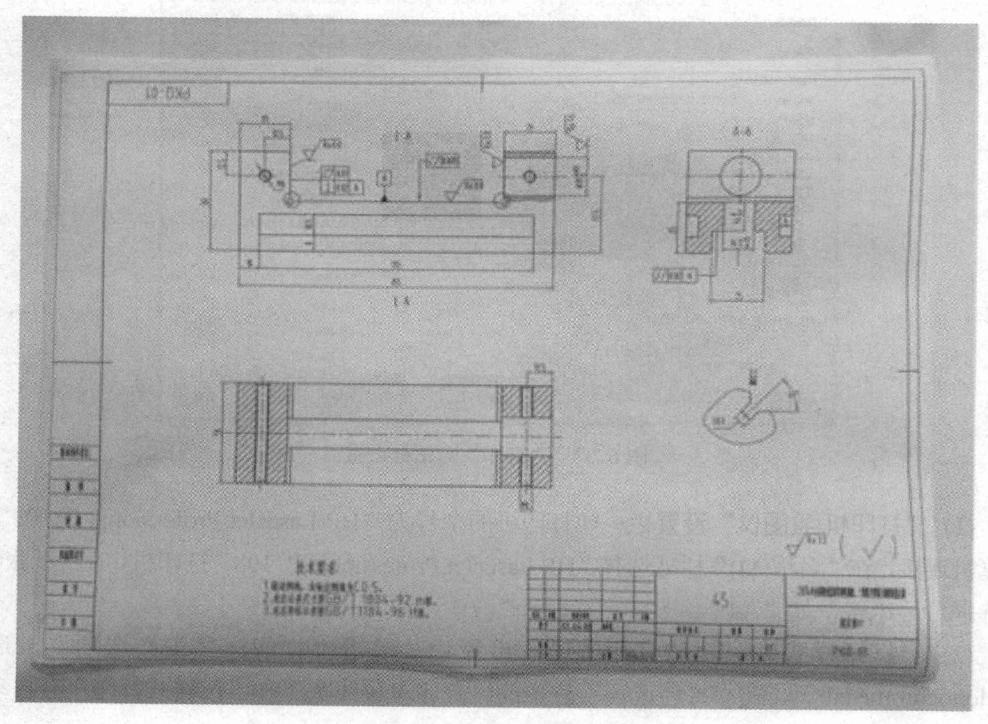

图 6.2.4　固定钳口零件图

【任务评价】

图纸输出，对掌握程度应做一定的评价，如表 6.2.1 所示。

表 6.2.1　PDF 文件输出评价参考表

评价内容	评价细则	评价标准	分值	学生自评	老师评估
打印设置	打印机/绘图仪设置	合理得分，不合理不得分	10		
	打印样式表	合理得分，不合理不得分	10		
	打印选项	合理得分，不合理不得分	10		
	打印偏移、打印比例	合理得分，不合理不得分	10		
	图形方向	合理得分，不合理不得分	10		
图形效果	图纸布局是否合理	合理得分，不合理不得分	20		
	图纸是否清晰	清晰得分，不清晰不得分	15		
	粗、细实线	分清得分，不分清不得分	15		

学习体会：

【练一练】

如图 6.2.5 所示，为平口钳的丝杆，文件格式为丝杆.dwg，要求打印该图纸。

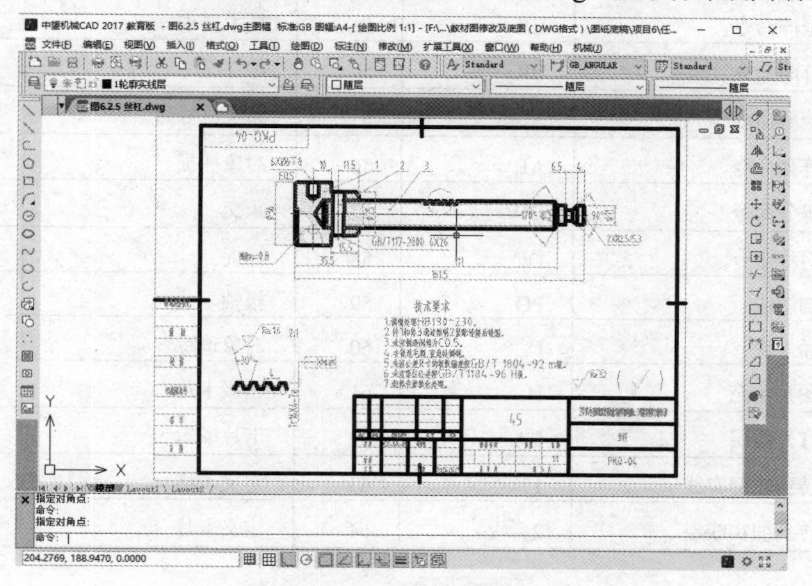

图 6.2.5　丝杆零件图

附表：中望机械 CAD 教育版的常用快捷键及指令

序号	名称	快捷键命令	序号	名称	快捷键命令
1	选项设置	OP	33	转到中心线层	3
2	图幅设置	TF	34	转到虚线层	4
3	多图幅设置	TF2	35	转到剖面线层	5
4	直线命令	L	36	转到文字层	6
5	圆命令	C	37	转到标注层	7
6	三点圆弧命令	A	38	转到符号标注层	8
7	样条曲线	SPL	39	转到双点画线层	9
8	矩形命令	REC/JX	40	标注样式	DD
9	倒角命令	DJ	41	智能标注	D
10	倒圆命令	DY/F	42	角度标注	DAN
11	孔阵命令	KZ	43	倒角标注	DB
12	孔轴投影	TY	44	引线标注	YX
13	复制命令	CO	45	锥斜度标注	XD
14	删除命令	E	46	中心孔标注	ZXK
15	移动命令	M	47	圆孔标注	BJ
16	旋转命令	RO	48	粗糙度标注	CC
17	缩放命令	SC	49	形位公差标注	XW
18	镜像命令	MI	50	基准标注	JZ
19	偏移命令	O	51	标注序号	XH
20	修剪命令	TR	52	生成明细表	MX
21	延伸命令	EX	53	技术要求	TJ
22	打断命令	BR	54	零件库	XL
23	分解命令	X	55	超级符号库	FH
24	阵列命令	AR	56	对象捕捉	F3
25	等分命令	DIV	57	正交	F8
26	对称命令	DC	58	捕捉	F9
27	剖切线	PQ	59	极轴	F10
28	插入块	I	60	对象追踪	F11
29	图案填充	H	61	超级卡片	MCC
30	打开图层	LA	62	卡片编辑	MCE
31	转到轮廓实线层	1	63	定义表格	MTA
32	转到细实线层	2	64	定义卡片	MCA

参 考 文 献

[1] 广州中望龙腾股份有限公司编. 中望 CAD 机械版(ZWCADM)使用手册[M]. 广州. 2014.

[2] 刘力. 机械制图[M]. 北京：高等教育出版社，2004.7.

[3] 武汉科技大学机械自动化学院工程图学部编. 机械零部件测绘实验指导书[M]. 武汉. 2009.